编程与应用开发
丛 书

JMeter

核心技术、性能测试
与性能分析

张永清 张永松 著

清华大学出版社
北 京

内 容 简 介

JMeter 是一款基于 Java 的开源压力测试工具，可用于对服务器、网络或对象施加高负载，从而在不同压力条件下测试它们的强度和分析整体性能。本书详解 JMeter 性能测试和性能分析的方法，结合具体测试案例和最佳实践，帮助读者快速掌握 JMeter 性能测试与性能分析的技能。本书配套示例源码、PPT 课件、教学大纲、教案与作者微信群答疑服务。

本书共 11 章，内容包括认识 JMeter、认识性能测试、初识 JMeter 元件、JMeter 主要元件详解、常见 JMeter 性能测试脚本的编写案例、BeanShell、JMeter 中如何编写自定义的取样器、性能分析与调优、电商网站的秒杀系统性能测试与性能分析案例、JMeter 性能测试的最佳实践、大模型辅助性能测试。最后还给出一个 JMeter 属性配置的附录供读者参考。

本书既适合 JMeter 性能测试初学者、性能测试与分析人员、性能测试解决方案设计师、软件性能测试经理，也适合高等院校或高职高专院校学习软件性能测试的学生。

图书在版编目（CIP）数据

JMeter 核心技术、性能测试与性能分析 / 张永清，张永松著.
北京：清华大学出版社，2025. 7. --(编程与应用开发丛书).
ISBN 978-7-302-69792-3

Ⅰ. TP311. 55
中国国家版本馆 CIP 数据核字第 202549A07A 号

责任编辑：夏毓彦
封面设计：王　翔
责任校对：冯秀娟
责任印制：刘海龙

出版发行：清华大学出版社
　　　　　网　　　址：https://www.tup.com.cn，https://www.wqxuetang.com
　　　　　地　　　址：北京清华大学学研大厦 A 座　　　　　邮　　编：100084
　　　　　社 总 机：010-83470000　　　　　邮　　购：010-62786544
　　　　　投稿与读者服务：010-62776969，c-service@tup.tsinghua.edu.cn
　　　　　质 量 反 馈：010-62772015，zhiliang@tup.tsinghua.edu.cn

印 装 者：三河市东方印刷有限公司
经　　销：全国新华书店
开　　本：190mm×260mm　　　　印　张：18.75　　　字　　数：506 千字
版　　次：2025 年 8 月第 1 版　　　　印　　次：2025 年 8 月第 1 次印刷
定　　价：99.00 元

产品编号：108911-01

前　　言

任何软件系统都需要软件测试人员去进行测试。未来，不管软件系统怎么变化，软件测试都是一个非常重要且不会被淘汰的领域，而性能测试又是软件测试中最重要的一个环节。软件系统的性能最关乎用户的体验，良好的用户体验可以让软件系统在市场竞争中脱颖而出。因此，性能测试在软件测试领域永远都是不可或缺的重要技能。

JMeter 作为一款免费开源的性能测试工具被广泛地使用，几乎可以支持对所有的软件系统做性能测试。它还可以支持插件和扩展，自主扩展其功能或性能以满足特定的性能测试需求场景。同时，学习 JMeter 的成本很低，相关的技术资料也非常齐全，并拥有着强大的开源社区，可以随时获取帮助。

本书目的

本书针对性能测试中的常见问题进行讲解，帮助读者掌握性能测试的基础知识、JMeter 性能测试工具的使用、JMeter 性能测试的执行方法与案例，以及遇到性能瓶颈时分析和解决问题的技巧。

本书内容

第 1、2 章，主要介绍 JMeter 的基础知识以及性能测试的基础概念，帮助读者建立起性能测试的知识框架，并快速入门性能测试领域。

第 3、4 章，主要介绍如何使用 JMeter 提供的各种强大的测试功能，帮助读者掌握 JMeter 的使用方法。

第 5~7 章，主要介绍如何使用 JMeter 来完成性能测试脚本的编写。这几章提供了多个性能测试脚本编写案例，帮助读者将第 3、4 章讲解的 JMeter 测试功能运用到脚本编写实践中。

第 8 章，主要介绍软件性能分析与调优的理论知识以及调优思想等。本章还会对常见的性能问题做分析和总结。

第 9 章，主要剖析一个完整的性能测试与性能分析调优案例。通过该案例，帮助读者把前面章节中学习到的知识进行一个完整的实践。读者通过这个案例的实践，在拿到一个性能测试需求时，可以自己有条有理地去完成性能测试的整个过程。

第 10 章，主要介绍 JMeter 性能测试的实践要点。本章包括确定编写脚本的场景、设计用户思考时间、脚本编写注意事项、执行性能测试时的注意事项，以及性能测试时的监控指标。

第 11 章，简单讲解大模型辅助性能测试的应用场景，帮助读者提高性能测试工作的效率。

附录，主要讲解 JMeter 属性配置项，方便读者在做性能测试时随手查阅。

本书学习方法

（1）本书精心设计的实践示例和案例，可以帮助读者深入掌握 JMeter 性能测试的方法和技巧。因此，建议读者在学习的时候一定要动手实践本书的示例和案例。

（2）本书每章的最后一节给出了读者必须掌握的重点内容，读者可以根据提示快速回顾每章的关键知识点，掌握本章内容之后再进行下一章的学习。

（3）本书讲解的性能测试基础知识，是完成性能测试的指导思想，建议读者熟记。

（4）多做 JMeter 操作练习，碰到问题多加思考，将理论知识运用到性能测试实践之中，并通过实践加深对性能测试与性能分析方法的理解。

本书配套资源下载

本书配套资源包括示例源码、PPT 课件、教学大纲、教案与作者微信群答疑服务，读者需要使用自己的微信扫描下边的二维码获取。如果在阅读本书的过程中发现问题或有任何建议，请联系下载资源中提供的相关电子邮箱或微信。

本书读者

本书既适合 JMeter 性能测试初学者、性能测试与分析人员、性能测试解决方案设计师、软件性能测试经理，也适合高等院校或高职高专院校学习软件性能测试的学生。

致谢

感谢清华大学出版社的老师们对本书出版所作出的贡献。

由于笔者水平有限以及成书时间仓促，书中难免存在不足之处，敬请广大读者批评指正。

作者于南京

2025 年 5 月

目　　录

第1章

认识 JMeter

随着软件系统的发展，性能测试在软件开发行业中被日益重视，同时也出现了专业的性能测试工具来代替人工性能测试。JMeter 正是在这样的背景下应运而生。JMeter 是早期出现的性能测试工具之一，一经推出之后就一直深受测试工程师的喜爱。因为有了 JMeter 后，软件的性能测试变得更加简单，同时提高了测试工程师的工作效率。本章将带领读者认识 JMeter 这款性能测试工具，并介绍性能测试以及性能测试工具的发展历程。学习完本章后，读者会对性能测试工具以及 JMeter 有一个初步的认识。

1.1 JMeter 基本介绍

JMeter 是 Apache 基金会提供的一个开源的、由纯 Java 语言编写的性能测试工具，最初仅被设计用于 Web 应用测试，后来随着性能测试等其他测试类型的出现，才被逐步扩展到了其他测试领域中。我们可以通过访问 JMeter 官方网站了解其技术信息，如图 1-1 所示。

JMeter 的主要特点如下：

（1）完全开放源码，并且所有的功能都是免费的，用户也可以免费使用和修改源码以满足特定的性能测试需求。

（2）支持众多网络层/应用层的通信协议（比如 TCP、HTTP、FTP、JDBC、SMTP、POP3、IMAP、JMS 等），JMeter 几乎可以支持对所有的应用系统进行性能测试。

（3）JMeter 支持插件和扩展，可以扩展其功能和性能，以满足特定的性能测试需求。

（4）JMeter 完全可移植，且由纯 Java 语言编写，因此可以兼容不同的操作系统。

（5）支持定制性能测试场景，比如设置并发用户数、持续时间、循环次数和延迟时间等，以模拟真实的使用场景。

（6）支持聚合报告、图形结果、树形结果等测试结果收集和显示方式，便于性能分析和调优。

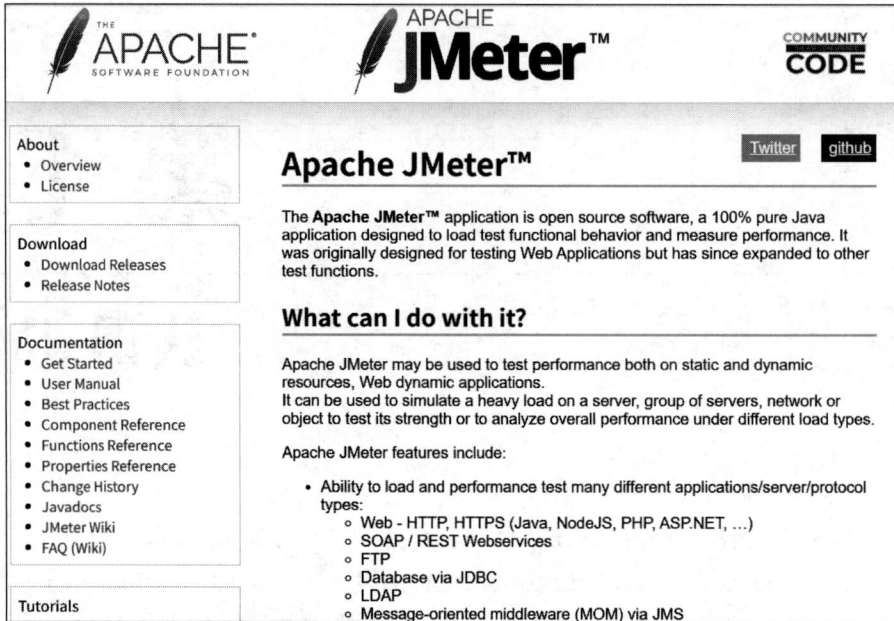

图 1-1　JMeter 官方网站

JMeter 的源码托管在 GitHub，通过 GitHub 可以访问 JMeter 的源码托管界面，如图 1-2 所示。

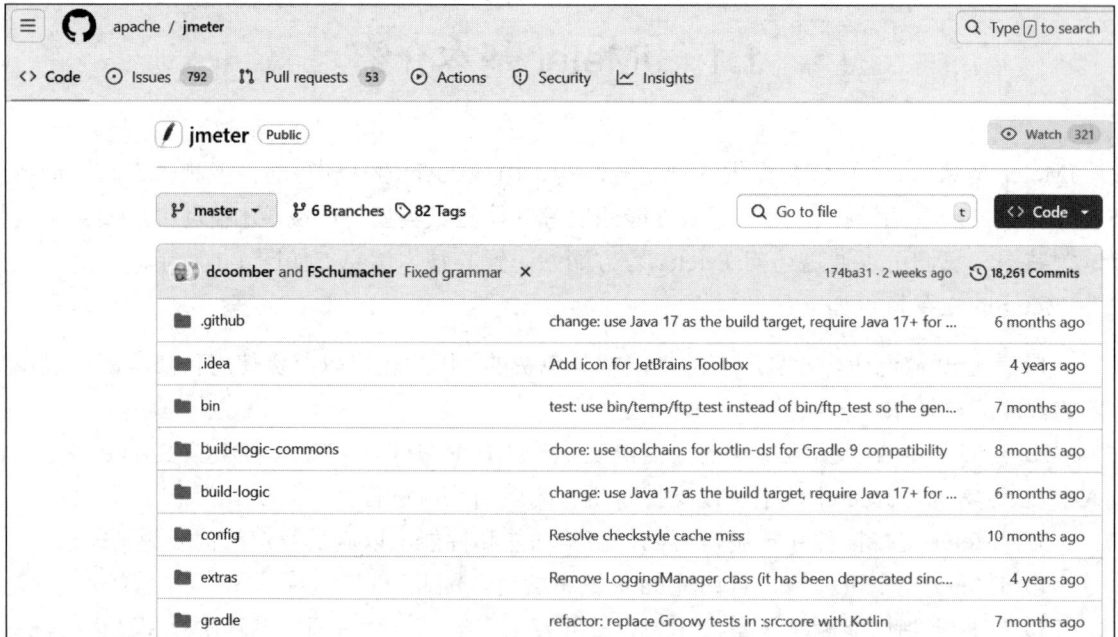

图 1-2　JMeter GitHub 网站

从图 1-2 中可以看到，JMeter 当前有超过 18261 次的源码提交记录，并且在开源社区拥有众多的代码贡献者，可见 JMeter 在开源社区中保持着相当大的活跃度。我们从中可以看到性能测试的重要性，也能看到 JMeter 因其开源免费、技术资料众多、社区庞大的优点被广大性能测试爱好者和工作者喜爱。同时，在 JMeter 的 GitHub 网页中，还介绍了如何参与 JMeter 的源码贡献。JMeter 鼓励性能测试爱好者参与 JMeter 的源码贡献开发。

JMeter 于 1998 年 12 月 15 日发行了第一个版本 1.0，之后一直保持着非常高的更新频率，当前 JMeter 官网的最新版本为 5.6.3。JMeter 的所有历史版本变更记录如图 1-3 所示。这对于一个性能测试工具来说是非常不容易的，因为在过去的近 30 年，这款性能测试工具一直在进行更新和维护。

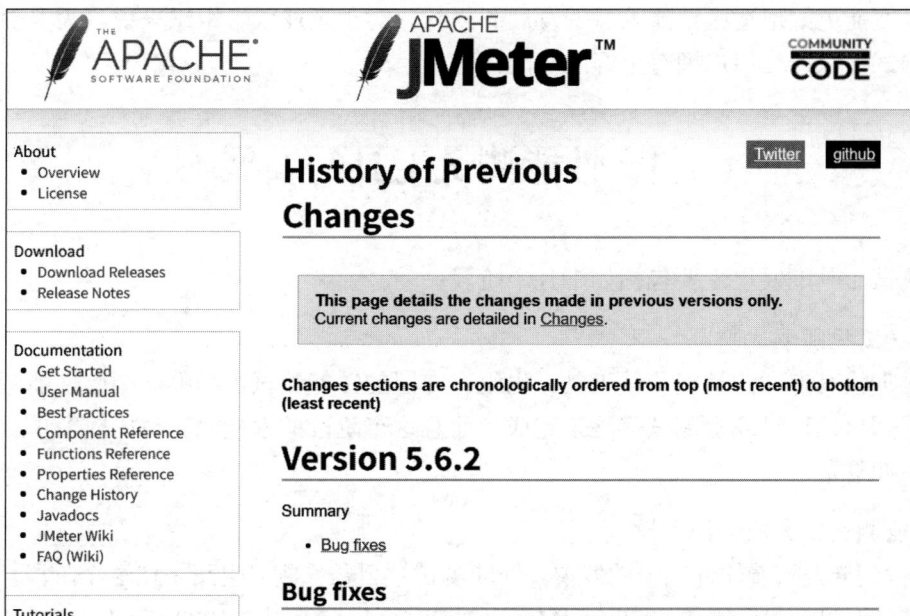

图 1-3　JMeter 历史版本变更记录

1.2　性能测试的发展

JMeter 的出现与性能测试的发展是密不可分的。性能测试最早可以追溯到 20 世纪 70 年代，当时的性能测试仅针对硬件设备，但随着计算机技术突飞猛进地发展，大量商务网站的出现使得越来越多的人开始关注软件系统在性能上的表现，性能测试也开始被广泛应用于电子商务网站等多个领域，使得性能测试成为软件开发生命周期中非常重要的环节之一。其实在软件开发的最早时期，软件开发生命周期中并没有性能测试这个专门的测试类型，当时性能测试是由开发工程师来完成的，随着商业化性能测试软件 LoadRunner 的出现，使得性能测试逐步由测试工程师来主导完成。

随着软件系统日益复杂以及软件系统规模的不断扩大，性能测试开始逐步与功能测试进行完美结合，用于对系统性能进行评估。但为了更准确地模拟真实使用场景以及关注系统的整体稳定性，负载测试和压力测试也开始慢慢被引入性能测试中，作为性能测试的子项来丰富其种类。负载测试通常用于评估软件系统在不同的负载下的性能表现，而压力测试通常用于模拟和评估系统在超高负载下的稳定性和可靠性。

性能测试经历了从硬件领域到软件领域的过渡。在互联网、大数据、人工智能高速发展的当今社会，性能已经成为用户能直接体验到的最重要的一个环节。因此，性能测试变得越来越重要，它能够帮助产品经理以及开发工程师评估系统在不同负载下的性能表现，同时为代码优化、架构优化和系统调整提供性能依据。

对于性能测试工程师来说，需要持续学习性能测试工具的使用以及性能分析、诊断、调优的技能，以便能更好地适应性能测试的发展和创新。对于企业或者组织来说，需要更加重视软件的性能测试，以便让用户拥有更好的性能体验。

1.3　性能测试工具的发展

性能测试工具的发展主要包括如下几个阶段：

1）开发工程师测试阶段

由于早期没有专业的性能测试工具，也没有专门的性能测试工程师，因此性能测试主要依靠开发工程师自己通过编写测试代码来完成，而且这个阶段的性能测试也比较简单，几乎没有相关的体系和规范。

2）性能测试工具的初期阶段

在 20 世纪末，随着软件系统的发展，性能测试被日益重视。也正是在这个阶段，开始出现了专业的性能测试工具，比如 1998 年 JMeter 发布了第一个版本，1999 年，LoadRunner 也发布了第一个版本。但是早期的性能测试工具都比较简单，比如早期的 LoadRunner 仅用于模拟多个用户同时访问某个软件系统，并且仅能收集一些性能测试数据以用于评估系统的性能表现。此时的性能测试工具的功能都比较少，无法满足一些复杂业务场景的性能测试需求，并且无法提供更多的性能分析诊断功能。这个阶段开始出现了一些简单的性能测试体系和规范，但远远不够完善。

3）性能测试工具的发展阶段

LoadRunner 在发布了第一个版本后受到了大量软件开发者的好评，随后又发布了第二个版本，在这个版本中开始支持 Web 协议、数据库协议等网络应用协议，并且可以模拟多种 Web 浏览器的行为（比如单击按钮、填写表单等）。2003 年，LoadRunner 发布了第三个版本，增加了对移动应用程序、不同网络环境的模拟等功能的支持。与此同时，JMeter 也在这个阶段进行了大量的版本迭代和发布，仅在 1999 年，JMeter 就发布了超过 4 个版本，支持了那个时期常见的 HTTP 等 Web 协议的性能测试。

4）性能测试工具的井喷阶段

在这个阶段，除了 LoadRunner、JMeter 在不断地迭代发布之外，还出现了以下测试工具：

- WebLoad。
- NeoLoad。
- Gatling。
- Ngrinder。

这些性能测试工具各有特点，它们不仅推动了性能测试工具的发展，还极大地推动了性能测试这个行业的发展。

5）云服务性能测试工具阶段

随着云计算的出现和高速发展，软件系统的部署不再局限于本地部署或者自建机房部署，而是更多地在云上部署。因此，很多云服务的厂商也趁机推出了自己的云服务性能测试工具，比如阿里云推出了性能测试工具 PTS。当然，云服务性能测试也可以通过传统的 JMeter、LoadRunner 等工具来完成。

6）性能测试工具的未来阶段

随着人工智能（AI）的快速发展，相信未来的性能测试工具也会更加 AI 化，可能不再需要性能测试工程师编写性能测试脚本，使得性能测试变得更加简单。

1.4　选择 JMeter 的原因

性能测试发展到现在已经非常成熟，而且可选的性能测试工具也很多。本节将对常见的性能测试工具做一个对比，帮助读者了解这些软件的特点，具体如表 1-1 所示。

表 1-1　性能测试工具的优缺点

性能测试工具	优　　点	缺　　点
JMeter	（1）开源免费，几乎支持对所有的软件系统做性能测试，而且支持插件和扩展，可以扩展其功能和性能以满足特定的性能测试需求。 （2）支持性能测试流程编排，并且也支持断言、逻辑控制器等高级性能测试逻辑，可满足复杂的性能压测需求。 （3）支持分布式部署，可以模拟大量的高并发请求。 （4）学习成本低，相关的技术资料非常齐全，社区非常强大	（1）使用 Java 语言开发，软件界面功能比较简单，体验性较差。 （2）可查看的监控和报告指标较少。 （3）分布式部署时较复杂，维护和管理分布式集群的成本较大

（续表）

性能测试工具	优　　点	缺　　点
LoadRunner	（1）商业付费软件，拥有可靠的售后支持，在国内的知名度很高。 （2）提供非常强大的负载测试能力，支持分布式部署，能生成详细的性能测试结果和报告。 （3）成熟、稳定的企业级性能测试，适用于超大规模性能并发测试，并且提供丰富的测试场景和性能结果分析功能。 （4）支持 Web 协议的性能测试脚本录制，可以减少编写性能测试脚本的难度	（1）付费软件，购买价格较高，软件安装包较大，并且安装程序繁杂。 （2）操作难度较大，需要一定的学习和培训成本。 （3）底层基于 C 语言开发，在编写性能测试脚本时，需要对 C 语言脚本有一定的了解。 （4）只能运行在 Windows 系统上，不能兼容其他的操作系统
WebLoad	（1）支持超高并发的性能压测，并且兼容支持包括 Windows、Solaris 和 Linux 在内的众多操作系统。 （2）性能测试报告提供了详细和深入的性能分析数据，帮助性能测试工程师更好地理解系统的性能表现	（1）脚本语言是不常见的标准语言，学习起来较为困难，学习成本较高。 （2）商业付费软件，购买价格较高，虽然也提供社区版，但是社区版只支持单机模式
NeoLoad	（1）提供负载测试、压力测试、稳定性测试、容量规划等多种功能，以满足不同测试需要。 （2）支持包括 HTTP、HTTPS、SOAP、REST、JDBC、JMS、FTP 等在内的多种应用协议。 （3）提供了丰富的报告功能，可以直观地展示测试结果和性能指标，方便分析和优化性能问题	（1）商业付费软件，购买价格较高。 （2）对于初学者来说，需要一定的学习成本才能熟练掌握其测试功能和操作方式
Gatling	（1）支持复杂的场景编排，能够模拟各种用户行为和业务场景。 （2）采用了异步非阻塞的 I/O 模型（Akka 架构），可以支持高并发的性能测试，性能表现非常出色。 （3）开源，可以免费使用	（1）需要一定的编程基础，对于没有任何编程经验的用户来说，可能需要较高的学习成本。 （2）性能测试报告较弱，但是可以通过扩展组件来获取更多的性能监控信息。 （3）主要支持 Web 应用程序的性能测试，对于其他类型的应用程序支持不友好
Ngrinder	（1）采用 Web 界面来管理性能测试脚本和进行性能测试，以及查看测试报告，使用较为简单。 （2）支持分布式性能压测。在运行分布式压测时，系统由一个 controller 和连接它的多个 agent 组成，controller 会把测试分发到多个 agent 上去执行。用户可以设置使用多个进程和线程来并发地执行性能测试脚本，而且在同一线程中，通过重复不断地执行对应的性能测试脚本，来模拟多个并发用户执行	（1）性能测试脚本基于 Python 语言编写，对于一些复杂场景的性能测试，需要测试人员对 Python 有一定认识。 （2）测试报告和监控界面较为简单，无法获取到更多的、详细的监控数据

从对比的情况看，JMeter 是一个适合中小型软件公司使用的性能测试工具，因为 JMeter 完

全开源和免费，并且在强大的社区支持下一直保持着活跃的版本更新。JMeter 也是一款非常适合普通性能测试工程师学习的、优秀的性能测试工具，因为在互联网和社区中可以搜索到非常多的 JMeter 技术资料，在遇到问题时很容易找到相关资料并快速地解决问题。

1.5　JMeter 的安装和部署

前面已经提到 JMeter 是完全由 Java 语言来实现的一款性能测试工具，而 Java 语言又拥有非常好的平台兼容性，所以 JMeter 可以在不同类型的操作系统上运行。本节以在 Windows 操作系统上安装 JMeter 为例，讲解 JMeter 的安装和部署方法。具体的步骤如下：

步骤 01 从 JDK（Java Development Kit，Java 开发工具）官方网站中下载 JDK。安装 JMeter 对 JDK 的要求是不能低于 JDK 8 版本，通常建议使用 JDK 11 版本，如图 1-4 所示。读者可以根据自己的操作系统类型选择对应的版本进行下载。

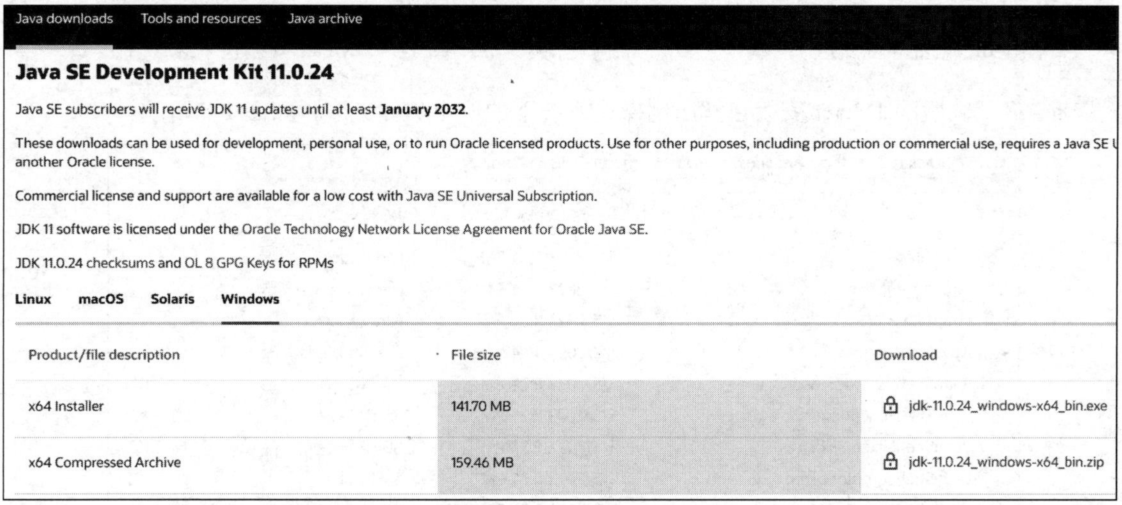

图 1-4　JDK 官方网站

步骤 02 双击后缀名为 exe 的安装文件，按照界面上的提示进行安装即可。安装好的目录如图 1-5 所示。

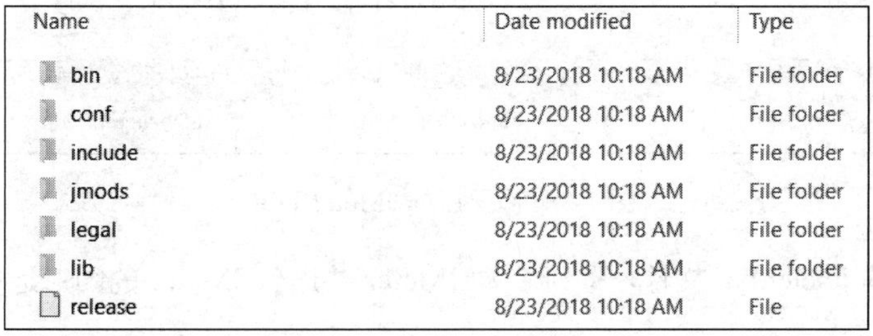

图 1-5　解压后的 JDK 目录

步骤 03 在操作系统中配置环境变量，如图 1-6 所示，新建一个 JAVA_HOME 的变量，填入 JDK 安装或者解压后的文件夹路径，然后编辑 Path 变量，在其值后输入%JAVA_HOME%\bin。

步骤 04 从 JMeter 官方网站中下载最新版本的 JMeter 安装包，目前的最新版本是 5.6.3，如图 1-7 所示。在 Binaries 中有两种下载格式，tgz 和 zip，随意选择一种下载即可。

图 1-6　配置环境变量

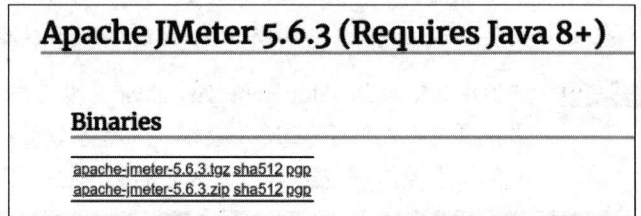

图 1-7　JMeter 安装包下载

步骤 05 将下载好的 JMeter 安装包解压到操作系统下的一个文件夹中，如图 1-8 所示。

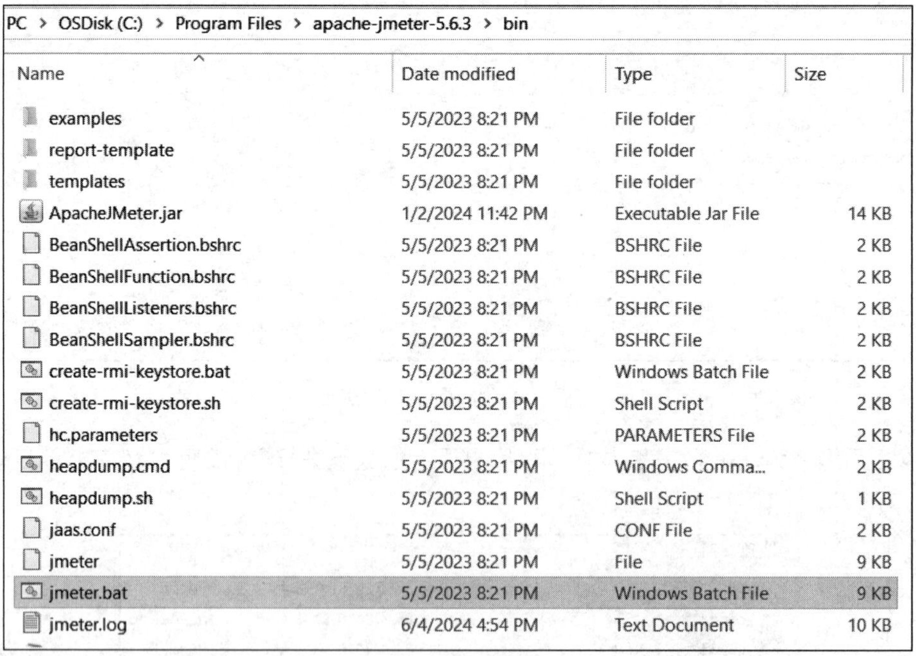

图 1-8　解压后的 JMeter 目录

步骤 06 双击其中的 jmeter.bat 文件，即可启动 JMeter 并进入 JMeter 的图形运行界面，如图 1-9 所示。

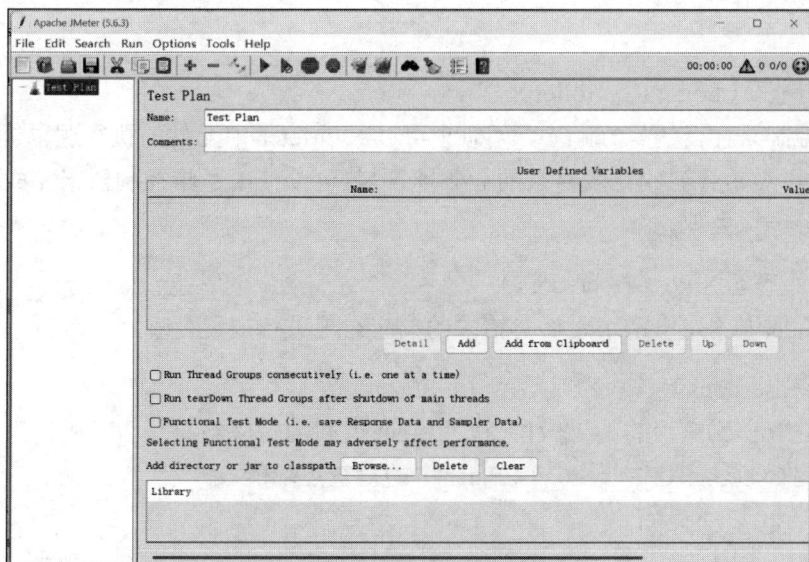

图 1-9　启动后的 JMeter 运行界面

1.6　JMeter 的元件

　　元件是 JMeter 的操作模块，通常一个完整的性能测试需要由部分元件或者全部元件串联起来，合作完成性能测试脚本的编写。本节将对 JMeter 的 9 个常用元件（也称组件）做初步介绍。

　　1）线程组（Threads Group）

　　主要用于控制整个性能测试的运行开始时间以及运行时长、线程数量（即并发用户数）等。通常情况下，每个性能测试场景都需要先在 JMeter 界面上创建一个线程组，然后才能运行后续的性能测试脚本。这是因为性能压测通常需要模拟大量的用户来进行并发操作，所以需要通过线程组使用多个线程的方式来模拟产生大量的用户。

　　2）配置元件（Config Element）

　　主要用于完成性能测试中需要的一些配置信息，包括初始化变量或者参数的默认值、读取 CSV 文件数据、设置公共请求参数、赋予变量值等，以便后续取样器（Sampler）直接使用。通常，性能测试脚本中变量的参数化也可以通过配置元件来实现，这在后续的章节中会进行详细讲解。

　　3）前置处理器（Pre Processors）

　　即预处理器，用于在实际取样器发出请求之前，对即将发出的请求进行初始化的预处理。

　　4）取样器（Sampler）

　　通常用来模拟并发用户的操作，向待性能压测的对象发送请求以及接收相应的响应数据。取样器是 JMeter 性能压测的核心元件，通常情况下，要完成一个性能测试场景，那么肯定是离不开取样器的。

5）逻辑控制器（Logic Controller）

通常用来控制采样器的执行顺序，同时也可以对 JMeter 中元件的执行逻辑进行控制。因为在做性能测试时，经常会遇到比较复杂的业务场景，就可以使用逻辑控制器来完成一些特定的、比较复杂的业务逻辑处理。

6）后前置处理器（Post Processors）

用于在实际取样器发出请求之后对请求的响应结果进行后置处理。

7）断言（Assertions）

通常用于对取样器返回的结果做检查，以判断返回的响应结果是否正确，进而判断某次性能测试的结果是否通过，等同于 LoadRunner 中的检查点功能。

8）监听器（Listener）

通常用来监听及展示 JMeter 取样器的执行结果。监听器支持以树、表及图形等形式展示当前性能压测的结果，也可以用文件的方式保存测试结果。JMeter 支持用 XML、CSV 等格式的文件来保存测试结果。监听器通常用于对性能测试的结果进行统计分析，以便快速发现性能压测中可能存在的性能问题。

9）定时器（Timer）

类似于 LoadRunner 中的思考时间（think time），用来设置线程的延迟和同步时间，通常在每个取样器发出请求之前执行。

这些元件在启动 JMeter 后，可以通过如图 1-10 所示的方式来添加。

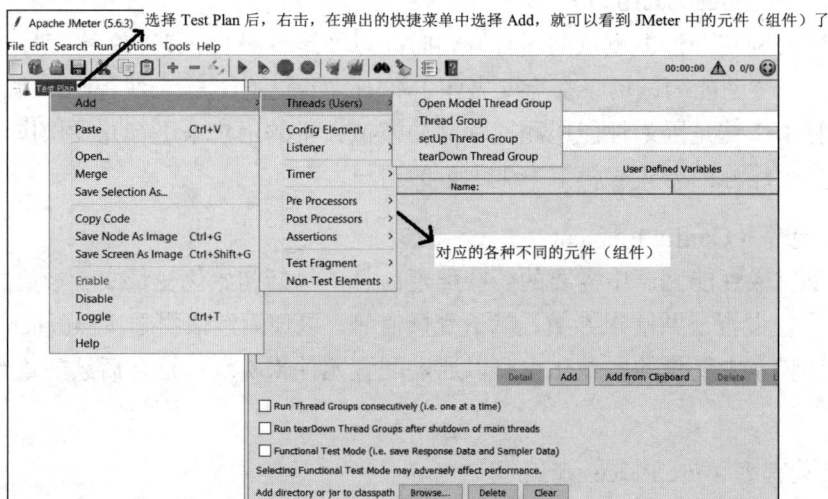

图 1-10　添加 JMeter 元件

JMeter 界面默认显示的文字是英文，我们可以通过依次单击界面上的 Options→Choose Lanuage 菜单来切换为中文显示，如图 1-11 所示。

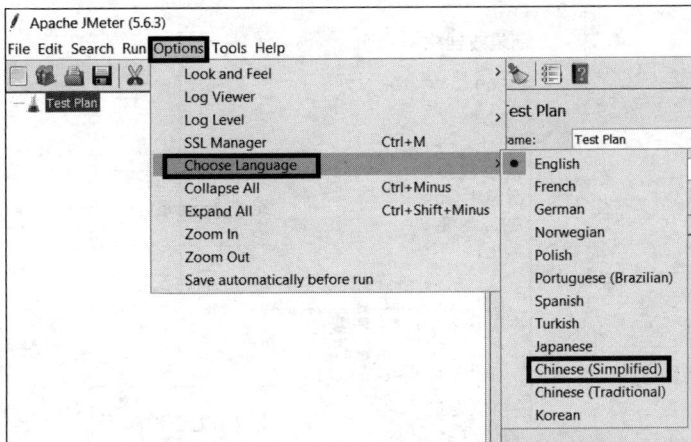

图 1-11 切换为中文显示

切换完成后，就可以看到如图 1-12 所示的中文界面了。中文界面可以让我们更容易理解 JMeter 提供的菜单以及相关的功能。

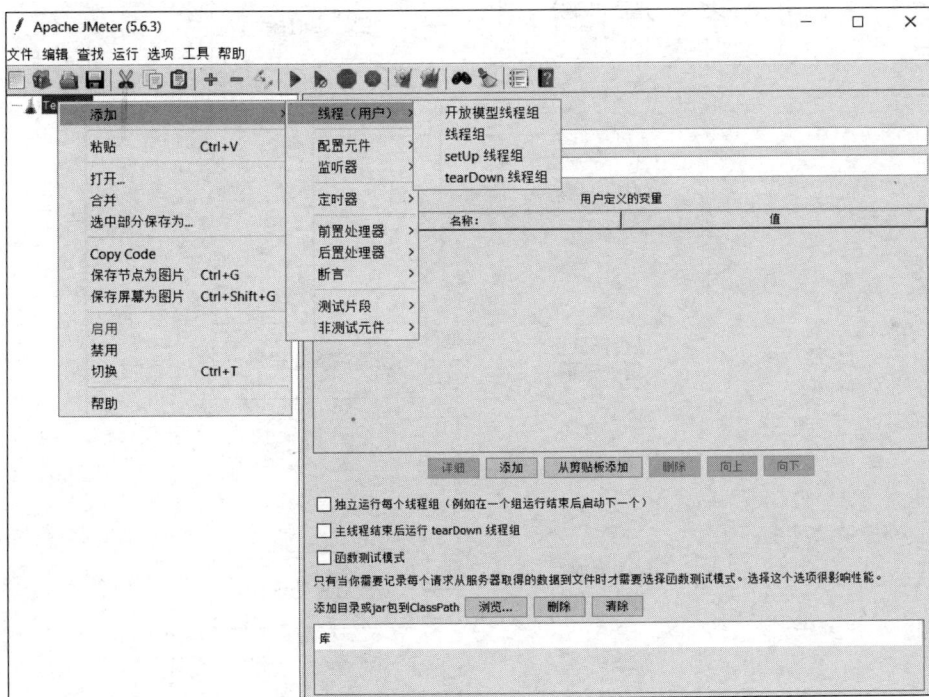

图 1-12 JMeter 中文界面

为了方便读者学习 JMeter，在本书的后续章节中，都将使用中文界面来对 JMeter 进行深入讲解。

使用 JMeter 开始一个性能测试的主要步骤如图 1-13 所示。通常情况下，线程组、取样器、断言、监听器是性能测试必须用到的元件。对于一些复杂的业务场景，可能需要用到更多的元件。

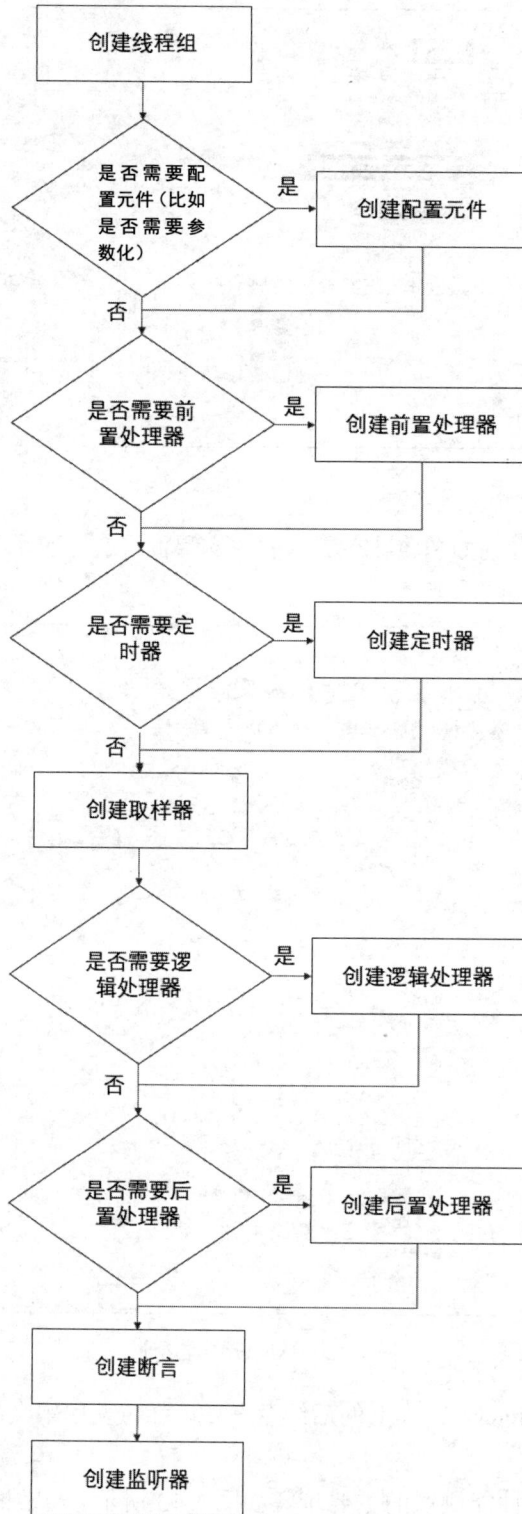

图 1-13 JMeter 性能测试的主要步骤

1.7 JMeter 的运行模式

JMeter 常用的运行模式主要包括 GUI 模式、命令行模式以及服务器模式。大多数场景下，直接运行 jmeter.bat 或者 jmeter.sh 启动的就是 GUI 模式。jmeter.bat 通常是在 Windows 操作系统下启动 GUI 模式，而 jmeter.sh 通常是在 Linux 或者 UNIX 操作系统下启动 GUI 模式。GUI 模式通常用于 JMeter 性能测试脚本的编写，命令行模式通常用于性能压测，而服务器模式则用于分布式压测。

1.7.1 GUI 模式

GUI 模式会启动 JMeter 的标准界面，JMeter 的使用者可以通过界面来进行操作，这样更加直观和简单。在 jmeter.bat 批处理文件中，定义了启动 GUI 模式的具体命令，主要包括 JDK、JVM（Java Virtual Machine，Java 虚拟机）参数，以及运行 JMeter 所需的 JAR 包。GUI 模式启动的过程如图 1-14 所示。

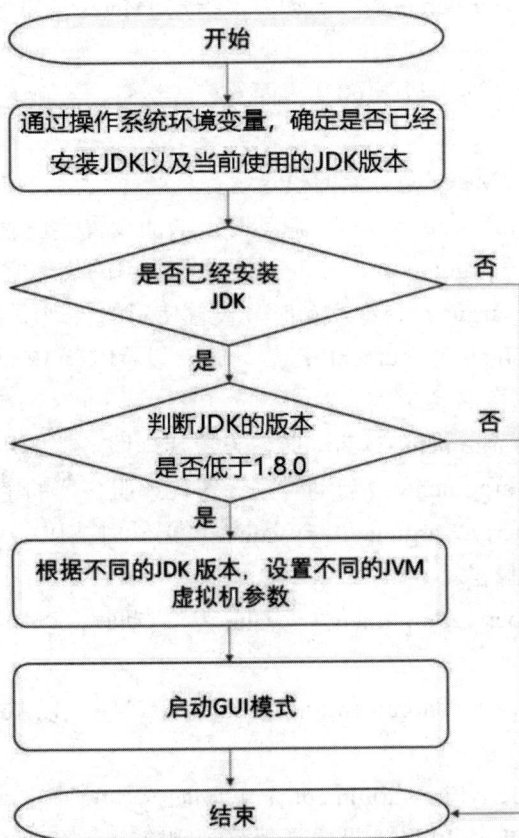

图 1-14 JMeter GUI 模式的启动过程

1.7.2 命令行模式

因为 JMeter 是 Java 语言开发的，而对于 Java 语言来说，GUI 界面并不是其擅长的，在高并发压测时，GUI 界面通常容易卡死，所以在 GUI 模式中完成性能测试脚本的编写后，建议在实际运行压测时，切换到命令行模式。命令行模式顾名思义就是在 Windows 或者 Linux、UNIX 操作系统中，直接通过运行 JMeter 命令来执行性能压测。命令行模式支持的命令行参数如下：

（1）-h, --help：输出命令行的所有帮助信息。

（2）-v, --version：输出 JMeter 的版本信息。

（3）-p, --propfile <argument>：启动时，指定 JMeter 的属性配置文件的路径。

（4）-q, --addprop <argument>：启动时，添加额外的 JMeter 的属性配置文件的路径。

（5）-t, --testfile <argument>：启动时，指定要运行的 JMeter 的测试计划的文件（.jmx）。在 GUI 模式下编写好的性能测试计划脚本，可以保存为.jmx 文件。

（6）-l, --logfile <argument>：启动时，指定 JMeter 取样器日志的输出路径。

（7）-i, --jmeterlogconf <argument>：启动时，指定 JMeter 的日志配置文件的路径。默认会使用 bin 目录下的 log4j2.xml。

（8）-j, --jmeterlogfile <argument>：启动时，指定 JMeter 日志的输出路径。默认会输出到 bin 目录下的 jmeter.log 中。

（9）-n, --nongui：启动时，以无 GUI 界面的模式运行，也就是启动时不会展示 JMeter 的 GUI 界面。

（10）-s, --server：以 JMeter 服务器的模式运行。

（11）-E, --proxyScheme <argument>：启动时，增加设置代理服务器。

（12）-H, --proxyHost <argument>：启动时，设置使用的代理服务器的 IP 地址或者域名。

（13）-P, --proxyPort <argument>：启动时，设置使用的代理服务器的端口号。

（14）-N, --nonProxyHosts <argument>：启动时，设置哪些 IP 地址或者域名不需要代理服务器进行代理。

（15）-u, --username <argument>：启动时，设置代理服务器的用户名。

（16）-a, --password <argument>：启动时，设置代理服务器的密码。

（17）-J, --jmeterproperty <argument>=<value>：启动时，以 key-value（键-值）的形式指定需要添加的 JMeter 属性配置。

（18）-G, --globalproperty <argument>=<value>：启动时，以 key-value 的形式指定需要添加的 JMeter 全局属性配置。

（19）-D, --systemproperty <argument>=<value>：启动时，以 key-value 的形式指定需要添加的系统属性配置。

（20）-S, --systemPropertyFile <argument>：启动时添加额外的系统属性配置文件的路径。

（21）-f, --forceDeleteResultFile：设置是否强制删除现有的已经存在的性能测试结果文件和 Web 报告文件夹。

（22）-L, --loglevel <argument>=<value>：设置指定组件的日志输出级别。比如，可以设置 jmeter.util=DEBUG，因为 jmeter.util 是 JMeter 中的一个组件名。

（23）-r, --runremote：启动时，设置需要启动的远程服务器的 IP 地址或者域名地址，这些要启动的远程服务器地址需要在 remote_hosts 属性中配置。

（24）-R, --remotestart <argument>：启动时，设置需要启动的远程服务器的 IP 地址或者域名地址。如果使用了该参数，将会覆盖 remote_hosts 属性配置中配置的、需要远程启动的服务器地址。

（25）-d, --homedir <argument>：设置 JMeter 运行时的主目录路径。

（26）-X, --remoteexit：设置测试结束时退出远程服务器，但是当前自己所在的 GUI 模式的界面不会退出。

（27）-g, --reportonly <argument>：设置性能测试时，仅通过测试结果文件来生成最终的测试报告仪表板。

（28）-e, --reportatendofloadtests：设置性能测试时，在负载测试结束后，生成测试报告仪表板。

（29）-o, --reportoutputfolder <argument>：设置性能测试时，生成的测试结果报告的输出文件夹路径。

1.7.3　服务器模式

在性能测试中，当一台 JMeter 压测机无法提供足够的并发用户时，就需要用多台压测机同时提供并发用户来进行性能压测，如图 1-15 所示。

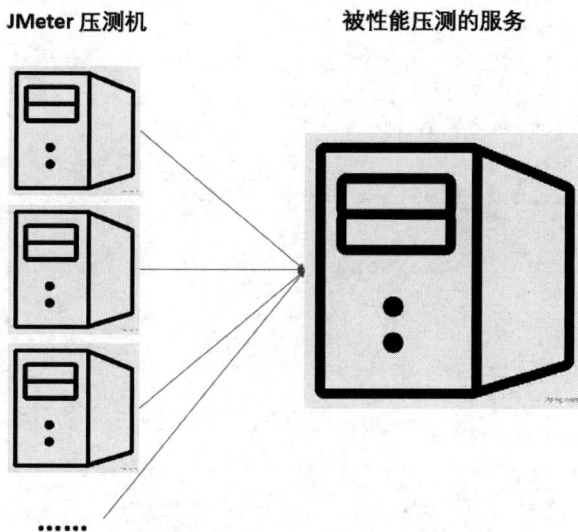

图 1-15　JMeter 服务器集群

当出现这种需要高并发用户场景时，就会用到 JMeter 的服务器模式了。此时 JMeter 会存在多个工作节点，每个节点都会以服务器的模式启动。由于启动了多个服务器节点，因此肯定需要一个 JMeter 管理节点来管理这些工作节点，如图 1-16 所示。

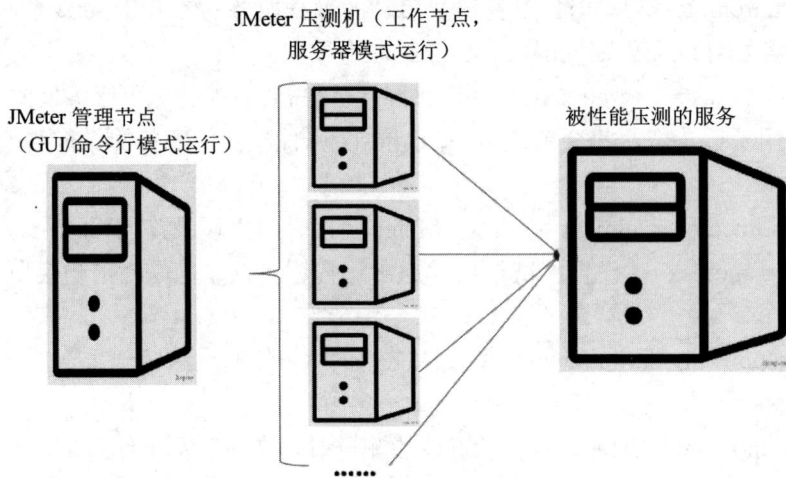

JMeter 压测机（工作节点，服务器模式运行）

JMeter 管理节点（GUI/命令行模式运行）

被性能压测的服务

图 1-16　JMeter 管理模式

（1）当需要进行分布式压测时，需要在每一台性能压测机中安装 JMeter，安装方式可以参考 1.5 节中的介绍。

（2）在每台性能压测机中修改 JMeter 的 jmeter.properties 属性配置文件，该文件位于 JMeter 的 bin 目录中。在 jmeter.properties 属性配置文件中，有关远程主机和 RMI 的内容如下：

```
...
#---------------------------------------------------------------------------
# Remote hosts and RMI configuration
#---------------------------------------------------------------------------

# Remote Hosts - comma delimited
remote_hosts=127.0.0.1
#remote_hosts=localhost:1099,localhost:2010

# RMI port to be used by the server (must start rmiregistry with same port)
#server_port=1099

# To change the port to (say) 1234:
# On the server(s)
# - set server_port=1234
# - start rmiregistry with port 1234
# On Windows this can be done by:
# SET SERVER_PORT=1234
# JMETER-SERVER
#
# On Unix:
# SERVER_PORT=1234 jmeter-server
```

```
#
# On the client:
# - set remote_hosts=server:1234

# Parameter that controls the base for RMI ports used by RemoteSampleListenerImpl
and RemoteThreadsListenerImpl (The Controller)
# Default value is 0 which means ports are randomly assigned
# If you specify a base port, JMeter will (at the moment) use the ports that
start one after the given base.
# You may need to open Firewall port on the Controller machine
#client.rmi.localport=0
...
```

其中，常用的配置项说明如下：

● remote_hosts：在 remote_hosts 中添加每一台 JMeter 工作节点的 IP 地址，以英文逗号隔开。

● server_port：默认为 1099，该端口用于当 JMeter 以服务器模式启动时，启动一个 RMI 服务端口。RMI JDK 在 1.2 版本中实现了一个基于 Java 语言的远程调用方法，RMI 的出现让 Java 语言有了分布式处理的能力。注册监听服务（即 rmiregistry 服务），如图 1-17 所示，当 RMI 通信时，会先连接到该端口上查找当前可用的 Server 端服务。

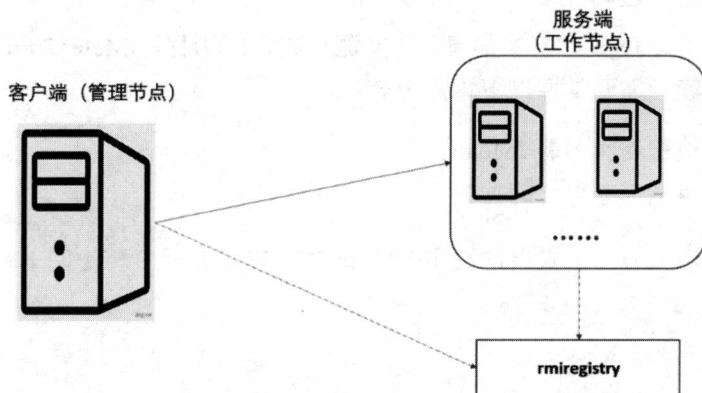

图 1-17　RMI 通信链路

● client.rmi.localport：该端口默认为 0，表示让操作系统随机分配一个可用的端口。该端口用于在和 server_port 端口进行通信时，启动一个 RMI 本地服务通信端口。server_port 和 client.rmi.localport 都用于 RMI 通信。

在完成上述内容的设置后，如果 JMeter 部署在 Windows 操作系统中，可以运行 jmeter-server.bat 来启动 JMeter 的服务器模式；如果 JMeter 部署在 Liunx/UNIX 操作系统中，可以运行 jmeter-server.sh 来启动 JMeter 的服务器模式。

在每一台 JMeter 的工作节点中完成上述配置，并以服务器模式运行 JMeter 后，我们可以在 JMeter 的管理节点上以 GUI 模式启动 JMeter。在 GUI 界面的运行菜单下，可以看到远程启动服务器的相关信息，如图 1-18 所示。我们可以选择远程启动单台远程服务器来运行当前的性能测试计划，比如选择 server1_ip 来运行；也可以选择菜单上的"远程启动所有"选项，以在所有的远程服务器上运行当前的性能测试计划。

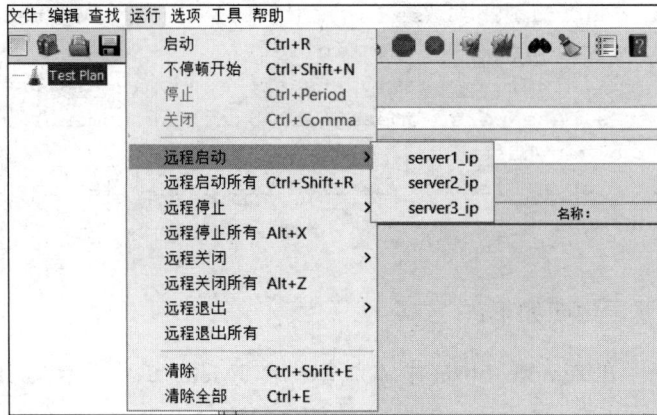

图 1-18　JMeter 远程启动界面

1.8　本章总结

本章主要介绍了 JMeter 的基本信息、性能测试的发展历程、JMeter 的安装部署以及 JMeter 的主要组成部分。读者需要掌握以下重点内容：

- 如何在本地安装和部署 JMeter。
- JMeter 的组成部分包含哪些。

完成本章的学习之后，读者就能对 JMeter 的相关概念有一个初步的了解。

第2章

认识性能测试

对 JMeter 有了一个初步认识后，读者还需要对软件性能测试有一个初步认识。性能测试经过长期不断的发展和积累，已经形成了一套完整的测试体系。在这种完备的测试体系下，已经诞生了性能测试工程师这样的专业岗位。本章将完整地介绍性能测试的指标、基本概念以及流程等内容，读者需要掌握这套性能测试体系，并为后面性能测试技能的学习打下基础。

2.1 性能的基本概念

2.1.1 什么是性能

性能通常可以理解为一个系统实现其功能的能力，也可以理解为在特定的工作负载下能够完成多少任务或处理多少数据的能力。性能可以从宏观和微观两个角度来认识，如图 2-1 所示。

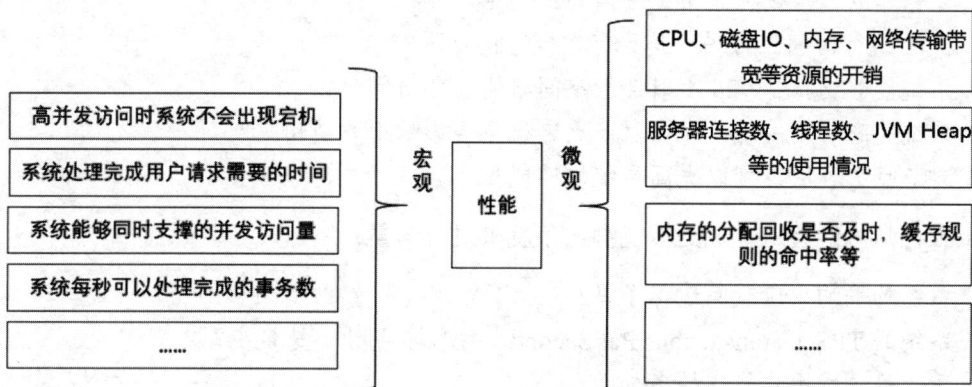

图 2-1 如何理解性能

性能从宏观上可以描述为系统能够稳定运行。其主要指标包括：高并发访问时系统不会出现宕机、系统处理完成用户请求需要的时间、系统能够同时支撑的并发访问量、系统每秒可以处理完成的事务数等。

性能从微观上可以描述为处理每个事务的资源开销。资源的开销可以包括 CPU、磁盘 I/O、内存、网络传输带宽等，甚至可以体现为服务器连接数、线程数、JVM Heap 等指标的使用情况，也可以表现为内存的分配回收是否及时、缓存规则的命中率等。

当然，不同的用户群体对性能的理解可能会存在很大的差异。普通的系统客户可能更加关心系统的响应时间和系统的稳定性：

- 从浏览器中访问的页面，还要让我等多久才能加载出来？
- 为什么有时会访问报错？
- 为什么会提示当前系统使用繁忙，请稍后重试。

架构师可能更加关心架构设计是否合理：

- 应用架构设计是否合理？
- 技术架构设计是否合理？
- 数据架构设计是否合理？
- 部署架构设计是否合理？

软件开发工程师可能更加关心代码编写的性能，代码是否需要优化和调整：

- 代码是否存在性能问题？
- JVM 中是否有不合理的内存分配和使用？
- 线程同步和线程锁是否合理？
- 代码的计算算法是否可以进一步优化，以减少 CPU 的消耗时间？

运维工程师可能更加关心系统的监控以及稳定性情况：

- 服务器各项资源使用率在正常范围内吗？
- 数据库的连接数在正常范围内吗？
- SQL 执行时间正常吗，是否存在慢查询日志？
- 系统能够支撑 7×24 小时连续不间断的业务访问吗？
- 系统是高可用的吗，服务器节点宕机了会影响用户使用吗？
- 对节点扩容后，可以提高系统的性能吗？

测试工程师可能会从专业的性能测试角度来进行考量：

- 系统的平均响应时间达标了吗？
- 系统的 TPS（Transactions Per Second，每秒事务数）是多少？
- 系统的并发用户能支持多少？
- 系统的吞吐量能支持多少？

2.1.2　性能测试的意义

1. 提升用户体验

一个好的软件系统性能会让用户在访问系统时感到轻松和愉快。用户体验好了后，很可能会成为该系统的回头客，并且会向身边的人推荐该软件系统，从而提高该软件系统的用户转化率。如果一个系统访问很慢，性能不佳，那么很多用户可能会抛弃使用该系统，从而转向竞争对手的软件产品，这样就会造成用户流失。良好的性能体验，可以让软件系统在市场竞争中脱颖而出。

2. 降本增效

通过性能测试和性能分析，可以精准地定位出软件系统中的资源瓶颈，避免过度堆积硬件资源来提高性能所造成的成本增加。如果不知道真实的性能瓶颈在哪里，只是增加大量的硬件资源，不但不能有效地提高系统的性能，反而会造成硬件资源的浪费。反之，找到了性能瓶颈所在，不但可以彻底解决性能问题，还可以做到降本增效。

3. 辅助业务决策

通过性能测试，可以评估出软件系统的负载承受能力，从而提前制订出应急预案。比如，某电商网站在双 11 大促时，需要做促销或者秒杀活动，如果不提前做性能压测，评估出系统的负载承受能力，那么营销团队在投放广告或者宣传时，就不知道应该在多大范围内来做广告投放和宣传，因为会担心系统的负载承受能力不够。

4. 系统风险预防

通过性能测试，可以发现一些在功能测试阶段无法发现的隐藏问题。比如，高并发场景下的系统稳定性，是否会出现系统崩溃、服务器内存泄露导致资源耗尽、数据库死锁等各种问题，造成系统不能提供 7×24 小时的稳定访问服务。

2.1.3　常见的性能指标

衡量一个系统性能的好坏，通常会使用一些性能指标来进行分析和描述，以下是一些常用的性能指标。

1. 响应时间

响应时间是指请求或者某个操作从发出的时间到收到服务器响应的时间之间的差值。在性能测试中，一般统计的是事务的响应时间。

图 2-2 所示是一次标准 HTTP 请求的处理路径，其响应时间的计算方式就是所有路径消耗的时间和每个服务器节点的处理时间的累加，通常是"网络时间+应用程序的处理时间"。

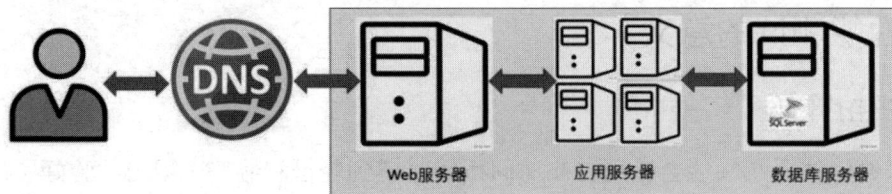

图 2-2　HTTP 请求的处理路径

2. TPS/QPS

在性能测试的专业术语中，事务通常指自定义的某个操作或者一组操作的集合。例如，在一个系统的登录页面上，输入用户名和密码，从单击登录按钮开始到登录完成跳转到新的页面，并且新的页面完全加载完成，这一系列操作就可以定义为一个事务。事务通常具有原子性。原子性是指某一个或者某一组操作要么都执行，要么都不执行。在性能测试中，事务的性能指标包括 TPS 和 QPS。

（1）TPS 是 Transaction Per Second 的缩写，即系统每秒能够处理的交易和事务的数量，一般统计的是每秒通过的事务数。

（2）QPS 是 Query Per Second（每秒查询率）的缩写，是对一个特定的查询服务器在规定时间内所处理流量多少的衡量标准。

3. 并发用户

在真实的用户操作中，用户的每个相邻操作之间都会有一定的间隔时间（在性能测试中，我们通常会称之为用户的思考时间），所以并发用户一般有绝对并发和相对并发之分。

（1）绝对并发：指某个时间点向服务器发出请求的并发用户数。

（2）相对并发：指一段时间内向服务器发出请求的并发用户总数。

单就性能指标而言，系统的并发用户数是指系统可以同时承载的、正常使用系统功能的用户总数量。

这里针对并发用户进行举例说明，如图 2-3 所示，在京东购物网站上购买一件商品的流程包括登录、浏览商品、把商品加入购物车、去购物车结算、确认商品清单、确认收货地址信息，最后提交订单去支付。如果 200 人同时按照这个流程去购买一件商品，但因为每个人购买商品的速度有快有慢，所以在同一时间点向服务器发出请求的用户肯定不会有 200 个，会远远小于 200 个。我们假设同一时间点向服务器发出请求的用户数为 20，那么 200 就是相对并发用户数，而 20 就是绝对并发用户数。

通常情况下 TPS/QPS、并发数、响应时间三者之间的关系是：TPS/QPS = 并发数 / 平均响应时间。

4. PV/UV

PV 和 UV 是衡量 Web 网站用户访问情况的两个非常重要的指标，具体描述如下：

（1）PV：Page View 的简写，即页面的浏览量或者点击量。用户每次对系统或者网站中任何页面的访问均会被记录一次，如果用户对同一页面进行多次访问，那么访问量会进行累加。PV 一般是衡量电子商务网站性能容量的重要指标，PV 的统计可以分为全天 PV、每个小时的 PV 以及峰值 PV（高峰 1 小时的 PV）。

（2）UV：Unique Visitor 的简写，即系统的独立访客。访问网站系统的一台计算机客户端会被称为一个访客，每天 00:00 到次日 00:00 期间的相同客户端只能被计算一次。同样地，UV 的统计也可以分为全天 UV、每个小时的 UV 以及峰值 UV（高峰 1 小时的 UV）。

每秒的 PV 数（PV/s）一般是由 TPS 通过一定的模型转化的，比如，如果把每一个完整的页面都定义为一个事务，那么 TPS 就可以等同于 PV/s。PV 和 UV 之间一般存在一个比例。PV/UV 可以理解为每个用户平均访问的页面数，这个比值在不同的时间点会有所波动。比如，双 11 电商大促时，PV/UV 的值会比平时高很多。

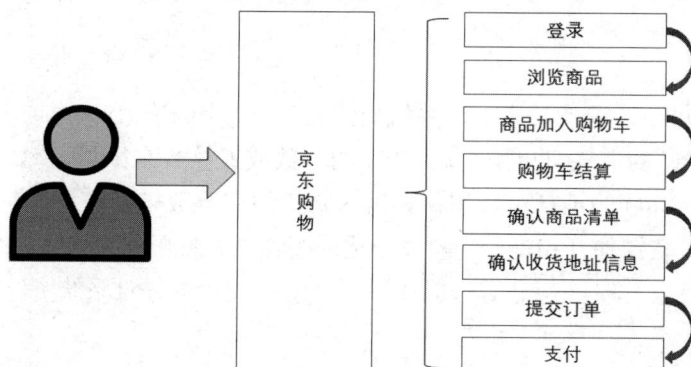

图 2-3　京东购买商品示例

5. 点击率

每秒的页面点击数（Hit）称为点击率，如图 2-4 所示。该性能指标反映了客户端每秒向服务端提交的请求数，通常一个 Hit 对应了一次 HTTP 请求。在性能测试中，我们一般不发起静态请求（指的是对静态资源的请求，比如 JS、CSS、图片文件等），所以 Hit 通常指的是动态请求。在性能测试中，我们之所以不发起静态请求，是因为很多静态请求不需要经过应用服务器的处理，要么直接通过 CDN 缓存，要么直接请求到 Web 服务器就被处理完成了。

6. 吞吐量

吞吐量是指系统在单位时间内处理客户端请求的数量。一个系统的吞吐量一般与一个请求处理对 CPU、网络带宽、I/O 和内存资源等的消耗紧密相连。从不同的角度来看，吞吐量的计算方式可以不一样。

（1）从业务角度：吞吐量可以用请求数/秒、页面数/秒等来进行衡量。

（2）从网络角度：吞吐量可以用字节/秒来进行衡量。

（3）从应用角度：吞吐量指标反映的是服务器承受的压力，即系统的负载能力。

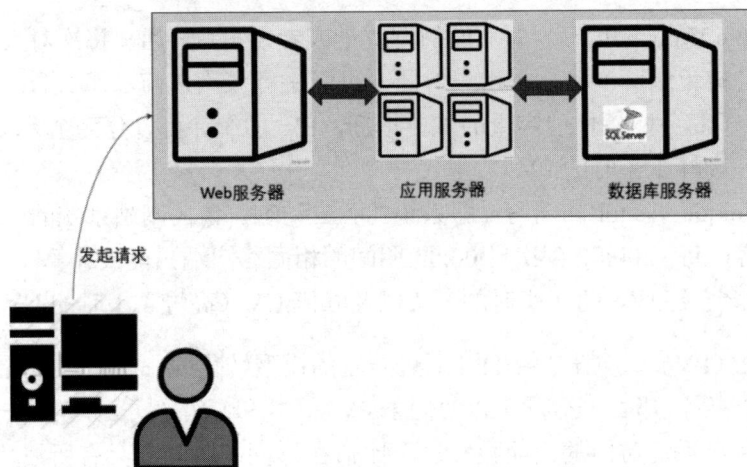

图 2-4　客户端点击率

7. 资源开销

资源开销是指每个请求或者事务对系统资源的消耗，用来衡量请求或者事务对资源的消耗程度。例如，对 CPU 的消耗可以用占用 CPU 的秒数或者核数来衡量，对内存的消耗可以用内存使用率来衡量，对 I/O 的消耗可以用每秒读写磁盘的字节数来衡量。

在性能测试中，资源的开销是一个可以量化的概念，资源开销的情况对性能指标有着重要的影响。我们在做性能优化时，都是尽可能让每一个请求或者事务对系统资源的消耗减少到最小。

2.2　性能测试的基本概念

2.2.1　性能测试的种类

从软件性能测试的专业角度来看，性能测试通常分为如下几种类别：

（1）性能测试：通常是指统计一个软件系统在正常负载下的各项性能指标，或者通过调整并发用户数，使系统资源的利用率处于正常水平时获取到系统的各项性能指标。

（2）负载测试：通常是指寻找系统在不同负载下的性能表现，通过负载测试可以知道系统在不同负载下性能变化的过程，从而寻求到性能的拐点。例如，在负载测试时，通过不断递增并发用户数，可以观察各项性能指标的变化规律，找到系统能达到的最大 TPS，并且观察此时系统处理的平均响应时间和各项系统资源的消耗情况。

（3）压力测试：系统在高负载下的性能表现。该项测试主要为了寻求系统能够承受的最大负载以及此时的吞吐率。通过该测试也可以发现系统在超高负载下是否会出现崩溃而无法访问，以及在负载减小后，系统性能能否自动恢复。

（4）基准测试：针对待测系统进行版本执行的测试，采集各项性能指标作为后期版本性能的对比。

（5）稳定性测试：以正常负载或者略高于正常负载来对系统进行长时间的测试，检测系统是否可以长久稳定地运行，以及系统的各项性能指标会不会随着时间发生明显变化。

（6）扩展性测试：通常用于新上线的系统或者新搭建的系统环境。先测试单台服务器的处理能力，然后慢慢增加服务器的数量，测试集群环境下单台服务器的处理能力是否有损耗，集群环境的处理能力是否可以呈现稳定增加。

2.2.2　性能测试的场景

性能测试的场景类型通常包含如下几种：

（1）业务场景：通常指的是系统的业务处理流程，描述具体的用户行为，通过对用户行为进行分析，划分出不同的业务场景。业务场景是性能测试时测试场景设计的重要来源。

（2）测试场景：测试场景是对业务场景的真实模拟，测试场景的设计应该尽可能贴近真实的业务场景。有时由于测试条件的限制，也可以适当作一些调整和特殊的设置。

（3）单个场景：指的是只涉及单个业务流程的测试场景，目的是测试系统的单个业务处理能力是否达到预期，并且得到系统资源利用正常情况下的最大 TPS、平均响应时间等性能指标。

（4）混合场景：测试场景中涉及多个业务流程，并且每个业务流程在混合的业务流程中所占的比重存在不同，该比重一般根据实际的业务流程来设定，尽可能符合实际业务的需要。该测试场景的目的是测试系统的混合业务处理能力是否满足预期要求，并且评估系统的混合业务处理容量最大能达到多少。

2.3　性能测试的流程

通常情况下，性能测试一般会经历如图 2-5 所示的阶段。这些阶段可以和很多性能测试工具对应起来，比如分析性能测试结果可以结合 JMeter 中的监听器来辅助测试。

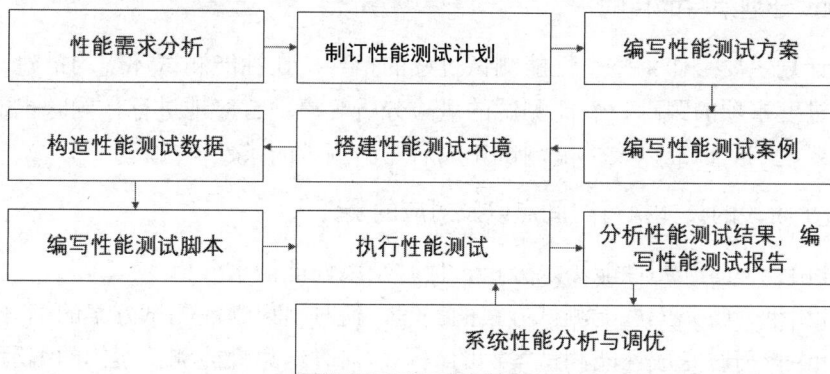

图 2-5　性能测试流程

2.3.1　性能需求分析

（1）熟悉被压测系统的基本业务流程，明确此次性能测试要达到的目标，与产品经理、业务人员、架构师、技术经理一起沟通，找到业务需求的性能点。

（2）熟悉系统的应用架构、技术架构、数据架构、部署架构等，找到与其他系统的交互流程，明确系统部署的硬件配置信息与软件配置信息，把对性能测试有重要影响的关键点明确地列举出来。一般这些关键点包括：

- 用户发起请求的顺序、请求之间的相互调用关系。
- 业务数据流走向、数据是如何流转的、经过了哪些应用服务、经过了哪些存储服务，并评估被压测系统可能存在的重点资源消耗，是 I/O 消耗型、CPU 消耗型还是内存消耗型，这样在执行压测时可以重点进行监控。
- 关注应用的部署架构。如果是集群部署，那么压测时需要关注应用的负载均衡转发是否均匀，每台应用服务器资源消耗是否大体一致。
- 和技术经理一起沟通，明确应用的并发架构采用的是多线程处理还是多进程处理，重点关注是否会死锁、数据是否不一致、线程同步锁是否合理（锁的粒度一般不宜过大，若过大，则可能会影响并发线程的处理）等。

（3）明确系统上线后可能会达到的最大并发用户数、用户期望的平均响应时间以及峰值时的业务吞吐量，将这些信息转换为性能需求指标。

2.3.2　制定性能测试计划

性能测试计划是性能测试的指导，也是一系列测试活动的依据。在制订性能测试计划时，需要明确系统的上线时间点、当前项目的进度以及所处的阶段、可供调配的硬件资源和性能测试人员。一个完整的性能测试计划一般包括如下几个部分。

1. 性能测试计划编写的目的

性能测试计划主要是作为整个性能测试过程的指导，让性能测试环境的搭建、测试策略的选取、任务与进度事项的跟踪、性能测试的风险分析等事项有序地进行，同时也需要明确此次性能测试预期要达到的标准以及性能测试完成后退出测试的条件。

2. 明确各个阶段的具体执行时间点以及对应的责任人

（1）预计由谁何时开始性能需求分析，何时结束性能需求分析。

（2）预计由谁何时完成性能测试方案的编写，何时结束性能测试方案的编写。

（3）预计由谁何时完成性能测试案例的编写，何时结束性能测试案例的编写。

（4）预计由谁何时开始搭建性能测试环境，何时结束性能测试环境的搭建。

（5）预计由谁何时开始准备性能测试需要的数据，何时准备完毕。

（6）预计由谁何时开始编写性能测试脚本，何时编写完毕。

（7）预计由谁何时开始性能测试的执行，何时完成性能测试的执行。

3. 性能测试风险的分析和控制

性能测试风险的分析和控制主要是评估可能存在的风险和不可控的因素，以及这些风险和因素对性能测试可能产生的影响，并针对这些风险因素给出对应的短期和长期的解决方案。性能测试风险一般包括如下 3 个方面：

1）性能测试环境因素

如果无法按期完成性能测试环境的搭建，那么这中间的问题既可能是硬件引起的，也可能是软件引起的。硬件问题一般包括性能压测服务器无法按时到位、服务器硬件配置无法满足预期（一般要求性能压测服务器硬件配置等同于生产环境，服务器的节点数可以少于生产环境，但是需要保证每个应用服务至少部署了两台节点服务器）。软件问题可能包括性能测试环境软件配置无法和生产环境保持一致（一般要求性能压测环境软件配置，比如软件版本、数据库版本、驱动版本等要和生产环境完全一致）。

2）性能测试人员因素

如果性能测试人员无法按时到位参与项目的性能测试，肯定会导致性能测试无法按期进行，需要立即向项目经理汇报，以确保可以协调到合适的人员。这是一个非常严重的风险。

3）性能测试结果无法达到预期

即系统的性能无法达到生产预期上线要求或者存在性能问题无法解决。性能调优本身其实就是一个长期不断优化的过程，此时可以看看能否通过服务器的横向或者纵向扩容来解决。如果通过服务器扩展还是无法解决问题，那么需要提前上报风险。

2.3.3　编写性能测试方案

在有了性能测试计划后，我们就需要按照性能需求分析的结果来制订性能测试方案，即按照什么样的思路和策略去测试、需要设计哪些测试场景、测试场景执行的先后顺序、每个测试场景需要重点关注的性能点等。一般编写性能测试方案包括如下工作。

1. 设计测试场景

（1）单一场景设计：单一业务流程的处理模式设计。

（2）混合场景设计：多个业务流程的混合处理模式设计。

2. 定义事务

在测试方案中需要明确定义压测事务，以方便分析响应时间（特别是在混合场景中，定义压测事务可以方便地分析每一个场景响应时间的消耗）。比如，我们对淘宝商城购买商品这一场景进行压测，可以把提交订单定义为一个事务，把支付定义为一个事务，还可以把提交订单加支付定义为一个事务，如图 2-6 所示。事务的定义取决于性能压测时自己关注的业务流程。在压测结果中，如果响应时间较长，就可以对每一个事务进行分析，确定哪个事务耗时最长。

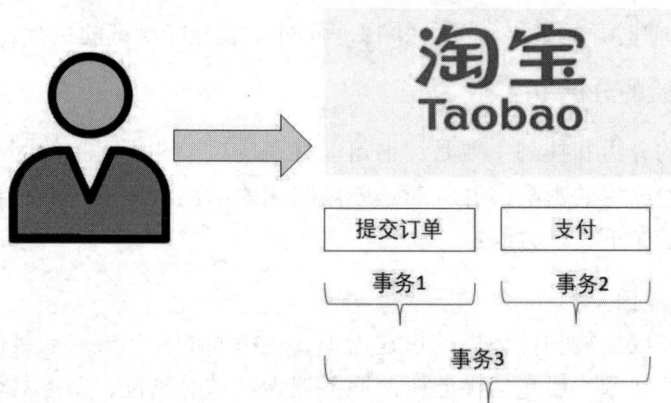

图 2-6　淘宝商城购买商品示例

3. 明确监控对象

针对每个场景，明确可能的性能瓶颈点（比如数据库查询、Web 服务器服务转发、应用服务器等）和需要监控的对象（比如 TPS、平均响应时间、点击率、并发连接数、CPU、内存、I/O 消耗等）。

4. 定义测试策略

明确性能测试的类型。确定需要进行哪些类型的性能测试，比如负载测试、压力测试、稳定性测试等。

明确性能测试场景的执行顺序，一般先执行单场景测试，后执行混合场景测试。

如果是进行压力测试，还需要明确加压的方式。比如，按照开始前 5 分钟增加 20 个用户，然后每隔 5 分钟增加 20 个用户来进行加压，如图 2-7 所示。

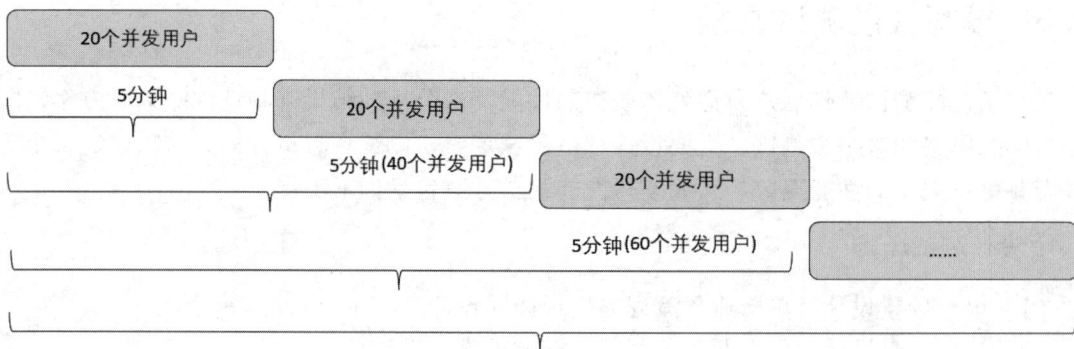

图 2-7　压力测试加压示例

5. 性能测试工具的选取

性能测试工具有很多，常见的有 JMeter、Loadrunner、nGrinder 等，那么如何选取合适的性能测试工具呢？可以考虑以下因素：

（1）一般性能测试工具都是基于网络协议开发的，所以我们需要明确待压测系统使用的协议，尽可能和待压测系统的协议保持一致或者至少要支持待压测系统的协议。

（2）理解每种工具的实现原理，比如哪些工具适用于同步请求的压测，哪些工具适用于异步请求的压测。

（3）压测时明确连接的类型，比如属于长连接还是短连接，连接多久能释放。

（4）明确性能测试工具并发加压的方式，比如是多线程加压还是多进程加压。通常默认采用的是多线程加压。

6. 明确硬件配置和软件配置

（1）硬件配置一般包括：服务器的 CPU 配置、内存配置、硬盘存储配置、集群环境下集群节点的数量配置等。

（2）软件配置一般包括：

- 操作系统配置：操作系统的版本以及参数配置需要同线上保持一致。
- 应用版本配置：应用版本要和线上保持一致，特别是中间件、数据库组件等的版本。因为不同的应用版本，其性能可能不一样。
- 参数配置：比如 Web 中间件服务器的负载均衡、反向代理参数配置、数据库服务器参数配置等。

（3）网络配置：一般为了排除网络瓶颈，除非有特殊要求，建议在局域网下进行性能测试，并且明确压测服务器的网卡类型以及网络交换机的类型，比如是否属于千兆网卡，以及交换机属于百兆交换机还是千兆交换机等。这对我们以后分析性能瓶颈会有很大的帮助，在网络吞吐量较大的待压测系统中，网络有时也很容易成为一个性能瓶颈。

2.3.4　编写性能测试案例

性能测试案例是对性能测试方案中性能压测场景的进一步细化，其内容一般包括如下 3 点：

（1）预置条件：一般指执行此案例需要满足何种条件，性能测试案例才可以执行。比如，性能测试数据需要准备到位、性能测试环境需要启动成功等。

（2）执行步骤：详细描述案例的执行步骤。一般需要描述测试脚本的录制和编写、脚本的调试、脚本的执行过程（比如，如何加压、每个加压的过程持续多久等）、观察和记录的性能指标、性能曲线的走势、监控哪些性能指标等。

（3）性能预期结果：描述性能测试预期需要达到的结果，比如 TPS 需要达到多少，平均响应时间需要控制在多少以内，服务器资源的消耗需要控制在多少以内等。

2.3.5　搭建性能测试环境

性能测试环境的搭建需要注意如下几点：

（1）尽可能与实际生产环境的配置保持一致，不可减少其中的相关组件，实际生产环境中的某些组件在性能测试环境中必须部署。

（2）一般生产环境的服务器数量和配置都很高，但在性能测试环境，不可能以这么高的成本去部署完全一样的硬件机器。性能测试环境上的机器数量和机器配置可以按照一定比例进行缩减，但如果是分布式系统，那么服务的机器节点需要两个或者两个以上，并且节点资源配置不能太低。

（3）操作系统版本以及在操作系统上部署的相关软件（比如中间件软件、应用容器软件等）版本、数据库软件版本必须与实际生产环境完全一致。网络环境必须与实际生产环境保持一致，因为网络是一个容易成为性能瓶颈的地方。

2.3.6　构造性能测试数据

性能测试的结果是否准确，在一定程度上还取决于测试数据的数量和质量。

如果不是使用实际的生产环境进行线上的性能测试（比如淘宝、天猫、苏宁易购等网站可以在双 11 大促前，允许在特定的时间段进行生产环境的压力测试），那么在性能测试环境中，就需要提前导入能够模拟生产环境的基础数据，比如用户数据、角色权限数据等，并且基础数据需要有足够的量，或者尽可能和生产环境一致，或者只略低于生产环境。

测试场景和测试案例中需要的数据，可以通过从生产环境中拉取数据并脱敏后导入，或者使用数据脚本进行批量构造。数据量尽可能和生产环境的数据库中的数据量在一个数量级上，或者根据性能测试环境硬件配置和生产环境硬件配置的比例来评估测试数据和生产数据的量级比例为多少是合适的。

数据的质量也非常重要，比如一个查询操作的性能测试场景，如果构造的数据都是查询参数无法查询到的数据，那么这个性能测试的结果肯定不好。

2.3.7　编写性能测试脚本

性能测试脚本主要包含如下内容：

（1）按照性能测试场景，开始录制性能测试脚本或者直接编写性能测试脚本，此时可能用到的常见性能测试工具包括 JMeter、Loadrunner、BadBoy、nGrinder 等。

（2）根据准备好的测试数据，对性能测试脚本进行参数化，添加集合点、事务分析点等。

（3）对性能测试脚本进行试运行调试，确保不出现报错，并且可以覆盖测试场景中的所有操作。

2.3.8　执行性能测试

性能测试的执行过程如图 2-8 所示。

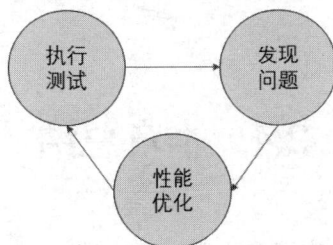

图 2-8　性能测试的执行过程

（1）执行测试：完成每一个性能测试场景和案例的执行，记录相关的性能测试结果，明确性能曲线的变化趋势，获取性能的拐点等。

（2）发现问题：根据性能测试的结果，评估性能数据是否可以满足预期，从性能测试结果数据中分析存在的性能问题。

（3）性能优化：针对性能问题，进行性能定位和优化，然后进行二次压测，直至性能数据可以满足预期，性能测试问题得到解决。

2.3.9　编写性能测试报告

性能测试报告是性能测试的主要产出物之一，也是对性能测试结果和测试数据的总结与分析。它记录了系统在不同负载和场景下的性能表现、发现的性能问题、性能测试的结论和性能调优的建议等。其详细内容说明如下。

（1）测试环境描述：描述进行性能测试时使用的实际环境，通常需要包括：

● 硬件信息：比如服务器的型号、CPU 的核数、内存的大小等常见的信息。

● 软件系统信息：比如操作系统的类型及其版本、数据库的类型及其版本等常见的软件信息。

● 网络配置信息：比如网卡的型号、带宽大小等常见的网络传输方面的信息。

（2）测试案例和场景：描述执行的测试场景和案例，以及对应的测试场景和案例的测试结果是否达到了预期结果。

（3）测试结果记录：详细记录每个测试场景和案例执行完成后得到的详细结果数据。通常包括并发数、吞吐量、TPS、响应时间、CPU 和内存以及网络资源的使用率等。

（4）测试结果分析：对每个测试场景和案例的测试结果做深入的性能问题分析，挖掘出可能的性能瓶颈和问题等。

（5）测试问题与缺陷记录：整理出整个性能测试过程中发现的问题和缺陷，以及这些问题和缺陷造成的影响。

（6）性能调优建议：基于性能测试的结果、分析验证或者凭借性能测试的过往经验，给出当前测试系统的性能改进建议。

（7）性能测试结论：基于以上分析，给出最终性能测试是否能够达到预期的结论，以及可能存在的性能风险等信息。

2.4 本章总结

本章主要介绍了性能测试的基本概念、常见的性能指标、性能测试的流程等。读者需要掌握以下重点内容：

- 性能测试的基本概念，包括什么是性能、性能测试的种类、性能测试的场景等。
- 常见的性能指标，包括响应时间、TPS/QPS、并发用户、并发用户的数量、PV/UV、点击率、吞吐量和资源开销等。
- 性能测试的流程，包括如何进行性能需求分析，怎么去制订性能测试计划，如何设计出一个好的性能测试方案，如何编写对应的测试案例，如何搭建测试环境和构造性能测试数据，如何编写性能测试脚本，如何执行性能测试，以及如何编写最终的性能测试报告。

通过学习本章内容，读者应该能够对性能测试有一个基本的认识，在接到一个性能测试任务时，知道如何按照性能测试流程做好相应的准备工作。

第3章

初识 JMeter 元件

JMeter 元件是 JMeter 完成性能测试的基础，是 JMeter 的核心。JMeter 是由很多个不同种类的元件共同组成的，每个元件具有不同的功能，编写 JMeter 的性能测试脚本就是将多个功能不同的元件串联起来完成一个性能测试场景的过程。图 3-1 展示的就是 JMeter 中常用的一些元件的种类。每个不同种类的元件可以在性能测试中起到不同的作用，通常需要不同的元件来共同协作，才能完成一个性能测试场景。

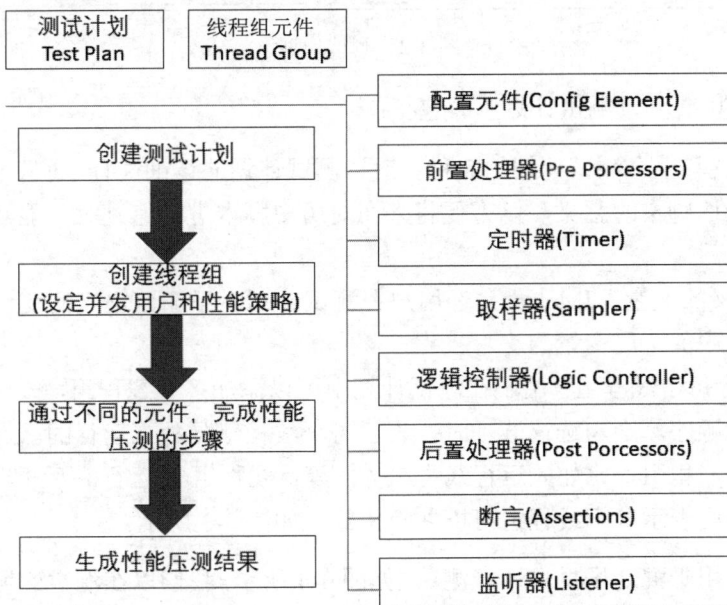

图 3-1 JMeter 元件的使用

3.1　测试计划

测试计划是 JMeter 最底层的逻辑运行容器，是描述和组织一个性能测试脚本和测试场景的前提。所有的 JMeter 元件都必须运行在一个测试计划下面，如图 3-2 所示。

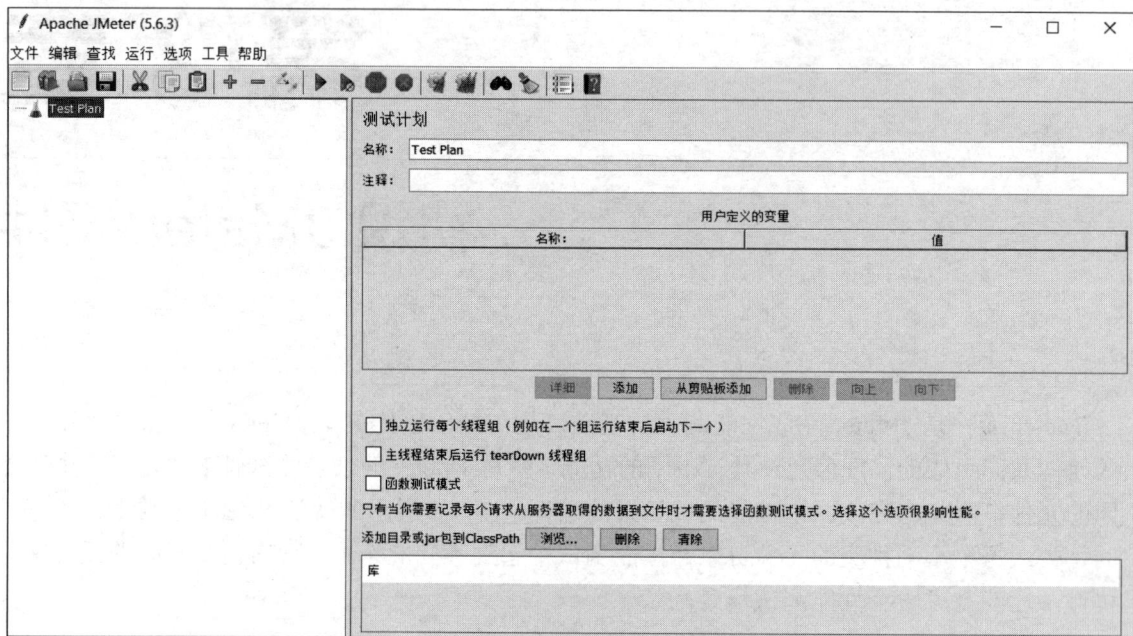

图 3-2　测试计划

从图 3-2 中可以看到，测试计划主要包括：

（1）名称和注释：整个测试计划的名称和对该测试计划的详细注释，通常可以自定义填写，当然建议最好能表达脚本的意义，以方便将来在对历史脚本进行追溯时，能知道性能测试计划及其脚本的作用。

（2）用户定义的变量：JMeter 允许用户在测试计划中添加自定义的变量，这里定义的变量是整个测试计划中的全局变量。

（3）独立运行每个线程组：由于在测试计划中可以添加多个线程组，该选项主要用于控制多个线程组的执行顺序。当勾选该选项时，表示每个线程组是独立运行的。通常可以做到按照顺序来执行每一个线程组，比如先运行线程组 A，等待线程组 A 运行完后再运行线程组 B。如果不勾选该选项，则表示多个线程组可以并行执行，如图 3-3 所示。

这个选项通常用于混合场景的性能测试。如图 3-4 所示，我们以在淘宝商城购买商品为例。

● 用户需要先登录，而登录只需要做一次。因此，多个并发用户登录可以设置成一个线程组 A，用于并发完成用户的登录。

● 用户登录后，就可以查询商品或者提交订单了。因此，查询商品和提交订单可以分别设置为线程组，而且这两个线程组可以并行运行。

- 由于登录时，每个用户只需要执行一次，并且通常都是先登录，再去查询商品或者提交订单，因此登录与查询商品、提交订单之间通常建议设置成串行执行。

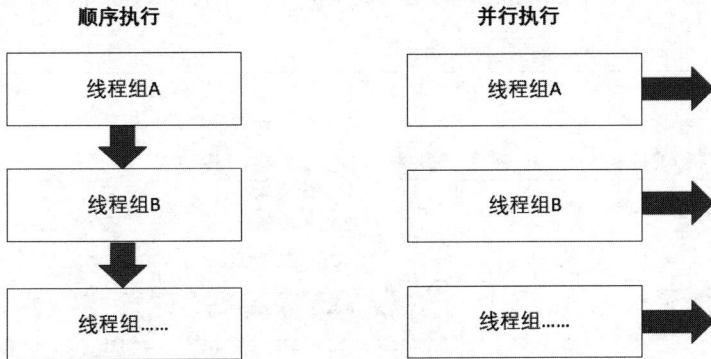

图 3-3　线程组的执行

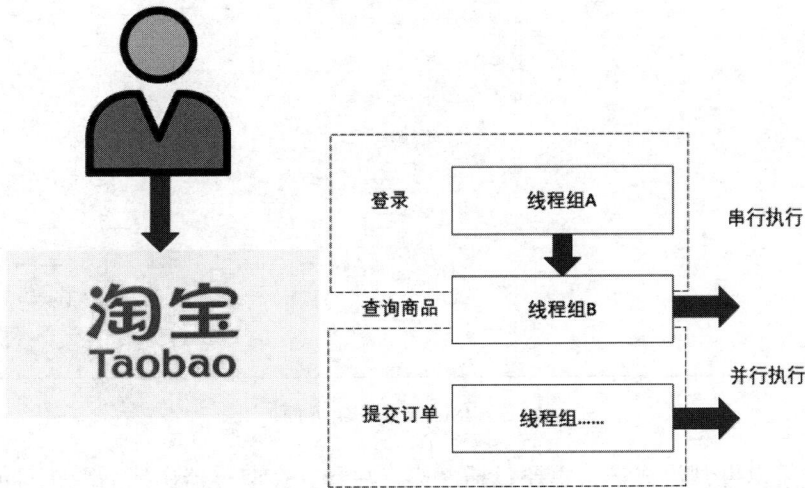

图 3-4　淘宝商城购买商品示例

（4）主线程结束后运行 tearDown 线程组：表示主当线程组停止运行时继续运行 tearDown 线程组。一般很少用到该选项。

（5）函数测试模式：表示保存性能测试的响应结果数据或者性能样本数据。如果勾选此选项，通常会消耗比较大的本地磁盘 I/O 资源。一般不建议勾选，除非在做性能测试脚本调试时，需要特殊定位问题才建议勾选，并且在问题定位完成后，就取消该选项的勾选。

（6）添加目录或 JAR 包到 ClassPath：用于向 JMeter 中添加第三方的 JAR 包。在前面已经提到 JMeter 底层是基于 Java 语言开发的，这个功能就是用于向 JMeter 中添加第三方的外部 JAR 包。比如，我们需要通过 JDBC 的协议对 SQL Server 数据库进行性能压测，但是由于 JMeter 没有自带连接 SQL Server 数据库的驱动 JAR 包，就需要用到这个功能来添加一个 SQL Server 数据库的驱动 JAR 包，以完成通过 JDBC 的协议来对 SQL Server 数据库进行性能压测。

3.2 线程组

线程组主要用于控制整个性能测试的运行开始时间、运行时长、线程数量（即并发用户数）等，如图 3-5 所示。

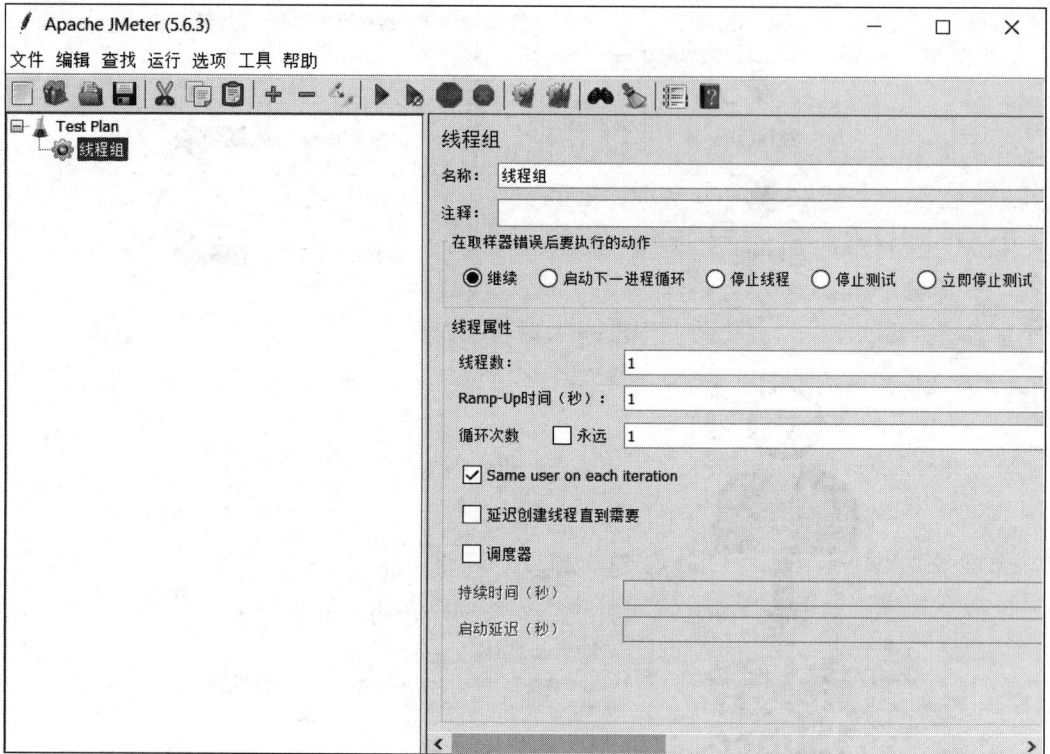

图 3-5 JMeter 线程组界面

从图 3-5 中可以看到，线程组主要包括名称、注释、在取样器出错后要执行的动作以及线程属性。

1. 名称和注释

名称和注释主要用来对线程组进行命名和注释说明，尤其当一个测试计划中包含多个线程组时，通常建议填写线程组的名称和注释，以方便区分不同线程组的作用，并在将来对历史脚本进行追溯时，能知道当初创建线程组的明确用义。

2. 在取样器错误后要执行的动作

（1）继续：表示当取样器发生报错时，线程组继续往下执行，这也是默认选项。

（2）启动下一进程循环：表示忽略当前的取样器报错，继续开始下一个性能压测循环。

（3）停止线程：表示退出当前取样器报错所在的线程，让该线程不再运行。一个线程组中通常会包含多个线程，此处的停止线程仅仅是停止当前取样器报错所在的线程，而不是停止所有的线程，如图 3-6 所示。

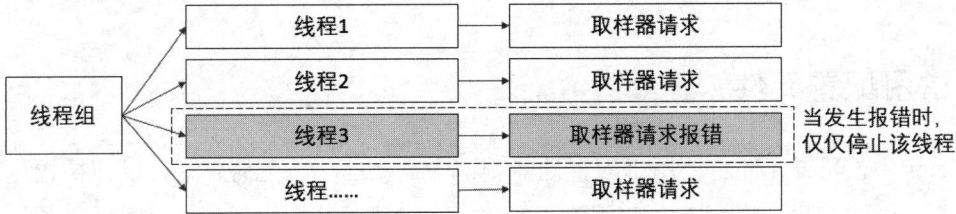

图 3-6　线程组停止报错线程

（4）停止测试：等待当前取样器报错所在的线程运行完成当次测试后，停止整个性能测试。

（5）立即停止测试：不做任何等待，直接停止整个性能测试。

3. 线程属性

线程属性用于设置线程组中每个线程的运行参数。线程属性主要包括：

（1）线程数：用于设置该线程组需要启动的线程数（并发用户数）。

（2）Ramp-Up 时间（秒）：表示设置的线程数需要在多久内创建完成，此处的时长单位为秒。

（3）循环次数：表示循环进行性能压测的次数，当勾选"永远"选项时，表示性能压测一直运行，直到手动停止。

（4）Same user on each iteration：表示线程每次循环迭代运行时，都使用同一个用户，如图 3-7 所示。JMeter 在进行性能压测时，其每次循环迭代运行都需要通过参数化的形式去获取一个用户。当勾选了该选项时，线程每次循环迭代运行时，不再从参数化数据中的用户中去获取一个新用户。当参数化数据中的用户多于线程组的线程数时，会导致超出线程数的剩余用户永远不会被用到。

（5）延迟创建线程直到需要：表示延迟创建线程。如果不勾选该选项，在线程组初始化时，就会直接创建预先已经设置的线程数量。

（6）调度器：用于设置性能压测持续的时长，以及运行启动的延迟时长。设置时长的单位为秒。

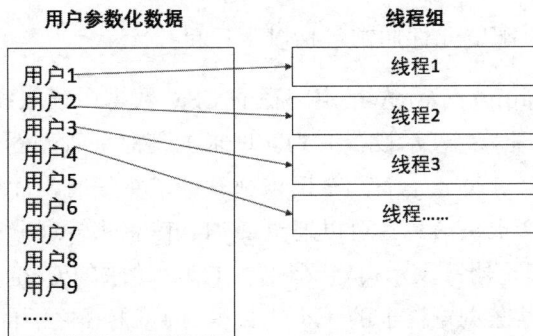

图 3-7　线程循环迭代运行时如何使用用户参数化数据

3.3 配置元件

3.3.1 常用配置元件

在 JMeter 中，配置元件主要用于配置性能测试中需要的一些配置信息，以便初始化变量或者参数的默认值。比如，读取指定的 CSV 文件数据、设置公共请求参数、赋予变量值等，这些信息在后续性能测试脚本中能被取样器直接使用，如图 3-8 所示。

图 3-8 配置元件

从图 3-8 中可以看到，配置元件通常包括以下项目：

（1）CSV Data Set Config：表示从指定路径的 CSV 数据中读取和设置配置信息。

（2）HTTP 信息头管理器：表示设置 HTTP 请求的信息头管理器。这里的 HTTP 请求通常指的是 HTTP 请求的取样器。每一个 HTTP 请求都有请求头信息，而且通常会有默认的请求头信息。如果不使用默认的请求头信息，可以通过 HTTP 信息头管理器来进行修改。

（3）HTTP Cookie 管理器：表示自定义设置 HTTP 请求的 Cookie。Cookie 通常是由服务器返回到浏览器并直接保存在浏览器上的一小块数据。浏览器在之后的请求中，都会携带 Cookie 数据，如图 3-9 所示。

图 3-9　在浏览器中使用 Cookie 发送 HTTP 请求

Cookie 通常用于区分是否为同一个用户发送的请求。Cookie 通常分为如下几种：

● 会话 Cookie：指的是该 Cookie 的生命周期是会话级的，当会话关闭时（比如浏览器关闭），Cookie 就会失效。

● 持久 Cookie：指的是可以长期使用的 Cookie，但是通常也会带有具体的过期日期，并且在不同的浏览器中都可以使用。

（4）HTTP 缓存管理器：指的是 HTTP 请求的缓存管理设置，通常用于在性能测试中模拟浏览器的缓存行为。

（5）HTTP 请求默认值：用于设置 HTTP 请求的默认值，比如请求的协议、服务端的 IP 或者域名地址、服务端的端口号、默认的 HTTP 请求参数等。

（6）Bolt Connection Configuration：用于配置 Bolt 协议连接。Bolt 是一种基于 TCP 的网络应用连接协议，比如连接 Neo4j 数据库（一个高性能的 NoSQL 图形数据库）时，采用的就是这种协议。

（7）计数器：用于在测试时生成连续不重复的数字。通常用于生成唯一的数字或者 Id。比如，当向数据库中插入数据时，需要保证数据的唯一性，就可以用计数器来构造唯一的数据。当定义了一个计数器后，就可以通过引用名称来引用这个计数器，此时就可以把计数器当作一个变量来引用和使用。

（8）DNS 缓存管理器：通常用于设置自定义的 DNS 解析，其实就是在 JMeter 中设置一个自定义域名和服务端 IP 地址的映射关系。当访问自定义的域名时，可以直接将请求发送到对应的服务端 IP 地址上。

（9）FTP 默认请求：用于设置 FTP 取样器请求的默认配置，包括 FTP 服务端的 IP 地址、端口号、远程文件的路径等信息。

（10）HTTP 授权管理器：用于设置和管理 HTTP 请求的授权认证方式。

（11）JDBC Connection Configuration：用于设置 JDBC 取样器请求的默认配置信息，通常包括 JDBC URL、JDBC 驱动的 Class 名称、用户名、密码、JDBC 的超时配置等信息。

（12）Java 默认请求：用于设置 JMeter 中自带的 Java 取样器的默认配置信息。

（13）Keystore Configuration：用于设置 Keystore，通常在 HTTPS 请求协议中被用到。使用该配置时，Keystore 配置需要先导入 Java 密钥库中。Keystore 配置包括预加载、别名变量、索引等选项。

（14）LDAP 扩展请求默认值：用于设置 LDAP 扩展请求取样器的默认值。LDAP 是一种网络传输的应用层协议，JMeter 支持对 LDAP 服务做性能压测。

（15）LDAP 默认请求：用于设置 LDAP 请求取样器的默认请求值。

（16）登录配置元件/素：用于设置登录配置的用户名和密码。通常用于用户身份认证的场景设置。

（17）Random Variable：用于获取随机值，并且可以将该随机值赋予一个变量，然后在 JMeter 中直接引用这个变量来产生随机数。

（18）简单配置元件：指可以通过简单的方式来配置元素的值。

（19）TCP 取样器配置：用于设置 TCP 请求取样器的默认配置。

（20）用户定义的变量：用于设置用户自定义的全局变量，该全局变量可以在整个 JMeter 性能测试计划中生效和使用。

3.3.2　JDBC Connection Configuration 配置项详情

JDBC Connection Configuration 配置项说明如下。

（1）Variable Name for created pool：用于设置创建的连接池变量的名称。在 JMeter 测试计划中可以同时创建多个 JDBC Connection Configuration，在每个 JDBC Connection Configuration 中设置一个不同的变量名称，然后每个 JDBC 取样器可以绑定对应的连接池变量。因为在一个 JMeter 测试计划中，可以创建多个 JDBC 取样器。

（2）Max Number of Connections：用于设置连接池中最大的连接数。如果将其设置为 0，则表示在 JMeter 多并发用户线程中，每个线程都可以获得自己的连接池，并且该连接池中只有 1 个线程，以实现线程之间不会共享连接；如果需要共享连接池，那么建议将最大连接数设置为与线程总数相同，以确保线程不会相互等待连接释放。

（3）Max Wait (ms)：设置 JMeter 尝试检索获取连接的最大等待时长，单位为毫秒。如果超出该时长，则会抛出异常；如果设置为 0 或者小于 0，则表示设置为无限期等待。

（4）Time Between Eviction Runs (ms)：用于设置空闲对象驱逐线程运行期间休眠的时长，单位为毫秒，默认为 60000 毫秒，即 1 分钟。空闲对象驱逐线程通常用于对一些空闲的连接进行释放，以节省服务器端相关资源的开销。

（5）Auto Commit：用于打开连接的事务自动提交功能。在数据库操作中通常需要处理事务。数据库事务具有如下特性：

- 原子性：事务是一个不可分割的工作单位，要么全部执行，要么全部不执行。如果事务中的任何一步操作失败，则整个事务都会被回滚，回到操作之前的状态，不会造成数据的损坏或不一致。
- 一致性：事务执行后，数据库从一个一致性状态转移到另一个一致性状态。即使在事务执行过程中出现异常，数据库也会通过回滚操作，将数据恢复到一致性状态。
- 隔离性：指事务的执行不会受到其他事务的影响，每个事务在执行过程中都应该感觉不到其他事务的存在。即使多个事务同时操作同一数据，也不会互相干扰。隔离性能够防止并发事务导致的数据异常和数据不一致问题。

- 持久性：一旦事务被提交，则该事务所做的修改将会永久保存在数据库中，即使系统发生故障，这些修改也不会丢失。数据库系统会将事务的修改持久化到磁盘中，以保证数据的持久性。

（6）Transaction isolation：用于设置数据库事务的隔离级别，如果数据库操作时不设置事务隔离级别，可能会导致如下问题：

- 脏读：一个事务会读取另一个事务还没有提交的数据。
- 不可重复读：一个事务的操作会导致另一个事务前后两次读取到的数据不一致。
- 幻读：一个事务的操作导致另一个事务前后两次查询到的数据量不一样多。

在 JMeter 中，支持的隔离级别选项如下：

- TRANSACTION_NONE：表示设置为无事务，即不使用事务。
- TRANSACTION_READ_UNCOMMITTED：表示设置为允许读取其他还没有提交到数据库的并发事务所做出的修改。在所有有效的事务级别中，这个事务在查询时速度是最快的，因为不需要等待其他事务处理完成。
- TRANSACTION_READ_COMMITTED：表示设置为可以读取已经提交到数据库中的其他并发事务所做出的修改。如果其他的并发事务修改了数据，但是还没提交，那么在该事务级别下查询数据时，该数据是不会被查询出来的。
- TRANSACTION_SERIALIZABLE：表示设置为等待其他的所有事务提交后才能执行当前的数据库操作。这个事务隔离级别通常是最慢的，因为此时所有的事务都是串行执行的，后一个事务必须等前面一个事务提交后才能执行。
- DEFAULT：每个数据库的默认隔离级别不一样，比如常用的 MySQL 数据库中的默认隔离级别为 TRANSACTION_REPEATABLE_READ。
- TRANSACTION_REPEATABLE_READ：表示设置为数据读取操作可以重复执行，即每次读取同样的数据应该总是得到同样的结果。这个事务级别的速度比 TRANSACTION_SERIALIZABLE 要快，但比其他的事务隔离级别都要慢。
- 自定义编辑：允许用户自定义事务隔离级别的类型。

（7）Pool Prepared Statements：设置连接池中待准备的 SQL 语句的最大数量。如果设置为 0，表示最大数量不受限制；如果设置为-1，表示禁用该功能。

（8）Preinit Pool：用于设置连接池是否可以立即初始化，默认为 false。此时使用此连接池的 JDBC 取样器可能会在首次查询时耗时较长，因为整个连接池的连接建立时间都包含在内。

（9）Init SQL statements separated by new line：用于设置初始化的 SQL 语句，该 SQL 语句可以在连接池创建时就立即执行，但是这些 SQL 语句仅在配置的连接池创建连接时执行一次。

（10）Test While Idle：用于测试连接池是否有可用的空闲连接。

（11）Soft Min Evictable Idle Time(ms)：用于设置每个连接在连接池中可以空闲的最短时

长，单位为毫秒。当超过该时长时，该连接就可能会被空闲对象驱逐线程驱逐。

（12）Validation Query：用于设置数据库的查询验证，通常用于保持数据库的连接，或者检查数据库当前的状态是否正常，以及是否可以正常响应查询。比如，在 MySQL、MariaDB、SQL Server、PostgreSQL 等数据库中，可以设置为 select 1。

（13）Database URL：用于设置数据库的 JDBC 连接地址。

（14）JDBC Driver class：用于设置 JDBC 驱动的 Class 名称。常见数据库的 JDBC Driver class 说明如下：

- Oracle 数据库：oracle.jdbc.OracleDriver。
- DB2 数据库：com.ibm.db2.jcc.DB2Driver。
- MySQL 数据库：com.mysql.jdbc.Driver。
- SQL Server 数据库：com.microsoft.sqlserver.jdbc.SQLServerDriver 或者 com.microsoft.jdbc.sqlserver.SQLServerDriver。
- PostgreSQL 数据库：org.postgresql.Driver。
- MariaDB 数据库：org.mariadb.jdbc.Driver。

（15）Username：用于设置数据库的用户名。

（16）Password：用于设置数据库的密码。

（17）Connection Properties：用于设置建立 JDBC 连接时需要自定义的连接属性。比如，在 Oracle 数据库中，可以自定义设置 internal_long=sysdba。

3.3.3 TCP 取样器配置项详情

TCP 取样器配置项通常用于设置 TCP 请求取样器的默认配置。JMeter 支持直接对 TCP 的服务发起性能压测请求。该配置项支持的配置如下：

（1）TCPClient classname：用于设置 TCP 客户端的类名。

（2）服务器名称或 IP：用于设置 TCP 服务端的域名或者 IP 地址。

（3）端口号：用于设置 TCP 服务端的端口号。

（4）连接超时：用于设置 TCP 连接的超时时长，单位为毫秒。

（5）响应超时：用于设置 TCP 请求的响应超时时长，单位为毫秒。

（6）Re-use connection：如果选中该选项，则 TCP 连接将始终保持打开状态；否则，当数据被读取完后，TCP 连接将被关闭。

（7）关闭连接：如果选中该选项，则在取样器运行结束后关闭连接。

（8）设置无延迟：用于将 nodelay 属性设置为 true。

（9）SO_LINGER：用于在创建 socket 连接时，指定延迟时长，单位为秒。将延迟的时长设置为 0，可以避免大量 TCP 连接状态为 TIME_WAIT 的连接存在。TIME_WAIT 是 TCP 连接中的一种中间状态，是用于确保连接被可靠关闭的关键状态，通常持续 60 秒左右。但是，如果大量的连接都处于 TIME_WAIT 状态，将会导致连接不能及时释放，从而导致性能测试时连接不够用，造成一定的性能瓶颈。

（10）行尾（EOL）字节值：用于设置行尾的字节值。如果将其设置为-128 到+127 范围之外的值，则可以跳过 TCP 请求中的 EOL 检查。

（11）要发送的文本：设置 TCP 请求需要发送的文本内容。

3.3.4　HTTP 授权管理器配置项详情

HTTP 授权管理器通常用于设置和管理 HTTP 请求的授权认证方式。当 HTTP 服务端需要做授权认证时，就需要用到该授权管理器。HTTP 授权管理器允许为服务端指定一个或者多个认证用户，并且为这些认证用户指定默认的用户名和密码。其使用的场景通常是在一些服务端身份验证的网站中，当用户浏览某个页面时，会自动弹出一个身份认证的登录界面或者登录对话框。JMeter 在遇到这种场景时，就会自动传入默认设置的授权认证信息。授权认证时，需要在 JMeter 界面中设置的参数配置包括：

（1）Base URL：用于设置 HTTP 请求取样器中与待鉴权的一个或多个 HTTP URL 地址相匹配的部分或完整 URL 地址。

（2）Username：用于设置待授权的用户名。

（3）Password：用于设置待授权的用户名对应的密码。

（4）Domain：用于设置待授权的域名地址。

（5）Realm：用于设置待授权的领域。

（6）Mechanism：用于设置身份验证类型。JMeter 可以根据使用的 HTTP 请求取样器来执行不同类型的身份验证。比如，当 HTTP 请求取样器的客户端实现为纯 Java 语言时（即客户端在"实现"下拉框中选择的是 Java），其 Mechanism 为 BASIC；而当客户端为 HttpClient4 时，Mechanism 则支持 BASIC、DIGEST 和 Kerberos 这 3 种类型，如图 3-10 所示。

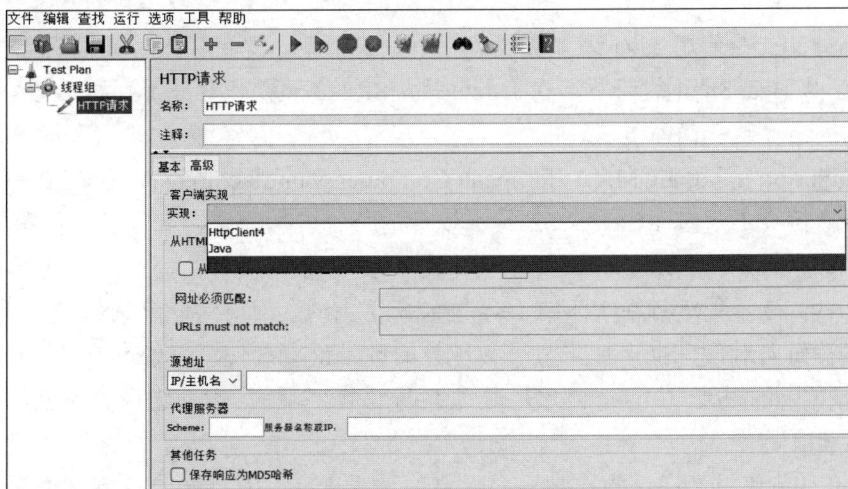

图 3-10　HTTP 请求取样器界面

3.4 前置处理器

在 JMeter 中，前置处理器即为预处理器，用于在实际取样器（Sampler）发出请求之前对即将发出的请求进行初始化的预处理，如图 3-11 所示。

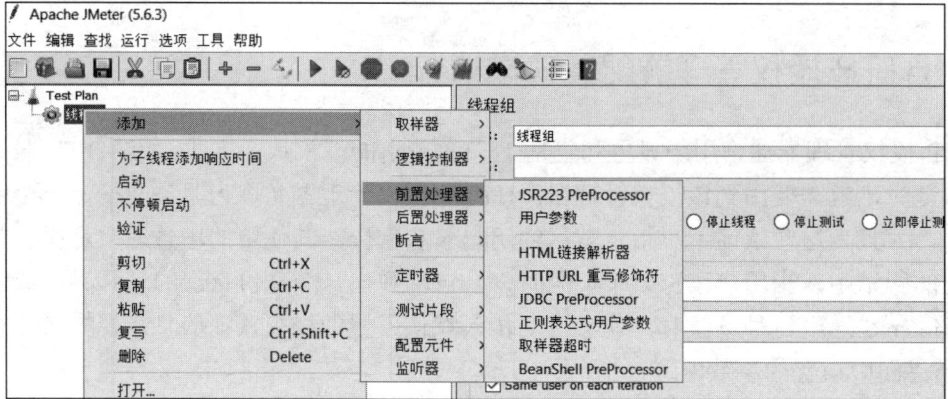

图 3-11 前置处理器

从图 3-11 中可以看到，前置处理器通常包括 JSR223 PreProcessor（预处理程序）、用户参数、HTML 链接解析器、HTTP URL 重写修饰符、JDBC 预处理程序、正则表达式用户参数、取样器超时、BeanShell 预处理程序，接下来分别进行介绍。

3.4.1 JSR223 PreProcessor

JSR223 PreProcessor 指的是使用 JSR223 规范（全称为 Java Specification Request 223，是一个 Java 语言平台发布的规范，用于提供一种标准化的方式来将脚本语言嵌入 Java 应用程序中）实现的一种预处理程序。在该预处理程序中可以使用多种脚本语言，如下所示：

- BeanShell：是使用 Java 语言实现的一个免费小型、支持嵌入、面向对象的脚本语言。
- Bsh：是 BeanShell 的简写，在 JMeter 的 JSR223 预处理程序界面中的语言下拉选项中单独列出了这一简写方式。
- EcmaScript：是由 ECMA（European Computer Manufacturers Association，欧洲计算机制造商协会）通过 ECMA-262 标准设计的一种脚本语言，我们经常使用的 JavaScript 脚本语言就是对 EcmaScript 标准的一种扩展实现。
- Groovy：是一种运行在 JVM（Java 虚拟机）上的、面向对象编程的脚本语言。Groovy 既支持面向对象，也支持作为一种纯粹的脚本语言来使用。Groovy 可以与 Java 互相引用和调用。由于 JMeter 自身是通过 Java 语言实现的，因此它很容易就能支持 Groovy 脚本语言的嵌入。
- Java：目前使用最广泛的一种面向对象的编程语言。JMeter 自身就是使用 Java 语言实现的，所以预处理程序肯定会支持使用 Java 语言来编写。

- JavaScript：是目前使用最广泛的一种动态解析和执行的脚本语言，通常应用于前端网页的开发中，是 Web 开发的核心语言。
- Jexl：是 Java Expression Language 的简写，是一种表达型的语言。
- Jexl2：是 Jexl 语言的 2.0 版本。

3.4.2　HTML 链接解析器

HTML 链接解析器指的是自动处理 HTML 响应，解析出其中所有的 HTML 链接和表单，以便在下一个 HTTP 取样器中使用。通常在一个性能测试中同时存在多个 HTTP 取样器的场景下会被用到，如图 3-12 所示。

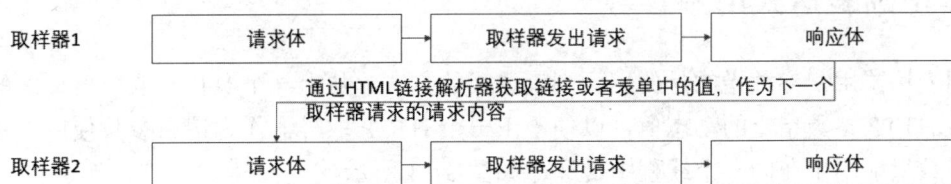

图 3-12　在 HTTP 取样器中使用 HTML 链接解析器

3.4.3　HTTP URL 重写修饰符

HTTP URL 重写修饰符和 HTML 链接解析器类似，但它支持对 HTTP URL 进行重写，以便存储会话 Id 来替代 Cookies。通常可以在线程组中添加这个元件，只需要在此元件上指定会话 Id 参数的名称，该元件就可以在页面中自动找到该参数，并且将该参数添加到每个取样器的请求中。该元件包含的其他功能如下：

- 路径扩展：通过添加分号和会话 Id 参数来重写 URL。
- Do not use equals in path extension：表示在参数名称和值之间不使用 "=" 符号的情况下需要重写 URL。
- Do not use questionmark in path extension：表示不允许查询字符串出现在路径扩展中。
- 缓存会话 Id：表示当会话 Id 不存在时，应该保存会话 Id 的值以供后续测试使用。
- URL Encode：对写入参数进行 URL 编码处理。

3.4.4　JDBC 预处理程序

JDBC 预处理程序指的是在取样器发出请求之前，可以通过 JDBC 的方式来运行一些 SQL 语句，这些 SQL 语句可以直接操作数据库。比如，在使用取样器发出请求之前，需要先查询数据库来获取请求的参数，或者需要先向数据库中构造一些初始数据或删除一些已经存在的数据等，如图 3-13 所示。

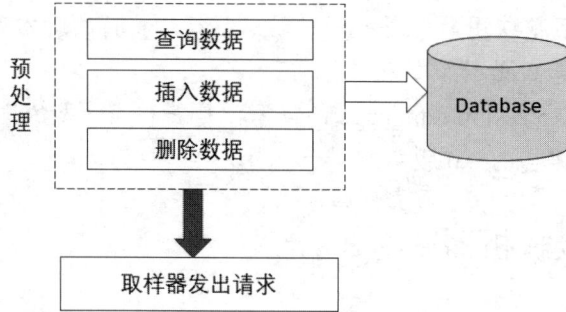

图 3-13   预处理示例

3.4.5   正则表达式用户参数

正则表达式用户参数指的是使用正则表达式的方式，从上一个 HTTP 取样器请求的响应结果中提取 HTTP 参数指定的动态值，以便于下一个 HTTP 取样器作为请求参数使用。正则表达式用户参数只能用于在同一个线程中传递，如图 3-14 所示。

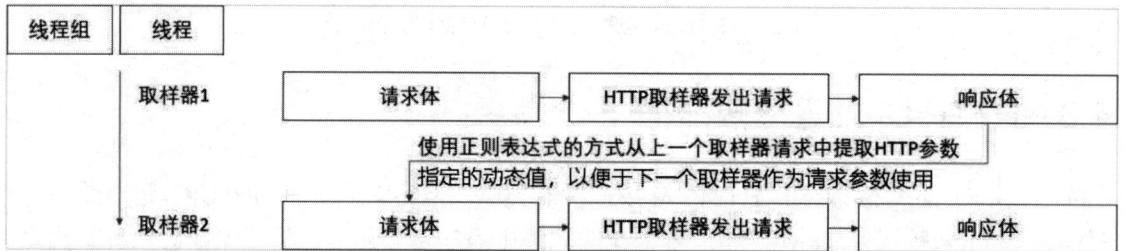

图 3-14   使用正则表达式用户参数

正则表达式用户参数主要包含如下功能：

- Regular Expression Reference Name：表示正则表达式引用的名称。
- Parameter names regexp group number：表示用于提取参数名称的正则表达式的组号。
- Parameter values regex group number：用于提取参数值的正则表达式的组号。

图 3-15 展示的是一个从上一个 HTTP 取样器请求的响应结果中提取数据，来作为下一个 HTTP 取样器请求的参数的过程。在图 3-15 中可以看到：

- 当需要从上一个 HTTP 取样器的响应结果中提取数据时，需要先为上一个 HTTP 取样器创建一个后置处理器，后置处理器类型为正则表达式提取器。关于后置处理器，我们将会在 3.7 节中详细讲解。后置处理器通常是在取样器之后运行。
- 为下一个 HTTP 取样器创建一个前置的正则表达式用户参数元件，该元件用于接收上面正则表达式提取的结果数据，并且按照规则提取参数名称和参数值。
- 下一个HTTP取样器使用提取的参数名称和参数值来发出下一个HTTP取样器的请求。

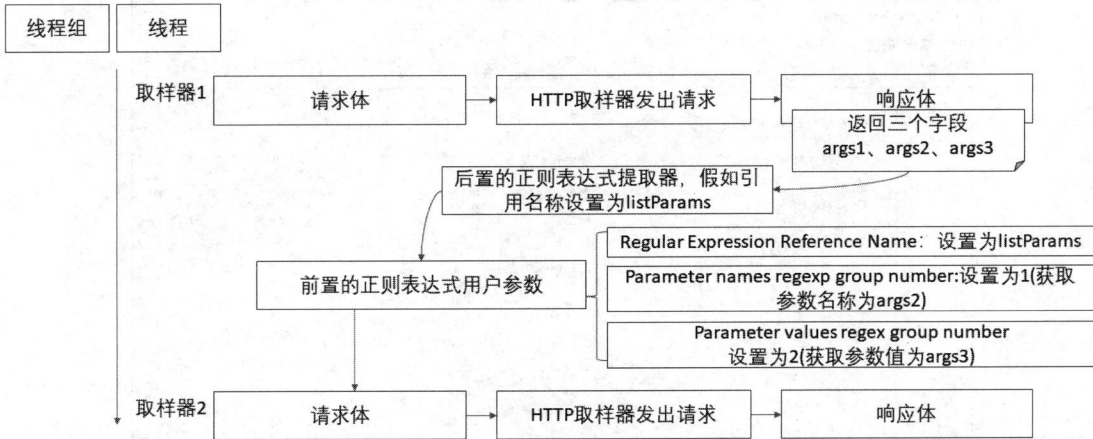

图 3-15　正则表达式提取参数示例

3.4.6　其他前置处理器

（1）用户参数：是一个对每个线程做预处理的动态赋值，以便在性能测试时使用这些值。在 JMeter 中，一个线程其实就是一个并发用户。

（2）取样器超时：用于设置取样器的超时时长，单位为毫秒。当取样器运行时间超过此时长时，会中断取样器的执行。当设置为 0 或者负数时，表示设置的时长为无限大，永远不会超时。

（3）BeanShell 预处理程序：使用 BeanShell 脚本语言编写的取样器预处理程序，主要包含如下功能：

- 每次调用前重置 bsh.Interpreter 解释器：如果设置这个选项为 true，代表每次调用前都会重新创建解释器。默认值为 false，表示不需要重置 bsh.Interpreter 解释器。
- 传递给 BeanShell 的参数：用于设置传递给 BeanShell 脚本的参数，既可以用单个字符串的形式传递参数，也可以用字符串数组的形式传递参数。
- 脚本文件名：设置要运行的 BeanShell 脚本的文件路径以及名称。通常情况下，如果要使用外部的脚本文件，可以使用这个设置。
- Script：直接在 JMeter 界面中编写脚本。

3.5　定时器

在 JMeter 中，定时器类似于 LoadRunner 中的思考时间（think time），用来设置线程的延迟和同步时间，如图 3-16 所示。定时器通常在每个取样器发出请求之前执行。使用定时器主要是为了让一个线程（并发用户）的操作更加符合真实的人工使用场景，比如，用户在单击系统界面上的某个按钮或者打开某个页面时，都会存在思考时间或者操作的延迟时间。

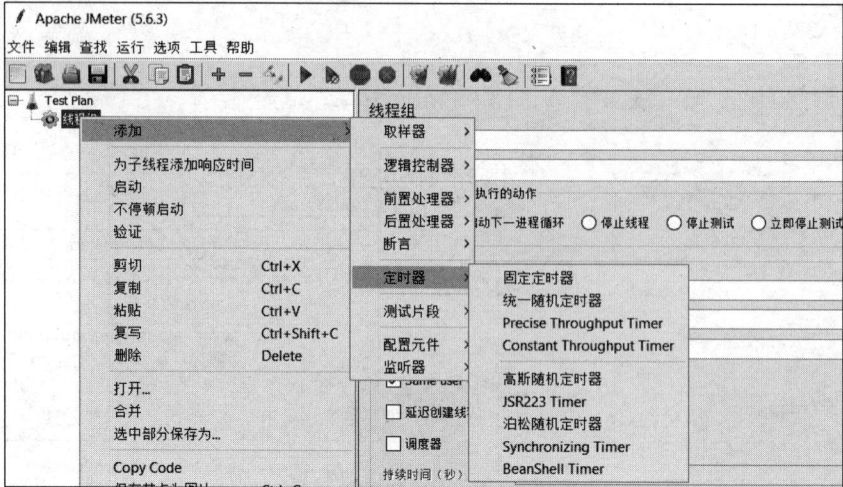

图 3-16　添加定时器

从图 3-16 中可以看到，定时器主要包括以下内容。

3.5.1　Synchronizing Timer

Synchronizing Timer 又叫同步定时器，是一种阻塞型的定时器，主要用于设置每次阻塞到指定的线程数量后，一次性释放所有的阻塞线程，再同时发起取样器请求。有点类似 LoadRunner 中的集合点（又叫同步点）。相当于让指定数量的线程同时达到可执行状态后，再同时去发起取样器请求，如图 3-17 所示。

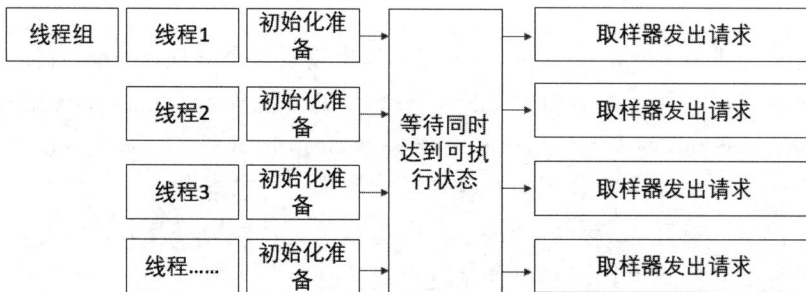

图 3-17　Synchronizing Timer 执行过程

Synchronizing Timer 主要包含如下两个参数配置：

- 模拟用户组的数量：用于设置每次让多少个线程进行阻塞，以达到统一执行的状态。
- 超时时间（以毫秒为单位）：用于设置等待的时长，以让所有线程达到可执行的状态。如果超过这个时长后，指定的所有线程还没有达到可执行的状态，那么将不再继续等待，会直接向下执行。

3.5.2　吞吐量定时器

（1）Constant Throughput Timer：又叫常数吞吐量定时器，顾名思义就是根据设置的吞吐量的值来控制线程的运行延迟。可以通过设置每分钟的吞吐量来进行控制，比如，设置 1 分钟内的吞吐量为 30，那么如果在 1 分钟内已经达到 30 的吞吐量，线程就会暂停发起取样器请求，直到下一分钟开始才会继续发送请求。计算吞吐量的方式包括只有此线程、所有活动线程、当前线程组中的所有活动线程、所有活动线程（共享）、当前线程组中的所有活动线程（共享）。

（2）Precise Throughput Timer：又叫准确的吞吐量定时器，与 Constant Throughput Timer 类似，可以准确地根据设置的每个吞吐量周期下的目标吞吐量，来控制线程发起取样器请求的延迟时长。该定时器主要包含如下参数：

- 目标吞吐量（每个"吞吐期"的样本）：设置每个"吞吐量周期"要从所有受影响的采样器请求中获取的最大吞吐量。该设置包括线程组中的所有线程的吞吐量之和。
- 吞吐量周期（秒）：设置统计吞吐量的周期时长，单位为秒。
- 测试持续时间（秒）：设置本次吞吐量定时器运行的持续时长，单位为秒。
- 批处理离开-批处理中的线程数（线程）：用于设置批处理中的线程数量。
- 批处理离开-批处理中的线程之间的延迟（ms）：用于设置批处理中线程之间的延迟时长，单位为毫秒。
- 随机种子（从 0 变为随机）：设置随机数生成的种子值，默认值为 0，表示完全随机。

3.5.3　其他定时器

（1）固定定时器：用于设置每个线程在发起取样器请求之前等待相同的一段时长，单位为毫秒。

（2）统一随机定时器：用于设置每个线程在发起取样器请求之前随机等待一段时长，单位为毫秒。

（3）高斯随机定时器：设置每个线程在发起取样器请求之前随机等待一段时长，可以指定该时长的偏差范围。由于该定时器的偏差变化符合高斯曲线分布，所以命名为高斯随机定时器。

（4）JSR223 Timer：指的是使用 JSR223 脚本语言来生成线程延迟。在 JSR223 Timer 中支持的脚本语言包括 Groovy、Java、Javascript、Jexl 等。和 JSR223 预处理程序类似，JSR223 Timer 同时也支持将参数传递给脚本作为参数来使用。

（5）泊松随机定时器：与统一随机定时器类似，也是用于设置每个线程在发起取样器请求之前随机等待一段时长，时长的单位为毫秒。与统一随机定时器不同的是，泊松随机定时器的延迟时长通常发生在一个特定值附近，彼此相差不会很大并且符合泊松分布，因此又叫泊松随机定时器。

（6）BeanShell Timer：即 BeanShell 定时器，使用自定义的 BeanShell 脚本语言来生成线程延迟，与 JSR223 Timer 类似。同时它也支持将参数传递给脚本作为参数来使用。

3.6　取样器

在 JMeter 中，取样器通常用来模拟并发用户发出实际请求的操作，向待性能压测的对象发送请求以及接收相应的响应数据。取样器是 JMeter 性能压测的核心组件，如图 3-18 所示。通常情况下，要完成一个性能测试场景，那么肯定是离不开取样器的。

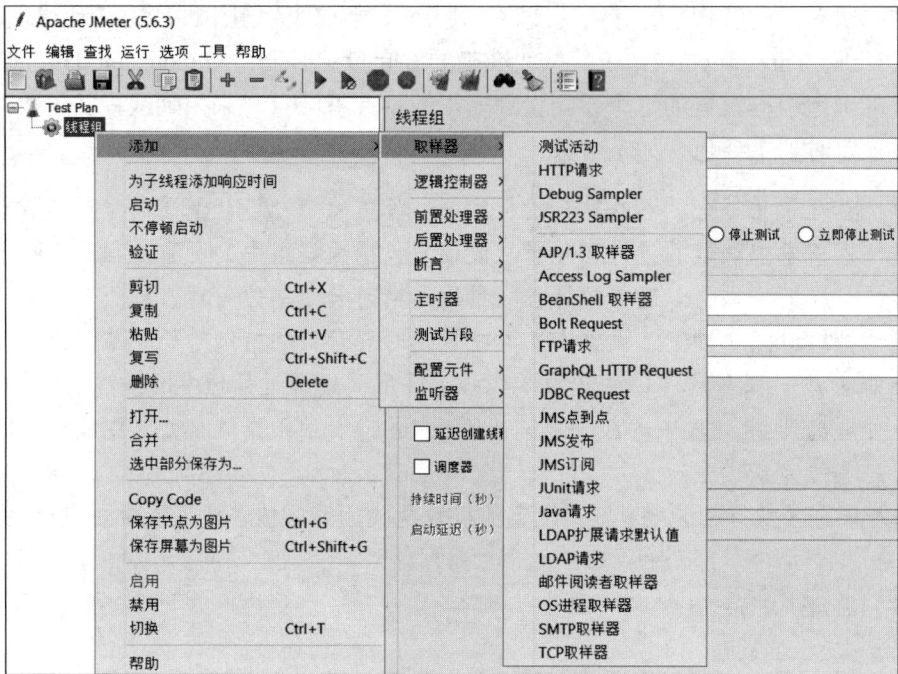

图 3-18　添加取样器

从图 3-18 中可以看到，取样器主要包括以下几种类型。

3.6.1　HTTP 请求

HTTP 请求取样器是指可以向指定的 Web 服务发送 HTTP 或者 HTTPS 请求。如果需要对一个使用 HTTP 或者 HTTPS 协议的服务做性能压测，就需要用到该取样器。由于 Web 服务是一种最常见的服务，因此 HTTP 请求取样器是使用频率最高的取样器。HTTP 取样器界面中主要包含如下参数：

● 协议：默认为 HTTP，支持填入 HTTP、HTTPS 或者 FILE。FILE 协议主要用于访问本地计算机中的文件。

● 服务器名称或 IP：用于设置服务端的 IP 或者域名地址。

● 端口号：用于设置服务端的端口号。如果不设置，当协议为 HTTP 时，端口号默认为80；当协议为 HTTPS 时，端口号默认为 443。

- HTTP 或者 FILE 请求的类型：可以通过下拉框来选择 HTTP 请求的类型。HTTP 协议支持的请求类型包括 GET、POST、HEAD、PUT、OPTIONS、TRACE、DELETE、PATCH。FILE 协议支持的请求类型包括 PROPFIND、PROPPATCH、MKCOL、COPY、MOVE、LOCK、UNLOCK、REPORT、MKCALENDAR、SEARCH。其中最常用的 HTTP 请求类型就是 GET 和 POST，我们平时在浏览器中的 Web 操作也都是这两种类型的请求居多。

- 路径：通常指的是 HTTP 请求地址路径，但是该地址路径不包含协议名和服务器地址。比如，对于服务端的服务地址 http://www.baidu.com/context/url，此路径就是 /context/url。

- 内容编码：指的是对发送 HTTP 请求的内容设置编码字符集。通常用于 POST、PUT、PATCH 请求，并且此处的内容编码不会与 HTTP 请求头中的 Content-Encoding 有任何的关联关系。

- 自动重定向：是指 HTTP 请求会自动重定向到下一个 HTTP 请求。比如，当客户端向服务端发出请求后，服务端可以发送和返回一个特殊的 HTTP 响应码，来告诉客户端需要重定向到一个新的服务端地址来获取最终的响应，如图 3-19 所示。

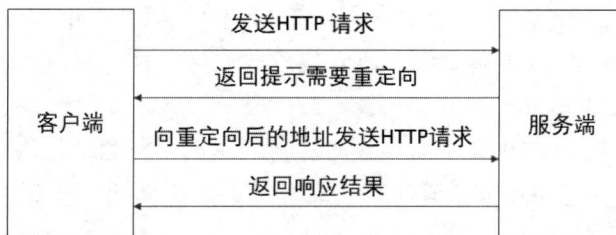

图 3-19 重定向过程

在重定向为自动重定向的情形下，如果 JMeter 收到了重定向提示，将会自动进行重定向。但是，自动重定向只针对 POST 和 GET 请求，而且在 JMeter 的日志中不会特别记录重定向过程。

- 跟随重定向：如果需要使用跟随重定向，那就不能勾选自动重定向，当同时勾选了自动重定向和跟随重定向时，只有自动重定向会生效。JMeter 会记录跟随重定向过程中的所有请求响应，此时可以通过 JMeter 监听器中的查看结果树这个元件来查看跟随重定向的请求与响应内容。通常来说，当 HTTP 响应的 CODE 码为 302 或者 301 时，需要使用跟随重定向来进行处理。在 HTTP 响应的 CODE 中，以 3 开头的 CODE 通常表示的是一个重定向响应。

- 使用 KeepAlive：是指 JMeter 在发出 HTTP 的取样器请求时，会在 HTTP 的请求头中添加 Connection:keep-alive，表示保持当前的连接为活动状态，让当前连接可以复用。在高并发的压测场景中，启用 Keep-Alive 模式肯定会更高效，性能也会更高，因为可以避免建立/释放连接所带来的开销。

- 对 POST 使用 multipart/form-data：表示使用 multipart/form-data 的方式来提交 HTTP POST 表单请求（即将 HTTP 请求头的 Content-Type 设置为 multipart/form-data）。

multipart 通常表示允许客户端在一次 HTTP POST 请求中，通过多个 Part 的方式来向服务端发送数据。在如图 3-20 所示的 HTTP POST 请求中，包含了多个 DATA，而每个 DATA 可以有自己单独的 Content-Type，客户端使用 multipart 的方式将这些 DATA 一次性全部提交给服务端。

```
--
Content-Disposition: form-data; name="xxx1"
Content-Type: xxxxx

[DATA]
--
Content-Disposition: form-data; name="xxx2"; filename=""
Content-Type: xxxxx

[DATA]
......
--
```

图 3-20　multipart/form-data 使用示例

- 与浏览器兼容的头：通常会与 multipart/form-data 搭配使用。当使用 multipart/form-data 来提交 POST 表单请求时，会屏蔽 HTTP 请求头中原有的 Content-Type 和 Content-Transfer-Encoding 设置，使它们不起作用，发送 HTTP 请求时仅会在请求头中加入 Content-Disposition。
- 参数：用于设置 HTTP 请求的参数，支持以 Key（参数名）-Value（参数值）的形式来进行设置，并且每个参数还可以设置其编码类型和内容类型。常见的内容类型如下所示。
  - 文本类型：
    - text/plain: 表示纯文本文件。
    - text/xml: 表示 XML 格式的数据。
    - text/html: 表示 HTML 网页文件格式的数据。
    - text/css: 表示 CSS 样式表文件。
    - text/javascript: 表示 JavaScript 脚本文件。
    - text/csv: 表示 CSV 格式的数据。
  - 应用程序类型：
    - application/xml: 表示 XML 数据文件。
    - application/json: 表示 JSON 数据格式。
    - application/pdf: 表示 PDF 文档文件。
    - application/zip: 表示 ZIP 压缩文件。
    - application/x-gzip: 表示 GZip 压缩文件。
    - application/x-tar: 表示 TAR 压缩文件。
    - application/octet-stream: 表示二进制数据流，通常用于未知文件类型。
  - multipart类型：

- multipart/form-data: 通常用于设置 HTML 表单的上传方式，可以包含文本和二进制数据。
- multipart/mixed: 表示包含多个独立部分的混合体，每个部分可以有不同的类型。
- multipart/alternative: 表示包含同一内容的多个版本，通常是文本和 HTML 格式的邮件正文。
- multipart/related: 表示包含相互依赖的部分，比如同时包含 HTML 页面和内嵌的图片或样式表等。
- multipart/byteranges: 表示当响应中包含多个字节范围时使用，通常用于部分内容请求。
- multipart/report: 表示用于邮件报告，通常包含消息和相关的错误报告等。
- multipart/x-mixed-replace: 通常用于表示持续更新的数据流，比如实时图片流等。

➤ 图像类型:
- image/png: 表示 PNG 图像文件。
- image/jpeg: 表示 JPEG 图像文件。
- image/gif: 表示 GIF 动画图像文件。
- image/bmp: 表示 BMP 图像文件。
- image/svg+xml: 表示 SVG 矢量图像文件。

➤ 音频类型:
- audio/wav: 表示 WAV 音频文件。
- audio/mpeg: 表示 MP3 音频文件。
- audio/ogg: 表示 OGG 音频文件。
- audio/webm: 表示 WebM 音频文件。

➤ 视频类型:
- video/avi: 表示 AVI 视频文件。
- video/mp4: 表示 MP4 视频文件。
- video/quicktime: 表示 QuickTime 视频文件。
- video/webm: 表示 WebM 视频文件。

● 消息体数据: 用于设置 POST 请求的消息体（又叫 HTTP Body），通常仅用于 POST 请求。在 HTTP 协议规范中，GET 请求等是没有消息体这个说法的。

● 文件上传: 用于设置文件上传的参数。当使用 JMeter 做性能压测时，如果是对一个文件上传接口做性能压测，就需要用到文件上传这个选项了。在设置文件上传时，文件名称通常填入文件的绝对路径。比如，需要上传 D 盘根目录下的 1.jpg 文件，那么就应该填入 "d:\1.jpg"，参数名称填入 HTTP 请求接口中要求的参数名即可。

● 客户端实现: 客户端实现位于 HTTP 取样器请求的高级选项中，用于选择客户端的实现方式。在 JMeter 中，客户端的实现包括 HttpClient4 和 Java 两种。HttpClient4 指的是使用外部第三方封装好的 Jar 包来直接发送 HTTP 取样器请求；而 Java 表示 JMeter 使用 Java 原生底层 JDK 的方式来发送 HTTP 取样器请求。当没有指定该选项时，会从 JMeter 属性配置文件中读取 JMeter.httpsampler 的值来决定使用哪种客户端实现，如果属性配置文件中也没有进行设置，那么会直接使用 HttpClient4。

- 超时连接：用于设置打开连接的超时时长，单位为毫秒。
- 响应超时：用于设置响应超时的时长，单位为毫秒。
- 从 HTML 文件获取所有内含的资源：用于设置让 JMeter 从 HTML 文件中解析被引用的图片、Java 小程序、JavaScrip 文件等其他资源文件。可以同时通过正则表达式的方式来设置网址必须匹配的内容，以及通过设置 URLS must not match 来自定义确定需要解析哪些资源文件。
- 源地址：用于设置 JMeter 发送请求时的源地址，该源地址可以为某个 IP 地址或者计算机的主机名，也可以为某个网卡的设备名等。
- 代理服务器：用于设置网络代理服务器的 IP 地址、端口号、用户名和密码等信息。通常当发送 HTTP 取样器请求需要用到网络代理时，才需要设置代理服务器的相关信息。

3.6.2 FTP 请求

FTP 请求取样器用于向 FTP 协议的服务器发起请求，支持向 FTP 服务器发送检索文件、上传文件或下载文件等请求。该取样器在界面中包含的参数如下：

- 服务器名称或 IP：设置 FTP 服务器的域名或者 IP 地址。
- 端口号：设置 FTP 服务器的端口号。
- 远程文件：要检索的文件或要上传的目标文件的名称。
- 本地文件：要上传的文件或下载的目标文件（通常默认为远程文件中填写的文件名称）。
- 本地文件内容：设置需要上传的文件内容。该设置会覆盖本地文件的内容，即当设置了本地文件内容后，本地文件配置就不生效。
- 选择请求类型：选择是检索获取文件还是上传文件。
- 使用二进制模式：设置使用二进制模式来传输文件，默认为 ASCII 模式。
- 保存文件响应：用于将检索到的文件内容存储到响应数据中。如果传输模式为 ASCII，则文件内容可在 JMeter 监听器中的查看结果树中看到。
- 登录配置：设置 FTP 服务器的用户名和密码。如果 FTP 服务器支持匿名访问，可以不设置登录配置。

3.6.3 GraphQL HTTP Request

GraphQL HTTP Request 取样器是 HTTP 请求取样器的一种特殊形式，用于通过 HTTP 请求的方式对 GraphQL API 进行查询或者编辑等操作。GraphQL 是一种 API 服务的查询语言，与传统的 RESTful API 不同，GraphQL API 对数据提供了一套简单并且容易理解的完整描述，使得客户端请求能够更加准确地获取其需要的数据。GraphQL HTTP Request 取样器的界面参数和 HTTP 请求取样器类似，只是新增了如下参数：

● Query：用于设置 GraphQL 查询语句，是一个必填参数。
● Variables：用于以 JSON 字符串的方式来设置 GraphQL 查询变量，非必填参数。

图 3-21 所示是一个 Query 语句和 Variables 之间的对应关系。在查询语句中需要用到 id 变量，然后在 Variables 中通过 JSON 字符串的方式来设置 id 的值。

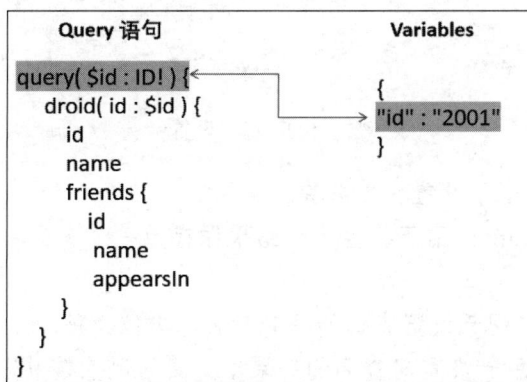

图 3-21　Query 语句和变量之间的对应示例

3.6.4　JDBC Request

JDBC Request 取样器通过 JDBC 传输协议的方式向数据库发起查询、修改、删除等请求，只要是支持 JDBC 协议的数据库，都可以通过 JDBC Request 取样器来进行性能压测。JDBC Request 取样器通常与配置元件中的 JDBC Connection Configuration 搭配使用。在 JDBC Connection Configuration 元件中，先设置待进行性能压测的 JDBC 数据服务器的相关连接等配置信息，然后通过 JDBC Request 取样器向数据库发起请求。JDBC Request 取样器包含的参数如下：

● Variable Name of Pool declared in JDBC Connection Configuration：用于设置在 JDBC Connection Configuration 元件中的名称，这样 JDBC Request 取样器就能知道应该从哪个 Connection Configuration 元件中读取配置信息了。
● Query Type：选择查询的类型。支持 Select（查询）、Update（更新）、Callable（调用）、Commit（提交）、Rollback（回滚）等类型。
● SQL Query：用于设置需要执行的 SQL 语句。
● Parameter values：设置 SQL 语句中用到的参数。
● Parameter types：设置 SQL 语句中用到的参数类型。

如图 3-22 所示是一个在 SQL 查询语句中设置参数和参数类型的示例。在 SQL 语句中，用两个问号来定义需要传入的两个变量；而在 Parameter values 中通过逗号分隔的方式按照顺序传入两个实际的参数值；并且在 Parameter types 中，通过逗号分隔的方式按顺序定义这两个实际参数值的数据类型。数据类型通常是指 Java 开发语言中的基本数据类型，这些基本数据类型被定义在 JDK 的 java.sql.Types 这个 Class 中。读者可以通过访问 http://docs.oracle.com/javase/8/docs/api/java/sql/Types.html 获取常见的基本数据类型的详细说明。

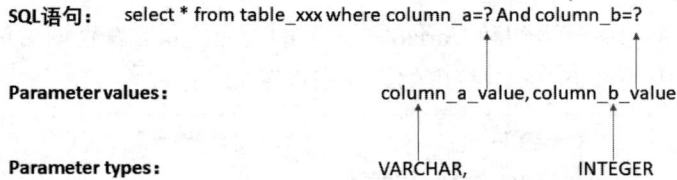

图 3-22 SQL 查询设置示例

- Variable Names：用于设置变量名称。
- Result Variable Name：用于将查询的结果保存为一个变量，以提供给性能压测的其他步骤进行引用。
- Query timeout(s)：用于设置查询的超时时长，单位为秒。
- Limit ResultSet：用于设置对查询的结果集返回的记录数量进行限制。如果不设置，则代表不进行限制。
- Handle ResultSet：用于设置对查询的结果集如何处理。默认值为 Store As String，表示存储为字符串。同时支持设置为 Store As Object（以对象的方式存储，JMeter 是通过 Java 语言开发的，而 Java 语言是一种面向对象的开发语言，这里的 Object 指的就是 Java 语言中的对象）、Count Records（对结果进行统计）等。

3.6.5 JMS 相关的取样器

（1）JMS 点到点：JMS 点到点取样器通过点对点连接的方式来发送和接收 JMS 消息。JMS 是 Java Message Service 的简写，即 Java 消息服务应用程序接口，用于两个 Java 应用程序之间通过发送 JMS 消息的方式来进行异步通信，如图 3-23 所示。通常是一个应用程序生产消息，而另一个应用程序消费消息，通过消息队列的方式来完成异步通信。

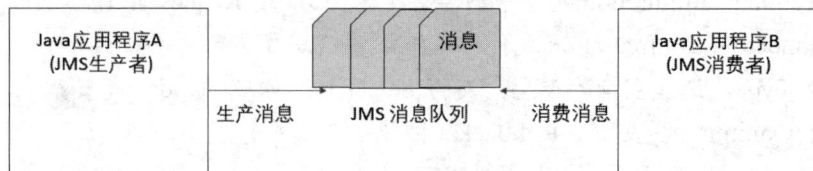

图 3-23 JMS 异步通信过程

JMS 点到点取样器界面包含的参数如下（在使用 JMS 点到点取样器之前，建议先找一些相关资料学习一下 JMS 消息，这样会更容易理解如下参数的具体含义）：

- QueueConnection Factory: 用于设置连接到消息队列工厂的 JNDI（Java Naming and Directory Interface 的简写，即 Java 命名和目录接口，是 Java 底层的一种标准的命名系统接口）名称，该参数必填。

- JNDI Name Request queue: 用于设置消息发送到的队列的 JNDI 名称，该参数必填。

- JNDI Name Reply queue: 用于设置接收队列的 JNDI 名称，该参数非必填。如果设置了该参数，则表示 JMeter 将监视该参数设置所对应的队列，以获取对发送请求的响应结果。

- Number of samples to aggregate: 用于设置要聚合的消息样本数以方便读取，该参数必填。

- JMS Selector: 用于设置按照 JMS 规范定义的消息过滤条件，通常用于设置仅提取符合过滤条件的消息，该参数非必填。该参数的语法格式应遵守 SQL 92 规范（数据库的一个 ANSI/ISO 标准）。

- Communication style: 用于通过下拉框的方式选择通信的样式，支持 Request Only（仅发送消息，不会监听该消息的回复）、Request Response（发送消息并且会监听该消息的回复）、Read（仅从队列中读取消息）、Browse（仅浏览消息，并且不会删除消息，比如获取消息的总数量）、Clear（清除队列中的所有消息）。

- Use alternate fields for message correlation: 用于设置响应消息与原始请求消息的字段类别。如果选中 Use Request Message Id，代表使用请求 JMSMessageID，否则将使用请求 JSCorrelationID；如果选中 Use Response Message Id，将使用响应 JMSMessageID，否则将使用响应 JMX CorrelationID。

- Timeout: 用于设置回复消息的超时时长，单位为毫秒。如果在指定时间内未收到回复消息，则取样器执行会失败；在超时后收到的特定回复消息，将直接被丢弃。默认值为 2000 毫秒，如果设置为 0 则表示永远不会超时。

- Expiration: 用于设置消息过时前的过期时间，单位为毫秒。如果不指定过期时间，则默认值为 0，代表永不过期。

- Priority: 用于设置消息的优先级，从 0（最低）到 9（最高）共有 10 个优先级。如果不指定优先级，则默认级别为 4。

- Use non-persistent delivery mode: 表示启用 DeliveryMode.NON_PERSISTENT 模式（非持久模式）。

- Content: 用于设置消息的内容。

- JMS Properties: 用于设置 JMS 属性。JMS 属性是指特定于底层消息传递的属性，支持设置名称、值以及类型（默认为字符串类型）。

- Initial Context Factory: 用于初始化消息的上下文工厂，该参数非必填。

- JNDI properties: 用于设置 JNDI 属性。

- Provider URL: 用于设置提供 JMS 消息的 URL 地址。

（2）JMS 发布：用于将 JMS 消息发布到指定的目标主题或者队列中，类似于 JMS 消息的生产者。当需要对一个 JMS 消息队列进行发送消息的性能压测时，就需要用到该取样器。该取样器界面包含的参数如下：

- Use JNDI properties file: 用于设置 JNDI 属性配置文件。该配置文件必须放在 classpath 路径（Java 语言的类库路径）下。如果不勾选该选项，JMeter 将使用 JNDI Initial Context Factory 和 Provider URL 参数来创建 JNDI 连接。
- JNDI Initial Context Factory: 用于设置 JNDI 上下文工厂的名称。
- Provider URL: 用于设置 JMS Provider 的 URL 地址。
- Destination: 用于设置 JMS 消息的目的地（通常指主题或队列名称）。
- Setup: 用于设置 Destination 的类型，可以选择 At startup（表示目标名称是静态的，在运行中始终不变）和 Each sample（表示在每个性能测试样本中，目标名称都是动态的）。
- Authentication: 用于设置 JMS Provider 身份验证。
- User: 配合 Authentication 参数使用，用于设置身份验证的用户名。
- Password: 配合 Authentication 参数使用，用于设置身份验证的密码。
- Expiration: 用于设置消息过时前的过期时间（单位为毫秒）。如果不指定过期时间，则默认值为 0（永不过期）。
- Priority: 用于设置消息的优先级。从 0（最低）到 9（最高）总共有 10 个优先级。如果不指定优先级，则默认级别为 4。
- Reconnect on error codes (regex): 用于设置强制重新连接的 JMSException 错误代码的正则表达式。如果为空，则不会重新连接。
- Number of samples to aggregate: 用于设置要聚合的消息样本数以方便读取，该参数为必填。
- Message source: 用于设置消息源，该参数包括 From File（表示从引用的文件中获取，如果选择此选项，表示该文件将被所有样本读取和重用）、Random File from folder specified below（表示从下面指定的文件夹中选择一个随机文件，并且文件夹必须包含扩展名为.dat 的 Bytes Messages 文件，或者扩展名为.txt 或.obj 的 Object 或 Text 消息文件）、Text area（表示从文本或者对象中获取消息）三个选项。
- Message type: 用于设置消息的类型，包括 Text、Map、Object message、Bytes Message 四种类型。
- Content encoding: 用于设置读取消息内容的字符集选项，包括 RAW（原始消息加载，不支持变量）、DEFAULT（系统默认编码，支持对变量的处理）、Standard charsets（按照指定的编码来读取文件和处理变量）三种类型。
- Use non-persistent delivery mode: 表示启用 DeliveryMode.NON_PERSISTENT 模式（非持久模式）。
- JMS Properties: 用于设置 JMS 属性。JMS 属性是指特定于底层消息传递的属性，支持设置名称、值以及类型（默认为字符串类型）。

（3）JMS 订阅：用于从指定的目标消息（主题或队列）中订阅 JMS 消息，类似于 JMS 消息的消费者。该取样器界面包含的参数如下：

- Use JNDI properties file：用于设置使用 JNDI 属性配置文件，该配置文件必须放在 classpath 路径（Java 语言的类库路径）下。如果不勾选该选项，JMeter 将使用 JNDI Initial Context Factory 和 Provider URL 参数来创建 JNDI 连接。
- JNDI Initial Context Factory：用于设置 JNDI 上下文工厂的名称。
- Provider URL：用于设置 JMS Provider 的 URL 地址。
- Destination：用于设置 JMS 消息的目的地（通常指主题或队列名称）。
- Durable Subscription ID：用于设置持久订阅的 ID。首次使用时，如果 JMS Provider 还不存在相应的队列，它将会自动生成相应的队列。
- Client ID：用于设置持久订阅时使用的客户端 ID。当存在多个并发用户线程时，一定要设置一个类似${__threadNum}的变量来进行区分。
- JMS Selector：用于设置按照 JMS 规范定义的消息过滤条件，通常用于设置仅提取符合过滤条件的消息。该参数非必填，该参数的语法格式遵守 SQL 92 规范（一种 ANSI/ISO 数据库标准）。
- Setup：用于设置 Destination 的类型，可以选择 At startup（表示目标名称是静态的，在运行中始终不变）和 Each sample（表示在每个性能测试样本中，目标名称都是动态的）。
- Authentication：用于设置 JMS Provider 身份验证。
- User：配合 Authentication 参数使用，用于设置身份验证的用户名。
- Password：配合 Authentication 参数使用，用于设置身份验证的密码。
- Number of samples to aggregate：用于设置要聚合的消息样本数以方便读取，该参数为必填。
- Save response：用于设置取样器并存储响应结果。如果设置为否，则只返回响应长度。
- Timeout：用于设置超时时长（单位为毫秒）。如果设置为 0，则表示永不超时。
- Client：用于选择客户端的实现类型，支持使用 MessageConsumer.receive（表示对每个请求的消息都调用接收方法进行接收）和 MessageListener.onMessage()两种实现类型。
- Stop between samples：如果勾选了该选项，则表示 JMeter 将在每个性能测试样本结束时调用 Connection.stop 来停止连接，然后在每个新样本开始时调用 Connection.start 来启动连接。如果未勾选，则表示 JMeter 将在线程开始时调用 Connection.start，直到线程结束才调用 Connection.stop。
- Separator：用于设置多个消息之间的分隔符，支持设置\n、\r、\t 来对消息进行分隔。
- Reconnect on error codes (regex)：用于设置需要强制重新连接时的 JMSException 错误代码的正则表达式。如果设置为空，则不会进行重连。
- Pause between errors (ms)：用于设置当发生错误时，订阅服务器将暂停的时长，单位为毫秒。

3.6.6 邮件相关的取样器

（1）邮件阅读者取样器：邮件阅读者取样器是指使用 POP3（Post Office Protocol - Version 3，即邮局协议版本 3，支持使用客户端远程管理在邮件服务器上的电子邮件）或 IMAP（Internet Mail Access Protocol，即交互邮件访问协议，用于从本地邮件客户端访问远程服务器上的邮件）协议读取指定邮件服务器上的邮件。该取样器通常通过模拟多线程并发用户来读取邮件服务器上的邮件。该取样器界面包含的参数如下：

- Protocol：用于设置邮件通信协议，支持 POP3、POP3、IMAP、IMAPS，可以根据实际的邮件服务器来进行设置。
- Server Host：用于设置邮件服务器的域名或者 IP 地址。
- Server Port：用于设置邮件服务器的端口号。
- Username：用于设置邮件服务器的登录用户名。
- Password：用于设置邮件服务器的登录密码。
- Folder：用于设置 IMAP 或者 IMAPS 邮件协议服务器的读取文件夹。
- Number of messages to retrieve：用于设置需要检索的邮件数量。
- Fetch headers only：用于设置仅检索邮件头。
- Delete messages from server：用于设置在检索完对应的邮件后，从邮件服务器中删除对应的邮件。
- Store the message using MIME（raw）：用于设置将邮件存储为 MIME（Multipurpose Internet Mail Extensions，即多用途互联网邮件扩展类型，是一种文件的扩展类型，以方便支持此扩展类型的应用程序可以打开该文件）。如果设置了该选项，则会将整个原始消息存储在响应数据中。
- Security settings：用于设置邮件传输的安全加密协议，支持无加密、SSL 和 StartTLS 三种类型。
- Trust All Certificates：用于设置接收独立于 CA 的所有证书。
- Use local truststore：用于设置只接收本地受信任的证书。
- Local truststore：当设置了 Use local truststore 选项后，可以同时设置受信任证书文件的本地信任库路径。
- Override System SSL/TLS Protocols：用于设置覆盖系统的 SSL/TLS 协议，通常会和 Security settings 参数搭配使用。

（2）SMTP 取样器：SMTP 取样器是一个模拟通过 SMTP 协议向邮箱服务器发送邮件的取样器，并且支持在通信连接中设置安全协议（支持 SSL 和 TLS）以及用户身份验证。如果使用安全协议，将对服务器证书进行验证。该取样器支持的证书认证包括信任所有证书和使用本地信任库（将根据本地信任库的证书文件进行验证）两种方式。该取样器界面包含的参数如下：

- Server：用于设置邮箱服务器的域名或者 IP 地址。
- Port：用于设置邮箱服务器的端口号。

- Connection timeout：用于设置连接的超时时长，单位为毫秒，默认为不超时。
- Read timeout：用于设置读取的超时时长，单位为毫秒，默认为不超时。
- Address From：用于设置发件人的邮箱地址。
- Address To：用于设置收件人的邮箱地址，多个邮箱地址之间用分号隔开。
- Address To CC：用于设置抄送人的邮箱地址，多个邮箱地址之间用分号隔开。
- Address To BCC：用于设置秘密抄送人的邮箱地址，多个邮箱地址之间用分号隔开。
- Address Reply-To：用于设置备选回复的邮箱地址，多个邮箱地址之间用分号隔开。
- Use Auth：使用身份验证。
- Username：当使用身份验证时，需要设置身份验证的用户名。
- Password：当使用身份验证时，需要设置身份验证的密码。
- Use no security features：不使用任何的安全验证。
- Use SSL：使用 SSL 安全认证协议。
- Use StartTLS：使用 StartTLS 安全认证协议，通常在 SSL 和 StartTLS 中二选一。
- Enforce StartTLS：强制使用 StartTLS，如果服务器不支持 StartTLS，则运行直接终止。
- Trust All Certificates：使用信任所有的证书来验证。
- Use local truststore：使用本地信任库来验证。
- Local truststore：用于设置本地信任库的路径。
- Override System SSL/TLS Protocols：使用自定义的 SSL/TLS 协议来覆盖系统默认的 SSL/TLS 协议，多个协议之间以空格来分隔，比如 TLSv1 TLSv1.1 TLSv1.2 等。
- Subject：用于设置邮件的主题。
- Suppress Subject Header：用于禁用邮件主题头。
- Include timestamp in subject：用于在邮箱的主题中添加时间戳。
- Add Header：用于添加邮件的主题头（通常以 Key/Value 的形式）。
- Message：用于设置邮件的正文描述。
- Send plain body (i.e. not multipart/mixed)：用于设置发送纯文本。
- Attach files：用于邮件中添加附件。
- Send .eml：用于发送 .eml 文件。
- Calculate message size：用于计算邮件的大小。
- Enable debug logging：用于启用 Debug 日志。通常在脚本调试时，可以启用该选项以看到更多的日志。

3.6.7　TCP 取样器

TCP 取样器用于直接通过 TCP/IP 协议来向 TCP 服务器发送取样请求。该取样器通常通过文本的形式直接向服务器发送请求。该取样器界面包含的参数如下：

- TCPClient classname：用于设置 TCP 客户端的类名。

- 服务器名称或 IP: 用于设置 TCP 服务器的域名或者 IP 地址。
- 端口号: 用于设置 TCP 服务器的端口号。
- 连接超时: 用于设置 TCP 连接的超时时长，单位为毫秒。
- 响应超时: 用于设置 TCP 请求的响应的超时时长，单位为毫秒。
- Re-use connection: 用于设置 TCP/IP 连接是否重用，如果勾选了此选项，则连接将一直处于打开状态，不会关闭，后续的请求会持续使用该连接来完成。
- 关闭连接: 如果勾选此选项，则每次取样请求结束后，就会关闭连接，下一个取样请求将需要重新建立连接。
- SO_LINGER: 用于设置延迟时长，单位为秒。
- 行尾（EOL）字节值: 用于设置请求行尾的字节值大小，EOL 通常指 TCP/IP 协议中的扩展头部结尾，用于表示扩展头部的结束。
- 要发送的文本消息: 设置 TCP 请求需要发送的文本消息。
- 用户名: 设置 TCP 请求验证的用户名。
- 密码: 设置 TCP 请求验证的密码。

3.6.8 其他取样器

（1）测试活动: 是一种用于条件控制的取样器。该取样器不是用于发出请求，而是用于暂停或者停止取样活动。该取样器包含如下功能:

- Logical Action on Thread-Pause: 暂停线程发出取样请求，支持设置暂停的时长，单位为毫秒。
- Logical Action on Thread-Start Next Thread Loop: 直接启动下一个线程循环的操作。
- Logical Action on Thread-Go to next iteration of Current Loop: 直接转到当前循环的下一次迭代操作。
- Logical Action on Thread-Break Current Loop: 直接暂停当前循环的操作。
- Logical Action on Thread/Test-Stop: 等待线程完成相应的操作后，停止当前线程或者所有线程。
- Logical Action on Thread/Test-Stop Now: 直接停止当前线程或者所有线程。

（2）Debuger Sampler（调试取样器）: 用于生成一个包含所有 JMeter 变量和属性值的取样器请求，可以通过 JMeter 监听器中的查看结果树来查看具体获取到的变量和属性值。通常在调试 JMeter 性能测试脚本时才会用到。

（3）JSR223 Sampler: 指的是使用 JSR223 脚本语言来生成取样器请求，支持 BeanShell、Bash、EcmaScript、Groovy、Java、JavaScript、Jexl、Jexl2 等脚本语言，同时也支持将外部参数传递给脚本作为参数来使用。

（4）AJP/1.3 取样器: 该取样器和 HTTP 请求取样器类似。该取样器使用 Tomcat mod_jk 协议，并且当需要上传文件时，不支持多文件上传，仅使用第一个文件。该取样器的其他配置和 HTTP 请求取样器几乎一致，可以参考 HTTP 请求取样器进行设置。

（5）Access Log Sampler：用于通过读取访问日志的方式来生成 HTTP 请求，支持的访问日志应用包括 Tomcat（Java 语言编写的应用服务容器）、Resin（CAUCHO 公司旗下的一个应用服务容器，同样采用 Java 语言编写）、Weblogic（Oracle 公司旗下的一个应用服务容器）等，比如某个 Tomcat 的访问日志如下：

```
127.0.0.1 - - [21/Oct/2003:05:37:21 -0500] "GET /index.jsp?%2Findex.jsp=
HTTP/1.1" 200 8343
```

通过 Access Log Sampler 即可读取这条日志中的请求类型、请求地址等信息，并用来生成一个新的 HTTP 请求。

（6）BeanShell 取样器：通过编写 BeanShell 脚本语言的方式来生成取样器请求，支持将外部参数传递给脚本作为参数来使用。

（7）Bolt Request：该取样器用于通过 Bolt 网络应用协议运行 Cypher（一种专门为查询图而优化设计的标准查询语言）查询，通常与配置元件中的 Bolt Connection Configuration 搭配使用。比如，对 Neo4j 数据库（一个高性能的 NoSQL 图形数据库）进行性能压测时，就可以采用该取样器。

（8）JUnit 请求：该取样器用于调用 Java 的单元测试代码进行取样器操作。该取样器和下面将要讲解的 Java 请求取样器类似。JMeter 在启动时，会扫描其安装目录的 lib\junit 目录下实现了 Java JUnit 标准的 Java 测试类，将符合 JUnit 标准的测试类都加载到 Java 虚拟机（即 Java 的运行环境），这样 JUnit 请求取样器就可以执行这些测试类，如图 3-24 所示。在学习 JUnit 请求之前，建议读者先找一些 Java 语言的基础书籍学习一下 Java 语言，在对 Java 语言有一定了解之后，会更容易理解 JUnit 请求取样器。

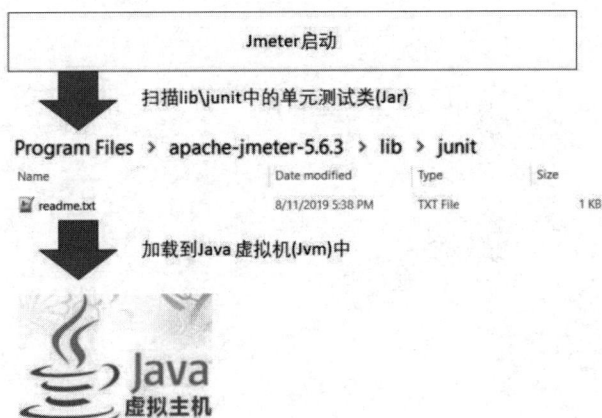

图 3-24　JUnit 加载示例

JUnit 请求取样器界面包含的主要参数说明如下：

- Search for JUnit4 annotations：只搜索 JUnit4 标准的单元测试类来进行测试。随着不断的发展，JUnit 标准可以分为很多版本，主流的版本包括 JUnit3、JUnit4。目前有最新的 JUnit5 版本了。

- Package filter: 支持以逗号分隔的方式设置 Java Package，来过滤需要测试的单元测试类。在 Java 语言中，每个 Java 类都可以保存在不同的 Package 目录下，这样可以更好地管理 Java 类，避免大量的 Java 类在同一个目录下不好区分和管理。
- Class name: 用于从加载出来的单元测试类中选择自己想要的单元测试类，来进行 JUnit 请求取样测试。
- Constructor string: 用于设置传递给字符串构造函数的字符串。如果设置了字符串，该取样器将使用字符串构造函数而不是默认的空构造函数。构造函数是 Java 开发语言中的一个基础概念，如果对构造函数不了解，可以先从相关书籍中学习一下 Java 的基础开发，此处不再对构造函数的概念做赘述。
- Test method: 用于选择单元测试类中的测试方法。通常一个单元测试类可以包含多个不同的测试方法。该参数通常会与 Class name 参数联动使用。
- Success message: 用于设置 Test method 运行成功时输出的消息。
- Success code: 用于设置 Test method 运行成功时输出的响应码。
- Failure message: 用于设置 Test method 运行失败时输出的消息。
- Failure code: 用于设置 Test method 运行失败时输出的响应码。
- Error message: 用于设置 Test method 运行报错（通常指抛出了异常）时输出的消息。
- Error code: 用于设置 Test method 运行报错（通常指抛出了异常）时输出的响应码。
- Do not call setUp and tearDown: 用于设置不调用单元测试类中的 setUp 和 tearDown 方法。setUp 和 tearDown 是 JUnit 单元测试标准中的两个默认方法，分别用于运行初始化和运行结束时，对相关的运行资源进行销毁。比如，下面代码示例是一个标准的 JUnit 单元测试类的基本结构。

```java
//JunitExample.java
@before
public void setUp() //初始化
{
}
@test
public void test1() //测试方法
{
}
...
@test
public void testN()
{
}
@after
public void tearDown()//运行结束，资源释放
{
}
```

- Append assertion errors：用于将断言错误附加到响应消息中。在单元测试中，为了判断某个单元测试方法是否执行成功，在单元测试方法中都会设置相应的断言来进行判断。
- Append runtime exceptions：用于将运行时异常（即当运行发送报错抛出异常时）附加到响应消息中。
- Create a new Instance per sample：用于设置当对某个单元测试类进行测试时，为每个线程创建一个新的 Junit 类实例对象。默认值为 false，表示一旦创建了一个实例对象，在多线程并发用户中每个线程用户都会共享这一个实例对象。Java 是一个面向对象的开发语言，都是以实例对象的方式来运行的。

（9）Java 请求：Java 请求取样器用于直接调用 Java 代码进行取样器操作。该取样器和 JUnit 请求取样器类似。如图 3-25 所示，JMeter 在启动时，会扫描 JMeter 安装目录的 lib\ext 目录下符合 Java 请求取样器标准的 JAR 包中的 Java Class 类，然后加载到 Java 虚拟机中运行。这些 Java Calss 通常都实现了 org.apache.jmeter.prototool.java.sampler.JavaSamplerClient 这个抽象接口。

从图 3-25 中可以看到，JMeter 中包括很多取样器，比如 FTP 请求取样器、SMTP 取样器、TCP 取样器等，它们都是通过实现 org.apache.jmeter.prototool.java.sampler. JavaSamplerClient 这个抽象接口来达到其取样功能的。

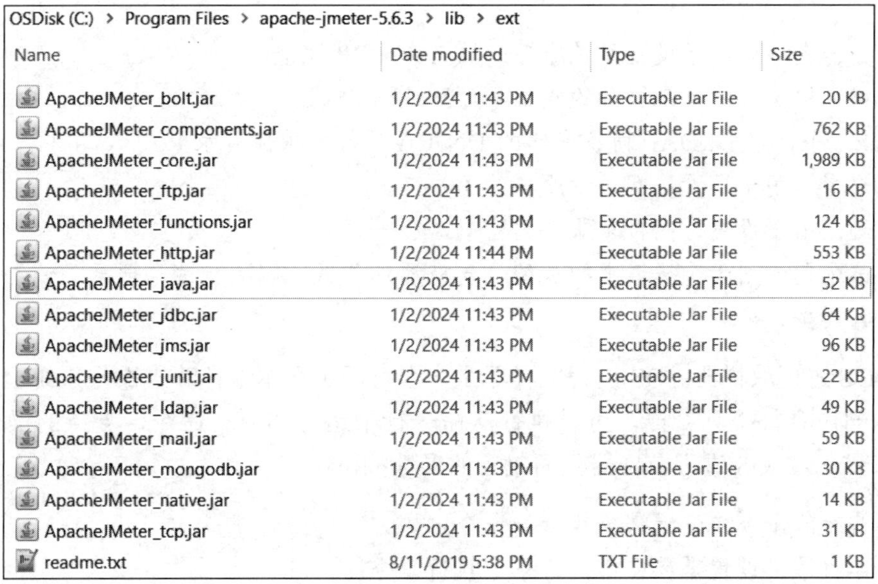

OSDisk (C:) > Program Files > apache-jmeter-5.6.3 > lib > ext			
Name	Date modified	Type	Size
ApacheJMeter_bolt.jar	1/2/2024 11:43 PM	Executable Jar File	20 KB
ApacheJMeter_components.jar	1/2/2024 11:43 PM	Executable Jar File	762 KB
ApacheJMeter_core.jar	1/2/2024 11:43 PM	Executable Jar File	1,989 KB
ApacheJMeter_ftp.jar	1/2/2024 11:43 PM	Executable Jar File	16 KB
ApacheJMeter_functions.jar	1/2/2024 11:43 PM	Executable Jar File	124 KB
ApacheJMeter_http.jar	1/2/2024 11:44 PM	Executable Jar File	553 KB
ApacheJMeter_java.jar	1/2/2024 11:43 PM	Executable Jar File	52 KB
ApacheJMeter_jdbc.jar	1/2/2024 11:43 PM	Executable Jar File	64 KB
ApacheJMeter_jms.jar	1/2/2024 11:43 PM	Executable Jar File	96 KB
ApacheJMeter_junit.jar	1/2/2024 11:43 PM	Executable Jar File	22 KB
ApacheJMeter_ldap.jar	1/2/2024 11:43 PM	Executable Jar File	49 KB
ApacheJMeter_mail.jar	1/2/2024 11:43 PM	Executable Jar File	59 KB
ApacheJMeter_mongodb.jar	1/2/2024 11:43 PM	Executable Jar File	30 KB
ApacheJMeter_native.jar	1/2/2024 11:43 PM	Executable Jar File	14 KB
ApacheJMeter_tcp.jar	1/2/2024 11:43 PM	Executable Jar File	31 KB
readme.txt	8/11/2019 5:38 PM	TXT File	1 KB

图 3-25　JMeter 扩展 JAR 包目录

在如图 3-26 所示的 Java 请求取样器界面中，展示了两个实现了 org.apache.jmeter.prototool.java.sampler. JavaSamplerClient 抽象接口的测试类，分别为 org.apache.jmeter.protocol.java.test.JavaTest 和 org.apache.jmeter.protocol.java.test.SleepTest。在 Java 请求取样器中，可以自己指定参数及其对应的值，也可以通过 JMeter 监听器中的查看结果树来查看 Java 请求以及该请求对应的响应结果。在本书的后续章节中，我们还会详细介绍如何实现一个自定义的 Java 请求取样器。

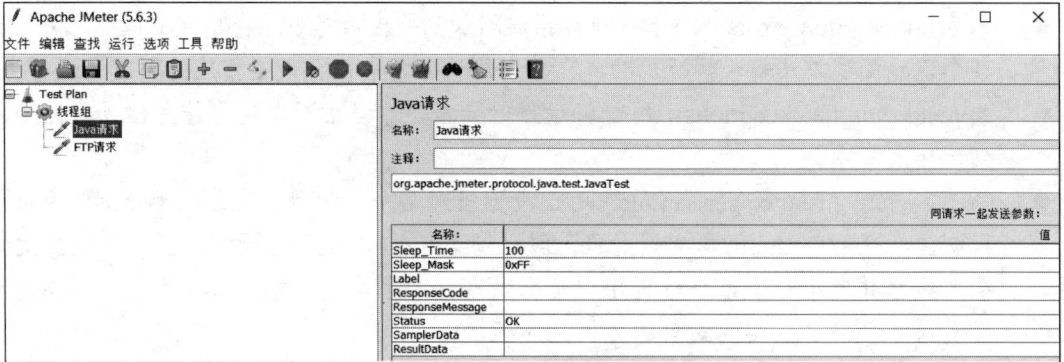

图 3-26　Java 请求取样器界面

（10）LDAP 扩展请求默认值：LDAP 扩展请求默认值取样器用于设置 LDAP 请求的默认值；LDAP 是 Lightweight Directory Access Protocol 的简写，即轻量目录访问协议。目录服务是一种和数据库类似的服务；和数据库不同的是，目录服务以树状的层次结构来存储数据。

（11）LDAP 请求：LDAP 请求取样器用于通过 LDAP 协议向支持 LDAP 协议的目录服务发起取样器请求，请求的类型包括添加测试、删除测试、搜索测试、修改测试。LDAP 请求取样器界面包含的参数如下：

- 服务器名称：用于设置目录服务的域名或者 IP 地址。
- 端口：用于设置目录服务的端口号，默认为 389。
- DN：用于设置 LDAP 协议操作的 DN（最顶层的根部目录）。
- 用户名：用于设置访问目录服务的用户名。
- 密码：用于设置访问目录服务的密码。
- 测试配置：用于选择请求的类型，支持添加测试、删除测试、搜索测试、修改测试这四种类型。

（12）OS 进程取样器：OS 进程取样器是一个可用于在本地计算机操作系统上执行命令的取样器，如同命令行工具一样，可以执行从命令行中运行的所有命令，支持的操作系统包括 Windows 和 Linux。OS 进程取样器界面包含的参数如下：

- 要执行的命令：设置需要执行的命令。
- 工作目录：设置需要在哪个目录下执行命令。
- 命令行参数：设置待执行的命令后面需要加的参数。
- 环境变量设置：运行命令时添加到环境中的变量（通常为 Key/Value 的形式），类似于在 Windows 和 Linux 操作系统中设置临时的环境变量。
- Standard input (stdin)：用于设置待执行命令的标准输入的文件名。
- Standard output (stdout)：用于设置命令执行完成后标准输出的文件名。如果不设置该参数，则会自动捕获命令执行完的标准输出作为响应数据返回。
- Standard error (stderr)：用于设置命令执行报错时标准错误的输出文件名。

● 检查返回码：检查命令执行完成后的返回码，不管是在 Linux 命令行还是 Windows 命令行，命令执行完成后，操作系统都会有返回码。

● Timeout：用于设置命令执行的超时时长，单位为毫秒，默认为 0，表示不超时。

3.7 后置处理器

在 JMeter 中，后置处理器通常用于在实际取样器发出请求之后，对请求的响应结果进行后置处理，如图 3-27 所示。后置处理器通常会在取样器之后执行，例如通过 HTTP 取样器发送了一个 HTTP 请求后，需要对 HTTP 请求返回的结果做一些处理，如从结果信息中提取返回的状态码以判断请求是否执行成功等。

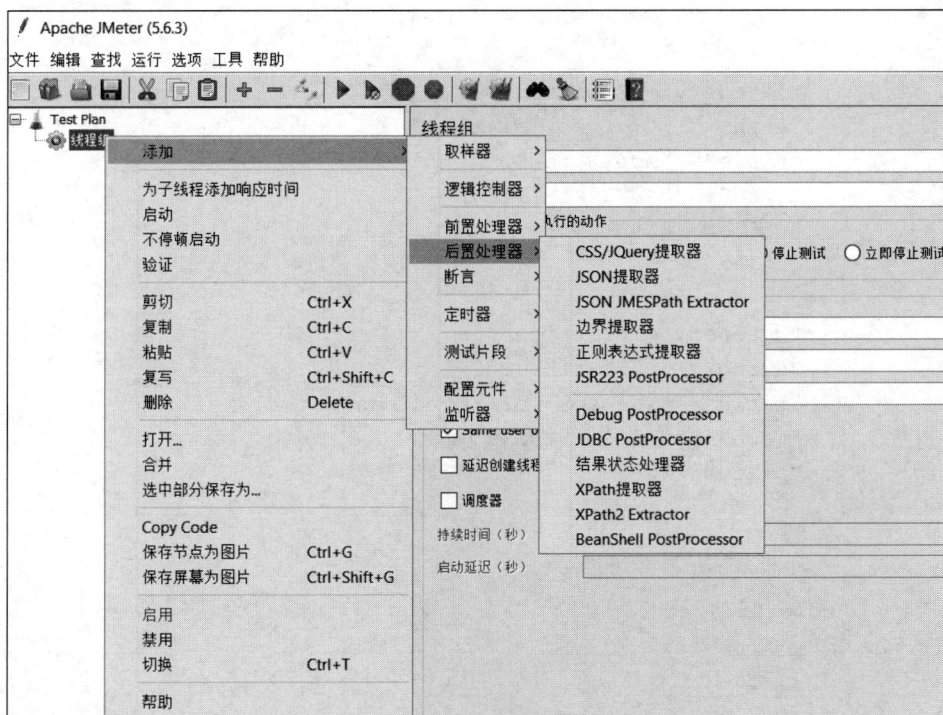

图 3-27　添加后置处理器

从图 3-28 中可以看到，后置处理器主要包括如下内容。

3.7.1　JSON 提取器

JSON 提取器是指通过使用 JSON-PATH 语法从服务器的 JSON 响应结果中提取出需要的数据。只有当响应的结果为 JSON 格式时，才可以考虑使用 JSON 断言。JSON 断言时需要指定 JSONPath（即 JSON 路径），然后 JMeter 会根据对应的路径，到返回的 JSON 数据中获取数据值。

下面是一个 JSON 数据示例，通过指定不同的 JSON 路径，即可获取不同的数据：

```json
{
    "store": {
        "book": [
            {
                "category": "reference",
                "author": "Nigel Rees",
                "title": "Sayings of the Century",
                "price": 8.95
            },
            {
                "category": "fiction",
                "author": "Evelyn Waugh",
                "title": "Sword of Honour",
                "price": 12.99
            },
            {
                "category": "fiction",
                "author": "Herman Melville",
                "title": "Moby Dick",
                "isbn": "0-553-21311-3",
                "price": 8.99
            },
            {
                "category": "fiction",
                "author": "J. R. R. Tolkien",
                "title": "The Lord of the Rings",
                "isbn": "0-395-19395-8",
                "price": 22.99
            }
        ],
        "bicycle": {
            "color": "red",
            "price": 19.95
        }
    },
    "expensive": 10
}
```

常见的 JSON 路径获取数据的示例如下：

- $.store.book[*].author: 获取 JSON 中 store.book 路径下的所有 author。
- $..author: 获取所有的 author。
- $.store.*: 获取 JSON 中 store 路径下的所有数据。
- $.store..price: 获取 JSON 中 store 路径下的所有 price 数据。
- $..book[2]: 获取 JSON 数据中第三次出现的 book 数据。
- $..book[-2]: 获取 JSON 数据中倒数第二次出现的 book 数据。

- $..book[0,1]: 获取 JSON 数据中第一次和第二次出现的 book 数据。
- $..book[:2]: 获取 JSON 数据中从索引 0（包含索引 0）到索引 2（不包含索引 2）的所有 book 数据。
- $..book[1:2]: 获取 JSON 数据中从索引 1（包含索引 1）到索引 2（不包含索引 2）的所有 book 数据。
- $..book[-2:]: 获取 JSON 数据中最后出现的两次 book 数据。
- $..book[2:]: 获取 JSON 数据中从索引 2（包含索引 2）之后的所有 book 数据。
- $..book[?(@.isbn)]: 获取 JSON 数据中带有 isbn 的所有数据。
- $.store.book[?(@.price < 10)]: 获取 JSON 数据中所有 price 低于 10 的 book 数据。
- $..book[?(@.price <= $['expensive'])]: 获取 JSON 数据中所有 price 低于 expensive 的 book 数据。
- $..book[?(@.author =~ /.*REES/i)]: 获取 JSON 数据中所有符合正则表达式的 book 数据（忽略大小写）。
- $..*: 获取 JSON 数据中的所有数据。
- $..book.length(): 获取 JSON 数据中 book 的数量。

3.7.2　JSON JMESPath Extractor

JSON JMESPath Extractor 是通过使用 JMESPath 查询语言从 JSON 响应结果中提取出需要的数据。JMESPath 查询语言比 JSON-PATH 语法更加强大，关于 JMESPath 的更多详细介绍，可以参考其官方网站，其中详细介绍了 JMESPath 的使用方式，如图 3-28 所示。

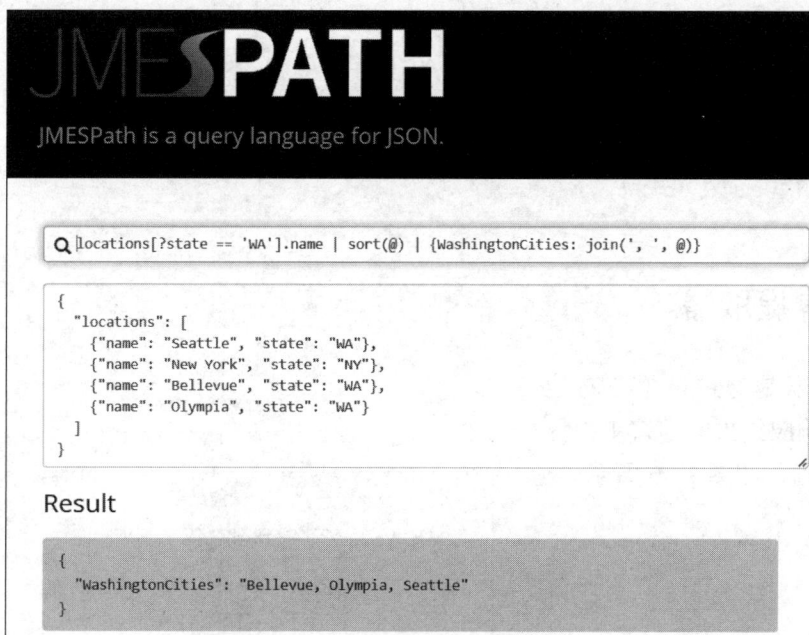

图 3-28　JMESPath 网站示例

在 JMESPath 官方网站中，提供了大量的从 JSON 中提取数据的语法示例，如图 3-29 所示。

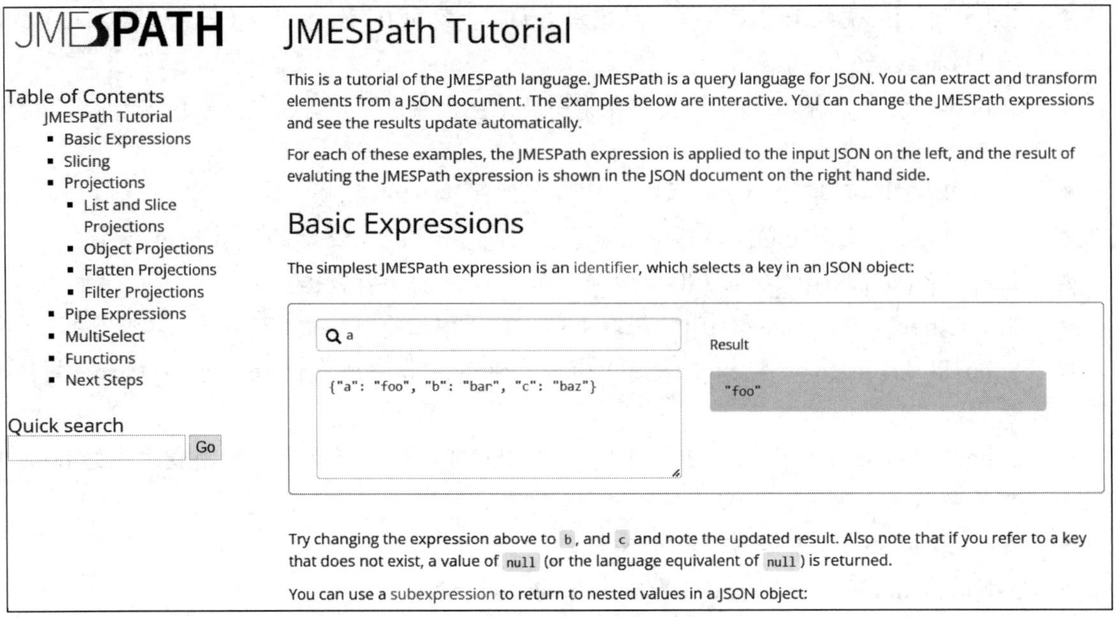

图 3-29　JMESPath 网站语法示例

如下所示是一个 JSON 数据的简单示例，我们通过 JMESPath 查询语言 people[*].first 即可获取 people 这个 List（列表）下的所有 first 的值，获取到的结果为["James","Jacob","Jayden"]。

```
{
  "people": [
    {"first": "James", "last": "d"},
    {"first": "Jacob", "last": "e"},
    {"first": "Jayden", "last": "f"},
    {"missing": "different"}
  ],
  "foo": {"bar": "baz"}
}
```

3.7.3　边界提取器

边界提取器是通过设置左右边界的方式，从响应结果的字符串中提取出需要的数据，如图 3-30 所示。

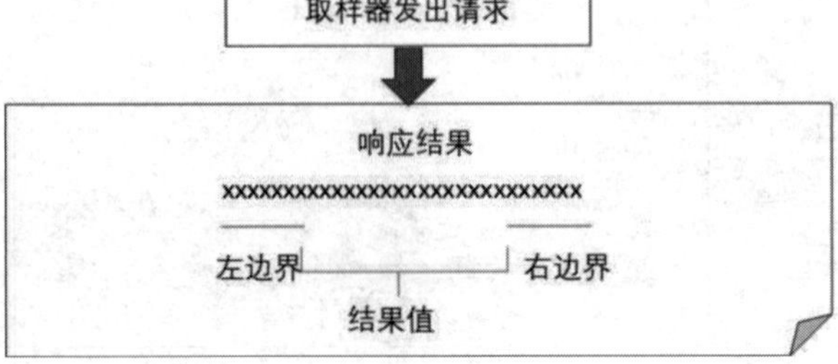

图 3-30　边界提取器示例

3.7.4　结果状态处理器

结果状态处理器是通常用于在取样器发生错误时，控制 JMeter 要如何执行接下来的动作，如图 3-31 所示。

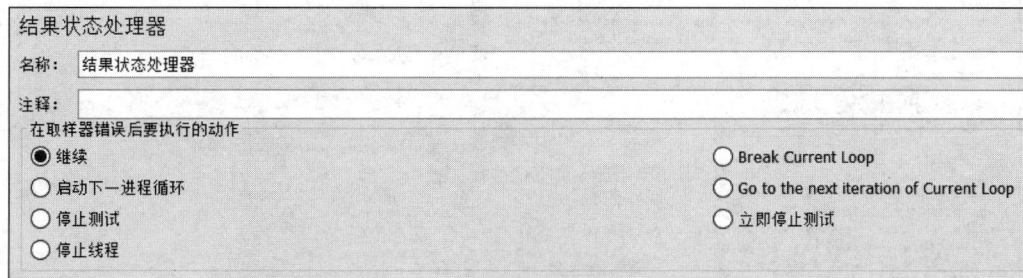

图 3-31　结果状态处理器界面

从图 3-32 中可以看到，在取样器发生错误时，结果状态处理器提供的后续动作控制包括：

- 继续：表示不受任何影响，继续往下运行。
- Break Current Loop：仅停止当前正在执行的线程循环。一个 Loop 表示一次性能测试脚本的运行，会把所有相关的 JMeter 元件都执行一次。
- 启动下一进程循环：表示直接进入 JMeter 进程的下一次执行。
- Go to the next iteration of Current Loop：直接进入当前线程循环的下一次迭代执行。
- 停止测试：待当前所有线程的当前循环运行结束后，停止整个性能测试。
- 立即停止测试：不做任何等待，立即停止测试。
- 停止线程：停止当前执行报错的线程，但是其他的线程还会继续运行。

3.7.5　XPath 提取器

（1）XPath 提取器：使用 XPath 查询语言，输入 XPath 路径，从取样器的响应结果中提取需要的数据。XPath 提取器通常适用于 XML 或者 HTML 格式响应的返回结果，因为只有 XML 或者 HTML 格式才适用于 XPath 查询语言。XPath 是一种很重要的查询语言，在做前端页面的自动化测试时，也经常用到 XPath 语言。关于 XPath 的详细介绍，可以访问网址：https://www.w3.org/TR/xpath-31/#id-introduction，该网站详细介绍了 XPath 语言的发展以及使用方法。另外，在很多常见的浏览器中，也支持 XPath 的提取，比如通过 Google 浏览器打开 https://www.baidu.com/，此时按 F12 键打开 Google 浏览器的开发工具（DevTools），选中需要提取的 HTML 内容，然后用鼠标右击 Copy XPath，即可获取到该 HTML 内容对应的 XPath 路径为/html/head/meta[5]，如图 3-32 所示。

（2）XPath2 Extractor：与 XPath 提取器类似，XPath2 Extractor 通过使用 XPath2 查询语言，从取样器的响应结果中提取需要的数据。通常也适用于从 XML 或者 HTML 格式的返回信息中提取数据。关于 XPath2 的更多详细功能介绍，可以访问网址

https://saxon.sourceforge.net/saxon7.9.1/functions.html。

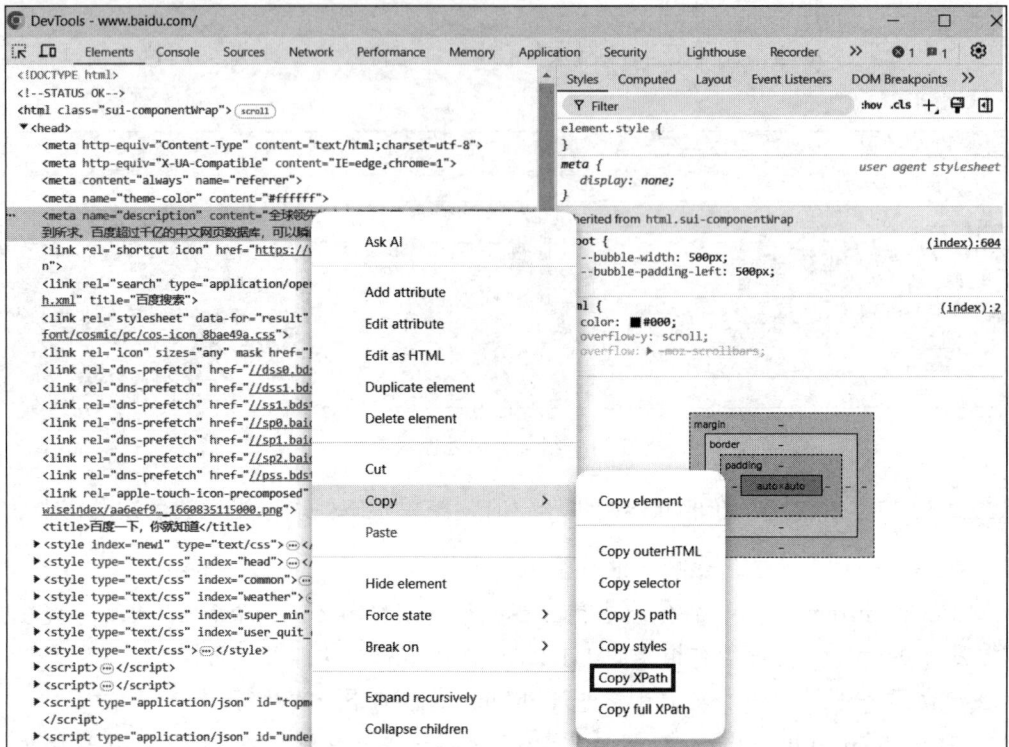

图 3-32　Xpath 提取示例

3.7.6　其他提取器

（1）CSS/JQuery 提取器：通过使用 CSS/JQuery 选择器语法从服务器的 HTML 响应中提取出需要的数据。当响应结果为 HTML 形式时，可以用该提取器来获取指定的数据。

（2）正则表达式提取器：通过使用正则表达式的方式从取样器返回的响应结果中提取出需要的数据。

（3）JSR223 PostProcessor：通过使用符合 JSR223 规范的脚本语言来对取样器返回的响应结果做处理。

（4）Debug PostProcessor：用于通过 Debug 调试的方式来输出取样器响应中的JMeter属性、JMeter 变量、取样器属性、系统属性，以方便性能脚本的调试和问题定位。

（5）JDBC PostProcessor：通常指通过使用 JDBC 传输协议的方式在取样器运行结束后向数据库（必须是支持 JDBC 协议的数据库）发起查询、修改、删除等请求。该后置处理器通常需要与配置元件中的 JDBC Connection Configuration 搭配使用，需要在 Connection Configuration 元件中设置 JDBC 数据服务器的相关连接等配置信息。比如，每次在取样器运行结束后，需要对数据库中的数据进行删除、修改等操作，即可使用该后置处理器。

（6）BeanShell PostProcessor：即 BeanShell 后置处理程序，通过使用 BeanShell 脚本语言

来对取样器返回的响应结果做处理。这种方式通常适用于需要对响应结果完全进行自定义处理。
BeanShell PostProcessor 非常灵活，可以对结果内容做更多定制化的处理，但是需要一定的脚本
语言编程基础。

3.8　断言

在 JMeter 中，断言通常用于对取样器返回的响应结果做检查，以判断取样器返回的响应结果是否正确，如图 3-33 所示。

图 3-33　添加断言

从图 3-33 中可以看到，断言主要包括如下内容。

3.8.1　响应断言

响应断言是指直接对取样器返回的响应结果做比较和判断。响应断言中可以被断言的内容包括响应文本、响应代码、响应信息、响应头（比如 HTTP 响应的 Header）、请求头（比如 HTTP 请求的 Header）、URL 样本、文档（文本）、忽略状态、请求数据（比如 HTTP 的请求 Body）等。判断的规则通常有包括、匹配、相等、字符串、否和或者等，如图 3-34 所示。

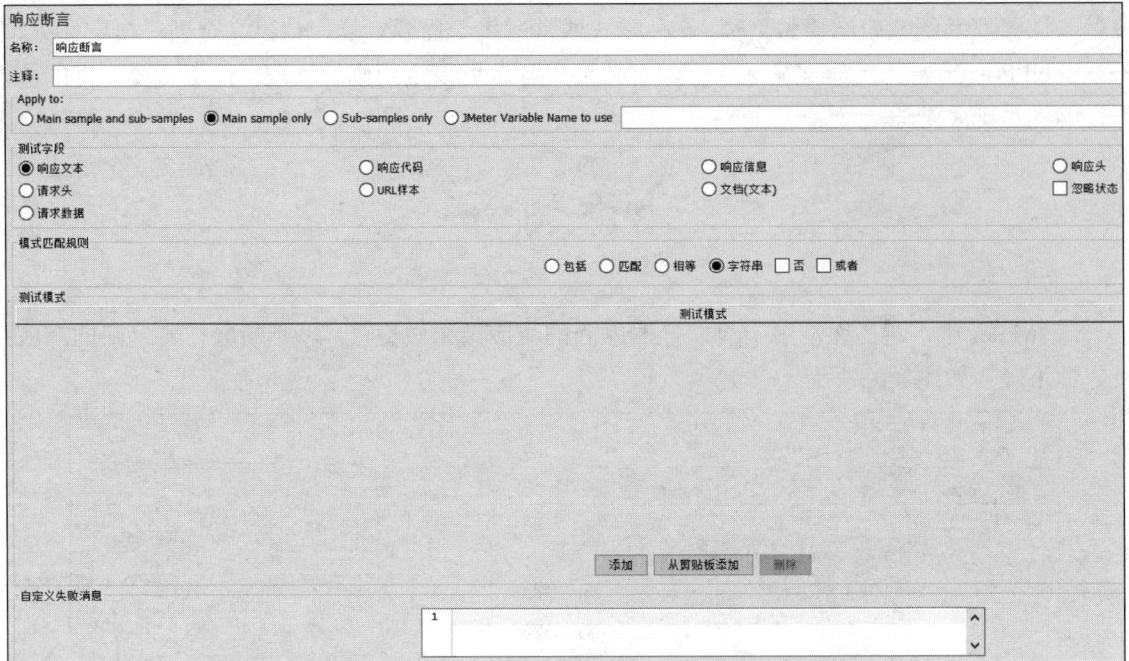

图 3-34 响应断言配置界面

响应断言是 JMeter 中用得最多的一种断言方式，大部分的性能测试都可以通过响应断言来完成对响应的结果的断言判断。在测试模式中，可以添加多个待判断的预期内容，并且在断言失败时，还可以自定义需要输出的失败消息。

3.8.2 JSON 相关的断言

（1）JSON 断言：通过对取样器返回的 JSON 响应报文结果进行解析，来获取指定的数据，从而断言返回的结果是否正确。只有当响应的结果为 JSON 格式时，才可以考虑使用 JSON 断言。JSON 断言时需要指定 JSONPath（即 JSON 路径），然后 JMeter 会根据对应的路径到返回的 JSON 数据中去获取数据值。关于 JSONPath 的使用可以参考 3.7 节中的相关介绍，因为在后置处理器中，也用到了 JSONPath 这种处理方式。

（2）JSON JMESPath Assertion：与 JSON 断言类似，通过 JMESPath 对取样器返回的 JSON 响应报文结果进行解析，从而获取到对应的数据，并且对该数据断言是否符合指定的预期结果值。该断言与 JSON 断言的不同之处在于，从 JSON 数据中获取数据的方式，JSON 断言采用的是 JSONPath，而 JSON JMESPath Assertion 采用的是 JMESPath。关于 JMESPath 的使用，同样可以参考 3.7 节中的相关介绍。

3.8.3 XPath 相关的断言

（1）XPath 断言：通过 Xpath 查询语言来查询取样器返回的响应结果中的数据，以此断言取样器返回的结果是否正确。当返回的响应结果为 HTML 或者 XML 等格式时，就可以采用 Xpath 来查找指定的数据。关于 XPath 的使用，同样可以参考 3.7 节中的相关介绍。

（2）Xpath2 Assertion：通过 Xpath2 查询语言来查询取样器返回的响应结果中的数据，以此来断言取样器返回的结果是否正确。

3.8.4　其他断言

（1）JSR223 Assertion：指的是使用 JSR223 规范的脚本语言自定义断言，来判断取样器返回的响应结果是否符合指定的预期结果值。

（2）大小断言：通过判断取样器返回的响应结果的字节大小来进行断言。比如，通过判断字节数大于多少或者小于多少，来判断本次取样器返回的结果是否正确。

（3）Compare Assertion：通过比较某个范围内的取样器返回的响应结果，来断言本次取样器返回的结果是否正确。在高并发用户的性能测试中，通常不推荐使用，因为会消耗大量的 CPU、内存等硬件资源。

（4）断言持续时间：通过判断取样器返回结果的响应时长是否在指定的时间范围内，来断言取样器返回的结果是否正确。超过指定时长（单位为毫秒）的响应结果，会被直接标记为失败。

（5）HTML 断言：通过使用 JTidy 检查取样器响应结果数据中的 HTML/XHTML/XML 语法是否符合指定的预期，来判断取样器返回的结果是否正确。JTidy 是一个 HTML 语法检查器，可以自动清除 HTML 文件中的错误和格式问题。

（6）MD5Hex 断言：对取样器返回的响应结果数据生成 MD5Hex 数据，并对生成的 MD5Hex 数据进行断言，以判断取样器返回的结果数据是否正确。

（7）SMIME 断言：该断言主要用于对邮件阅读者取样器获取到的邮件数据，验证其 mime 消息的正文是否已签名。在验证签名时，支持指定自定义的签名者证书。另外需要注意，使用邮件阅读者取样器时，需要选择使用 MIME 存储邮件，否则该断言无法正确处理收到的邮件数据。

（8）XML 断言：通过判断取样器返回的响应结果数据是否为正确的 XML 格式，来断言取样器执行的返回结果是否正确。

（9）XML Schema 断言：通过对取样器返回的 XML 响应结果数据提取 XML Schema，判断是否和指定的 XML Schema 一致，来断言取样器的返回结果是否正确。

（10）BeanShell 断言：指的是使用 BeanShell 脚本语言自定义断言判断逻辑，来判断取样器返回的响应结果是否符合指定的预期结果值。

3.9　监听器

在 JMeter 中，监听器通常用于监听以及实时展示 JMeter 取样器的测试执行结果。监听器支持以树、表及图形等形式展示当前正在压测的测试结果，同时也支持以 XML、CSV 等格式来保存测试结果到指定的文件中。监听器通常用于对性能测试的结果做统计分析，以快速发现性能压测中可能存在的性能问题，如图 3-35 所示。

图 3-35 添加监听器

从图 3-35 中可以看到，监听器主要包括 16 种类型，分别介绍如下。

3.9.1 查看结果树

查看结果树通常用于性能测试脚本的调试，因为查看结果树会展示取样器每次发出的请求参数和响应结果以及从发出请求到获取响应结果的具体耗时。由于取样器每次执行请求时，都会在查看结果树中进行展示，因此在进行高并发的负载测试时，建议禁用查看结果树，不然会消耗大量的 CPU、内存等硬件资源。由于取样器返回的结果数据可能包含多种不同的格式，因此查看结果树支持以 Text、CSS/JQuery Tester、Document、HTML、HTML Source formatted、JSON、JSON Path Tester、XML 等不同的格式来展示取样器的响应结果数据，同时也支持将查看结果树中的数据写入自定义的文件中进行保存。

3.9.2 汇总报告

汇总报告通常用于实时展示 JMeter 性能压测中的各项性能指标，并且支持将汇总报告中的数据写入自定义的文件中。汇总报告界面如图 3-36 所示。

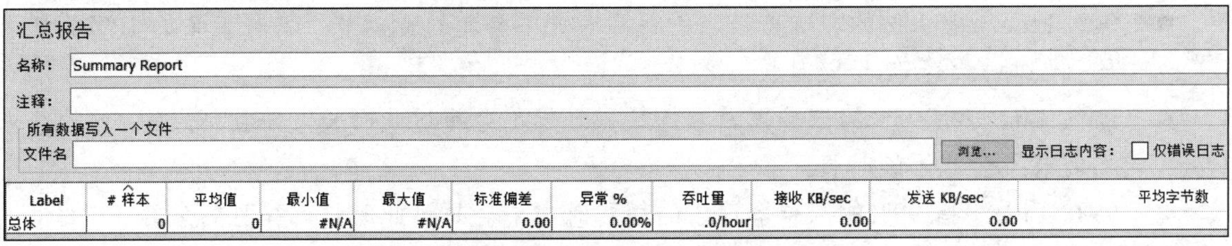

Label	# 样本	平均值	最小值	最大值	标准偏差	异常 %	吞吐量	接收 KB/sec	发送 KB/sec	平均字节数
总体	0	0	#N/A	#N/A	0.00	0.00%	./hour	0.00	0.00	

图 3-36 汇总报告界面

从图 3-36 中可以看到，汇总报告中包含的性能指标如下：

- 样本：指取样器累计发出的请求总数量。
- 平均值：指取样器请求过程中的平均耗时，单位为毫秒。
- 最小值：指取样器请求过程中的最小耗时，单位为毫秒。
- 最大值：指取样器请求过程中的最大耗时，单位为毫秒。
- 标准偏差：指取样器请求时长的标准偏差。
- 异常：指取样器请求的返回结果为异常的百分比。
- 吞吐量：指单位时间内处理的请求数，通常可以等同于 TPS。
- 接收 KB/sec：每秒中接收到 KB（千字节）数。
- 发送 KB/sec：每秒中发送的 KB（千字节）数。
- 平均字节数：响应结果的平均字节数，单位为字节。

3.9.3 聚合报告

聚合报告是通过聚合的形式来实时展示 JMeter 性能压测中的各项性能指标，和汇总报告一样，聚合报告也支持将报告中的数据写入自定义的文件中。聚合报告界面如图 3-37 所示，在聚合报告中，针对每个取样器中的请求，其测试出来的吞吐量就是整个测试周期内的实际平均吞吐量。

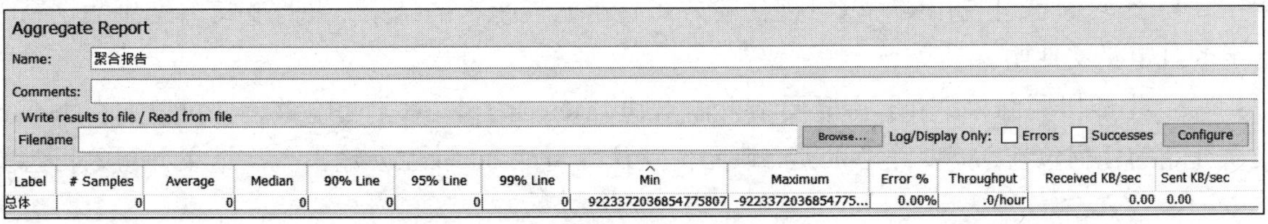

Label	# Samples	Average	Median	90% Line	95% Line	99% Line	Min	Maximum	Error %	Throughput	Received KB/sec	Sent KB/sec
总体	0	0	0	0	0	0	9223372036854775807	-9223372036854775...	0.00%	./hour	0.00	0.00

图 3-37 聚合报告界面

从图 3-37 中可以看到，聚合报告包含的性能指标如下：

- Samples：指取样器累计发出的请求总数量。
- Average：指取样器请求过程中的平均耗时，单位为毫秒。
- Median：表示取样器请求响应时间的中间值，即有 50%的请求耗时小于或等于该值，另外 50%的请求耗时大于或等于该值。
- 90% Line：指 90%的取样器请求的耗费时长不会超过此时长，并且剩余的 10%的请求的耗费时长不会低于该时长。
- 95% Line：指 95%的取样器请求的耗费时长不会超过此时长，并且剩余的 5%的请求的时长不会低于该时长。
- 99% Line：指 99%的取样器请求的耗费时长不会超过此时长，并且剩余的 1%的请求的时长不会低于该时长。
- Min：指的是取样器请求的最小耗费时长。
- Maximum：指的是取样器请求的最大耗费时长。
- Error：指取样器请求的返回结果为错误或异常的百分比。
- Throughput：和汇总报告一样，指单位时间内处理的请求数，通常可以等同于 TPS。
- Received KB/sec：和汇总报告一样，指每秒中接收的 KB（千字节）数。
- Sent KB/sec：和汇总报告一样，指每秒中发送的 KB（千字节）数。

3.9.4 其他监听器

（1）后端监听器：是一个异步的监听器，通常用于对接 Graphite，而 Graphite 是一个开源的实时图形化监控工具，后端监听器，可以异步地将监控数据发送到 Graphite 中，通过 Graphite 来展示 JMeter 的性能指标。在该监听器中可以配置 Graphite 的主机域名或者 IP 地址以及端口号，来接收 JMeter 异步传输过去的性能指标数据。关于 Graphite 的更多介绍，可以参考其官网，关于后端监听器的更多介绍，可以参考 JMeter 的官网。

（2）断言结果：用于通过可视化的方式展示每个取样器请求的断言结果。和查看结果树一样，不建议在高并发的负载测试中使用断言结果，因为会消耗大量的 CPU、内存等硬件资源，通常仅用于性能测试脚本的调试。

（3）汇总图：也可以叫作聚合图，类似于聚合报告，主要区别在于汇总图提供了条形图的展示，并且可以将条形图保存成 PNG 图片格式，如图 3-38 所示。

（4）比较断言可视化器：以可视化的方式展示比较断言的结果，并且支持将结果数据写入指定的自定义文件中。

（5）生成概要结果：用于将概要结果输出到 JMeter 的日志文件中。该元件可以加在 JMeter 测试计划的任何位置。需要注意的是，该元件默认为每隔 30 秒才会输出一次结果并写入日志文件中。

（6）图形结果：用于生成一个简单的图形结果，图形中会展示所有取样器请求的耗时，单位为毫秒，在图形的底部会以黑色的形式显示每个取样器请求的耗时，会以蓝色来显示所有取样器请求的平均值，会以红色来显示耗时的标准偏差，会以绿色来显示当前的吞吐量。如图 3-39

所示，图中的吞吐量表示所压测的服务器在单位时间内处理的实际请求数。图像结果的展示，可以让我们更加直观地看到每个取样器请求的耗时情况以及观察到性能指标曲线的走势，以辅助判断可能存在的性能问题。由于图像展示通常需要消耗大量的 CPU、内存等硬件资源，因此不建议在高并发的性能压测中长时间使用图像结果展示，否则会让 JMeter 界面变得非常卡顿。

Label	# Samples	Average	Median	90% Line	95% Line	99% Line	Min	Max	Error %	Throughput	KB/sec
Home Page	279	131	124	134	143	243	119	631	0.00%	8.9/sec	98.3
Changes	275	339	352	375	382	393	231	423	0.00%	8.8/sec	382.3
TOTAL	554	235	239	365	375	388	119	631	0.00%	17.5/sec	474.0

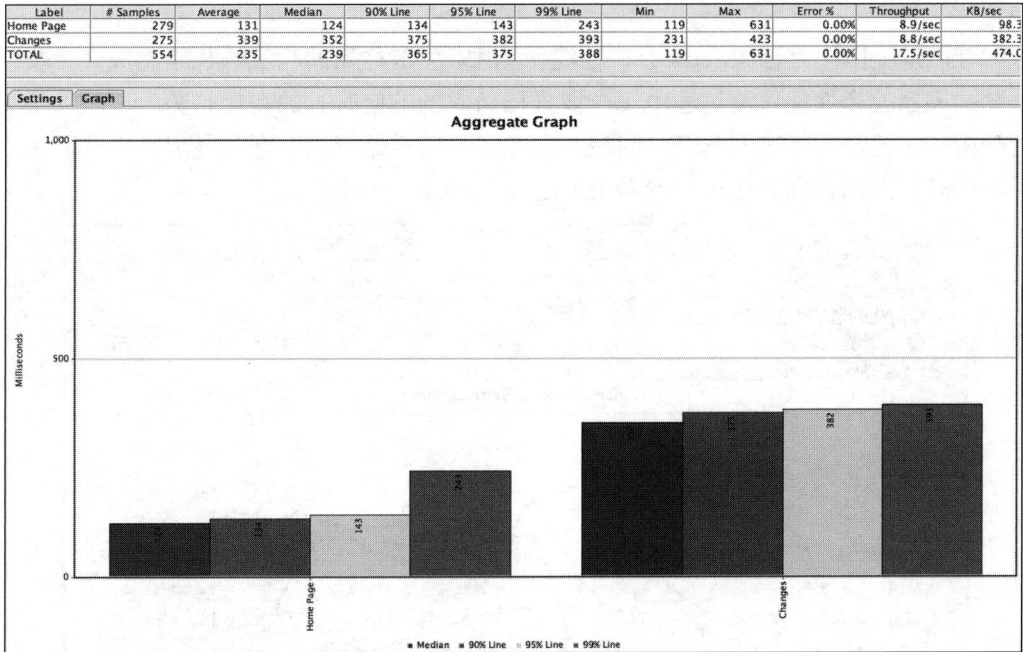

图 3-38 汇总图（聚合图）界面

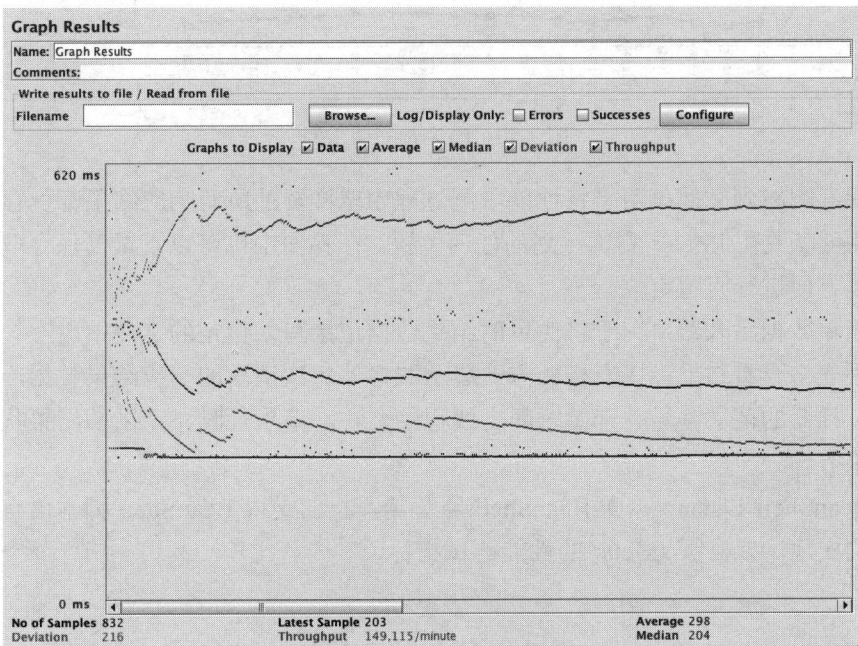

图 3-39 图形结果示例

（7）JSR223 Listener：指的是使用 JSR223 规范的脚本语言来自定义监听器的实现，以监听 JMeter 的性能测试指标。

（8）邮件观察仪：用于设置在 JMeter 的性能压测过程中，当出现了大量的取样器请求失败时，可以向指定的邮件服务器和邮箱发送邮件，请求失败以触发发送邮件事件的阈值可以在界面中进行配置。

（9）响应时间图：是指 JMeter 会在性能压测中，将取样器的响应时长绘制成一个折线图，在折线图中展示整个性能压测过程中每个取样器请求的响应时长的变化趋势，以辅助进行性能问题的分析和定位。如果在同一个时间戳上存在多个取样器请求，则会展示平均值，如图 3-40 所示。响应时间图的详细介绍可以参考 JMeter 官方网站。

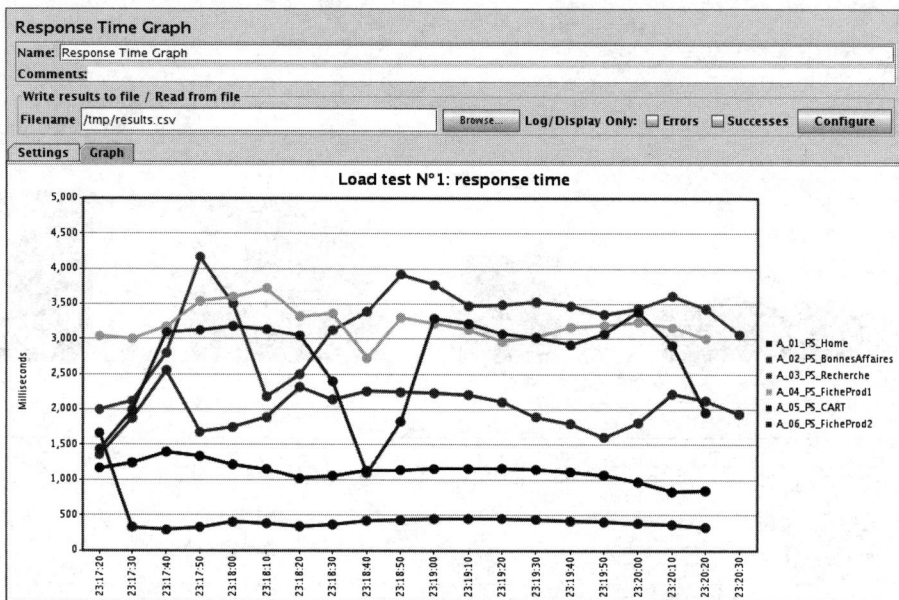

图 3-40　响应时间图示例

（10）保存响应到文件：用于将性能压测过程中取样器的所有响应结果都保存在指定的文件中。该元件可以放在 JMeter 测试计划的任何位置。在界面中也可以设置仅保存取样器请求失败的结果，以方便进行问题定位。

（11）简单数据写入器：用于将简单的结果数据记录写入指定的文件中。

（12）用表格查看结果：以表格的方式展示取样器每次请求的响应结果数据，在表格中会按顺序展示取样器的请求编号、开始时间、线程的名称、请求耗时、请求的结果状态、传输的字节数据大小等。

（13）BeanShell Listener：即 BeanShell 监听器，指的是以 BeanShell 脚本语言的方式来自定义监听器的实现，以监听 JMeter 的性能测试指标。

3.10 开始一个性能测试脚本的编写案例

前面几节已经介绍了 JMeter 的元件，本节将给出一个实际案例来帮助读者掌握元件的应用。在 httpbin.org 网站（见图 3-41）中提供了大量的 HTTP 请求和响应的模拟接口，读者可以通过调用该网站提供的模拟接口来练习 JMeter 性能测试脚本的编写。

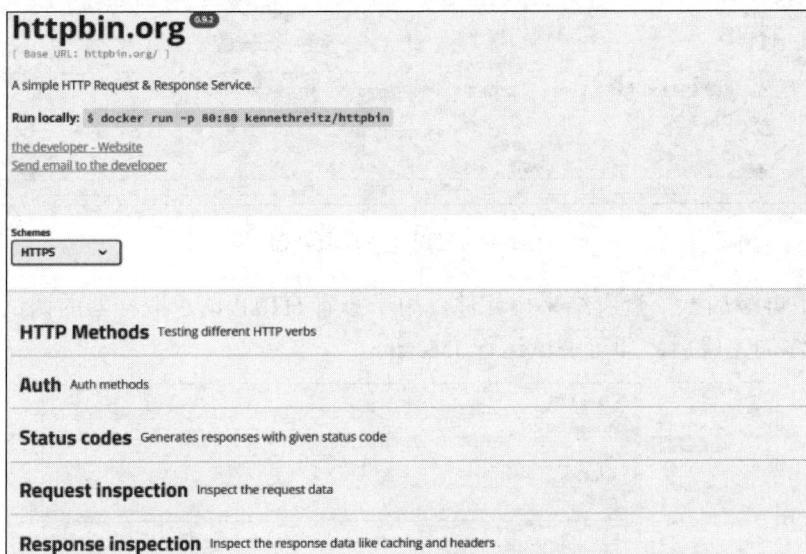

图 3-41 httpbin.org 网站

首先我们选取一个 HTTPS 的接口，并结合 JMeter 中最常用的 HTTP 取样器来做一个演示。演示接口的相关信息如下：

- 接口地址：https://httpbin.org/post。
- HTTP 请求类型：POST。

演示接口的详情如图 3-42 所示。

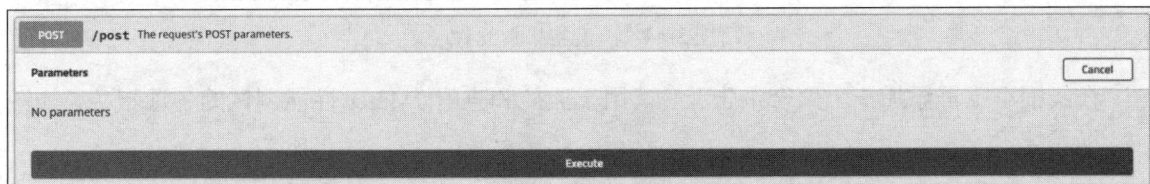

图 3-42 接口信息

在确定了待测试的接口地址后，我们就可以使用 JMeter 来编写对该接口进行性能测试的脚本。在 JMeter 中，新建一个线程组，并且在该线程组下添加 HTTP 请求取样器，如图 3-43 所示。在 HTTP 请求取样器的"协议"中输入 https，因为待测试的接口是一个 HTTPS 协议的接口；在"服务器名称或者 IP"中输入 httpbin.org，因为待测试的接口的域名为 httpbin.org；在"端口号"中输入 443，因为 HTTPS 协议的默认端口号为 443；在"HTTP 请求"类型中选择 POST，在"路径"中输入/post，并在请求参数中设置名称为 book，值为 jmeter。

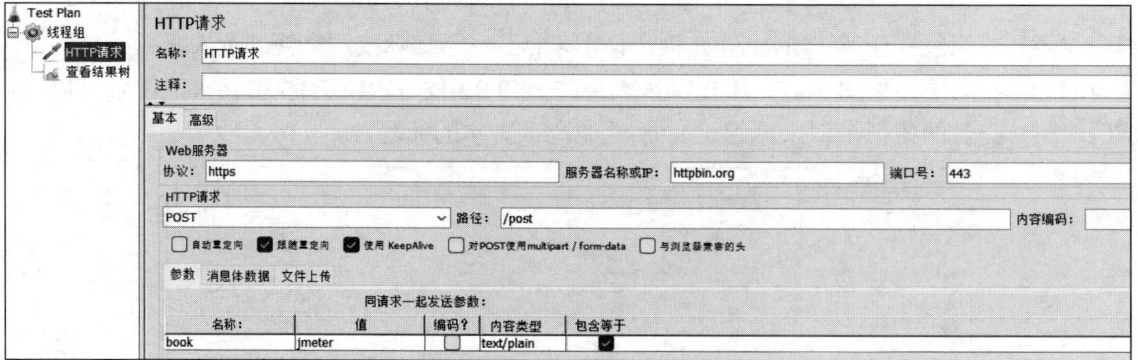

图 3-43　HTTP 请求取样器

在线程组下再添加一个查看结果树元件，用于查看 HTTP 请求取样器的调试运行结果，如图 3-44 所示。添加完成后，即可调试运行 JMeter。

图 3-44　查看结果树元件

在线程组下再添加一个聚合报告元件，用于监控和查看 JMeter 性能测试的各项指标，如图 3-45 所示。

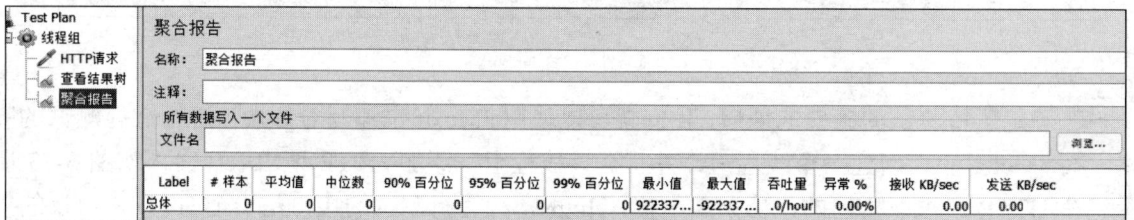

图 3-45　聚合报告元件

在完成了上述步骤后，一个简单的性能压测脚本就编写完成了。此时，返回线程组界面，设置线程数为 2，循环次数为永远，如图 3-46 所示。设置好后，单击 JMeter 界面的运行按钮，即可开始对接口进行性能压测。性能压测时，切换到聚合报告元件下，即可看到 JMeter 性能压测时的各项性能指标了，如图 3-47 所示。

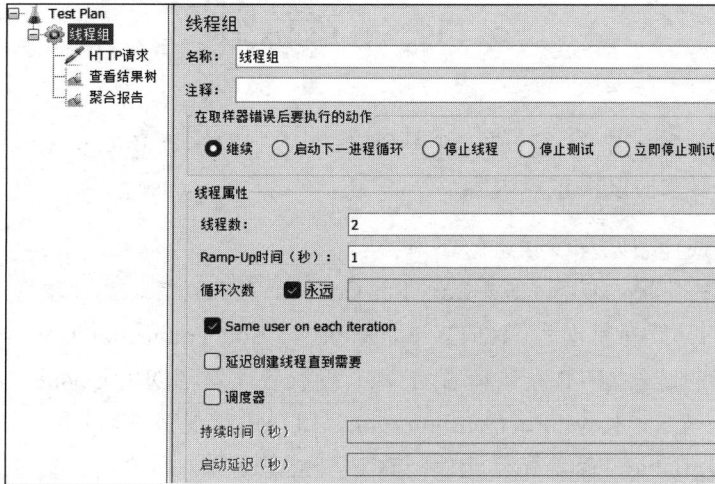

图 3-46　线程组界面

图 3-47　聚合报告结果

从图 3-47 中可以看到，当前聚合报告中显示了如下内容：

- 性能测试已经发送了 48 次样本请求。
- 平均响应时长为 391 毫秒。
- 请求过程中耗费时长的中位数为 319 毫秒，也可以理解为约 50% 的请求的时长不会超过 319 毫秒，约 50% 的请求的时长不会低于 319 毫秒。
- 请求过程中，90% 的请求的时长不会高于 450 毫秒，剩余的 10% 的请求的时长不会低于 450 毫秒。
- 请求过程中，95% 的请求的时长不会高于 598 毫秒，剩余的 5% 的请求的时长不会低于 598 毫秒。
- 请求过程中，99% 的请求的时长不会高于 1934 毫秒，剩余的 1% 的请求的时长不会低于 1934 毫秒。
- 请求过程中，最低请求时长为 101 毫秒，最高请求时长为 1934 毫秒。

- 请求过程中，吞吐量为 5.0/秒，表示每秒可以处理 5 个请求，也表示其 TPS 为 5。
- 请求过程中，请求异常率为 4.17%，表示 4.17%的请求发送失败。
- 请求过程中，每秒接收到的网络流量为 3.74KB/sec，每秒发送的网络流量为 1KB/sec。

3.11　本章总结

本章主要是对 JMeter 中的元件做一个基础介绍，这些元件是 JMeter 完成性能测试的基础，也是核心。读者需要掌握以下重点内容：

- JMeter 测试计划以及线程组的使用。
- 配置元件的使用，包括 CSV Data Set Config、HTTP 信息头管理器、HTTP Cookie 管理器、HTTP 缓存管理器、HTTP 请求默认值、Bolt Connection Configuration、计数器、DNS 缓存管理器、FTP 默认请求、HTTP 授权管理器、JDBC Connection Configuration、Java 默认请求、Keystore Configuration、LDAP 扩展请求默认值、LDAP 默认请求、Random Variable、简单配置元件、TCP 取样器配置、用户定义的变量等。其中，CSV Data Set Config、HTTP 信息头管理器、HTTP Cookie 管理器、HTTP 缓存管理器、HTTP 请求默认值、HTTP 授权管理器、JDBC Connection Configuration 等配置元件在 JMeter 性能测试中经常被用到，建议读者一定要掌握。
- 前置处理器的使用，包括 JSR223 预处理程序、用户参数、HTML 链接解析器、HTTP URL 重写修饰符、JDBC 预处理程序、正则表达式用户参数、取样器超时、BeanShell 预处理程序等。其中，读者需要重点掌握 HTTP URL 重写修饰符、JDBC 预处理程序、正则表达式用户参数这 3 个前置处理器元件。
- 定时器的使用，包括固定定时器、统一随机定时器、Constant Throughput Timer、Precise Throughput Timer、高斯随机定时器、JSR223 Timer、泊松随机定时器、Synchronizing Timer、BeanShell Timer 等。定时器通常适用于一些特殊的性能测试场景，用于模拟出更加真实的用户需求。其中读者需要重点掌握固定定时器、统一随机定时器、高斯随机定时器、Synchronizing Timer 这几个定时器元件。
- 取样器的使用，包括 HTTP 请求、调试取样器、JSR223 Sampler、AJP/1.3 取样器、Access Log Sampler、BeanShell 取样器、Bolt Request、FTP 请求、GraphQL HTTP Request、JDBC Request、JMS 点到点、JMS 发布、JMS 订阅、JUnit 请求、Java 请求、LDAP 请求、邮件阅读者取样器、SMTP 取样器、OS 进程取样器、TCP 取样器等。取样器是 JMeter 性能测试的核心元件，也是读者需要重点掌握的内容。其中 HTTP 请求、JDBC Request、TCP 取样器建议读者优先掌握。
- 后置处理器的使用，包括 CSS/JQuery 提取器、JSON 提取器、JSON JMESPath Extractor、边界提取器、正则表达式提取器、JSR223 PostProcessor、Debug PostProcessor、JDBC PostProcessor、结果状态处理器、Xpath 提取器、Xpath2 Extractor、BeanShell

PostProcessor 等。在 JMeter 性能测试中，后置处理器通常比前置处理器使用得更加频繁，建议读者重点掌握 JSON 提取器、边界提取器、正则表达式提取器、JDBC PostProcessor、Xpath 提取器的使用。

- 断言的使用，包括响应断言、JSON 断言、JSON JMESPath Assertion、JSR223 Assertion、大小断言、XPath 断言、Xpath2 Assertion、Compare Assertion、断言持续时间、HTML 断言、MD5Hex 断言、SMIME 断言、XML 断言、XML Schema 断言、BeanShell 断言等。断言也是 JMeter 性能测试中不可缺少的元件，因为断言可用来验证性能测试的结果是否正确。建议读者重点掌握响应断言、JSON 断言、XPath 断言、XML 断言的使用。

- 监听器的使用，包括查看结果树、后端监听器、断言结果、汇总报告、聚合报告、汇总图、比较断言可视化器、生成概要结果、图形结果、JSR223 Listener、邮件观察仪、响应时间图、保存响应到文件、简单数据写入器、用表格查看结果、BeanShell Listener 等。监听器同样是 JMeter 性能测试中必不可少的元件，因为监听器通常用于性能测试结果和指标的展示。建议读者重点掌握查看结果树、汇总报告、聚合报告的使用。

在完成本章内容的学习后，读者应该能够掌握 JMeter 性能测试脚本的基本编写方法。关于 JMeter 元件的使用，在第 4 章中还会进行更加详细的介绍。

第4章

JMeter 主要元件详解

在上一章中，我们已经介绍了 JMeter 元件的基础使用方式，本章将会对一些主要元件做一个更加深入和详细的介绍，以方便读者更好地掌握 JMeter 元件的高级使用方式。

4.1　配置元件

在 3.3 节中，我们已经讲到 JMeter 配置元件主要用于完成性能测试中一些常见配置信息的配置，读者应该对配置元件的作用和使用有了一个初步的了解。在本节中，我们将对一些常见的配置元件进行详细介绍。

4.1.1　CSV 数据文件设置

如图 4-1 所示，CSV 数据文件设置这个配置元件是 JMeter 中用得较多的配置元件之一。CSV 数据文件设置通常用于 JMeter 多线程并发用户的参数化设置。我们都知道，在进行性能测试时，通常需要模拟大量的不同的用户操作，而不是使用同一个用户进行持续的并发操作，因为这并不符合真实的使用场景。不同的用户会有不同的属性，比如会有不同的用户名、密码等信息，而这些不同的用户属性就需要通过参数化的形式，配置给多线程下的每一个并发用户。

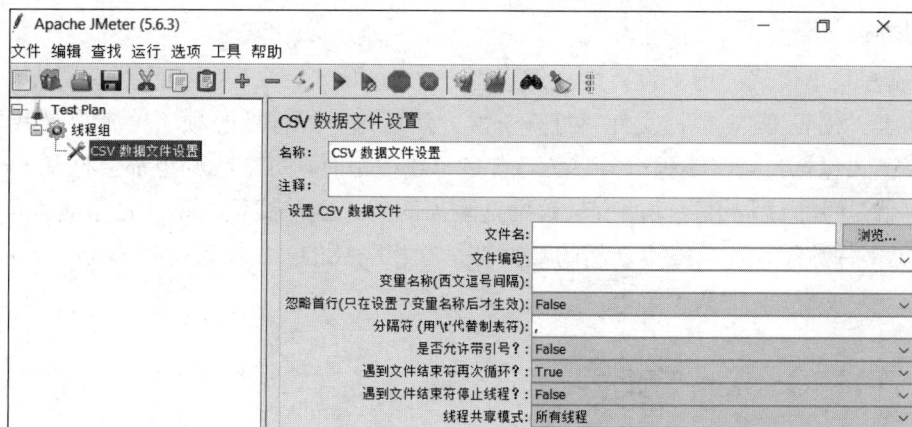

图 4-1　CSV 数据文件设置界面

从图 4-1 中可以看到，CSV 数据文件设置的界面中主要包括如下内容：

（1）文件名：设置需要读取的 CSV 文件名称，通常建议包含完整的文件路径。当然也可以使用相对路径，相对路径通常根据当前 JMeter 测试计划所保存的路径来进行解析。当进行分布式性能压测时，CSV 文件必须存储在服务器主机系统上与 JMeter 服务器启动位置相对应的正确目录中。

（2）文件编码：设置打开 CSV 文件的编码方式。

（3）变量名称（西文逗号间隔）：用将从 CSV 文件中读取出来的数据保存为变量。多个变量之间通过指定的分隔符进行分隔。在如图 4-2 所示的 CSV 文件中，可以看到其中包含了两列数据，因此可以保存成两个变量，一个变量用于存储用户名，比如叫 user，另一个变量用于存储密码，比如叫 password。在后续的 JMeter 性能测试脚本中，就可以通过${user}和${password}来引用这两个变量。

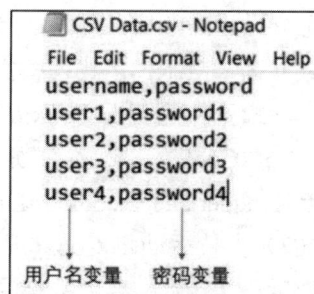

图 4-2　CSV 文件示例

（4）忽略首行（只在设置了变量名称后才生效）：通常 CSV 文件都会有一个类似 Excel 文件的表头，用来标注每一列数据的含义。由于表头数据通常需要忽略，因此这个设置允许用户忽略 CSV 文件数据中的首行。

（5）分隔符（用'\t'代替制表符）：用于设置 CSV 文件中的每列数据之间通过哪个分隔符来进行分隔。图 4-2 中的 CSV 文件数据就是通过英文逗号来分隔的，因此对于类似图 4-2 所示的文件格式，这里就应该设置为英文逗号。

（6）是否允许带引号？：用于设置是否允许使用带引号的数据值，默认为 false。

（7）遇到文件结束符再次循环？：用于设置遇到文件结束符时，是否再次重新从头读取 CSV 文件中的数据。通常遇到文件结束符就代表文件已经读取到最后一行了。默认为 true。

（8）遇到文件结束符停止线程？：用于设置遇到文件结束符时，直接停止线程。因为遇到文件结束符就代表所有的并发用户的变量数据已经读取完毕，无法读取到新的变量数据，所以直接停止线程。

（9）线程共享模式：用于设置多个线程用户之间的 CSV 文件数据的共享模式。默认为所有线程都共享，代表 CSV 数据文件只打开一次，然后每个线程按照顺序轮流读取里面的数据。其他的共享模式包括：当前线程组共享（当有多个线程组时，每个线程组都会打开一个 CSV 数据文件，也就是各个线程组之间的变量数据是隔离的）、当前线程共享（每个线程都会单独打开一个 CSV 文件数据，各个线程之间的数据都是互相隔离的）、标识符共享（同一标识符的所有线程打开一个 CSV 文件数据）。

4.1.2 HTTP Cookie 管理器

在前面的章节中，我们已经对 HTTP Cookie 管理器做过初步的介绍。由于 HTTP 请求是最常见的一种客户端和服务端的请求交互模式，也是性能测试中性能压测频率最高的一种请求服务，而且 HTTP 请求中经常需要对 Cookie 进行管理，以达到模拟用户操作的真实效果，因此本小节再详细介绍一下 HTTP Cookie 管理器的使用。HTTP Cookie 管理器有如下两个作用：

（1）像浏览器一样存储和发送 Cookie。比如一个 HTTP 请求，其响应结果中包含了一个 Cookie，Cookie 管理器会自动存储该 Cookie，并将其用于后续对该特定网址的所有请求。此外，接收到的 Cookie 还可以存储为 JMeter 的线程变量，即修改 JMeter 的自定义属性 CookieManager.save.cookie=true，然后通过${cookie_}来进行引用。在 JMeter 中，每个线程会有自己独立的 Cookie 存储区，即各个线程之间的会话都是独立的，互不干扰。也就是与实际的用户场景一样，JMeter 多线程模拟的效果是每个用户拥有自己独立的会话和 Cookie。另外，JMeter 还会自动检查接收到的 Cookie 对当前待测试的 URL 是否有效，这就意味着 JMeter 不会存储跨域请求的 Cookie。当然，如果需要使用跨域的 Cookie，可以通过设置 JMeter 的属性 CookieManager.check.cookie=false 来进行更改，这样 JMeter 就不会自动检查跨域请求了。

（2）支持手动将 Cookie 添加到 Cookie 管理器中，如图 4-3 所示。如果做了这样的设置，那就表示该 Cookie 会在所有的并发线程用户中进行共享。在默认情况下，具有空值的 Cookie 会默认被忽略，但是可以通过设置 Meter 属性 CookieManager.delete_null_cookies=false 来进行更改。另外，在手动设置时，Cookie 名称必须唯一，如果第二个 Cookie 被设置为相同的名称，那它将自动替换第一个 Cookie。

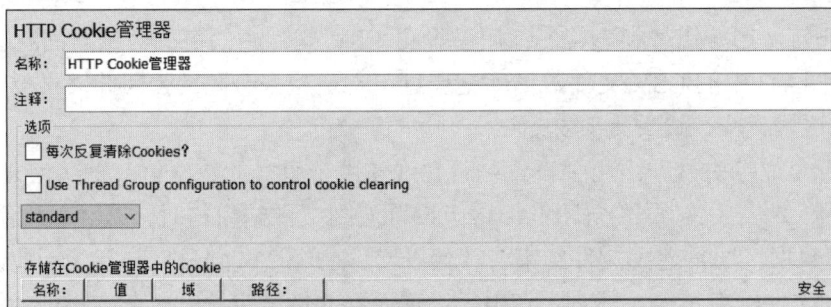

图 4-3 HTTPCookie 管理器界面

4.1.3　HTTP 信息头管理器

　　HTTP 信息头管理器通常用于管理和设置 HTTP 请求的请求头，如图 4-4 所示。请求头是 HTTP 请求的一部分。

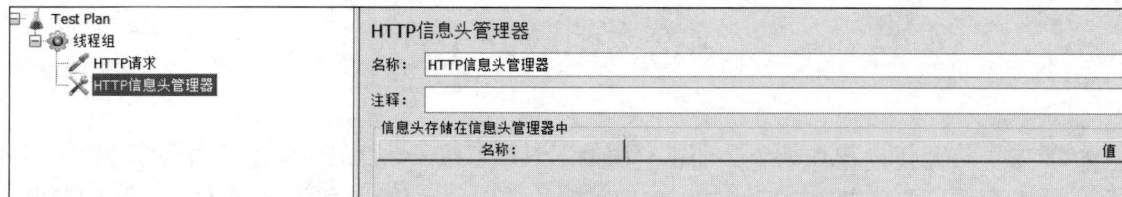

图 4-4　HTTP 信息头管理器界面

　　常见的 HTTP 请求头包含如下参数：

　　（1）Cache-Control：通常用于控制请求的缓存时长，当在缓存时长范围内时，直接从缓存中获取数据。通常可以设置的值包括 no-cache、no-store、no-transform、max-age=具体时长等。

　　（2）Connection：用于控制 HTTP 请求连接的方式，比如可以设置为 keep-alive，表示保持当前的连接为活动状态，让当前连接可以复用。

　　（3）Date：表示请求发出的日期和时间。

　　（4）Pragma：用于在 HTTP 请求中传递指定的指令，在 HTTP 1.0 版本的协议中经常被使用到，比如填入 no-cache 就表示不适用缓存。

　　（5）Trailer：用于表示在分块传输编码中包含的额外头域。

　　（6）Transfer-Encoding：用于表示请求传输的编码方式，比如 chunked 表示分块传输编码。

　　（7）Upgrade：用于表示客户端和服务器协商切换到不同的协议类型，以便在同一个 TCP 连接上进行通信。比如，填入 websocket 表示客户端希望将该 HTTP 连接升级为 WebSocket 连接。

　　（8）Accept：用于表示客户端可以接收的 MIME 类型。比如，设置为 text/html, application/json 表示客户端可以接收 HTML 和 JSON 格式的数据。

　　（9）Accept-Charset：用于表示客户端可以接收的字符集编码。比如，设置为 utf-8 表示客户端可以接收 UTF-8 编码的数据。

　　（10）Accept-Encoding：用于表示客户端可以接收的编码类型。比如，设置为 gzip 表示客户端可以接收 gzip 压缩格式的数据。

　　（11）Accept-Language：用于表示客户端可以接收的语言类型。比如，设置为 en-US 表示客户端可以接收美国英语。

　　（12）Authorization：用于表示客户端向服务端提供的身份验证信息。比如，设置为 Basic xxxxxxx 表示使用基本身份验证。

　　（13）Cookie：用于设置客户端向服务端请求时的 Cookie 信息，服务端会验证 Cookie 是否正确或者失效。如果 Cookie 不正确，可能会提示需要重新登录。

　　（14）From：用于表示客户端请求的电子邮件地址。

（15）Host：用于表示客户端请求的目标服务器地址。

（16）Referer：用于表示客户端当前请求的来源页面地址。

（17）User-Agent：用于描述客户端的信息，比如浏览器类型和版本以及操作系统类型等。

4.2 函数助手

函数助手是 JMeter 提供的一个非常有用的工具，尤其在性能测试脚本的编写中，经常需要用到一些特有的函数来生成性能测试脚本中需要的数据。函数助手就可以提供这方面的帮助。

我们可以通过 JMeter 菜单的"工具"→"函数助手对话框"来打开"函数助手"对话框，如图 4-5 所示，也可以通过快捷键 Ctrl+Shift+F1 来打开"函数助手"对话框。

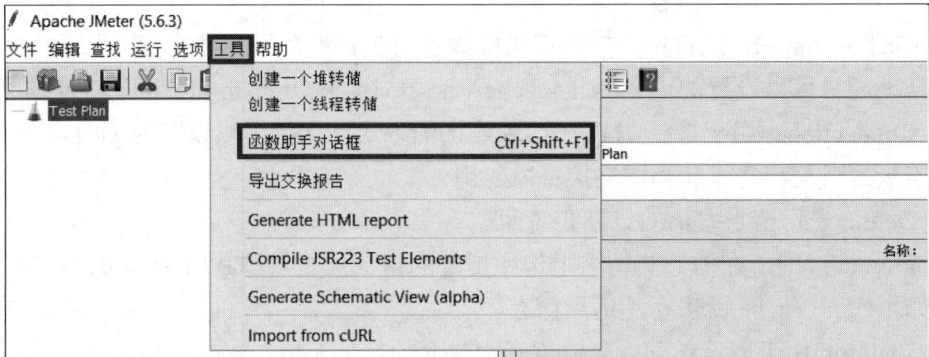

图 4-5 打开"函数助手"对话框

"函数助手"对话框如图 4-6 所示，可以从该对话框的下拉框中找到常用的函数。

图 4-6 "函数助手"对话框

（1）BeanShell：使用 BeanShell 脚本语言来生成 BeanShell 类型的函数。比如，通过 BeanShell 脚本语言来计算 123*456 的值，并将结果赋值给 var_beanshell 变量的操作，就可以通过函数助手来生成最终的函数表达式${__BeanShell(123*456,var_beanshell)}。

（2）changeCase：用于将一个给定的字符串转换为指定模式（包括 UPPER、LOWER、CAPITALIZE）下的字符串。比如，${__changeCase(string,UPPER,var_result)}用于将小写的 string

转换为大写的 STRING，并且赋值给 var_result 变量，如图 4-7 所示。

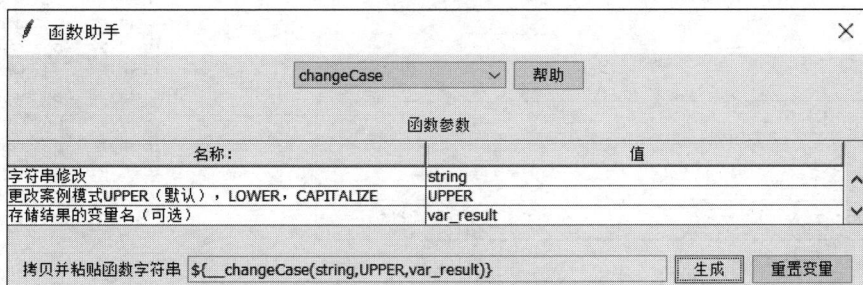

图 4-7　changeCase 使用示例

（3）regexFunction：用于通过正则表达式来解析相应的结果字符串。

（4）counter：即为计数器，在每次调用时都会产生一个新的数字，从 1 开始，每调用一次就递增加 1。计数器支持配置为每个线程用户具有一个自己单独的计数器，也可以配置为多个线程用户共用一个计数器。计数器是通过整型变量来保存的，所以计数器的最大值为 2147483647。

（5）threadNum：用于返回当前正在执行的线程的编号。在每个线程组中，threadNum 具有唯一性。

（6）threadGroupName：用于返回正在执行的线程组的名称。

（7）intSum：用于计算两个或多个整数值的和。

（8）longSum：计算两个或多个 long 型数字（长值）的和。如果 intSum 结果超过整型长度（−2147483648 到 2147483647 的区间内），就应该使用 longSum 来进行计算。

（9）StringFromFile：用于从文本文件中读取字符串。每次调用时，它都会从文件中读取下一行，并且所有线程用户共享同一个实例，所以每个线程用户会读取到不同的行。当读取到文件末尾的最后一行时，它将会从头开始重新再次读取。注意，如果性能测试脚本中有多个对该函数的引用，那么即使打开的文件名相同，每个引用也都会独立打开一个文件。

（10）machineName：用于返回本地主机名。

（11）machineIP：用于返回本地 IP 地址。

（12）javaScript：用于执行一段 JavaScript 脚本并且返回执行后的结果。

（13）Random：用于返回一个介于给定最小值和最大值范围之间的随机数。

（14）RandomDate：用于返回一个介于给定开始日期和结束日期值之间的随机日期。

（15）RandomString：用于使用指定的字符串和指定的长度来返回一个随机字符串。

（16）RandomFromMultipleVars：用于根据源变量提供的值返回随机值。

（17）UUID：用于返回一个伪随机类型的通用唯一标识符。

（18）CSVRead：从 CSV 文件中读取并返回一个字符串。注意，每个线程用户都有自己的内部指针指向文件数组中的当前行，因此每个线程用户读取到的行数是不一样的。

如图 4-8 所示，在 C:\data 目录下创建了一个 csv_sample.csv 文件，并且该文件中有两列数据（见图 4-9）。

	A	B
name		password
user_1		password_1
user_2		password_2
user_3		password_3
user_4		password_4
user_5		password_5
user_6		password_6
user_7		password_7
user_8		password_8
user_9		password_9

图 4-8　CSV 文件目录

图 4-9　CSV 文件示例

　　当使用 CSVRead 函数来读取 csv_sample.csv 文件中的数据时，可以通过如图 4-10 所示的方式来读取。在"用于获取值的 CSV 文件 | *别名"中应该设置 csv_sample.csv 文件的绝对路径。由于该文件是放在 C:\data 目录下的，因此应该将其绝对路径设置为 C:/data/csv_sample.csv。在"CSV 文件列号| next| *alias"中设置需要读取的列号，默认从 0 开始，也就是 0 代表了第一列。因此，从图 4-10 中可以看到，当列号填入 0 时，The result of the function is 的输出结果为 name。而在图 4-9 中可以看到，name 刚好是第一列，所以读取的确实就是第一列的数据。在实际使用时，可以通过${__CSVRead(C:/data/csv_sample.csv,0)}读取到第一列中第一行的数据；但如果需要读取第一列中的下一行的数据，需要通过${__CSVRead(C:/data/csv_sample.csv,0)}${__CSVRead(C:/data/csv_sample.csv,next)}来进行读取。

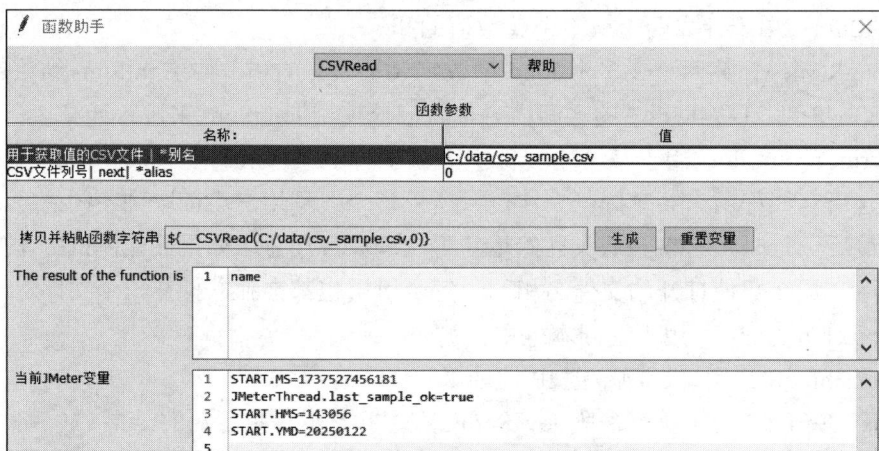

图 4-10　CSVRead 函数使用示例

　　由于每个线程用户都有自己的内部指针指向文件数组中的当前行，因此每个线程用户读取到的行数是不一样的，如图 4-11 所示。当 JMeter 的线程组中存在多个并发线程用户时，如果使用${__CSVRead(C:/data/csv_sample.csv,0)}读取数据，那么每个线程会按照顺序依次从第一行开始读取，第一个线程读取的是第一行，第二线程读取的就是第二行。

　　（19）Property：用于返回 JMeter 的属性值。注意，如果找不到该属性值，并且没有提供默认值，则返回属性名称。

　　（20）log：在日志中输出一条消息，并返回其输入字符串。

（21）logn：与 log 函数类似，在日志中输出一条消息，并返回其输入字符串。

（22）groovy：和 BeanShell 类似，使用 Groovy 脚本语言来生成 groovy 类型的函数。比如，要通过 Groovy 脚本语言来计算 30*40 的值，并且将结果赋值给 var_groovy 变量的操作，就可以通过函数助手来生成最终的函数表达式\${__groovy(30*40,var_groovy)}，如图 4-12 所示。

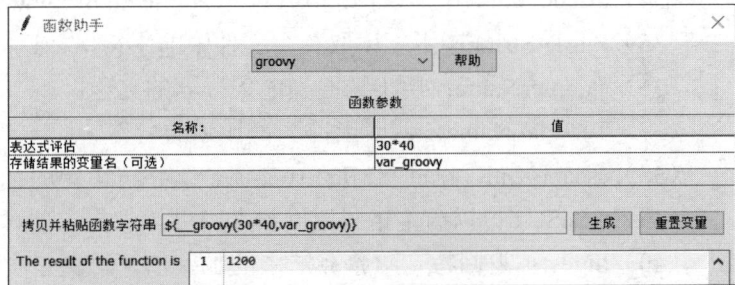

图 4-11　线程读取 CSV 文件数据示例　　　　图 4-12　groovy 函数使用示例

（23）Xpath：用于读取指定的 XML 文件并匹配 Xpath，每次调用该函数时，都会返回下一个匹配项。如果没有匹配的节点，则该函数将返回空字符串，并将警告提示消息输出到 JMeter 日志文件中。

（24）setProperty：用于设置 JMeter 属性的值。

（25）time：返回指定格式的当前时间。

（26）jexl2：返回 jexl 表达式的求值结果。

（27）split：根据指定分隔符拆分传递给它的字符串，并返回原始字符串。如图 4-13 所示，原始字符串 123,456 通过指定的英文逗号进行分隔后，会赋值给 var 变量，然后自动生成 3 个变量，var_1=123，var_2=45，var=123,456。

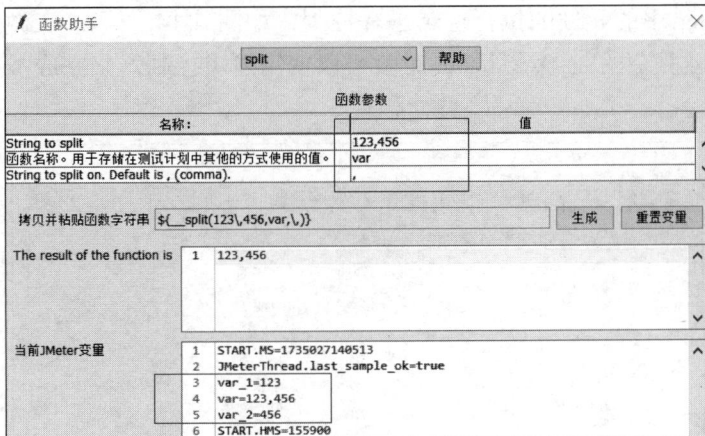

图 4-13　split 函数使用示例

（28）evalVar：返回对存储在变量中的表达式求值的结果。

（29）eval：返回计算字符串表达式的结果。

（30）unescape：返回 Java 转义字符串的求值结果。

（31）unescapeHtml：用于将包含 HTML 实体转义符的字符串，解压缩为包含与转义符对应的实际 Unicode 字符的字符串。

（32）escapeHtml：用于返回 HTML 实体转义字符串中的字符。

（33）urldecode：用于解码 application/x-www-form-urlencoded 类型的字符串。

（34）urlencode：用于将字符串编码为 application/x-www-form-urlencoded 类型的字符串。

（35）FileToString：用于读取整个文件中的字符串并返回。

（36）samplerName：用于返回当前采样器的名称。

（37）TestPlanName：返回当前测试计划的名称。

（38）escapeXml：返回 XML 1.0 实体转义字符串中的字符。

（39）timeShift：以给定格式返回日期，并添加指定的秒、分钟、小时、天或月数。

（40）digest：返回特定哈希算法中的加密值，该值包含可选的 salt、大写字母和变量名。

（41）dateTimeConvert：将源格式的日期转换为目标格式，并可以选择将结果存储在指定的变量名中。

（42）isPropDefined：用于判断指定的属性是否存在。如果存在就返回 true，否则返回 false。

（43）isVarDefined：用于判断指定的变量名是否存在。如果存在就返回 true，否则返回 false。

（44）StringToFile：用于将指定字符串写入文件，每次调用时，它都会向文件追加或覆盖一个指定的字符串。

4.3 逻辑控制器

在 JMeter 中，逻辑控制器用来控制性能测试执行的逻辑，通常用来控制采样器的执行顺序，同时也可以对 JMeter 中的元件的执行逻辑进行控制，如图 4-14 所示。在做性能测试时，我们经常会遇到一些比较复杂的业务场景，此时就可以使用逻辑控制器来完成一些特定的、比较复杂的业务逻辑处理。

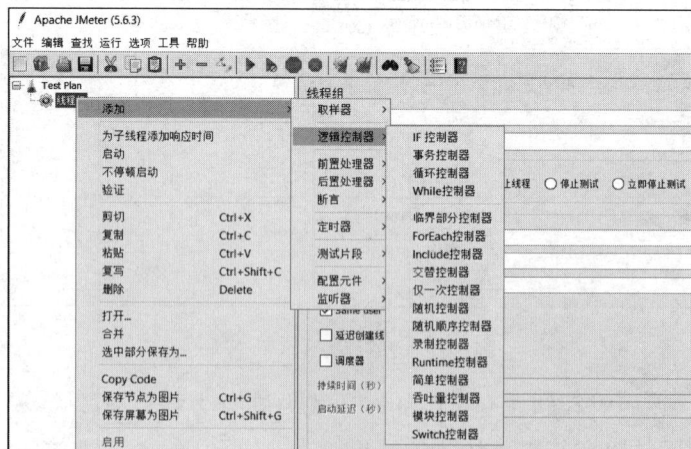

图 4-14 添加逻辑控制器

从图 4-14 中可以看到，逻辑控制器主要包括如下内容。

4.3.1　IF 控制器

IF 控制器是指通过 IF 条件判断来控制性能测试脚本的运行，通常只有满足 IF 控制器中的条件才会执行对应的测试脚本逻辑。如图 4-15 所示，只有满足 Expression 表达式的执行结果为 true，才会执行该控制器下的元件。

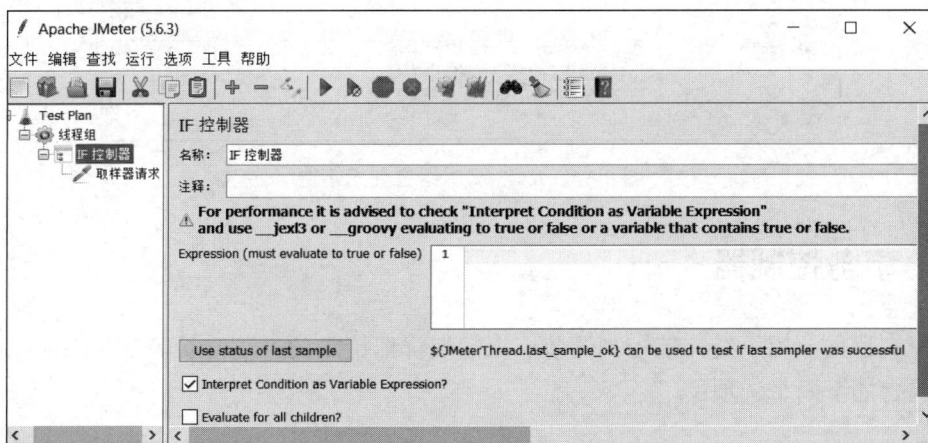

图 4-15　IF 控制器示例

Expression 表达式的常用场景包括：

- 对某个 JMeter 中的变量判断其结果是否为 true。比如，判断取样器的最后一次执行结果是否成功，可以在 Expression 中输入${JMeterThread.last_sample_ok}。
- 通过比较的方式来判断某个变量是否满足一定的条件。比如，"${VAR}"=="abcd"表示某个变量 VAR 是否为 abcd。
- 使用脚本语言表达式的方式来判断某个变量的值是否正确。比如，${__jexl3(${VAR} == 23)}表示通过 Jexl 脚本语言表达式来判断某个 VAR 变量的值是否等于 23。${__groovy(vars.get("myMissing") != null)}表示通过 Groovy 脚本语言表达式来判断某个 myMissing 变量值不为空。通常支持的脚本语言包括 Jexl、Groovy、JavaScript、BeanShell 等。

如果对 JMeter 支持的多种脚本语言不熟悉（毕竟学习一门脚本语言需要一定的编程基础），可以通过 JMeter 中的函数助手来生成对应的脚本语言表达式。如图 4-16 所示，选中了 Jexl3 脚本语言，然后在 JEXL expression to evaluate 中输入需要判断的条件，再单击"生成"按钮即可生成对应的脚本语言表达式。JMeter 函数助手支持的脚本语言还包括 BeanShell、Groovy、JavaScript 等。

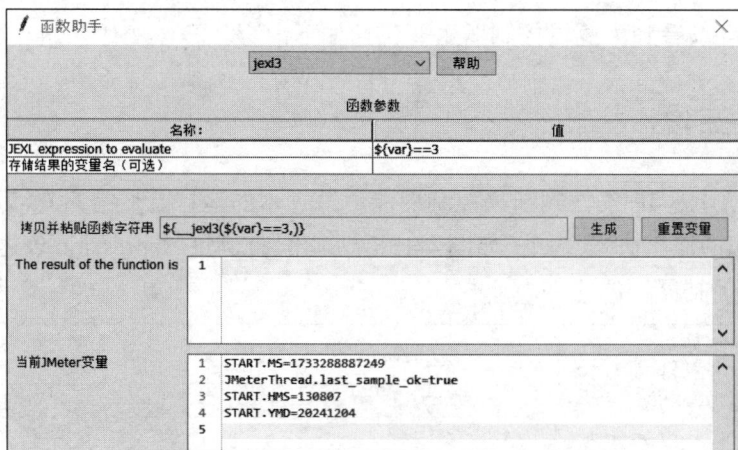

图 4-16　Jexl3 脚本语言使用示例

4.3.2　事务控制器

事务控制器主要用于统计该控制器节点下的取样器请求的处理时长等各种性能指标。该控制器界面包含如下两个选项：

- Generate parent sample：如果勾选该选项，则表示该取样器作为其他取样器的父取样器来生成性能测试的指标结果。简单来说就是，如果该控制器下有多个取样器，则会将所有的取样器的性能指标合并在一起进行统计。如果不勾选该选项，则表示该取样器作为独立取样器来生成性能测试的指标结果，此时如果该控制器下有多个取样器，将会分别展示每个取样器的性能指标。
- Include duration of timer and pre-post processors in generated sample：生成的取样器的处理时长中是否需要包含定时器、前置处理器和后置处理器的时长。默认为不勾选。

4.3.3　循环控制器

循环控制器用于让该控制器下的取样器等元件可以循环执行。在该取样器界面上支持设置循环的次数，如图 4-17 所示。

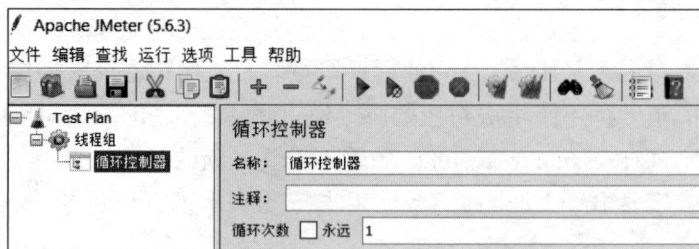

图 4-17　循环控制器示例

4.3.4　While 控制器

While 控制器用于让控制器下的取样器等元件在满足条件判断时持续执行，直到 While 条件为 false 时，退出 While 循环。在 While 控制器的条件判断表达式中，支持 Groovy、Jexl 等脚本语言表达式，表达式的结果必须返回一个 true 或者 false 类型的布尔值。比如，可以输入 ${__jexl3(${var_result}==10)}，用于表示判断 var_result 变量的值是否等于 10。如果不知道如何生成条件判断 8868 表达式，可以借助 JMeter 中的函数助手来完成。

● 在不输入任何判断条件时，如果最后一个 While 循环执行失败，则会直接退出循环，如图 4-18 所示。

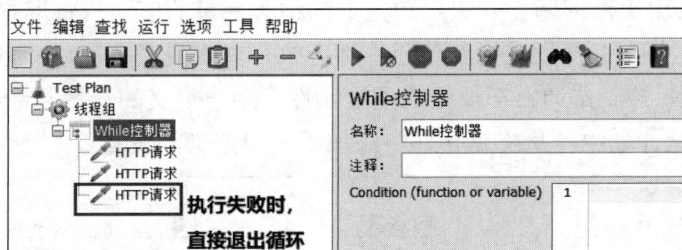

图 4-18　While 控制器示例 1

● 输入判断条件为 LAST，表示当最后一个 While 循环执行失败时，会直接退出循环。同时，在执行 While 控制循环之前，如果上一个取样器请求执行失败，那么 JMeter 不会直接进入 While 控制器执行任何动作，如图 4-19 所示。

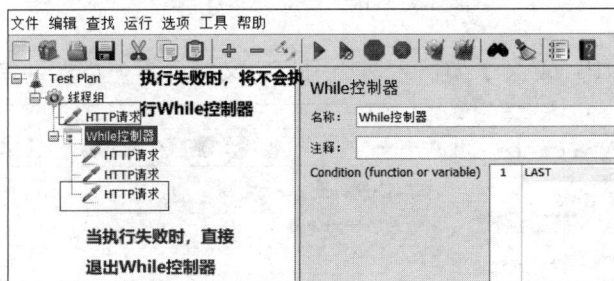

图 4-19　While 控制器示例 2

4.3.5　临界部分控制器

临界部分控制器通常用于在多线程并发处理时，控制取样器等元件仅由一个线程来完成执行，因为该控制器支持使用锁定的方式来控制该控制器下的取样器等元件仅允许一个线程来运行，如图 4-20 所示。锁名称可以完全自定义，当在一个 JMeter 测试计划中存在多个临界部分控制器时，建议每个临界部分控制器的锁名称不要重复。

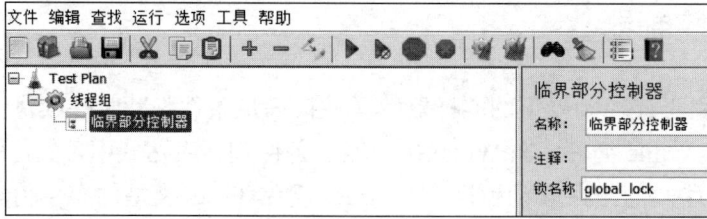

图 4-20 临界部分控制器

4.3.6 ForEach 控制器

ForEach 控制器用于循环遍历一组用户定义的相关变量的值。当将取样器等其他元件添加到该控制器下之后，每个取样器或者其他元件都会执行一次或者多次，并且每次都会读取到不同的变量值。ForEach 控制器通常需要结合配置元件下用户定义的变量一起使用，如图 4-21 所示，在 JMeter 的测试计划中，从配置元件中添加了用户定义的变量。

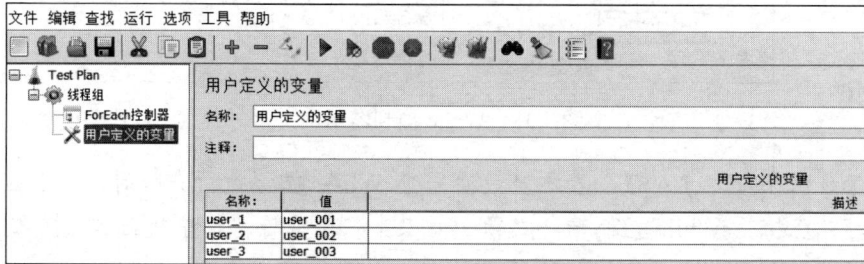

图 4-21 用户定义的变量元件

在 ForEach 控制器中，定义了如何来遍历用户定义的变量，如图 4-22 所示。

图 4-22 ForEach 控制器示例

当运行图 4-22 所示的测试计划后，ForEach 控制器会通过定义的输入变量前缀 user、开始循环字段 0 和结束循环字段 3，去用户定义的变量中读取对应的、符合前缀条件的变量以及该变量对应的值，并且赋予给名为 vuser 的新变量。这个新变量在该控制器下的所有取样器或者其他元件中，都可以通过${vuser}来引入使用，如图 4-23 所示。由于符合 ForEach 控制器读取条件的用户定义的变量总共有 3 个，因此 ForEach 控制器会读取 3 次，并且其下对应的取样器或者其他元件也会执行 3 次。

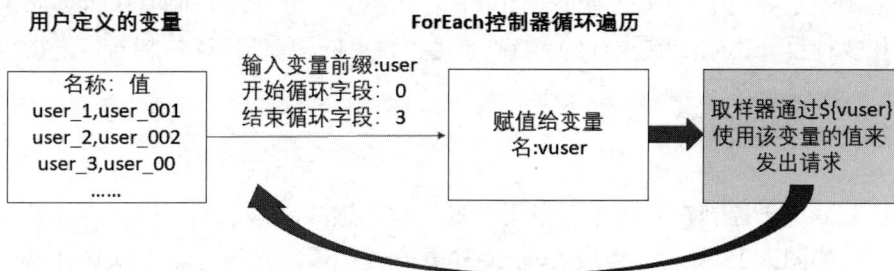

图 4-23　ForEach 控制器执行过程示例

4.3.7　Include 控制器

Include 控制器通过读取外部的 JMX 文件（即 JMeter 测试计划保存后的文件）中的测试计划来进行执行。

4.3.8　交替控制器

交替控制器通常用于让交替控制器下的取样器交替执行，如图 4-24 所示，交替控制器会按照顺序，每次从其下选取一个取样器来进行交替执行。

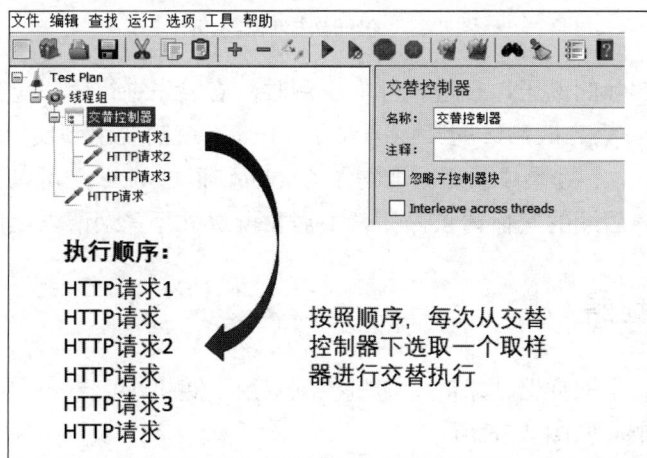

图 4-24　交替控制器运行示例

4.3.9　录制控制器

录制控制器的本质只是一个占位符，用于告诉代理服务器应该将取样器结果记录到哪里，在性能测试运行时，它本身没有任何效果。

4.3.10 吞吐量控制器

吞吐量控制器主要用于对该控制器下的取样器根据总吞吐量来控制其执行的频率，支持按照执行总数和执行百分比来限制执行的频率，当达到设置的阈值后，该控制器将直接停止执行。

4.3.11 仅一次控制器

仅一次控制器用于控制在多线程并发用户执行时，该控制器下的取样器等元件每个线程都只会执行一次。如图 4-25 所示，当设置有 10 个并发线程用户在执行 100 次循环时，仅一次控制器下的 HTTP 登录请求取样器总共只会执行 10 次，而且这 10 个线程，每个线程都只执行一次后就不再执行。

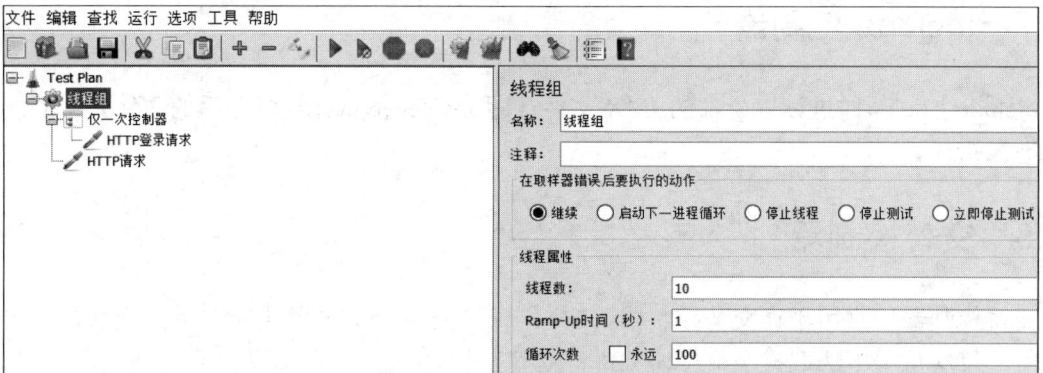

图 4-25　仅一次控制器示例

这里可以举一个实际的例子，在进行性能压测时，需要先进行用户登录，登录完成后，再携带用户登录的 Cookie 去完成后续的其他请求操作，此时就需要用到仅一次控制器了，因为每个用户都只需要登录一次，登录成功后就取得了 Cookie，而 Cookie 是可以在有效期内一直使用的，所以每个线程用户后续的其他请求操作就不需要再次进行登录请求操作了。

4.3.12 随机控制器

当该控制器下有多个取样器请求时，随机控制器用于随机选取一个取样器进行执行，并且每次只会随机选取一个，如图 4-26 所示。

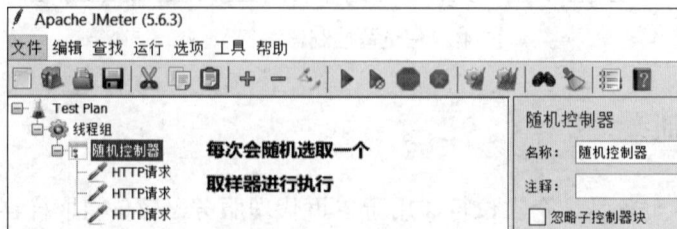

图 4-26　随机控制器运行示例

4.3.13　随机顺序控制器

随机顺序控制器通常用于让该控制器下的多个取样器每次按照随机的顺序执行，并且确保每个取样器都只被执行一次，如图 4-27 所示。

图 4-27　随机顺序控制器运行示例

4.3.14　Runtime 控制器

Runtime 控制器用于控制该控制器下的取样器等元件的运行时长，单位为秒。在该时长内，取样器或者其他元件会反复运行，直至达到该控制时长，如图 4-28 所示。

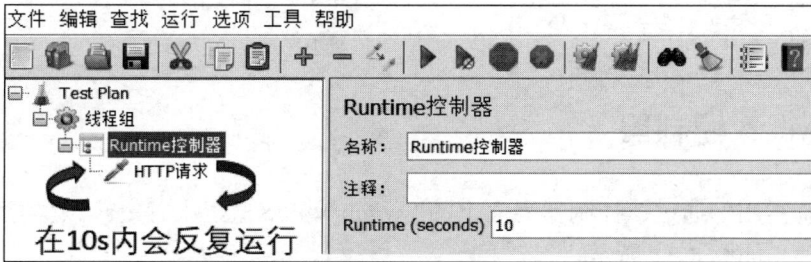

图 4-28　Runtime 控制器运行示例

4.3.15　简单控制器

简单控制器通常用于对多个取样器等元件进行简单的分组管理。在性能测试中，当存在多个不同取样器或者其他元件并且需要对这些取样器或者元件进行简单的分组时，才会用到该控制器。简单控制器不会改变 JMeter 的运行逻辑，如图 4-29 所示。

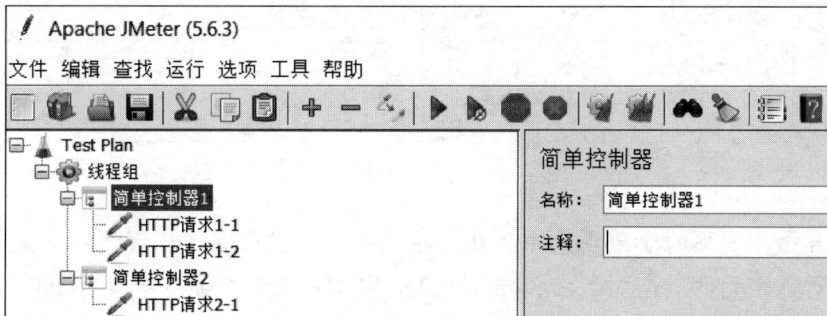

图 4-29　简单控制器示例

4.3.16 模块控制器

模块控制器用于将测试计划中的某个控制器以及该控制器下的所有元件替换到当前测试计划中进行执行，如图 4-30 所示。其主要作用在于可以在多个不同的性能测试案例中进行切换，提高性能测试案例脚本的灵活度。

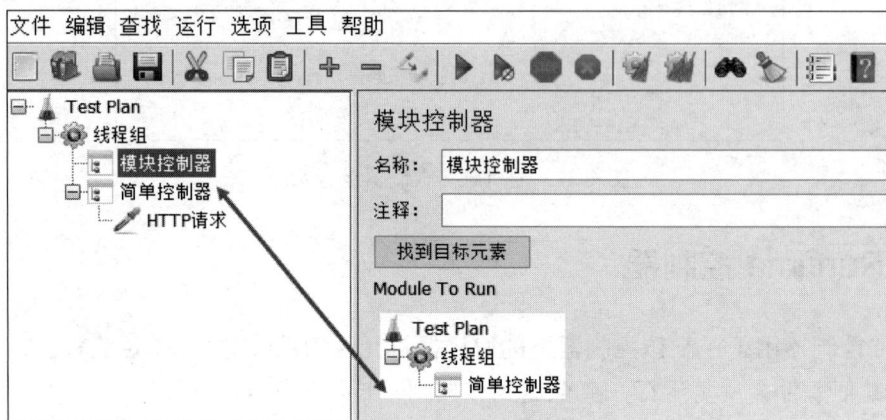

图 4-30　模块控制器示例

4.3.17 Switch 控制器

Switch 控制器用于通过该控制器界面上的 Switch Value 值，来确定应该执行该控制器下的哪个子节点元件，如图 4-31 所示。

- 当 Switch Value 为空时，默认执行第 1 个子节点元件，即图 4-31 中的 HTTP 请求 A。
- 直接根据指定的子节点元件的名称来执行。比如，在 Switch Value 中输入 HTTP 请求 C 时，会直接执行 HTTP 请求 C 这个元件。

图 4-31　Switch 控制器示例

- Switch 控制器下的子节点元件从 0 开始计数，通过指定子节点元件所在的数值可以确定执行哪个元件。比如，在 Switch Value 中输入 2 时，会直接执行 HTTP 请求 B 这个元件，因为 HTTP 请求 B 这个元件是排在第 2 位的。

4.4　取样器

在前面的章节中，我们介绍了很多 JMeter 原生自带的取样器。虽然 JMeter 已经有了非常丰富的取样器，但是在实际性能测试时还是会出现有些场景或者功能无法被覆盖的情况，或者使用 JMeter 中已有的取样器无法完成系统性能测试的情况。此时，我们可能需要用到一些类似 WebSocket 和 Dubbo 的外部第三方取样器。

4.4.1　WebSocket 取样器

WebSocket 是一个建立在 TCP 协议基础之上的全双工通信协议，它允许客户端与服务器之间进行实时双向数据通信。它在当前的很多 Web 系统中用得非常频繁。虽然 WebSocket 和 HTTP 协议类似，但是 HTTP 是单向请求的，只能由客户端主动向服务端发送请求；而 WebSocket 在客户端向服务端发送请求的基础上，也支持服务端向客户端主动发送请求。

如图 4-32 所示，WebSocket 支持长连接保持，也就是建立一次连接后，就可以一直使用该连接通道来进行客户端和服务端的长久通信，并且因为网络等原因连接断开后，会进行自动重连。同时，在 HTML5 等前端页面中也大量支持了 WebSocket 协议，这就意味着浏览器与服务器之间除了传统的 HTTP 协议外，也支持 WebSocket 协议，比如通过 WebSocket 协议可以在浏览器页面中进行在线聊天等。

图 4-32　WebSocket 请求链路示例

由于 WebSocket 协议在大量的应用系统中应用，并且 JMeter 自身并不支持该协议下的取样器请求，因此在开源社区中，出现了很多自定义实现的、支持 WebSocket 协议的 JMeter 取样器。比如，在 GitHub 中就有一个使用率很高的 WebSocket 取样器，如图 4-33 所示。

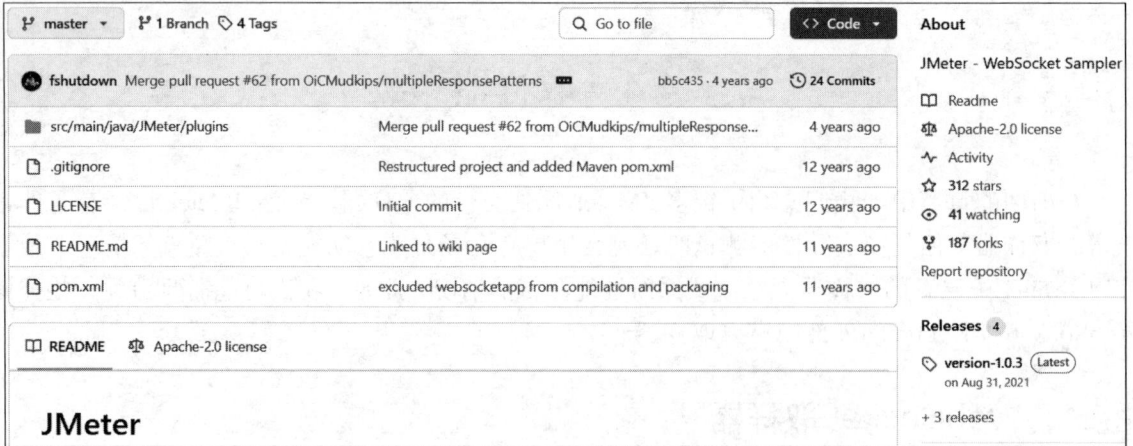

图 4-33　GitHub 网站中的 WebSocket 取样器

该取样器当前最新的 Release 版本为 1.0.3，可以单击图 4-33 右侧所示的版本链接，下载对应的已经编译好的 JAR 包，并将其放在 JMeter 的 lib\ext 目录下，如图 4-34 所示。JMeter 的 lib\ext 是专门用来存储第三方 JAR 包的目录。

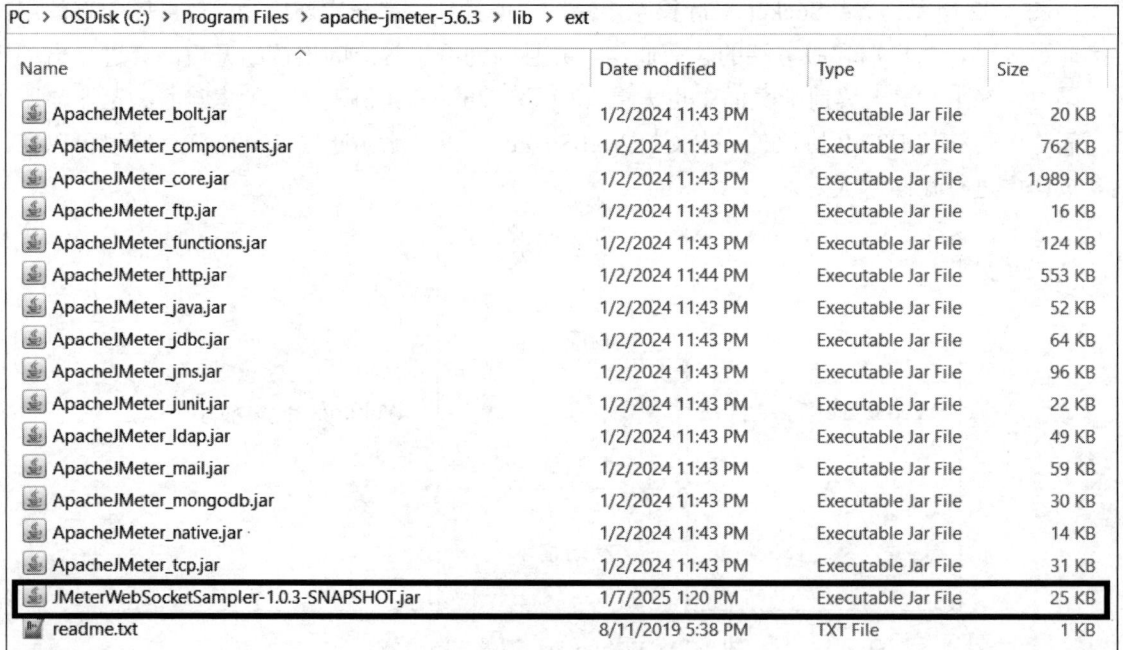

图 4-34　JAR 包存放目录

将这个 JAR 包放置在 lib\ext 目录下后，再次启动 JMeter，就可以在 JMeter 的 "取样器" 菜单中看到新加入的 WebSocket 取样器，如图 4-35 所示。

打开的 WebSocket Sampler 界面，如图 4-36 所示。

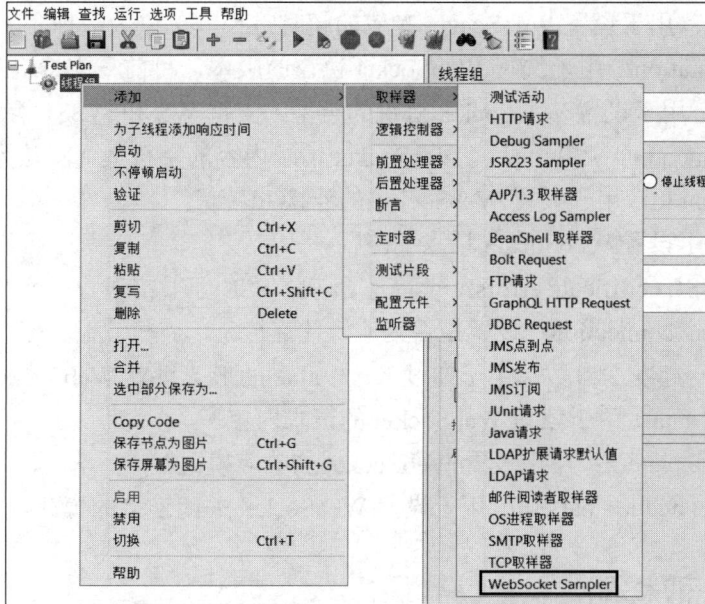

图 4-35   在 JMeter 中加入 WebSocket 取样器

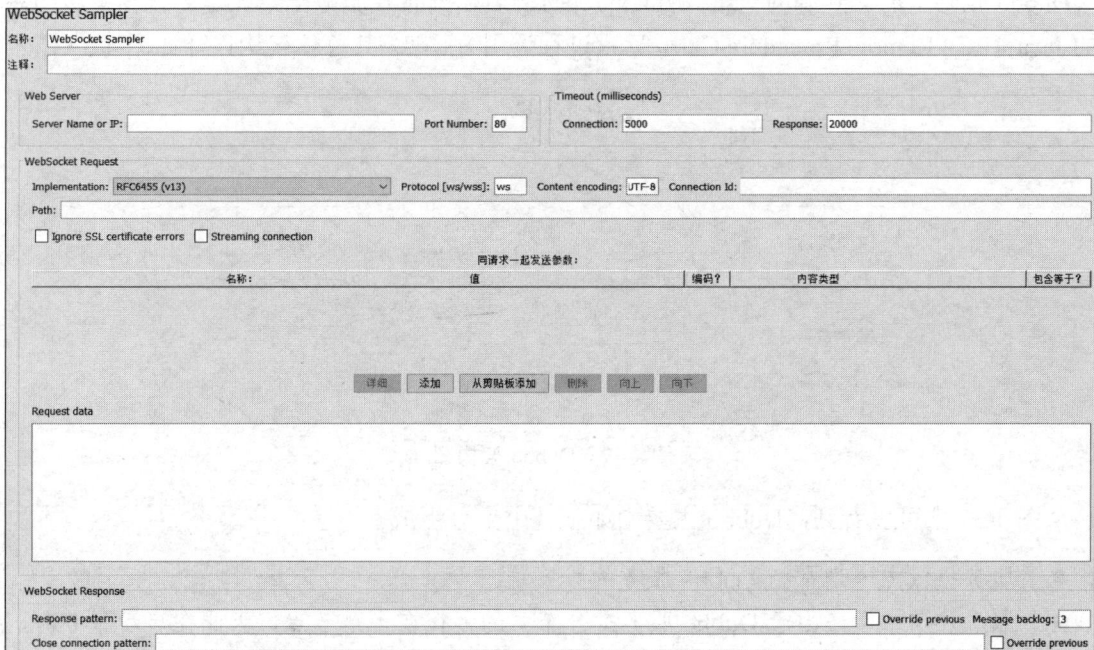

图 4-36   WebSocket 取样器界面

WebSocket Sampler 包含的主要参数如下：

（1）Server Name or IP：用于设置 WebSocket Server 的域名或者 IP 地址。

（2）Port Number：用于设置 WebSocket Server 的端口号，默认为 80。

（3）Connection：用于设置 WebSocket 连接的超时时长，单位为毫秒。

（4）Response：用于设置 WebSocket 响应的超时时长，单位为毫秒。

（5）Implementation：用于选择 WebSocket 协议的版本，目前只支持 RFC6455(v13)。

（6）Protocol：用于设置 WebSocket 协议的类型，支持 WS 和 WSS，默认为 WS。

（7）Content encoding：用于设置 WebSocket 请求内容的字符集，默认为 UTF-8。

（8）Connection Id：用于设置 WebSocket 的连接 Id。

（9）Path：用于设置 WebSocket 请求的路径。

（10）Ignore SSL certificate errors：设置是否忽略 SSL 证书错误。

（11）Streaming connection：设置是否为流媒体连接。

（12）同请求一起发送参数：用于通过 Key/Value 的形式设置 WebSocket 的请求参数。

（13）Request data：用于填写 WebSocket 的请求内容。

（14）Response pattern：用于设置 WebSocket 的响应模式。

（15）Close connection pattern：用于设置 WebSocket 关闭连接的模式。

4.4.2　Dubbo 取样器

Dubbo 是阿里巴巴开源的一个高性能的优秀的后端分布式服务框架，是一款轻量级的高性能的 Java RPC（Remote Procedure Call，远程过程调用）框架。其总体架构设计如图 4-37 所示。

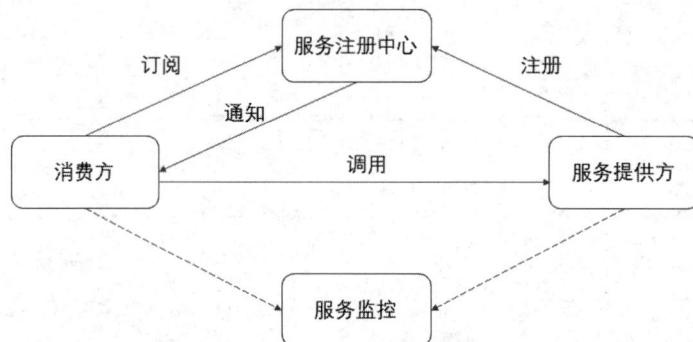

图 4-37　Dubbo 架构图

从图 4-37 中可以看到，Dubbo 主要由如下几个部分组成。

- 服务提供方：通常指 Dubbo 服务的服务端。
- 服务注册中心：由于 Dubbo 服务是分布式的，存在多个节点，因此在启动服务时，每个节点会将自己的节点服务注册到统一的服务注册中心中。
- 服务监控：主要监控服务消费和服务提供是否正常，以及服务的调用量等各项指标。
- 消费方：通常指服务的使用方。服务使用方会先到服务注册中心去订阅需要使用的服务，然后从服务注册中心中获取到服务提供方的地址后，再向服务提供方发送请求。当服务注册中心的服务发生变更时，服务注册中心会通知服务的消费方。

由于 Dubbo 是一个高性能的分布式服务框架，在很多中小型的公司中被大量使用，因此在开源社区中，也出现了自定义实现的、支持 Dubbo 的 JMeter 取样器，可通过 GitHub 获取该取样器，如图 4-38 所示。该取样器的最新版本为 2.7.8，从 GitHub 中下载最新版的 JAR 包后，将其放到 JMeter 的 lib\ext 目录下，然后启动 JMeter，即可在"取样器"菜单中看到该取样器。该取样器的配置界面如图 4-39 所示。

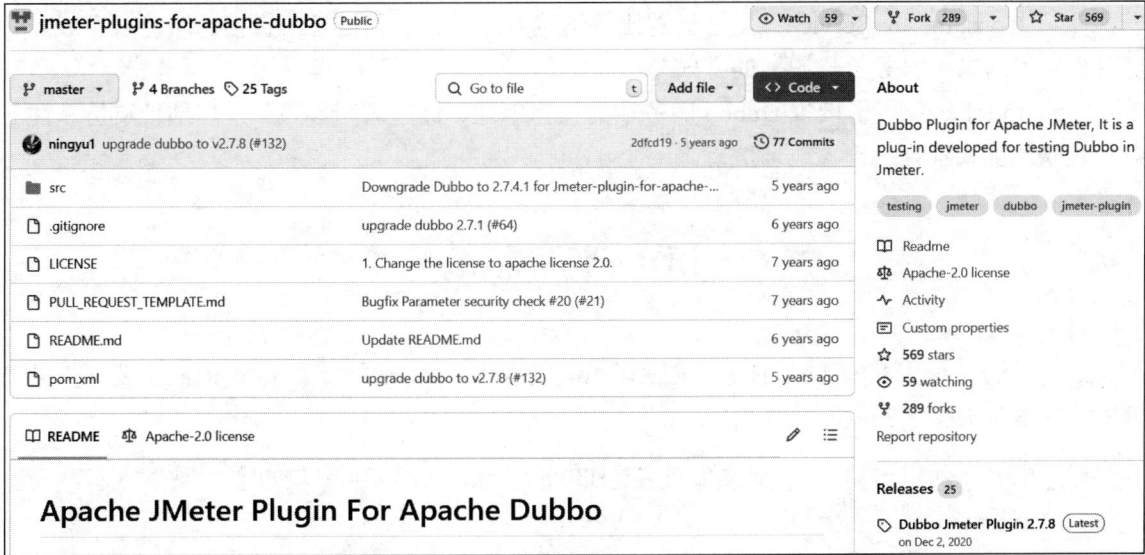

图 4-38　GitHub 网站中的 Dubbo 取样器

图 4-39　Dubbo 取样器界面

从图 4-39 中可以看到，Dubbo 取样器界面中包含的主要参数如下：

（1）Config Center：用于设置配置中心的地址、超时时长、通信协议等相关信息。

（2）Registry Center：用于设置注册中心的地址、超时时长、通信协议等相关信息。

（3）RPC Protocol：用于设置 Dubbo 中使用的 RPC 协议。

（4）Consumer & Service：用于设置服务消费方的相关配置信息，包括超时时长、版本、是否为异步请求、服务负载均衡的方式等。

（5）Interface：用于设置 Dubbo 服务端的接口地址、接口调用参数。接口地址支持从注册中心获取地址或者直接输入地址信息。

4.5　本章总结

上一章已经对 JMeter 的元件做了基础介绍，本章更详细地介绍了 JMeter 的主要元件的高级用法。读者需要掌握以下重点内容：

- 配置元件中的 CSV 数据文件设置：HTTP Cookie 管理器、HTTP 信息头管理器的高阶使用方式。
- 函数助手的使用。函数助手是 JMeter 中的一个非常重要且有用的工具，在性能测试脚本编写过程中经常会被用到。在函数助手中提供了大量的内置函数，用来辅助性能测试脚本编写者生成各种需要的测试数据。
- 逻辑控制器的使用。包括 IF 控制器、事务控制器、循环控制器、While 控制器、临界部分控制器、ForEach 控制器、Include 控制器、交替控制器、录制控制器、吞吐量控制器、仅一次控制器、随机控制器、随机顺序控制器、Runtime 控制器、简单控制器、模块控制器、Switch 控制器等。建议读者重点掌握 IF 控制器、循环控制器、While 控制器、仅一次控制器、Switch 控制器的使用。

完成本章的学习后，读者下一步需要掌握更加复杂的 JMeter 性能测试脚本的编写方法，因为在进行性能测试时，经常会遇到一些逻辑很复杂的业务需求，这时候就需要用到函数助手或者逻辑控制器来完成复杂场景的性能测试。

第5章

常见 JMeter 性能测试脚本的编写案例

在前面的章节中介绍了 JMeter 中不同元件的作用，本章将从实践的角度介绍怎么使用这些元件来完成常见性能测试脚本的编写，并给出这些脚本的案例，以方便读者学习。

5.1 用户需先登录，再请求别的接口

在性能测试中，在对一个系统进行性能压测时，经常需要先进行一次登录，在登录完成后才能继续对接口进行性能压测。因为如果没有登录成功，会因为权限问题而无法完成后续的步骤，而且这也符合真实的用户场景——用户在访问一个系统时，通常需要先登录，然后才能进入系统进行其他操作，如图 5-1 所示。

在 JMeter 中，要编写这样（见图 5-1）一个常见场景的性能测试脚本，需要用到 JMeter 逻辑控制器中的仅一次控制器以及配置管理器下的 HTTP Cookie 管理器。我们以先登录 CSDN 博客（https://blog.csdn.net/），再进行关键字搜索为例，如图 5-2 所示，其性能测试

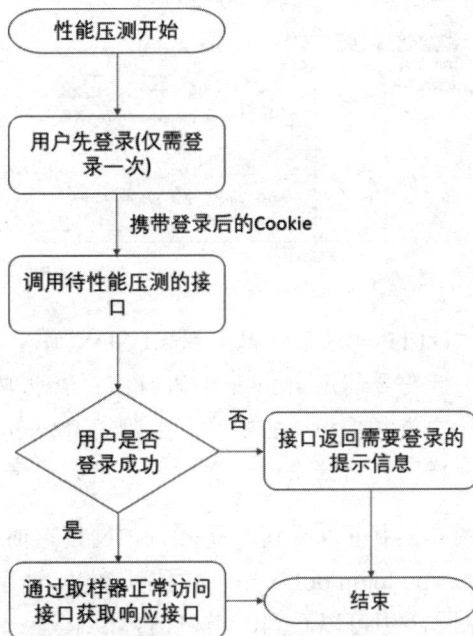

图 5-1 用户先登录，再请求别的接口的流程图

脚本中每个主要元件的作用描述如下：

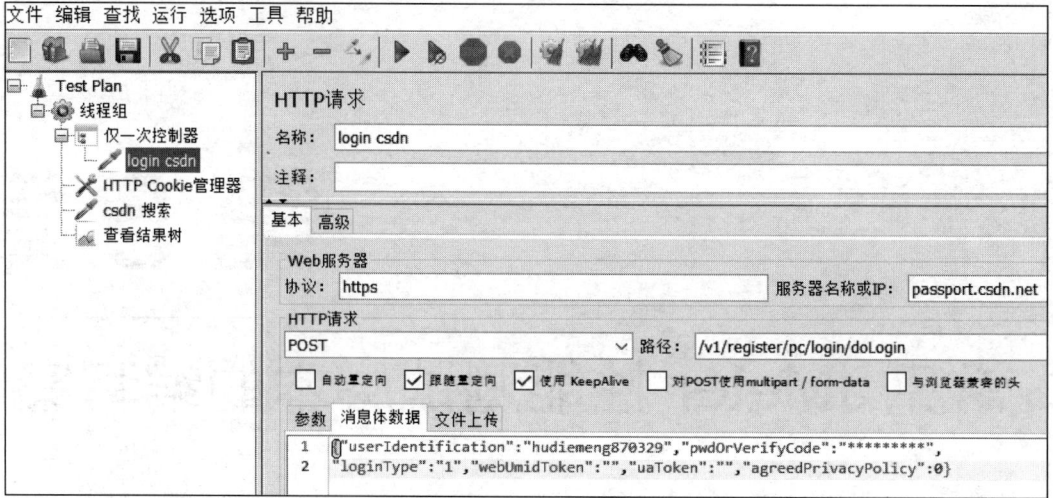

图 5-2　登录 CSDN 的 HTTP 请求取样器界面

- 仅一次控制器：主要用于先进行一次登录，一旦登录完成，后面就不需要再登录了。
- HTTP Cookie 管理器：主要用于自动存储登录成功后的 Cookie，并且让取样器在调用后续的接口做性能压测时，每次都会自动带上这个 Cookie，如图 5-3 所示。

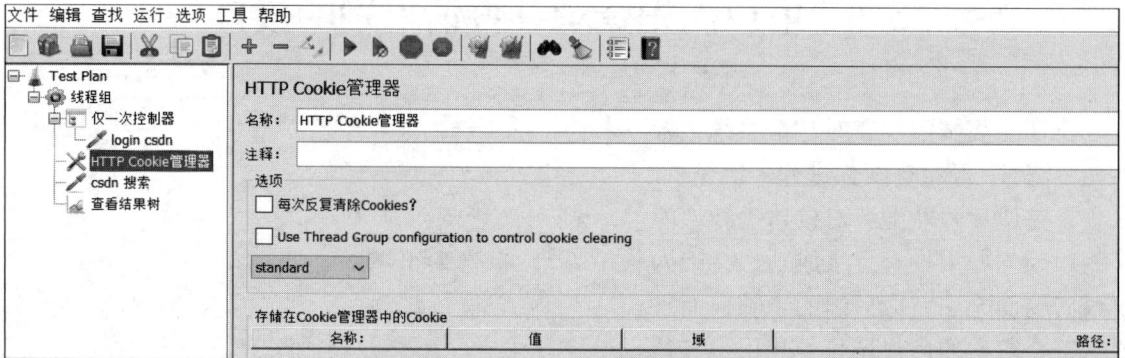

图 5-3　HTTP Cookie 管理器界面

- HTTP 请求取样器：由于 CSDN 博客网站是通过 HTTPS 协议在浏览器中进行访问，因此需要使用 JMeter 中的 HTTP 请求取样器来模拟登录请求和关键字的搜索请求。
- 查看结果树：主要用于在调试 JMeter 测试计划中的脚本时，通过查看结果树来查看取样器发出请求的报文和响应结果等信息。

从图 5-2 中可以看到，登录 CSDN 博客时，需要以 POST 请求的形式调用网站的登录接口 /v1/register/pc/login/doLogin，并且以 Body 消息体数据的形式传入登录请求参数。

从图 5-3 中可以看到，当 HTTP 请求是一个标准的 Cookie 管理形式时，只需要添加 HTTP Cookie 管理器，并且在 HTTP Cookie 管理器中不需要做任何的其他配置。

图 5-4 所示为调用 CSDN 博客的搜索接口进行搜索，由于该搜索是一个 GET 形式的请求，

因此在 HTTP 请求取样器中选择了 GET 请求，并且在"路径"中输入 CSDN 搜索接口的请求路径/api/v1/search_top_data，在请求参数中填入以下参数：

● q: 需要进行搜索的关键字。
● t: 需要进行搜索的范围。

图 5-4　调用 CSDN 博客的搜索接口的取样器界面

在完成上述 JMeter 元件的添加及配置后，即可运行 JMeter 性能测试计划，并通过查看结果树来查看取样器的运行结果，如图 5-5 所示。

图 5-5　运行结果示例

从图 5-5 中可以看到，HTTP 请求取样器在发起对 CSDN 的搜索请求时，已经自动携带了登录后的 Cookie 数据了。

我们将 HTTP Cookie 管理器禁用后，再重新发起请求，通过查看结果树查看取样器的运行结果，将会发现此时在取样器发起的对 CSDN 的搜索请求中，不再自动携带登录后的 Cookie

数据，如图 5-6 所示。此时显示的是"no cookies"。从这个示例中我们可以直接看出，HTTP Cookie 管理器的作用就是自动存储登录成功后的 Cookie，并且让取样器在调用后续的接口时，每次都自动带上这个 Cookie。

图 5-6　运行结果示例

5.2　前一个请求返回的结果作为后一个请求的入参

在性能测试中，除了会对单个接口请求进行性能压测外，也经常遇到一些比较复杂的场景。比如，需要同时对两个不同的接口请求进行性能压测，并且前一个接口请求返回的结果需要作为后一个接口请求的入参。图 5-7 所示就是一个实际的示例，这个示例通过调用 http://www.nmc.cn/rest/province/接口来获取中国每一个省或直辖市下有哪些具体的城市信息。

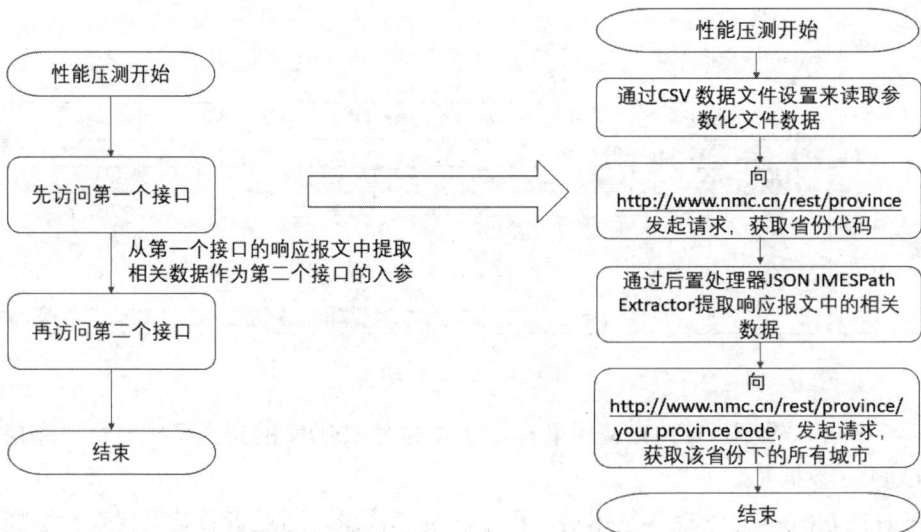

图 5-7　前一个请求返回的结果作为后一个请求的入参的示例图

从图 5-7 中可以看到，在获取每个省份或者直辖市下的具体城市信息时，需要先获取该省份或者直辖市的代码，然后调用 http://www.nmc.cn/rest/province/接口，传入对应的代码，获取该省份或者直辖市下有哪些具体的城市信息。由于一开始并不知道每个省份或者直辖市的对应代码是什么，因此第一步需要先通过省份或者直辖市的名称来调用接口，以获取该省份或者直辖市对应的代码。在获取到省份或者直辖市的代码后，再将这些代码作为入参来调用接口，获取其下对应的所有的城市信息。

在理清了调用接口的先后顺序后，我们可以先将所有的省和直辖市数据作为一个参数化数据，因为在中国所有的省份和直辖市的名称是已知的。在 JMeter 中，通常建议使用配置元件下的 CSV 数据文件设置来进行参数化设置。如图 5-8 所示，在"文件名"中选择省份和直辖市对应的参数化数据文件的绝对路径，并且设置"文件编码"为 utf-8，即表示通过 UTF-8 的编码格式来读取参数化数据，避免出现乱码的情况。因为省份和直辖市的名称都是中文形式的数据，如果编码格式选择不合适，可能在读取名称时会出现乱码。在实际性能测试中，出现乱码时，通常建议排查一下数据文件的编码格式，看看它与 JMeter 中设置的编码格式是否一致，如果不一致，通常就会产生乱码。设置完文件编码后，在"变量名称"中设置 provinceName 变量来存储读取到的省份或者直辖市名称。

在参数化数据文件中，需要写入所有的省份和直辖市的名称，如图 5-9 所示。

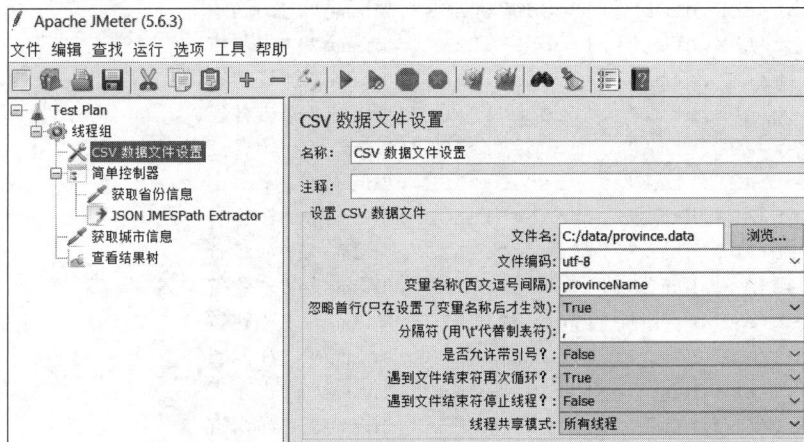

图 5-8　CSV 数据文件设置示例

图 5-9　参数化数据文件示例

在 做 完 参 数 化 设 置 后 ， 就 可 以 添 加 一 个 取 样 器 来 调 用 第 一 个 接 口 http://www.nmc.cn/rest/province。如图 5-10 所示，该接口不需要传入任何参数，因为直接访问该接口时，会返回所有的省份或者直辖市名称对应的代码信息。由于该接口是一次返回所有的省份或者直辖市名称对应的代码信息，因此，如果需要通过某个省份或者直辖市名称来找到对应的代码，还需要添加一个后置处理器元件。又由于该接口返回的是 JSON 格式的数据，因此可以选择后置处理器下的 JSON JMESPath Extractor 来对返回的 JSON 数据进行后置处理，以获取某个省份或者直辖市名称对应的代码信息，并且由于需要确保该后置处理器和该取样器进行匹配处理，因此可以选择逻辑控制器下的简单控制器来进行了一个单独的分组，该分组的作用就是确保 JSON JMESPath Extractor 这个后置处理器直接处理该取样器返回的数据。

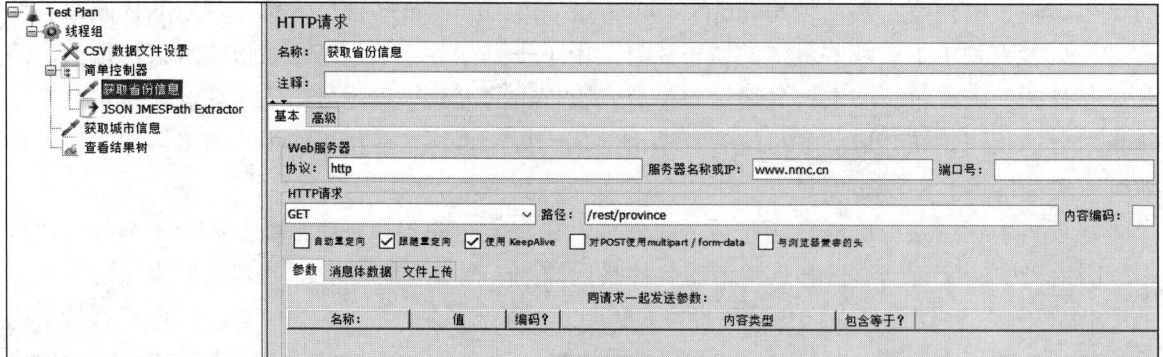

图 5-10 调用接口

如下所示是 http://www.nmc.cn/rest/province 接口返回的所有的省份或者直辖市名称所对应的代码信息。

```
[{"code":"ABJ","name":"北京市
","url":"/publish/forecast/ABJ.html"},{"code":"ATJ","name":"天津市
","url":"/publish/forecast/ATJ.html"},{"code":"AHE","name":"河北省
","url":"/publish/forecast/AHE.html"},{"code":"ASX","name":"山西省
","url":"/publish/forecast/ASX.html"},{"code":"ANM","name":"内蒙古自治区
","url":"/publish/forecast/ANM.html"},{"code":"ALN","name":"辽宁省
","url":"/publish/forecast/ALN.html"},{"code":"AJL","name":"吉林省
","url":"/publish/forecast/AJL.html"},{"code":"AHL","name":"黑龙江省
","url":"/publish/forecast/AHL.html"},{"code":"ASH","name":"上海市
","url":"/publish/forecast/ASH.html"},{"code":"AJS","name":"江苏省
","url":"/publish/forecast/AJS.html"},{"code":"AZJ","name":"浙江省
","url":"/publish/forecast/AZJ.html"},{"code":"AAH","name":"安徽省
","url":"/publish/forecast/AAH.html"},{"code":"AFJ","name":"福建省
","url":"/publish/forecast/AFJ.html"},{"code":"AJX","name":"江西省
","url":"/publish/forecast/AJX.html"},{"code":"ASD","name":"山东省
","url":"/publish/forecast/ASD.html"},{"code":"AHA","name":"河南省
","url":"/publish/forecast/AHA.html"},{"code":"AHB","name":"湖北省
","url":"/publish/forecast/AHB.html"},{"code":"AHN","name":"湖南省
","url":"/publish/forecast/AHN.html"},{"code":"AGD","name":"广东省
","url":"/publish/forecast/AGD.html"},{"code":"AGX","name":"广西壮族自治区
","url":"/publish/forecast/AGX.html"},{"code":"AHI","name":"海南省
","url":"/publish/forecast/AHI.html"},{"code":"ACQ","name":"重庆市
","url":"/publish/forecast/ACQ.html"},{"code":"ASC","name":"四川省
","url":"/publish/forecast/ASC.html"},{"code":"AGZ","name":"贵州省
","url":"/publish/forecast/AGZ.html"},{"code":"AYN","name":"云南省
","url":"/publish/forecast/AYN.html"},{"code":"AXZ","name":"西藏自治区
","url":"/publish/forecast/AXZ.html"},{"code":"ASN","name":"陕西省
","url":"/publish/forecast/ASN.html"},{"code":"AGS","name":"甘肃省
","url":"/publish/forecast/AGS.html"},{"code":"AQH","name":"青海省
```

```
","url":"/publish/forecast/AQH.html"},{"code":"ANX","name":"宁夏回族自治区
","url":"/publish/forecast/ANX.html"},{"code":"AXJ","name":"新疆维吾尔自治区
","url":"/publish/forecast/ATW.html"}]
```

　　由于返回的数据是 JSON 格式，因此添加了后置处理器中的 JSON JMESPath Extractor 元件来对 JSON 数据进行处理。如图 5-11 所示，设置将从 JSON 数据中提取到的省份或者直辖市名称对应的代码赋值给 province 变量，供下一个取样器调用接口获取该代码对应的省份或直辖市下的所有城市信息数据。设置 JMESPath 提取的表达式为[?name=='${provinceName}'].code，该表达式中的${provinceName}就引用了前面参数化数据中定义的 provinceName 变量，并且设置匹配的次数为 1。

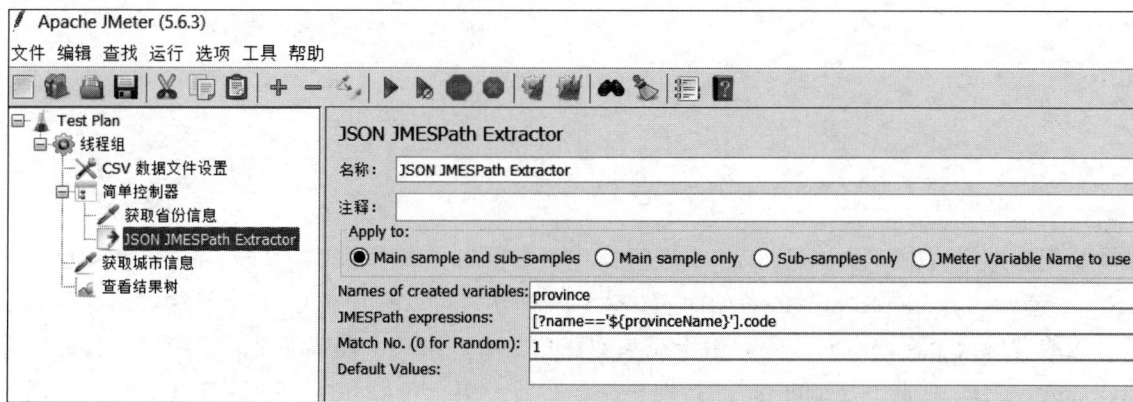

图 5-11　JSON JMESPath Extractor 元件示例界面

　　在通过 JSON JMESPath Extractor 获取到省份或者直辖市对应的代码后，就可以添加第二个取样器来发起请求调用 http://www.nmc.cn/rest/province 接口，获取省份或者直辖市下的所有城市信息数据，如图 5-12 所示。此时在接口 URL 中传入了${province}变量，这个变量代表的就是某个省份或者直辖市对应的代码。

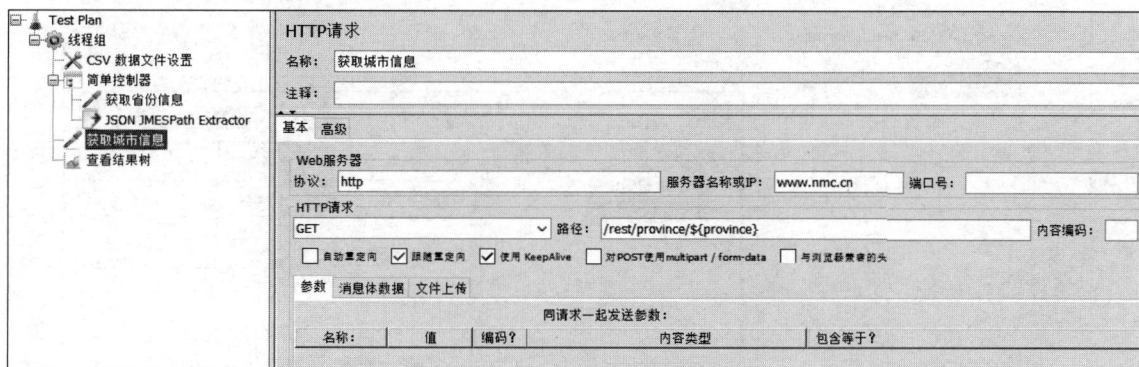

图 5-12　获取城市信息 HTTP 请求取样器

　　在完成上述 JMeter 元件的添加及配置后，建议再添加查看结果树元件，以方便查看每个取样器的运行的结果。如图 5-13 所示，当运行整个 JMeter 测试计划后，在查看结果树中可以看

到第一个取样器已经正常发出了调用 http://www.nmc.cn/rest/province 接口的请求。

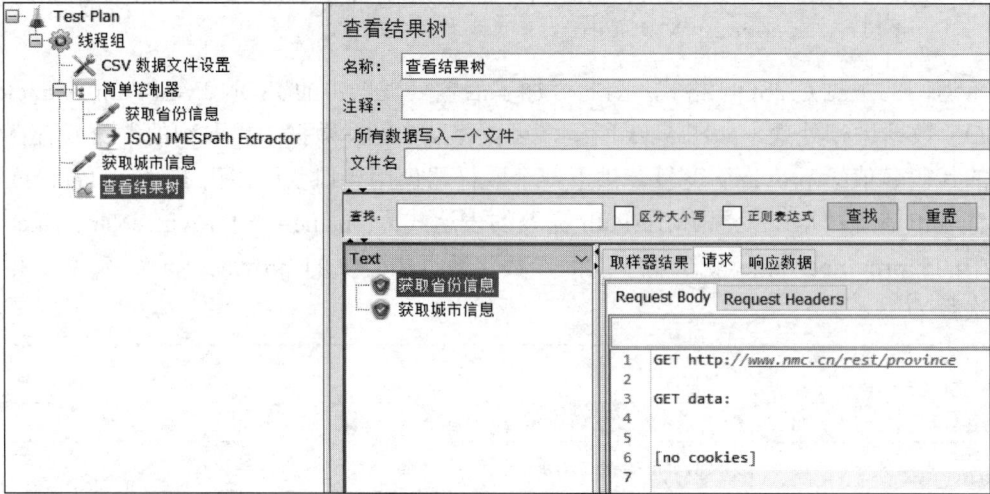

图 5-13　运行结果示例 1

从查看结果树中可以看到，第二个取样器也正常发出了调用接口的请求，请求的 URL 地址为 http://www.nmc.cn/rest/province/ABJ，如图 5-14 所示。可以看到在 URL 地址中，已经添加上了对应的省份或者直辖市的代码。由于在参数化数据中，第一个设置的是北京市，并且北京市的代码为 ABJ。因此，JMeter 测试计划首次运行时，第二个取样器请求的 URL 地址应该为 http://www.nmc.cn/rest/province/ABJ，查看结果树中显示的实际结果和预期结果是完全匹配的，说明性能测试脚本的运行符合预期。如图 5-15 所示，通过查看获取城市信息这个取样器的响应数据，可以看到已经返回北京市这个直辖市下所有的城市数据。

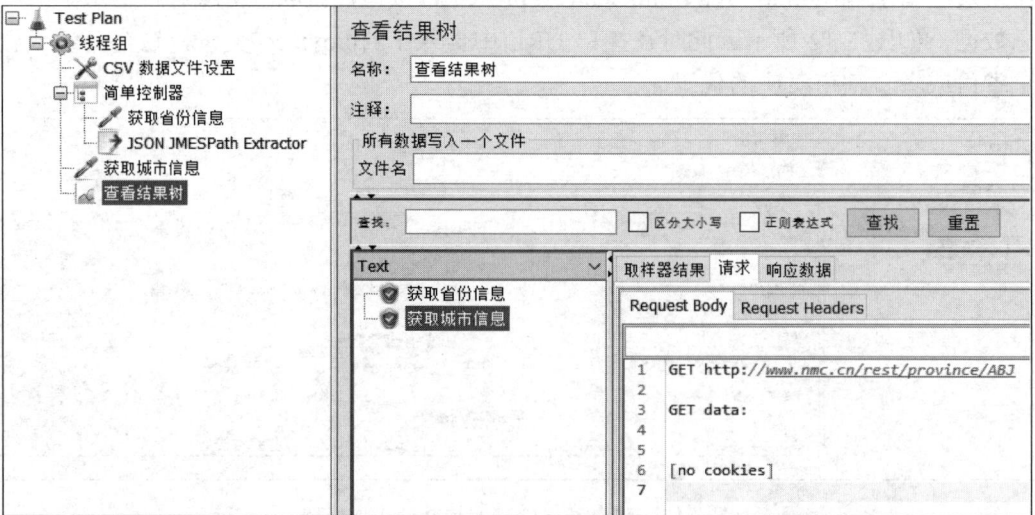

图 5-14　运行结果示例 2

图 5-15　运行结果示例 3

在这个示例中，省份或者直辖市名称的参数化数据，是通过 JMeter 配置元件下的 CSV 数据文件设置来实现的。除了通过这种方式之外，还可以通过 JMeter 函数助手中的 CSVRead 函数来实现，如图 5-16 所示。

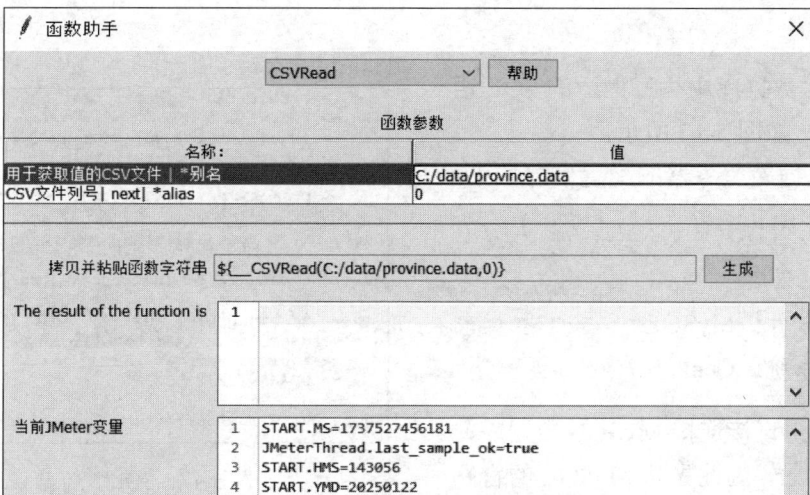

图 5-16　CSVRead 函数助手示例

5.3 使用 JMeter 对 MySQL 数据进行性能测试

在性能测试中，除了对接口请求进行性能压测外，通常还会对数据库进行性能压测。数据库是很多应用系统用来存储数据的容器，其性能的好坏往往会决定整个应用系统的性能是否可以达标。而 MySQL 数据库作为最流行和使用最广泛的数据库之一，对其进行性能测试是性能测试工程师经常面临的一种场景。

5.3.1 利用 JMeter 为 MySQL 数据库构造测试数据

在性能压测中，经常需要构造大量的数据，以便在测试环境中模拟出与生产环境同等的数据量，让性能压测更加贴近真实的生产环境。JMeter 不但是一个很好的性能测试工具，还可以用来构造性能测试数据。以下示例将演示如何使用 JMeter 给指定的表中插入 10 万条数据。

首先在 MySQL 数据库中创建两张表，其建表语句如下所示：

```
create table jmeter_test_one
(
id bigint(20) NOT NULL AUTO_INCREMENT,
user_id    varchar(11),
user_name varchar(25),
PRIMARY KEY (id)
);
create table jmeter_test_two
(
id bigint(20) NOT NULL AUTO_INCREMENT,
user_id    varchar(11),
address varchar(25),
PRIMARY KEY (id)
);
```

在 MySQL 数据库中执行上面的 SQL 语句成功创建表，如图 5-17 所示。

MySQL 数据库服务器的配置信息如下：

- 内存：2GB。
- CPU：2 核。
- 部署软件：MySQL。
- 操作系统：CentOS 7。

由于 JMeter 直接连接 MySQL 数据库，需要 JDBC Driver，因此先从 MySQL 的官网下载 JDBC Driver，如图 5-18 所示。

```
mysql> create table jmeter_test_one
    -> (
    -> id bigint(20) NOT NULL AUTO_INCREMENT,
    -> user_id    varchar(11),
    -> user_name varchar(25),
    -> PRIMARY KEY (id)
    -> );
Query OK, 0 rows affected, 1 warning (0.15 sec)

mysql> create table jmeter_test_two
    -> (
    -> id bigint(20) NOT NULL AUTO_INCREMENT,
    -> user_id    varchar(11),
    -> address varchar(25),
    -> PRIMARY KEY (id)
    -> );
Query OK, 0 rows affected, 1 warning (0.14 sec)
```

图 5-17 SQL 执行结果

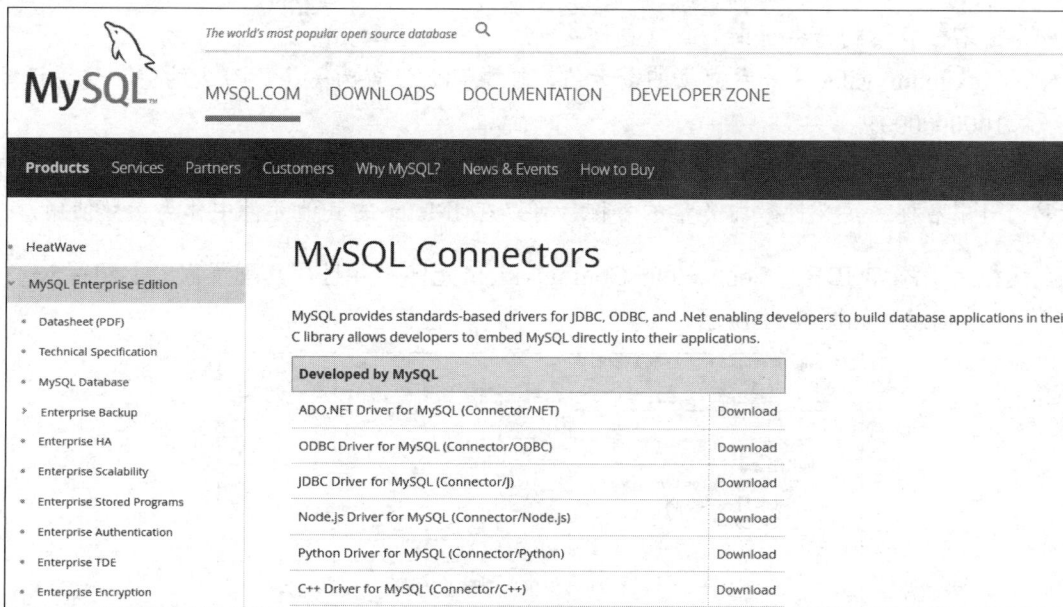

图 5-18　MySQL 官方网站

　　启动 JMeter，在 JMeter 的测试计划界面中添加下载好的 MySQL JDBC Driver，如图 5-19 所示。通过单击"浏览"按钮，选择下载好的 MySQL JDBC Driver 路径，就可以将 Driver 添加进来了。

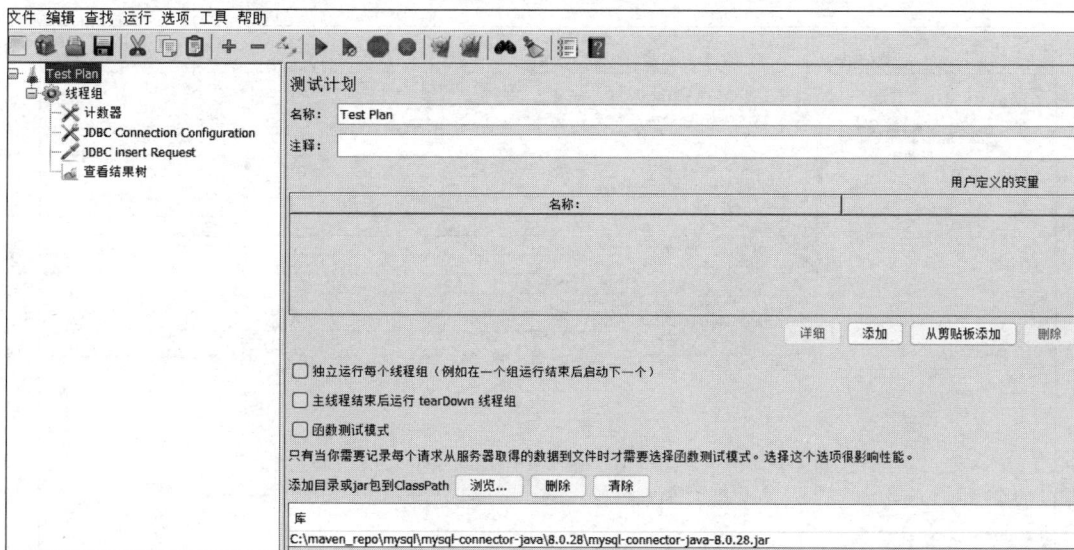

图 5-19　测试计划界面

　　在测试计划中，添加一个线程组，然后在该线程组下添加一个 JMeter 的计数器元件。这里我们使用计数器来作为插入时的变量引用，引用名称设置为 id，如图 5-20 所示。

　　在计数器中进行如下设置：

● Starting value：表示起始值，这里设置构造数据的起始值为 1。

- 递增：表示构造数据时，每次递增多少，这里设置为1。
- Maximum value：表示数据的最大值，通常可以设置为一个无穷大的值，这里设置为100000000。
- 数字格式：表示数字的格式，比如0001或者00001，也可以为空，这里不做任何设置。
- 引用名称：定义计数器变量的名称，可以在JMeter的其他元件中作为参数使用。

在线程组下添加 JDBC Connection Configuration 元件，并且在其配置窗口上配置 MySQL JDBC 的连接信息，如图 5-21 所示。

图 5-20　计数器示例

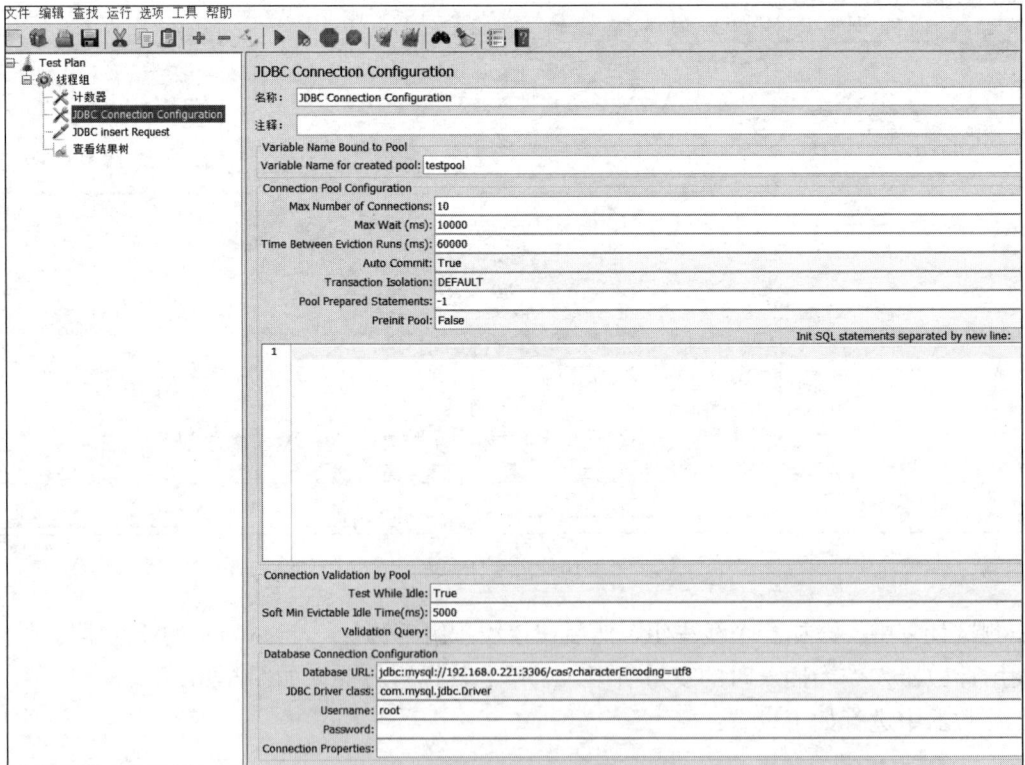

图 5-21　JDBC Connection Configuration 示例

相关的配置信息说明如下：

- Variable Name for created pool：设置所创建连接池的变量名称，这里设置为 testpool。
- Max Number of Connection：设置最大连接数，这里设置为 10。
- Max Wait(ms)：设置最大等待时长（单位为毫秒），这里设置为 10000。
- Time Between Eviction Runs(ms)：设置线程可空闲时长（单位为毫秒），这里设置为 60000。
- Auto Commit：设置数据库事务是否自动提交，这里设置为 True，表示开启数据库事务自动提交模式。
- Transaction Isolation：设置数据库事务隔离级别，这里选择 DEFAULT。
- Database URL：以 JDBC 协议的格式输入目标数据库的 URL 地址。
- JDBC Driver class：设置 JDBC 的驱动名称，在这里选择 com.mysql.jdbc.Driver。
- Username：设置连接目标数据库的用户名。
- Password：设置连接目标数据库的密码。
- Connection Properties：用于设置建立 MySQL JDBC 连接时需要自定义指定的连接属性。

继续在线程组下添加 JDBC Request 取样器元件，如图 5-22 所示。

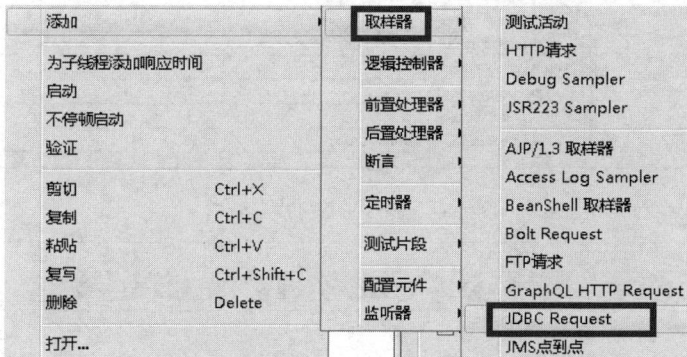

图 5-22　添加 JDBC Request 取样器元件

在 JDBC Request 取样器中，配置数据库插入操作，如图 5-23 所示。

在窗口中间的输入框中输入 insert into jmeter_test_one(user_id,user_name) values('user_${id}','user_name_${id}');语句，其中${id}就是计数器中定义的 id 变量。在 variable Name of Pool declared in JDBC Connection Configuration 中输入我们在 JDBC Connection Configuration 中定义的连接池名称 testpool，并且将 Query Type 选择为 Update Statement。如果是一次执行多条 SQL 语句，则需要将 Query Type 选择为 Callable Statement。Update 和 Delete 语句的 Query Type 与 Insert 语句的 Query Type 是一样的。

我们再在线程组下添加一个查看结果树元件，用于查看 JMeter 请求是否成功，如图 5-24 所示。

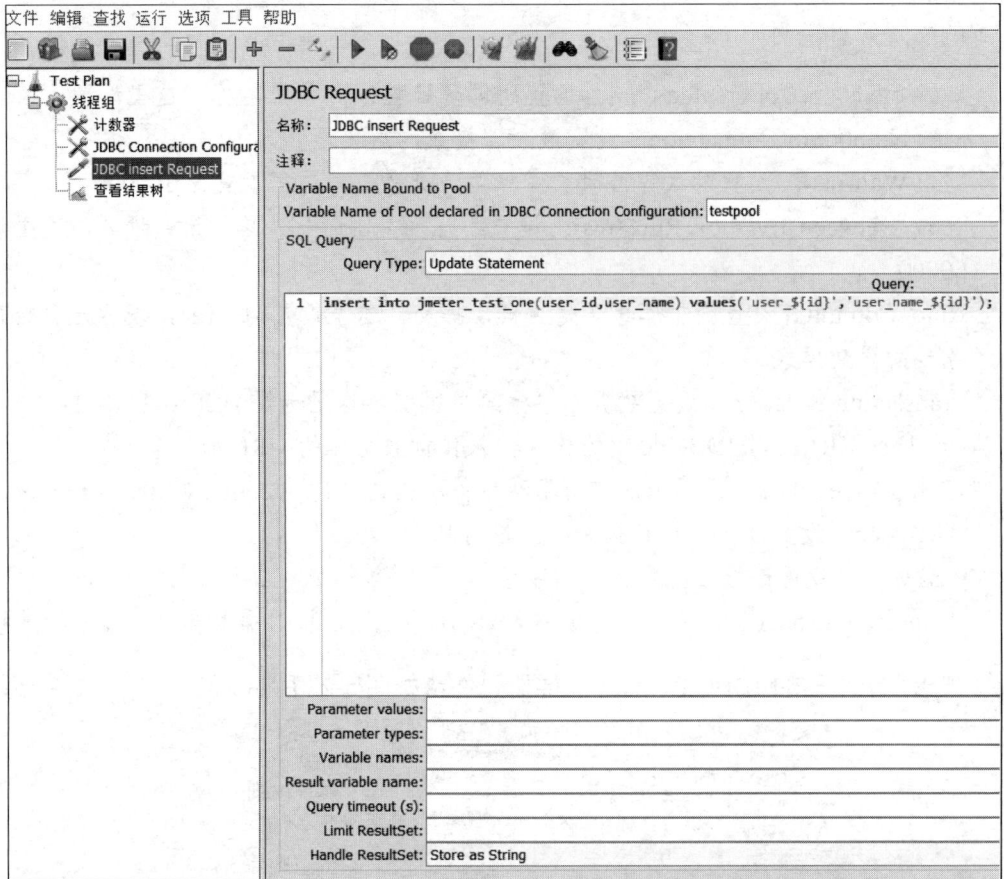

图 5-23　JDBC Request 示例

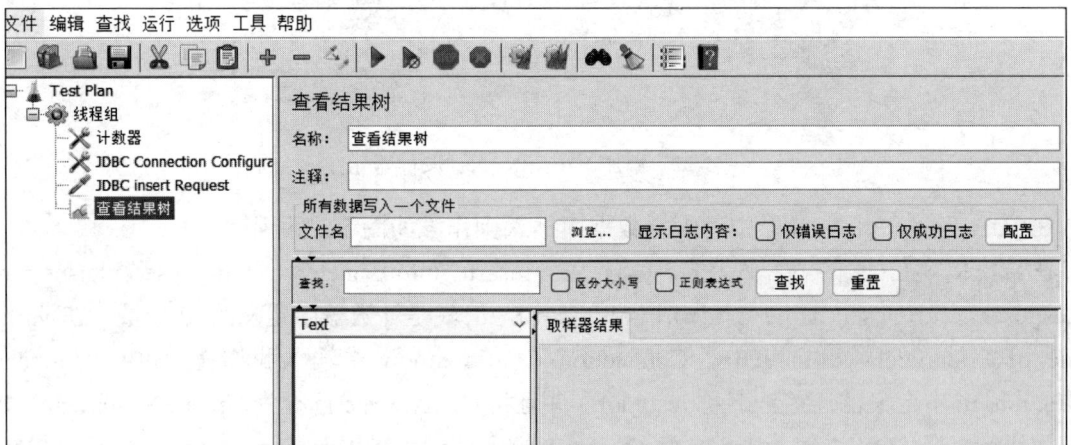

图 5-24　添加查看结果树元件

　　以上 JMeter 元件都添加好了后，就可以让 JMeter 运行起来了。如图 5-25 所示，当 JMeter 运行时，可以从查看结果树中看到 JDBC Request 取样器的运行日志。

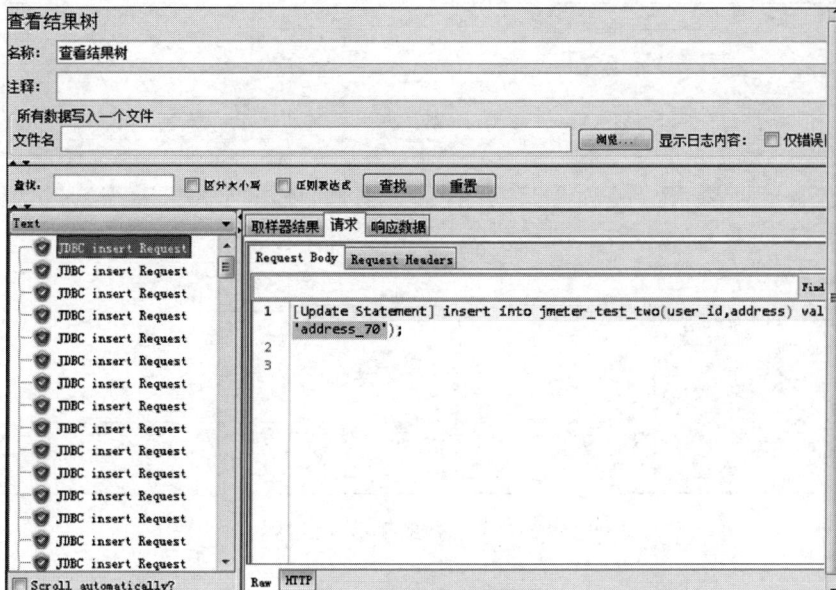

图 5-25　运行结果示例

运行完成后，通过在数据库中执行 SQL: select count(1) from jmeter_test_one，可以看到 jmeter_test_one 这张表已经插入超过 10 万条的数据，如图 5-26 所示。

图 5-26　SQL 查询结果

使用同样的方式，再向 jmeter_test_two 表中插入 10 万条数据，为接下来的 MySQL 数据库查询的性能压测做数据准备。

针对使用 JMeter 构造数据，总结如下：

● 合理使用 JMeter 中的计数器元件，可以做到构造的数据是唯一的，避免数据重复。

● 合理使用 JMeter 中的函数助手，可以构造出很多自己想要的数据格式，比如日期、时间格式、IP 地址、UUID 等，如图 5-27 所示。

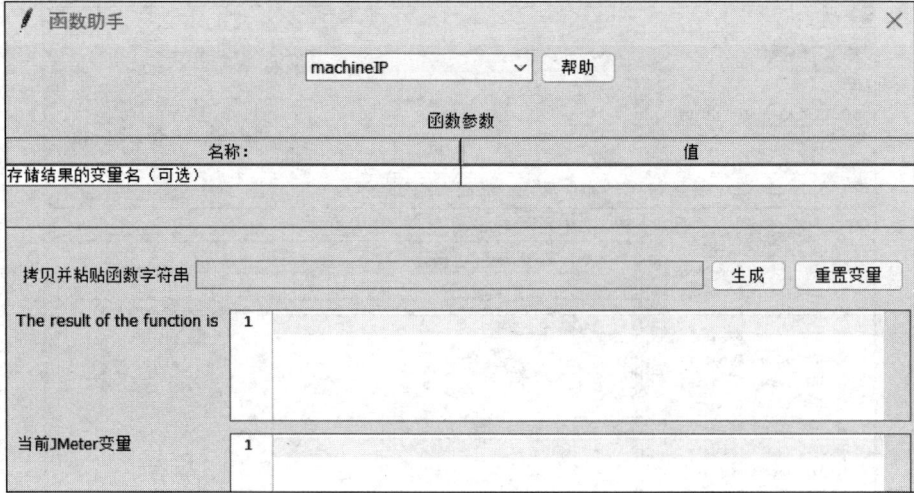

图 5-27　函数助手示例界面

5.3.2　利用 JMeter 对 MySQL 数据库查询进行性能测试

在上一小节中，我们创建了两张表 jmeter_test_one 和 jmeter_test_two，并且在这两张表中都插入了 10 万条左右的数据，本示例将通过关联查询的 SQL 语句，来演示如何利用 JMeter 对 MySQL 数据库查询进行性能测试。关联查询的 SQL 语句如下：

```
select a.user_id,a.user_name,b.address from jmeter_test_one a inner join
jmeter_test_two b on a. user_id=b. user_id where a.user_id='user_1'
```

首先，对上述 SQL 语句中的 user_id 进行参数化，即使用字母和数字的组合来生成供 user_id 使用的参数化数据，内容如下：

```
...
user_5498
user_5499
user_5500
user_5501
user_5502
user_5503
user_5504
user_5505
user_5506
...
```

参数化数据，存储在 user.dat 文件中。

然后，在 JMeter 测试计划的线程组中添加 CSV 数据文件设置元件来设置参数化的数据。如图 5-28 所示，在 CSV 数据文件设置中，选择 user.dat 文件所在的路径，并且将变量名称设置为 user_id。

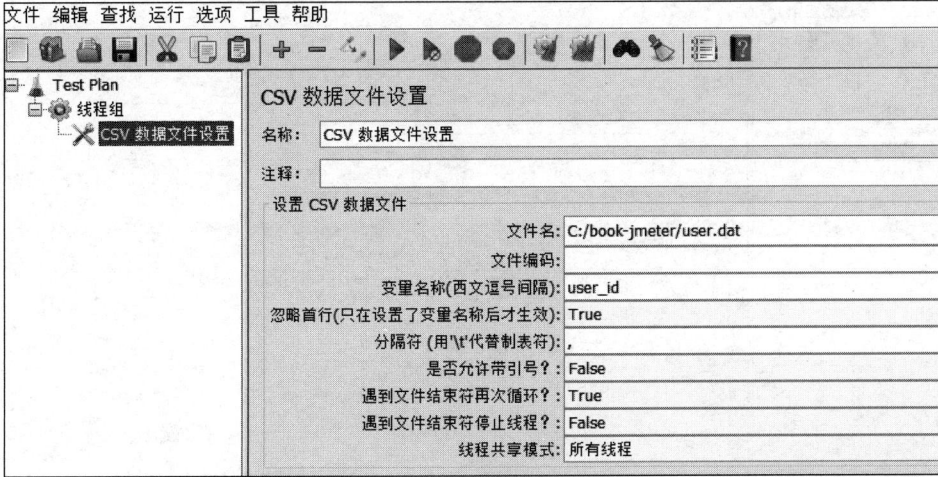

图 5-28　CSV 数据文件设置示例

在 JMeter 线程组下继续添加 JDBC Connection Configuration 元件，并且设置好 MySQL 数据库的相关配置信息，如图 5-29 所示。

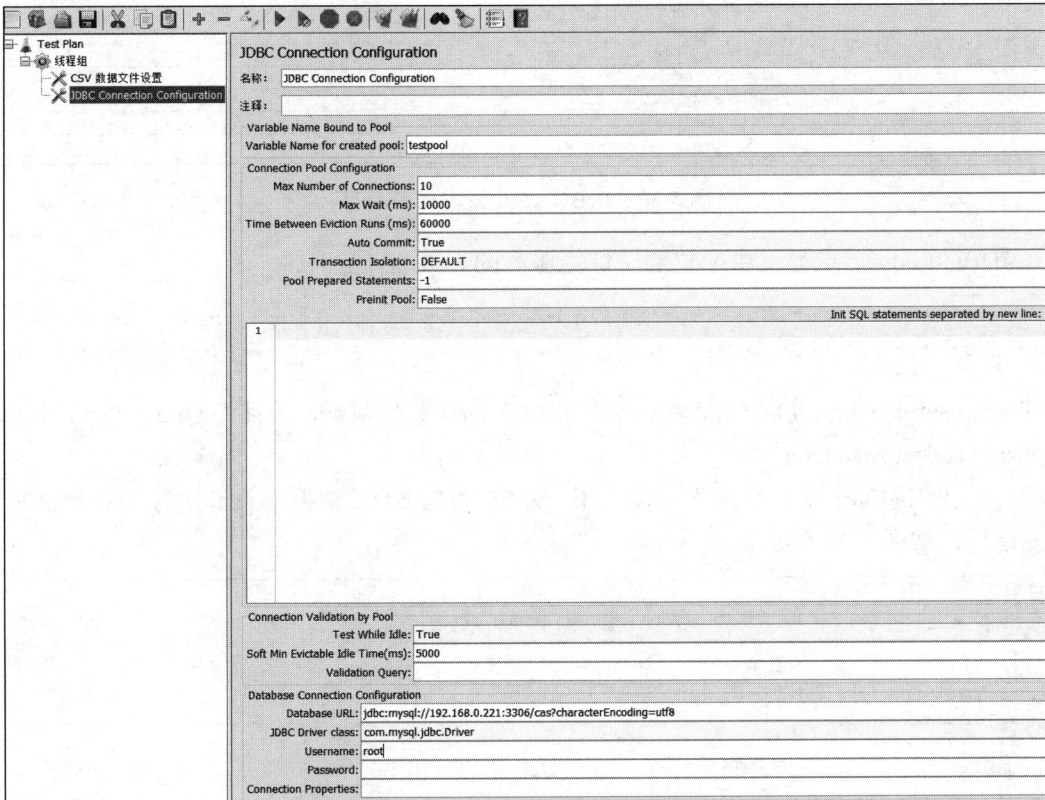

图 5-29　JDBC Connection Configuration 示例

由于需要完成 MySQL 数据库表的查询，因此还需要添加 JDBC Request 取样器，如图 5-30 所示。

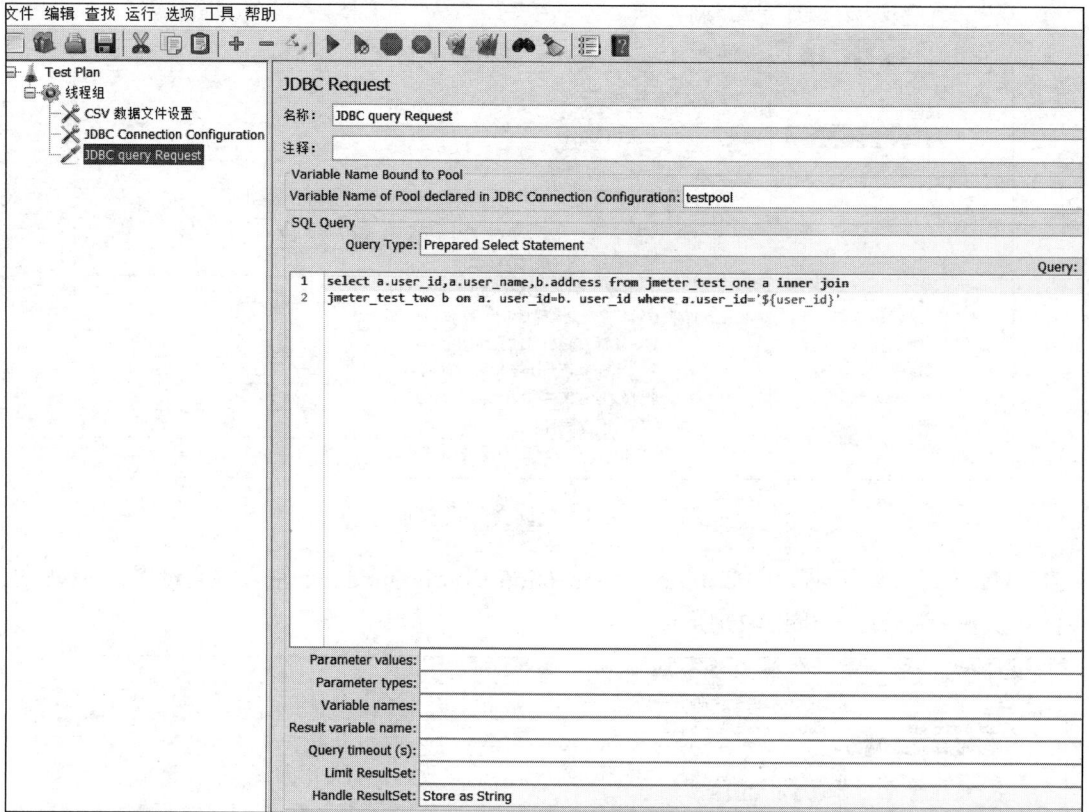

图 5-30　JDBC Request 取样器示例

在 JDBC Request 取样器中配置要做性能压测的 SQL 语句：

```
select a.user_id,a.user_name,b.address from jmeter_test_one a inner join
jmeter_test_two b on a. user_id=b. user_id where a.user_id='${user_id}'
```

其中${user_id}可以读取 CSV 数据文件设置中的参数化数据，并且将 Query Type 选项设置为 Prepared Select Statemen。

最后，我们添加一个聚合报告元件，用于观察对 MySQL 数据库查询进行性能测试时的各项性能指标，如图 5-31 所示。

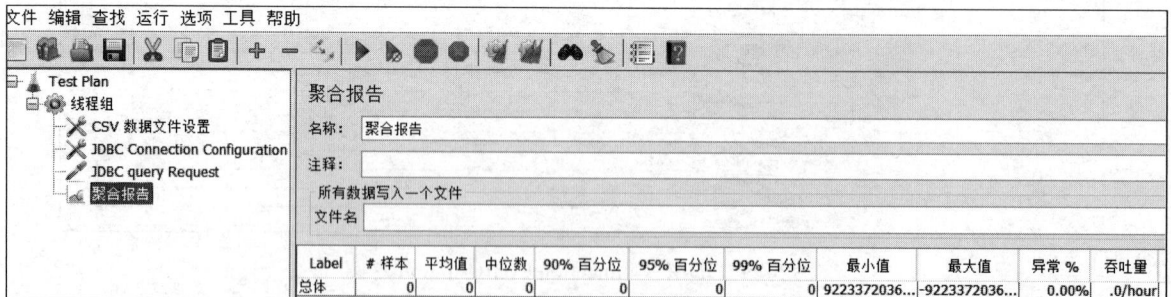

图 5-31　聚合报告元件

在完成上述步骤后，对 MySQL 数据库查询进行性能测试的脚本就编写完成了。

5.4　本章总结

本章主要从实践的角度，通过多个真实案例，详细介绍了 JMeter 性能测试脚本的编写方法以及实际使用时的相关技巧。

通过本章的学习，读者应该能够在 JMeter 工具下完成常见的性能测试脚本的编写，并能完成一些常见的 HTTP 请求以及数据库请求的性能测试脚本的编写。

第6章

BeanShell

在 JMeter 中，很多元件都涉及 BeanShell，比如 BeanShell 监听器、BeanShell 定时器、BeanShell 预处理程序、BeanShell 后置处理程序、BeanShell 取样器、BeanShell 断言等。由于 BeanShell 在 JMeter 中经常被用到，因此本章将专门介绍 BeanShell 的使用方法。BeanShell 是一个小型、免费、可嵌入的 Java 源码解释器，也是一种使用 Java 编写的脚本语言。BeanShell 支持标准的 Java 语句和表达式等，还扩展支持了常见的脚本语言的语法等，使用时它甚至比 Java 语言更加简单和易懂。

BeanShell 脚本语言的官方网站如图 6-1 所示。当前 BeanShell 的最新版本为 2.1.1。BeanShell 首次公开发布是在 1997 年，是使用 Java 编写的首个脚本语言。Groovy 等虽然也是使用 Java 实现的脚本语言，但它们出现的时间要比 BeanShell 晚很多。

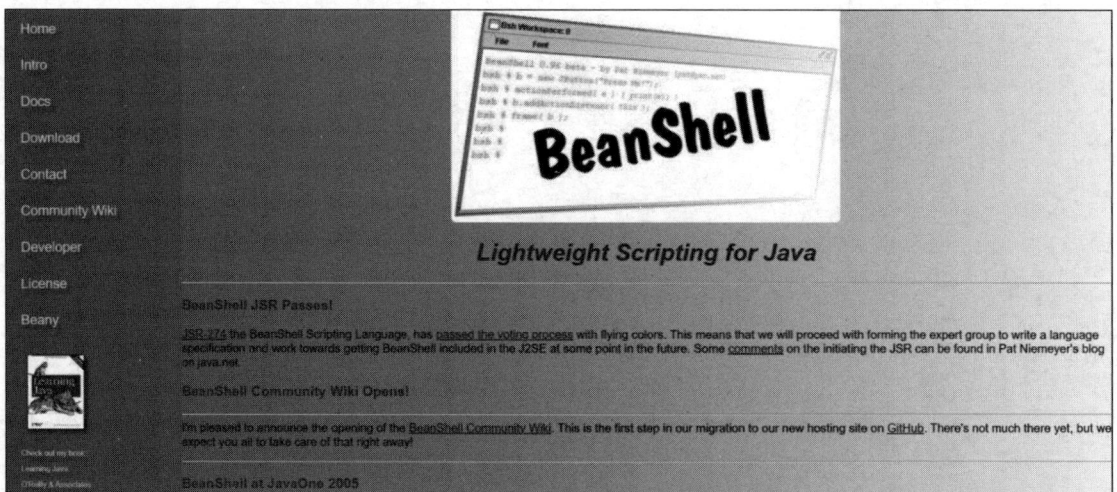

图 6-1　BeanShell 官方网站

BeanShell 是完全免费开源的，其源码托管在 GitHub 中，可以通过访问 GitHub 下载 BeanShell 的源码，如图 6-2 所示。从图 6-2 中也可以看到 BeanShell 的底层开发语言为 Java。

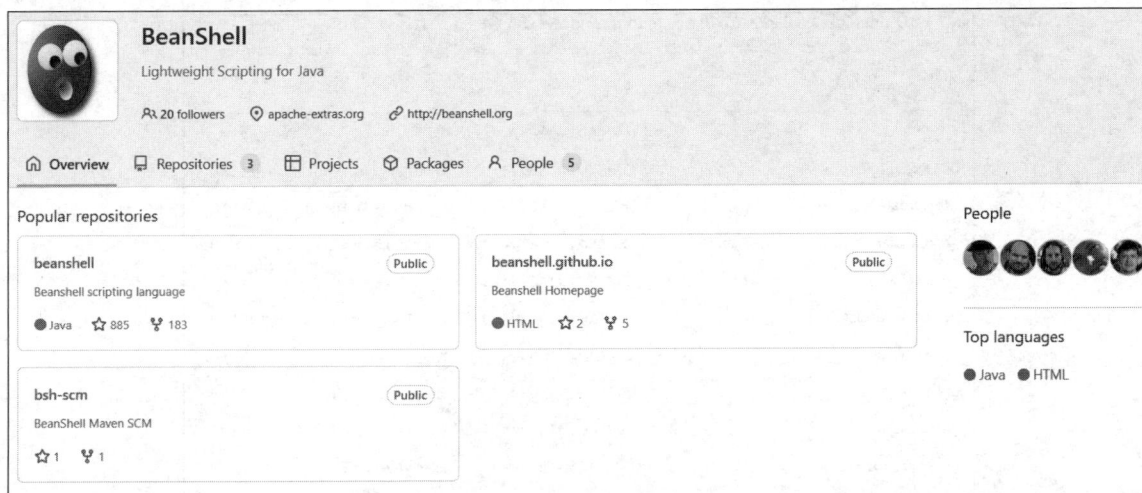

图 6-2　BeanShell 源码 GitHub 网站

6.1　BeanShell 的安装

通过访问 BeanShell 官方网站，单击对应的下载链接，即可下载 Release 版本的 BeanShell，如图 6-3 所示。

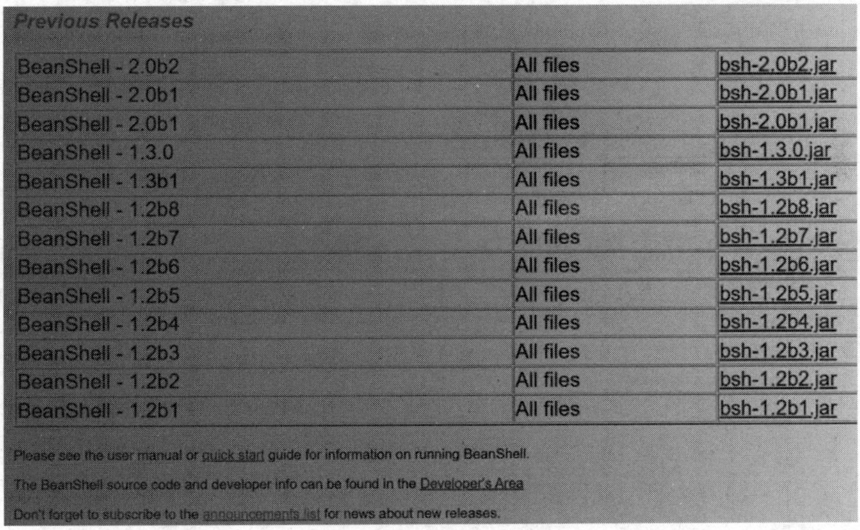

图 6-3　下载 BeanShell

将下载好的 JAR 包文件放到 Java JDK 的$JAVA_HOME/jre/lib/ext 目录下即可，如图 6-4 所示。由于 BeanShell 是通过 Java 语言实现的，因此在使用 BeanShell 时需要先安装 Java JDK，$JAVA_HOME 代表的就是安装后的 JDK 目录。在完成 BeanShell 的安装后，通过在 Windows 命令行窗口运行 java bsh.Console 命令，即可启动 BeanShell 的 GUI 界面，如图 6-5 和图 6-6 所示。

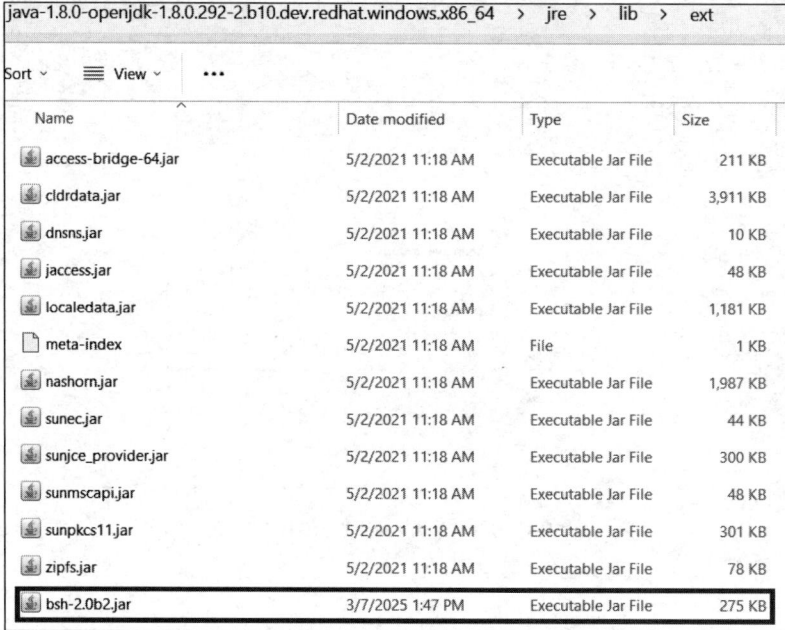

图 6-4　Java JDK 目录

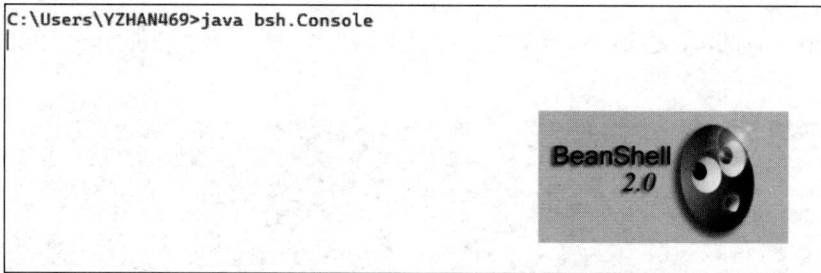

图 6-5　Windows 命令行窗口运行 java bsh.Console

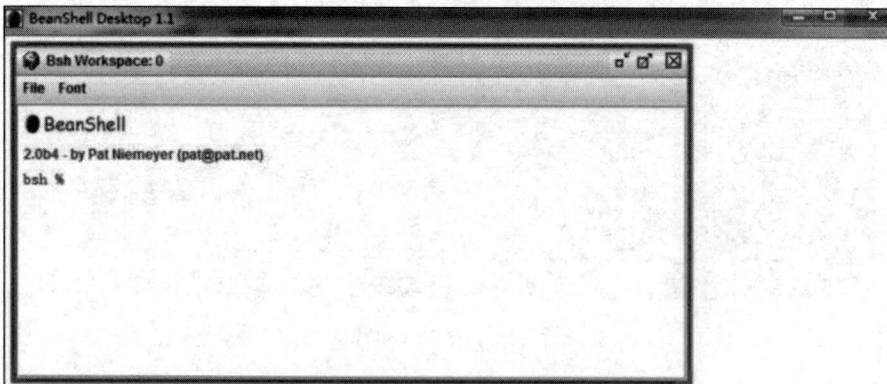

图 6-6　BeanShell 的 GUI 界面

通过在 Windows 命令行窗口运行 java bsh.Interpreter 命令，即可进入 BeanShell 的命令行界面，如图 6-7 所示。在该界面下，可以直接输入 BeanShell 脚本并逐行执行。

```
Microsoft Windows [Version 10.0.26100.3194]
(c) Microsoft Corporation. All rights reserved.

C:\Users\YZHAN469>java bsh.Interpreter
BeanShell 2.0b2 - by Pat Niemeyer (pat@pat.net)
bsh % |
```

图 6-7　BeanShell 的命令行界面

6.2　BeanShell 的基础语法

6.2.1　变量和数据类型

在 BeanShell 中，变量的声明、定义和赋值与 Java 语言非常类似，可以使用数据类型关键字 int、double、String 等来声明和定义变量，并对其进行赋值操作。与 Java 语言不同的是，BeanShell 中的变量类型是动态的，可以根据赋予的具体数值自动推断并确定类型。比如图 6-8 所示的示例，定义了一个变量 a，并且将该变量赋值为 Hello JMeter，然后通过 print 方法输出变量 a 的值。在这个示例中，我们并没有指定变量 a 的具体类型，但是 BeanShell 可以根据变量 a 的具体值"Hello JMeter"来推断出 a 为 String 类型。

当然，如果我们在定义变量 a 时指定其数值类型为 String，也不会存在任何问题，如图 6-9 所示。

```
bsh % a="Hello Jmeter";
bsh % print(a);
Hello Jmeter
bsh %
```

```
bsh % String a="Hello Jmeter";
bsh % print(a);
Hello Jmeter
bsh % |
```

图 6-8　变量定义示例 1　　　　　　图 6-9　变量定义示例 2

在 BeanShell 中，声明和定义一个可变变量时，通常建议使用 var 关键字，比如 var b=100 表示声明了变量 b，同时给变量 b 赋值为 100，如图 6-10 所示。

```
bsh % var b=100;
bsh % print(b);
100
bsh % |
```

图 6-10　变量赋值示例

BeanShell 中的常见基础数据类型如下：

- boolean: 布尔型，通常可以赋值为 true 或者 false，比如 boolean flag = true 表示定义变量 flag 的值为 true。
- char: 字符型，用于表示单个字符，用单引号来表示，比如 char a = 'A'表示定义变量 a 的值为 A。
- int: 整数型，用于表示没有小数部分的数值，可以是正数、负数或零，比如 int num =

10 表示定义变量 num 的值为 10。

- long：长整型。long 和 int 的区别在于整数的取值范围不一样大，long 的取值范围更大，比如 long num = 900000000L 表示定义变量 num 的值为 900000000。
- double：浮点数类型。Beanshell 支持的浮点数类型有 float 和 double，比如可以通过 double d = 1.65432 来定义变量 d 为 double 类型，同时赋值为 1.65432。
- float：浮点数类型，比如可以通过 float f = 5.14f 来定义变量 f 为 float 类型，同时赋值为 5.14。

BeanShell 中还包含几种常见的引用数据类型。引用数据类型通常是指会存储引用地址的变量，而这些变量又引用 Java 虚拟机内存中的对象。在 Beanshell 中，引用数据类型包括 String 类型、数组类型和对象类型。

- String 类型：即字符串类型，通常用来存储文本类型的字符串数据，和 Java 语言中的字符串类型类似，比如通过 String s = "JMeter" 定义变量 s 为 String 类型，并且赋值为 JMeter。
- 数组类型：数组是最常见的数据类型，可以存储多个相同类型的元素，比如通过 String[] strings = {"aa","bb","cc"} 定义一个数组变量为 strings，并且声明该数组包含"aa"、"bb"、"cc"三个元素，如图 6-11 所示。

```
bsh % String[] strings = {"aa","bb","cc"};
bsh % print(strings);
java.lang.String []: {
aa,
bb,
cc,
}
```

图 6-11　数组示例

- 对象类型：我们知道，Java 语言是面向对象的开发语言，因此 BeanShell 也支持面向对象的开发。对象类型可以是我们自定义的类对象，也可以是 BeanShell 内置的类对象，比如可以先定义一个类对象，然后对该类对象创建变量以及进行初始化。下面示例自定义了一个 Teacher 类，并且通过 Teacher teacherA = new Teacher();创建了一个名为 teacherA 的 Teacher 对象类型变量，并且对该变量进行了初始化赋值操作。

```
class Teacher {
    String name; // 定义了一个 name 变量，用来存储名字
    int age; // 定义了一个 age 变量，用来存储年龄
};
Teacher  teacherA  = new Teacher();
teacherA.name="zhang yongqing";        //对 teacherA 对象下的变量 name 赋值
teacherA.age=40;                       //对 teacherA 对象下的变量 age 赋值
print(teacherA);                       // 打印出 teacherA 对象变量
print(teacherA.name);                  // 打印出 teacherA 对象变量下的 name 变量的值
print(teacherA.age);                   // 打印出 teacherA 对象变量下的 age 变量的值
```

在 BeanShell 中执行上述代码后，运行结果如图 6-12 所示。

```
bsh % class Teacher {
    String name; // 定义了一个name变量，用来存储名字。
    int age; // 定义了一个age变量，用来存储年龄。
};
bsh % bsh % Teacher  teacherA  = new Teacher();
bsh % teacherA.name="zhang yongqing";
bsh % teacherA.age=40;
bsh % print(teacherA);
Teacher@7a07c5b4
bsh % print(teacherA.name);
zhang yongqing
bsh % print(teacherA.age);
40
bsh %
```

图 6-12　运行结果

和 Java 语言一样，在 BeanShell 中也可以通过 class 关键字来声明一个类对象。比如，上面示例中的 Teacher 类对象就是通过 class 关键字来声明的。声明一个类对象的语法如下：

```
class  className {
    //可以在 class 结构体中定义变量、方法以及函数等
};
```

在 BeanShell 中，根据变量的生命周期和作用域，通常又可以将变量分为局部变量、静态变量和常量等。

● 局部变量：通常是指在特定代码块中定义的变量。其作用域通常会限定在该代码块中，其生命周期从其声明的地方开始，直到代码块执行完毕。
● 静态变量：通过使用 static 关键字在 class 类对象中定义的变量。静态变量是属于类本身的，但是不属于类的任何对象实例，因为静态变量在类加载时就会进行初始化，并且只有一份副本存在于内存中，对于所有该类的对象实例来说是共享的。比如下面示例中定义了一个名为 Counter 的类，并且在该类中通过 static int count = 0 定义了一个静态变量 count。

```
class Counter {
    static int count = 0; // 静态变量 count
}
```

● 常量：指其数值在 BeanShell 程序运行期间都不能被修改的变量。在 Beanshell 中，和 Java 类似，可以通过同时结合 final 关键字和 static 关键字来定义常量，比如通过 static final String JMETER_MESSAGE = "Welcome to JMeter" 定义一个 String 类型的常量 JMETER_MESSAGE，并且给该常量赋值为 Welcome to JMeter。

6.2.2　运算符

Beanshell 脚本语言支持 Java 语言以及其他编程语言都支持的运算符。以下是 Beanshell 支持的运算符：

- 算术运算符：+、-、*、/、%（取模运算）。
- 比较运算符：==、!=、>、>=、<、<=。
- 逻辑运算符：&&、||、!。
- 赋值运算符：=、+=、-=、*=、/=、%=。

在下面示例中，展示了 BeanShell 常用的算术运算符操作。

```
a =15;
b = 5;
sum = a + b;              // 相加
difference = a- b;        // 相减
product = a * b;          // 相乘
quotient = a / b;         // 相除
```

执行结果如图 6-13 所示，可以看到，在 BeanShell 中可以完成常用的算术运算符操作。

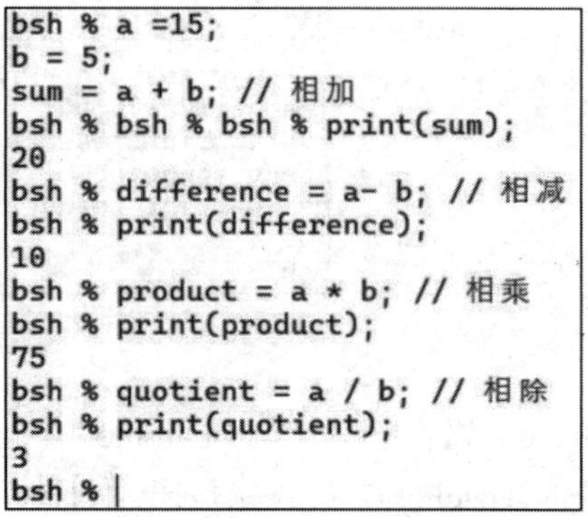

```
bsh % a =15;
b = 5;
sum = a + b; // 相加
bsh % bsh % bsh % print(sum);
20
bsh % difference = a- b; // 相减
bsh % print(difference);
10
bsh % product = a * b; // 相乘
bsh % print(product);
75
bsh % quotient = a / b; // 相除
bsh % print(quotient);
3
bsh %
```

图 6-13　算术运算符运行示例

6.2.3　控制流语句

控制流语句通常用于控制代码的运行逻辑，比如满足什么条件才能执行对应的代码。在 BeanShell 中，控制流语句的语法与 Java 语言非常类似，常见的控制流语句包括条件语句、循环语句和跳转语句。

1. 条件语句

条件语句通常包含 if 和 switch 等，用于根据不同的条件执行不同的代码块。

1）if 语句

if 语句的基本语法如下：

```
if (condition1) {
    // 当满足 condition1 条件时执行该代码块
} else if (condition2) {
    // 当满足 condition2 条件时执行该代码块
} else {
    // 当以上条件都不成立时执行该代码块
}
```

比如下面示例，首先定义 a 和 b 两个变量，然后通过 if 语句来判断变量满足哪个条件，从而输出不同的结果。

```
int a=1; //定义了变量 a
int b=2; //定义了变量 b
if (a==1){
    print("when a=1,exec...");
```

```
} else if (b==2) {
    print("when b=2,exec...");
} else {
    print("exec others...");
}
```

执行结果如图 6-14 所示，可以看到输出结果和代码中 if 语句的判断是匹配的。

在 if 语句中，如果只有一个条件需要判断，可以省略 else if 和 else 部分。

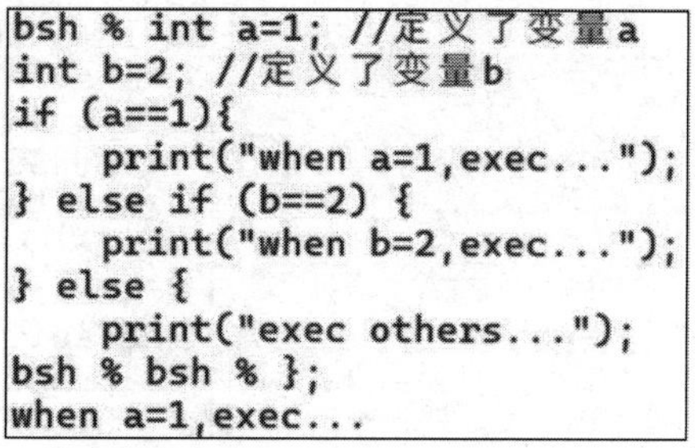

```
bsh % int a=1; //定义了变量a
int b=2; //定义了变量b
if (a==1){
    print("when a=1,exec...");
} else if (b==2) {
    print("when b=2,exec...");
} else {
    print("exec others...");
bsh % bsh % };
when a=1,exec...
```

图 6-14　if 语句运行示例

2）switch 语句

switch 语句的基本语法如下：

```
switch (expression) {
  case valueA:
    // 当 expression 的值等于 valueA 时执行该代码块
    break;
  case valueB:
    // 当 expression 的值等于 valueB 时执行该代码块
    break;
    ...
  default:
    // 当 expression 的值都不匹配时执行该代码块
    break;
}
```

例如下面示例，首先定义 expression 变量，然后通过 switch 语句判断变量满足哪个条件，从而输出不同的结果。

```
String expression = "A";
switch (expression) {
  case "A":
    print("exec A");
    break;
  case "B":
    print("exec B");
    break;
  default:
    print("exec default");
    break;
};
```

执行结果如图 6-15 所示，可以看到输出结果和代码中 switch 语句的判断是匹配的。

```
bsh % String expression = "A";
bsh % switch (expression) {
  case "A":
     print("exec A");
    break;
  case "B":
    print("exec B");
    break;
  default:
    print("exec default");
    break;
};
exec A
bsh % bsh % a
```

图 6-15 switch 语句运行示例

在 switch 语句中，每个 case 后面需要跟上 break 语句，否则会继续执行后面的 case 语句代码块。

2. 循环语句

循环语句通常包括 for 循环、while 循环、do-while 循环、foreach 循环等。

1）for 循环

下面是 for 循环的示例，在该 for 循环中，定义了一个变量 i 来控制循环总共执行 10 次，每次循环时，都输出变量 i 的值。

```
for(int i = 0; i < 10; i++) {
    print("this is the " + i + " cycle");
}
```

该示例在 BeanShell 中的运行结果如图 6-16 所示，可以看到运行结果和代码预期结果一致，每次循环时，都正确地输出了变量 i 的值。

```
bsh % for (int i = 0; i < 10; i++) {
    print("this is the " + i + " cycle");
}
this is the 0 cycle
this is the 1 cycle
this is the 2 cycle
this is the 3 cycle
this is the 4 cycle
this is the 5 cycle
this is the 6 cycle
this is the 7 cycle
this is the 8 cycle
this is the 9 cycle
```

图 6-16 for 循环运行示例

2）while 循环

下面示例演示了 while 循环的语法规则。该 while 循环可以实现与上面 for 循环代码示例同样的效果。首先定义了一个变量 i，然后通过 while 中的条件来控制是否执行循环。该 while 循环在满足条件时，一直循环执行；当不满足条件时，循环就结束执行。

```
int i = 0;
while (i < 10) {
 print("this is the " + i + " cycle");
 i++;
}
```

该示例在BeanShell中的运行结果如图6-17所示，可以看到运行结果和代码预期结果一致。

```
bsh % int i = 0;
while (i < 10) {
    print("this is the " + i + " cycle");
    i++;
bsh % };
this is the 0 cycle
this is the 1 cycle
this is the 2 cycle
this is the 3 cycle
this is the 4 cycle
this is the 5 cycle
this is the 6 cycle
this is the 7 cycle
this is the 8 cycle
this is the 9 cycle
```

图 6-17　while 循环运行示例

3）do-while 循环

下面示例演示了 do-while 循环的语法规则。do-while 循环的语法规则和 while 循环的语法规则类似，只是将 while 中的条件判断放到代码块的最后面。下面这个 do-while 循环示例实现了与上面 while 循环示例相同的效果。

```
int i = 0;
do{
 print("this is the " + i + " cycle");
 i++;
} while (i < 10);
```

该示例在BeanShell中的运行结果如图6-18所示，可以看到运行结果和代码预期结果一致。

```
bsh % int i = 0;
do{
  print("this is the " + i + " cycle");
  i++;
bsh % }while (i < 10);
this is the 0 cycle
this is the 1 cycle
this is the 2 cycle
this is the 3 cycle
this is the 4 cycle
this is the 5 cycle
this is the 6 cycle
this is the 7 cycle
this is the 8 cycle
this is the 9 cycle
```

图 6-18　do-while 循环运行示例

4）foreach 循环

下面示例演示了 foreach 循环的语法规则。在该示例中定义了一个整型数组变量 numbers，该数组总共有 5 个元素，代码通过 foreach 循环的方式，分别输出数组中 5 个元素的值。

```
int[] numbers = {1, 2, 3, 4, 5};
for(int number : numbers) {
    print("number is: " + number);
};
```

该示例在 BeanShell 中的运行结果如图 6-19 所示,可以看到运行结果和代码预期结果一致,分别输出了数组中 5 个元素的值。

```
bsh % int[] numbers = {1, 2, 3, 4, 5};
for(int number : numbers) {
    print("number is: " + number);
bsh % };
number is: 1
number is: 2
number is: 3
number is: 4
number is: 5
```

图 6-19   foreach 循环运行示例

3. 跳转语句

跳转语句通常需要通过 continue 关键字来控制代码的跳转。下面示例演示了跳转语句的语法规则。在这个示例的 for 循环中,定义了一个变量 i,当 i 的值为偶数时,通过 continue 关键字来跳转,直接进行下一次循环;只有当 i 的值为奇数时,才会输出 i 的值。

```
for(int i = 0; i < 10; i++) {
  if(i % 2 == 0) {
    continue;
  }
  print(i + " is an odd number");
}
```

该示例在 BeanShell 中的运行结果如图 6-20 所示,可以看到运行结果和代码预期结果一致,只有当 i 为奇数时,才会被输出。

```
bsh % for(int i = 0; i < 10; i++) {
  if(i % 2 == 0) {
    continue;
    }
    print(i + " is an odd number");
};
1 is an odd number
3 is an odd number
5 is an odd number
7 is an odd number
9 is an odd number
```

图 6-20   跳转语句运行示例

6.2.4   函数和方法

在 Beanshell 脚本语言中,函数和方法通常可以是一段可以被重复使用的代码块,用于封装一系列通用的重复操作,使得代码的可重用性和维护性得到更大的提高。

函数和方法的语法规则通常如下所示,和 Java 语言类似。

```
[访问修饰符] 返回值类型 方法名/函数名([参数列表]){
    // 方法/函数体,通常包括可执行的代码块
    return 返回值;
```

```
}
```

函数和方法非常类似，区别在于定义位置以及调用方式的不同，函数通常独立定义在模块或全局作用域中，不依赖任何类或对象，而方法通常需要定义在类的内部，通过类或者类的对象来进行调用。

在函数和方法的语法规则中，通常包括如下内容：

（1）访问修饰符：用于定义该方法或者函数的访问权限，可以是 public、private、protected 或者不指定，其中：

- public：表示该方法或者函数是公共的，在任何地方都可以调用。
- private：表示该方法或者函数是私有的，只能在本类内部使用。
- protected：表示该方法或者函数是受保护的，只能在同一个 package（通俗说就是目录）或者子类中使用。

（2）返回值类型：指定方法或者函数的返回值的数据类型，可以是基本数据类型、对象类型或者定义为 void（表示该方法或者函数不会有返回值）。

（3）方法名/函数名：每个方法或者函数都需要定义一个名称，用于标识方法或者函数的唯一性。

（4）参数列表：方法或者函数的参数，可以是多个参数，各参数之间用逗号分隔，每个参数需要包括其类型和名称。

（5）方法体/函数体：方法或者函数的具体实现代码块。

（6）返回值：方法或者函数执行完毕后返回的结果。如果方法或者函数的返回值类型为 void，则无须提供任何返回值。返回值通过 return 关键字进行返回。

下面示例定义了两个整数相加的函数 add()，该函数接收参数 a 和 b，并且 a 和 b 都必须为整型，最终返回 a 和 b 相加之后的值。

```
public int add(int a,int b){
  return a + b;
}
```

该示例在 BeanShell 中的运行结果如图 6-21 所示。可以看到，该函数被定义后，调用该函数可以将两个整数相加，并且返回相加的结果值。

```
bsh % public int add(int a,int b){
  return a + b;
};
bsh % bsh %
bsh % print(add(3,5));
8
bsh %
```

图 6-21　运行示例

6.2.5　异常处理

在编程语言中，异常是指在程序执行过程中可能发生的不正常情况。当异常发生时，程序的正常流程会被打断，而异常处理就是为了应对这种异常情况而采取的行动。异常处理能够帮助我们识别和处理错误，保证程序的健壮性和可靠性。在 BeanShell 脚本语言中，同样也支持异常处理。

通常来说，异常处理是任何编程语言中都非常重要的一部分。异常处理能够帮助我们在程序执行过程中捕获和处理可能发生的错误。Beanshell 是一门基于 Java 的脚本语言，因此它继承了 Java 的异常处理机制，可以使用像 Java 一样的 try-catch 语法来处理异常。示例如下所示。

```
try {
    // 执行时可能会抛出异常的代码块
    int result = 100 / 0;
} catch (Exception e) { // 对异常进行捕获
    //对异常进行处理，比如直接打印出该异常
    print("cause Exception: " + e);
}
```

在上述代码中，try 语句块中的代码进行了一个简单的除法运算，但是由于被除数为 0，在执行时肯定会出现异常，因此在 catch 语句块中，使用了 print 方法来输出异常的信息。上述代码执行结果如图 6-22 所示，从结果中可以看到，代码出错时抛出了 java.lang.ArithmeticException，而 catch 语句块精准地捕获了该异常，并通过输出异常信息的方式对该异常进行了处理。

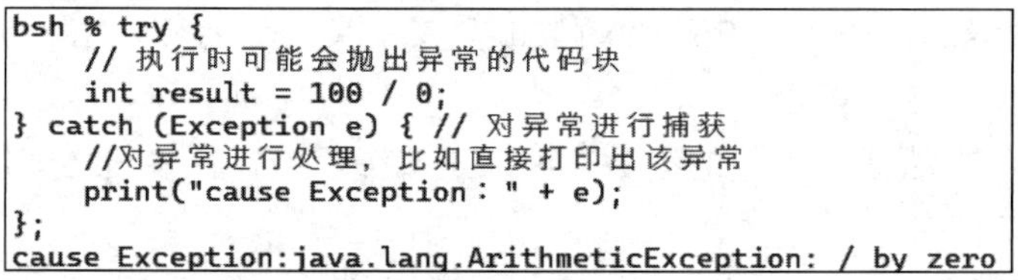

```
bsh % try {
    // 执行时可能会抛出异常的代码块
    int result = 100 / 0;
} catch (Exception e) { // 对异常进行捕获
    //对异常进行处理，比如直接打印出该异常
    print("cause Exception : " + e);
};
cause Exception:java.lang.ArithmeticException: / by zero
```

图 6-22　异常处理运行示例

由于在进行异常处理时代码块中的代码执行会因为异常而被打断，导致抛出异常之后的代码语句可能不会被执行到。因此，在 try-catch 语法中，还可以加上 finally 关键字来保障不管是否发生异常，最终都会执行必须执行的代码语句，示例如下：

```
try {
    // 执行时可能会抛出异常的代码块
    int result = 100 / 0;
    print(result); //由于上面的代码会产生异常，因此这行代码将不会被执行
} catch (Exception e) { // 对异常进行捕获
    //对异常进行处理，比如直接打印出该异常
    print("cause Exception: " + e);
} finally {
    print("exec end");
};
```

执行结果如图 6-23 所示，可以看到，由于执行过程中抛出了异常，导致 print(result);这行代码不会被执行，但使用 finally 关键字处理的代码语句 print("exec end"); 在发生异常后，还是会被执行。

```
bsh % try {
    // 执行时可能会抛出异常的代码块
    int result = 100 / 0;
    print(result); //由于上面的代码会产生异常，因此这行代码将不会被执行
} catch (Exception e) { // 对异常进行捕获
    //对异常进行处理，比如直接打印出该异常
    print("cause Exception : " + e);
} finally{
    print("exec end");
};
cause Exception:java.lang.ArithmeticException: / by zero
exec end
```

图 6-23　finally 关键字运行示例

6.2.6　文件操作

文件操作是一个常见的需求，在性能测试中，也经常会涉及对文件进行操作处理。文件操作通常包括读取、写入、复制、移动、删除等，BeanShell 中的文件操作和 Java 中的是完全一样的。

1. 读取

文件的读取通常需要先打开待读取的文件，读取完成后再关闭该文件。在 BeanShell 中，可以使用 FileInputStream 来打开一个文件，然后通过 FileInputStream 中的 read()方法来读取文件内容。下面是一个读取示例，在使用 FileInputStream 打开文件时，需要传入待打开文件的路径；在文件读取完成后，需要通过 finally 关键字来保障文件一定会被关闭。因为在文件读取的过程中，可能会抛出未知的异常从而导致部分程序代码不会被执行，所以在文件读取后关闭文件时，一定要使用 finally 关键字来进行控制，以使文件最终一定会被关闭。

```
import java.io.FileInputStream;
import java.io.IOException;
FileInputStream fis = null;
try {
    fis = new FileInputStream("C:\\book-jmeter\\example.txt"); // 读取文件内容
    int temp;
    while ((temp = fis.read()) != -1) {
        print((char)temp);
    }
} catch (IOException e) {
    e.printStackTrace();
} finally {
    if(fis != null) {
        try {
            fis.close();
        } catch (IOException e) {
            e.printStackTrace();
        }
    }
};
```

上面示例执行结果如图 6-24 所示，从图中可以看到，通过 FileInputStream 最终读取出 C:\book-jmeter\example.txt 文件的内容为"Hello Jmeter"。在 BeanShell 脚本语言中，可以和 Java 开发语言一样，使用 import 关键字来预先导入需要使用的 JDK 中的底层基础类。比如在使用 FileInputStream 时，需要用 import java.io.FileInputStream 来将 FileInputStream 引入当前代码块中。

```
bsh % import java.io.FileInputStream;
import java.io.IOException;
 FileInputStream fis = null;
   try {
       fis = new FileInputStream("C:\\book-jmeter\\example.txt"); // 读取文件内容
           int temp;
          while ((temp = fis.read()) != -1) {
          print((char)temp);
          }
       } catch (IOException e) {
           e.printStackTrace();
       } finally {
          if(fis != null) {
             try {
              fis.close();
             } catch (IOException e) {
                 e.printStackTrace();
             }
          }
bsh % bsh % bsh %           };
H
e
l
l
o

J
m
e
t
e
r
```

图 6-24　文件读取运行示例

2. 写入

文件的写入也是先打开文件，在写入完成后再关闭该文件。在 BeanShell 中，可以使用 FileWriter 来打开一个待写入的文件，然后调用 FileWriter 类中的 write()方法来写入相关内容。以下是一个文件写入的示例，演示了如何将"Hello, JMeter!"写入路径为 C:\book-jmeter\fileWriter.txt 的文件中。在写入完成后，同样使用 finally 关键字来确保打开的文件最终被关闭。

```
import java.io.FileWriter;
import java.io.IOException;
FileWriter writer = null;
try {
    writer = new FileWriter("C:\\book-jmeter\\fileWriter.txt");
    writer.write("Hello, JMeter!");
} catch (IOException e) {
    e.printStackTrace();
}
finally {
    if(null!=writer){
        try {
            writer.close();
        } catch (IOException e) {
```

```
            e.printStackTrace();
      }
    }
};
```

在 BeanShell 控制台中执行示例程序，结果如图 6-25 所示。

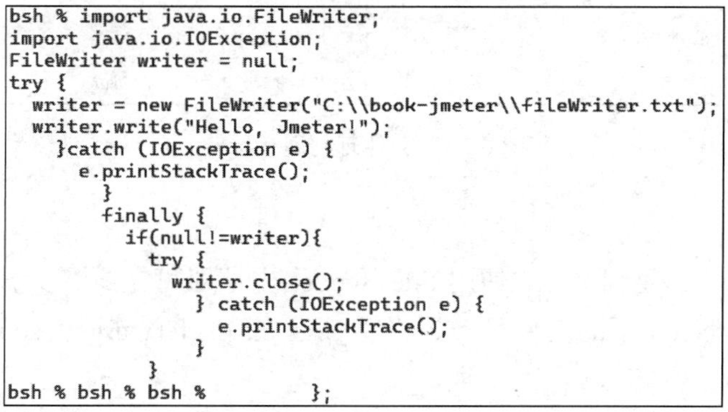

```
bsh % import java.io.FileWriter;
import java.io.IOException;
FileWriter writer = null;
try {
  writer = new FileWriter("C:\\book-jmeter\\fileWriter.txt");
  writer.write("Hello, Jmeter!");
    }catch (IOException e) {
      e.printStackTrace();
      }
        finally {
          if(null!=writer){
            try {
              writer.close();
                } catch (IOException e) {
                  e.printStackTrace();
                }
            }
bsh % bsh % bsh %        };
```

图 6-25　文件写入运行示例

我们将在对应的路径下看到写入成功后的文件，如图 6-26 所示。

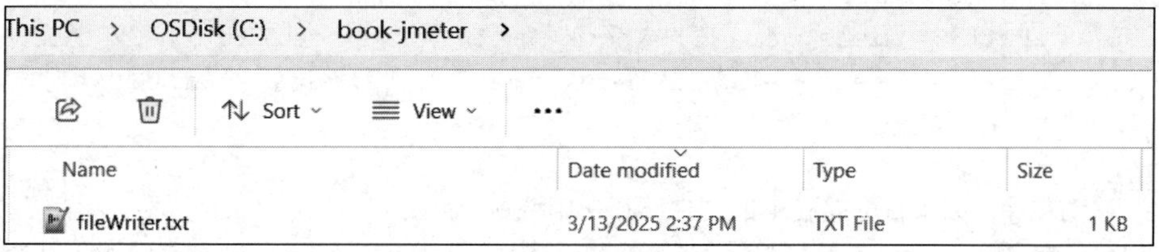

图 6-26　文件写入成功后的目录

3. 复制

文件的复制相对简单，直接使用 Files.copy()方法即可完成。以下示例将演示如何将路径
C:\book-jmeter\source.txt 下的文件复制到路径 C:\book-jmeter\destination.txt 下，即将 source.txt
文件复制并改名为 destination.txt。

```
import java.io.IOException;
import java.nio.file.Files;
import java.nio.file.Path;
import java.nio.file.Paths;
Path sourceFile = Paths.get("C:\\book-jmeter\\source.txt"); // 源文件路径
Path destinationFile = Paths.get("C:\\book-jmeter\\destination.txt"); // 目标
文件路径
try {
    Files.copy(sourceFile, destinationFile);
} catch (IOException e) {
    e.printStackTrace();
};
```

程序执行结果如图 6-27 所示，可以看到执行结果和预期目标完全一致。

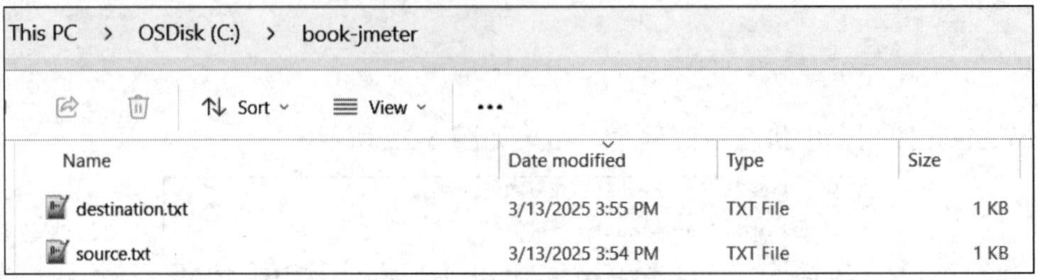

图 6-27　文件复制运行示例

4. 移动

文件的移动与文件的复制类似，使用 Files.move()方法即可完成。以下示例将演示如何将路径 C:\book-jmeter\source.txt 下的文件移动到路径 C:\book-jmeter\ target \ source.txt 下。

```java
import java.nio.file.Files;
import java.nio.file.Path;
import java.nio.file.Paths;
import java.nio.file.StandardCopyOption;
import java.io.IOException;
Path sourcePath = Paths.get("C:\\book-jmeter\\source.txt"); // 源文件路径
Path targetPath = Paths.get("C:\\book-jmeter\\target\\source.txt"); // 目标文
件路径
try {
    // 移动文件，如果目标路径下的文件已存在则替换
    Files.move(sourcePath, targetPath, StandardCopyOption.REPLACE_EXISTING);
} catch (IOException e) {
    e.printStackTrace();
};
```

程序执行结果如图 6-28 所示，可以看到执行结果和预期目标完全一致。

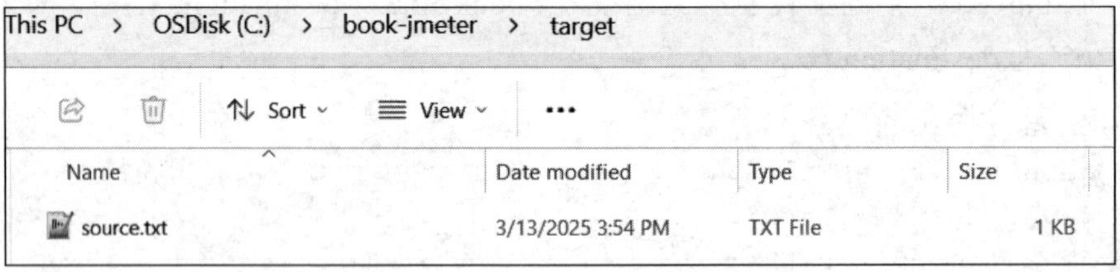

图 6-28　文件移动运行结果目录

5. 删除

文件的删除同样也很简单，通过调用 File 类对象下的 delete()方法即可完成文件的删除。以下示例将演示如何将路径 C:\book-jmeter\source.txt 下的文件直接删除。

```java
import java.io.File;
File file = new File("C:\\book-jmeter\\source.txt");
```

```
if (file.delete()){
   print("delete success");
} else{
   print("delete failed");
};
```

在 BeanShell 控制台中执行本示例的结果如图 6-29 所示。执行完成后，目标文件会被直接删除。

```
bsh % import java.io.File;
File file = new File("C:\\book-jmeter\\source.txt");
if (file.delete()){
  print("delete success");
} else{
  print("delete failed");
bsh % bsh % };
delete success
```

图 6-29　文件删除运行示例

6.3　在 BeanShell 中使用 JMeter 内置变量

在使用 JMeter 来编写性能测试脚本时，很多元件都会涉及 BeanShell，比如 BeanShell 监听器、BeanShell 定时器、BeanShell 预处理程序、BeanShell 后置处理程序、BeanShell 取样器、BeanShell 断言等。这些支持 BeanShell 脚本语言的元件，很多时候需要与 JMeter 自身的内置变量进行通信，比如获取 HTTP 请求取样器的请求头、响应头、响应码、响应体时，需要用到 JMeter 的内置变量，如图 6-30 所示。在 BeanShell 预处理程序界面上有一行提示 "Script（variables：ctx vars props prev sampler log）"，表示在 BeanShell 预处理程序中，BeanShell 脚本可以获取的变量包括 ctx、vars、props、prev、sampler、log。

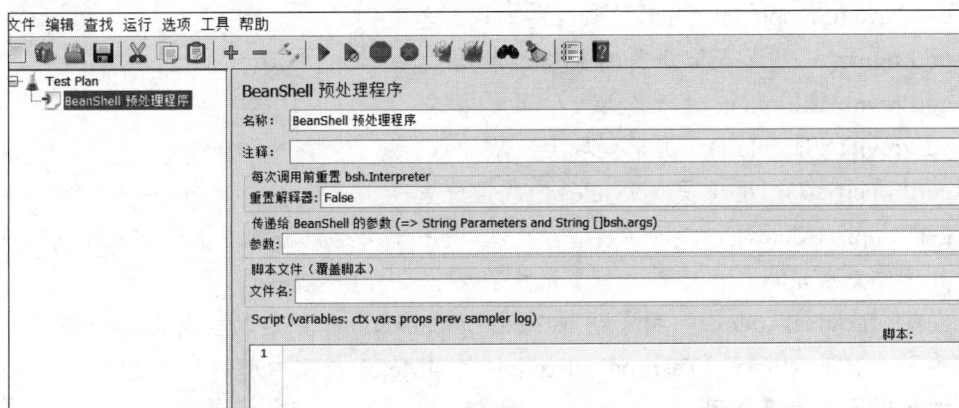

图 6-30　BeanShell 预处理程序界面

其他类型的 BeanShell 元件中也都有类似的提示，只是不同类型的 BeanShell 元件中提示支持的内部变量不一样。接下来将详细介绍 JMeter 中可以与 BeanShell 元件交互的内置变量。

6.3.1　ctx

ctx 表示 JMeter 线程的上下文会话，是 JmeterContext 的简写，它保存着线程的上下文信息。由于 JMeter 底层都是由 Java 语言来实现的，因此 ctx 在 JMeter 中其实就是一个 Class。在 JMeter 的 Java API 中，能找到该 Class 及其可以被调用的方法，如图 6-31 所示。

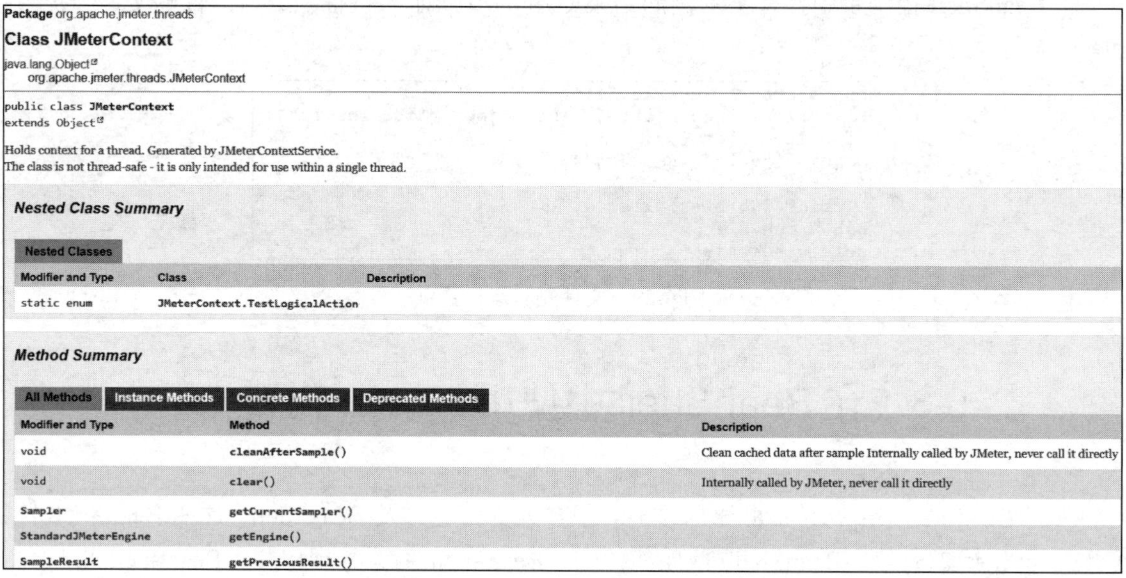

```
Package org.apache.jmeter.threads
Class JMeterContext
java.lang.Object
    org.apache.jmeter.threads.JMeterContext

public class JMeterContext
extends Object

Holds context for a thread. Generated by JMeterContextService.
The class is not thread-safe - it is only intended for use within a single thread.
```

Nested Class Summary

Nested Classes		
Modifier and Type	Class	Description
static enum	JMeterContext.TestLogicalAction	

Method Summary

| All Methods | Instance Methods | Concrete Methods | Deprecated Methods |

Modifier and Type	Method	Description
void	cleanAfterSample()	Clean cached data after sample Internally called by JMeter, never call it directly
void	clear()	Internally called by JMeter, never call it directly
Sampler	getCurrentSampler()	
StandardJMeterEngine	getEngine()	
SampleResult	getPreviousResult()	

图 6-31　ctx 官方 API 界面

从图 6-31 中可以看到，ctx 支持的可供调用的方法包括：

- cleanAfterSample()：用于在发出取样请求后清理缓存数据，不建议直接调用。
- clear()：JMeter 内部方法，外部不可调用，不可以被 BeanShell 直接调用。
- getCurrentSampler()：用于获取当前的取样器实例。
- getEngine()：用于获取当前的 JMeter 标准引擎。
- getPreviousResult()：用于获取上一次的结果。
- getPreviousSampler()：用于获取上一次的取样器。
- getProperties()：用于获取 JMeter 的属性配置。
- getSamplerContext()：返回在后置处理器中用于缓存数据的上下文配置。在后置处理器处理结束后，取样器上下文配置的缓存数据会立即被清除。
- getTestLogicalAction()：用于获取 TestLogicalAction，以启动当前 JMeter 脚本循环执行的下一次迭代运行。TestLogicalAction 是 JMeter 代码内部的一个组件，在 BeanShell 中一般不会直接调用。
- getThread()：用于获取当前的 JMeter 执行线程。
- getThreadGroup()：用于获取当前的 JMeter 线程组。
- getThreadNum()：用于获取当前的 JMeter 线程编号。

- getVariables()：用于获取被允许访问的当前 JMeter 线程的变量。

这些方法可以在 BeanShell 监听器、BeanShell 定时器、BeanShell 预处理程序、BeanShell 后置处理程序、BeanShell 取样器、BeanShell 断言等元件中使用。从本质上来说，ctx 是 org.apache.jmeter.threads.JmeterContext 这个 Class 的一个实例，通过该实例可以访问当前线程的上下文，但是由于 JMeterContext 不具有线程安全性，因此只适用于单线程。

在 ctx 中，还提供了一些 JMeter 内部才会被调用的方法：isRecording()、isRestartNextLoop()、isSamplingStarted()、isStartNextThreadLoop()、setCurrentSampler(Sampler sampler)、setEngine(Standard-JMeterEngine engine)、setPreviousResult(SampleResult result)、setRecording(Boolean recording)、setRestartNextLoop(boolean restartNextLoop)、setSamplingStarted(boolean b)、setStartNextThreadLoop (boolean restartNextLoop)、setTestLogicalAction(JMeterContext.TestLogicalAction actionOn-Execution)、setThread(JMeterThread thread)、setThreadGroup(AbstractThreadGroup threadgrp)、setThreadNum(int threadNum)、setVariables(JMeterVariables vars)。由于这些方法通常不会在 BeanShell 元件中被直接调用，因此不再做过多的说明，这些方法的更多详细介绍，可以参考官方的 API 文档。

6.3.2　vars

vars 是一个用于定义 JMeter 变量的 Class，这些变量是每个线程独有的，所以是线程安全的。vars 支持的可供调用的方法包括：

- get(String key)：用于获取某个变量的值，该值会被转换为字符串格式并返回。该方法需要传入一个字符串形式的参数，该参数就是需要被获取值的变量的名称。
- getObject(String key)：用于获取某个变量的值，该值会以原始的 Java 对象的形式返回。该方法同样需要传入一个字符串形式的参数，该参数就是需要被获取值的变量的名称。
- getIteration()：返回当前 JMeter 脚本允许迭代的次数。
- getIterator()：返回存储了 JMeter 变量的 Iterator（迭代器）。Iterator 是 Java 语言中的一种用于访问集合的方法，Iterator 本身并不是一个集合。getIterator() 返回的具体类型为 Iterator<Map.Entry<String,Object>>。Map.Entry<String,Object> 是 Java 语言中的一个集合，通过 Iterator 即可遍历访问 Map.Entry<String,Object> 集合中的具体数据。
- getThreadName()：用于获取当前 JMeter 线程的名称。
- incIteration()：增加当前 JMeter 运行迭代的次数。
- isSameUserOnNextIteration()：当 JMeter 线程用户循环运行的下一次迭代中是相同的用户时，该方法返回 true，即用于判断下次运行的 JMeter 线程用户是否为同一个用户。
- put(String key, String value)：以字符串的形式更新或者创建某个变量名的值，在该方法的参数中，key 代表了变量名，value 代表了与变量名对应的值。
- putObject(String key, Object value)：以 Java 对象的形式更新或者创建某个变量名的值，在该方法的参数中，key 代表了变量名，value 代表了变量名对应的值，但是该值是一个 Java 对象。

- putAll(Map<String,?> vars)：以 Map 集合的形式更新所有的变量值，该方法会覆盖原有的所有变量的值。
- putAll(JMeterVariables vars)：以 JMeterVariables 对象的形式更新所有的变量值，该方法会覆盖原有的所有变量的值。
- remove(String key)：删除指定的变量，删除时传入需要删除的变量名。

这些方法可以在 BeanShell 监听器、BeanShell 定时器、BeanShell 预处理程序、BeanShell 后置处理程序、BeanShell 取样器、BeanShell 断言等元件中被使用。通过访问官方 API 文档，就能看到 vars 对应的 API 的描述信息，如图 6-32 所示。

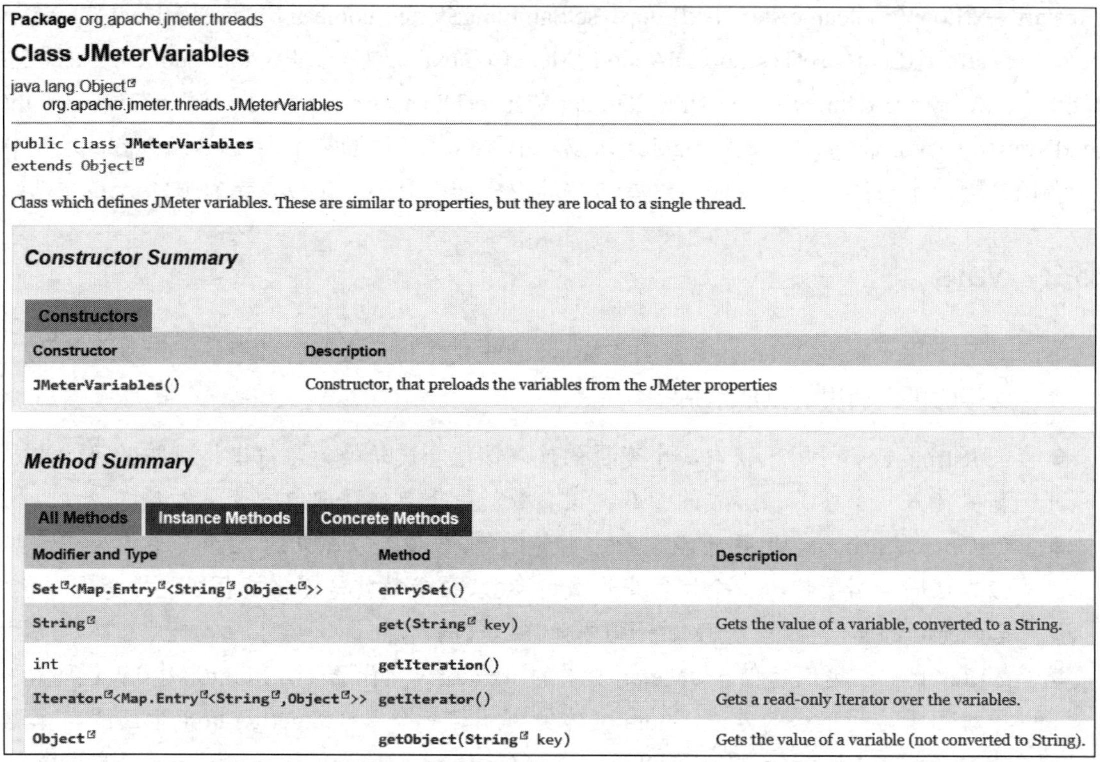

图 6-32　vars 官方 API 界面

6.3.3　props

props 是一个用于定义 JMeter 属性的 Class 实例。在 JMeter 中，其底层实现其实就是直接使用了 JDK 中自带的 java.util.Properties 类，props 是这个类的一个实例，用于存储 JMeter 的属性配置信息。在 JDK 官方 API 文档中，详细描述了 java.util.Properties 类所包含的方法，如图 6-33 所示。props 可以在 BeanShell 监听器、BeanShell 定时器、BeanShell 预处理程序、BeanShell 后置处理程序、BeanShell 取样器、BeanShell 断言等元件中被使用。

All Methods	Instance Methods	Concrete Methods	Deprecated Methods
Modifier and Type		Method and Description	
String		getProperty(String key) Searches for the property with the specified key in this property list.	
String		getProperty(String key, String defaultValue) Searches for the property with the specified key in this property list.	
void		list(PrintStream out) Prints this property list out to the specified output stream.	
void		list(PrintWriter out) Prints this property list out to the specified output stream.	
void		load(InputStream inStream) Reads a property list (key and element pairs) from the input byte stream.	
void		load(Reader reader) Reads a property list (key and element pairs) from the input character stream in a simple line-oriented format.	
void		loadFromXML(InputStream in) Loads all of the properties represented by the XML document on the specified input stream into this properties table.	
Enumeration<?>		propertyNames() Returns an enumeration of all the keys in this property list, including distinct keys in the default property list if a key of the same name has not already been found from the main properties list.	

图 6-33　props 官方 API 界面

从图 6-33 中可以看到，props 主要包含的可供调用的方法如下：

● getProperty(String key)：用于从属性列表中获取具有指定键名称的属性。

● getProperty(String key, String defaultValue)：同样用于从属性列表中获取具有指定键名称的属性。当获取的属性为空时，返回一个默认值，即 defaultValue 这个参数值。

● list(PrintStream out)：用于将属性列表中的值打印到指定的输出流（即 out 这个输入参数）中。使用时，可以预先定义一个 PrintStream 参数，然后传入该参数调用 list 方法后，即可从 PrintStream 参数中读取输出的属性列表。

● list(PrintWriter out)：用于将属性列表中的值打印到指定的写入流（即 out 这个输入参数）中。使用时，可以预先定义一个 PrintWriter 参数，然后传入该参数调用 list 方法后，即可从 PrintWriter 参数中读取输出的属性列表。

● load(InputStream inStream)：用于从指定输入流（inStream 参数）中重新读取属性列表。

● load(Reader reader)：用于从指定字符流（reader 参数）中重新读取属性列表。

● loadFromXML(InputStream in)：用于将指定输入流（in 参数）中 XML 格式的数据表示的所有属性，重新读取并加载到该属性列表中。

● propertyNames()：用于获取属性列表中包含的所有属性名。

● save(OutputStream out, String comments)：用于保存属性列表到指定的输出流（out 参数）中。但是，如果发生了 I/O 错误，此方法不会抛出 I/O 异常。

● setProperty(String key, String value)：用于给属性列表中指定的属性名设置新的属性值。

● store(OutputStream out, String comments)：用于存储属性列表到指定的输出流（out 参数）中。

● store(Writer writer, String comments)：用于存储属性列表到指定的写入流（writer 参数）中。

● storeToXML(OutputStream os, String comment)：用于存储属性列表到指定的输出流（os 参数）中，但是输出时使用 XML 数据格式。

● storeToXML(OutputStream os, String comment, String encoding)：同样用于存储属性列表

到指定的输出流（os 参数）中，并且输出时使用 XML 数据格式。此外，该方法可以设置输出时的字符集。

- stringPropertyNames()：用于以字符串格式的形式返回属性列表中的所有属性名。

6.3.4 prev

prev 用于返回 JMeter 取样器的取样结果，它是类 org.apache.jmeter.samplers.SampleResult 的实例。prev 支持的可供调用的主要方法包括：

- addAssertionResult(AssertionResult assertResult)：用于添加断言结果，传入参数为自定义的断言结果对象。
- addRawSubResult(SampleResult subResult)：将子结果添加到结果集合中，但不更新任何父字段。
- addSubResult(SampleResult subResult)：将子结果添加到结果集合中，并且调整父字节计数和结束时间。
- addSubResult(SampleResult subResult, boolean renameSubResults)：将子结果添加到结果集合中，并且调整父字节计数和结束时间。可以通过传入 renameSubResults 参数来决定是否重命名子结果。
- appendDebugParameters(StringBuilder sb)：用于添加 Debug 调试参数。
- cleanAfterSample()：用于在取样器执行完后，清除缓存数据。
- connectEnd()：用于设置连接结束的时间为当前时间。
- createTestSample(long elapsed)：用于创建一个具有特定运行时间的测试示例，并且该运行时间不允许被修改。
- createTestSample(long start, long end)：用于创建一个具有特定开始运行时间和结束运行时间的测试示例，并且该运行时间不允许被修改。
- currentTimeInMillis()：用于获取当前时间的毫秒数。
- getAllThreads()：用于获取所有线程的总数量。
- getAssertionResults()：用于获取该取样结果对应的断言结果。
- getBodySize()：用于获取该取样结果消息体的字节大小。在最新的 JMeter 中，该方法已经被废弃。
- getBodySizeAsLong()：用于获取该取样结果消息体的字节大小。
- getBytes()：用于获取该取样结果的字节大小。在最新的 JMeter 中，该方法已经被废弃。
- getBytesAsLong()：用于获取该取样结果的字节大小。
- getConnectTime()：用于获取连接的时间。
- getContentType()：用于获取该取样结果的完整内容类型，比如 TEXT/HTML。
- getDataEncodingNoDefault()：用于获取该取样结果数据的字符集。
- getDataEncodingWithDefault()：用于获取该取样结果数据的字符集。如果未提供，则返回默认的字符集。

- getDataEncodingWithDefault(String defaultEncoding)：用于获取该取样结果数据的字符集。如果未提供，则返回请求参数中指定的字符集。
- getDataType()：用于获取该取样结果的数据类型，比如 BINARY、TEXT 等。
- getEndTime()：用于获取该取样结果的结束时间。
- getErrorCount()：用于获取取样结果中的错误总数。
- getFirstAssertionFailureMessage()：用于返回取样结果中首次被断言失败的消息。如果没有被断言失败的消息，则返回 null。
- getGroupThreads()：用于获取 JMeter 线程组中的线程数。
- getHeadersSize()：用于获取取样器取样请求头的总字节数。
- getIdleTime()：用于获取取样器请求的空闲时间。
- getLatency()：用于获取取样器请求的延期时间。
- getMediaType()：用于从取样结果的内容类型中获取媒体类型，比如 TEXT/HTML。
- getParent()：用于获取父取样结果。
- getRequestHeaders()：用于获取取样请求中的请求头。
- getResponseCode()：用于获取取样响应结果的响应码。
- getResponseData()：用于获取取样结果响应数据，以字节的形式返回。
- getResponseDataAsString()：用于获取取样结果响应数据，以字符串的形式返回。
- getResponseHeaders()：用于获取取样响应结果的响应头。
- getResponseMessage()：用于获取取样响应结果消息。
- getResultFileName()：用于获取取样结果文件名。
- getSampleCount()：用于获取取样请求的总数。
- getSampleLabel()：用于获取取样结果的标签。
- getSampleLabel(boolean includeGroup)：用于获取取样结果的标签，可以传入 includeGroup 参数。
- getSamplerData()：用于获取取样数据，以字符串的形式返回。
- getSaveConfig()：用于获取取样结果保存的配置信息。
- getSearchableTokens()：用于获取搜索时可见的所有令牌的列表。
- getSentBytes()：用于获取取样器发送的字节数大小。
- getStartTime()：用于获取取样请求的开始时间。
- getSubResults()：用于获取取样结果的子结果集合。
- getTestLogicalAction()：用于获取 TestLogicalAction，以启动当前 JMeter 脚本循环执行的下一次迭代运行。TestLogicalAction 是 JMeter 代码内部的一个组件，在 BeanShell 中一般不会直接被调用。
- getThreadName()：用于获取取样的线程名。
- getTime()：用于获取该取样结果发生所需的时间。

- getTimeStamp()：用于获取取样请求的时间戳。返回结果可能是时间戳，也可能是结束时间戳。
- getURL()：用于获取取样请求的 URL。
- getUrlAsString()：用于获取取样请求的 URL，结果以字符串格式返回。
- isBinaryType(String ct)：用于判断二进制的类型和请求参数中指定的类型是否一致。
- isIgnore()：用于判断取样结果是否不会发送给监听器元件。如果值为 true，则表示不发送。
- isMonitor()：用于判断取样器是否为监听器。如果是，则返回 true。
- isRenameSampleLabel()：用于判断当前测试计划是否为功能模式或包含子结果属性。
- isResponseCodeOK()：用于判断取样结果响应码是否为成功。
- isStampedAtStart()：用于判断取样请求是否需要在开始时进行特殊标记。
- isStartNextThreadLoop()：用于判断当前执行计划是否开始了下一个线程运行迭代。
- isStopTest()：用于判断当前执行计划是否为停止测试，并且等待当前运行的采样器结束。
- isStopTestNow()：用于判断当前执行计划是否为立即停止测试，并且会中断当前运行的采样器。
- isStopThread()：用于判断当前执行计划是否为停止当前线程。
- isSuccessful()：用于返回当前取样请求是否成功。
- latencyEnd()：用于设置当前时间为第一次响应的时间。
- markFile(String filename)：用于设置"标记"标志，以表示该取样结果已写入指定的文件。
- removeAssertionResults()：用于允许自定义的取样结果丢弃不需要的断言结果。
- removeSubResults()：用于允许自定义的取样结果丢弃不需要的结果子集。
- sampleEnd()：用于记录取样请求结束的时间，并且同时会计算该取样请求总共消耗的时间。
- samplePause()：用于暂停当前的取样请求。
- sampleResume()：用于恢复当前的取样请求。
- sampleStart()：用于开始执行当前的取样请求。
- setAllThreads(int n)：用于设置执行计划的总线程数。
- setBodySize(int bodySize)：用于设置取样的消息体的字节数大小。在最新版的 JMeter 中，该方法已经被废弃。
- setBodySize(long bodySize)：用于设置取样的消息体的字节数大小。
- setBytes(int length)：用于设置取样的字节数大小。在最新版的 JMeter 中，该方法已经被废弃。
- setBytes(long length)：用于设置取样的字节数大小。
- setConnectTime(long time)：用于设置取样连接的时长。

- setContentType(String string)：用于设置取样结果的内容类型。
- setDataEncoding(String dataEncoding)：用于设置取样数据的字符集类型。
- setDataType(String dataType)：用于设置取样数据的数据类型。
- setEncodingAndType(String ct)：用于从请求的参数中提取并设置字符集类型和数据类型。
- setEndTime(long end)：用于设置取样结束的时间。
- setErrorCount(int i)：用于设置测试计划中取样发生错误的总请求数。
- setGroupThreads(int n)：用于设置测试计划中线程组的线程总数。
- setHeadersSize(int size)：用于设置取样请求头的字节数大小。
- setIdleTime(long idle)：用于设置取样的空闲时间。
- setIgnore()：用于告诉 JMeter 监听器需要忽略该次取样的结果。
- setLatency(long latency)：用于设置取样的延迟时间。
- setMonitor(boolean monitor)：用于设置取样器是否为监听器。在最新版的 JMeter 中，该方法已经被废弃。
- setParent(SampleResult parent)：用于设置父取样结果。
- setRequestHeaders(String string)：用于设置取样请求的请求头。
- setResponseCode(String code)：用于设置取样响应结果的响应码。
- setResponseCodeOK()：用于设置取样响应结果的响应码为成功。
- setResponseData(byte[] response)：用于以字节的方式设置响应结果的数据。
- setResponseData(String response)：用于以字符串的方式设置响应结果的数据。
- setResponseData(String response, String encoding)：用于以字符串的方式设置响应结果的数据，该方法可以指定字符串对应的字符集。
- setResponseHeaders(String string)：用于以字符串的方式设置响应结果的响应头。
- setResponseMessage(String msg)：用于以字符串的方式设置响应结果的响应消息。
- setResponseMessageOK()：用于设置响应结果的响应消息为成功。
- setResponseOK()：用于设置响应结果为成功。
- setResultFileName(String resultFileName)：用于设置响应的结果文件名。
- setSampleCount(int count)：用于设置取样请求的总数。
- setSampleLabel(String label)：用于设置取样请求的标签。
- setSamplerData(String s)：用于以字符串的形式设置取样数据。
- setSaveConfig(SampleSaveConfiguration propertiesToSave)：用于设置取样结果保存的配置信息。
- setSentBytes(long sentBytesCount)：用于设置取样器发送的总字节数。
- setStampAndTime(long stamp, long elapsed)：用于设置取样的标记以及经过的时间。
- setStartNextThreadLoop(boolean startNextThreadLoop)：用于设置执行计划是否开始下一次线程运行迭代。

- setStartTime(long start)：用于设置取样的开始时间。
- setStopTest(boolean b)：用于设置是否停止测试。
- setStopTestNow(boolean b)：用于设置是否开始新的测试。
- setStopThread(boolean b)：用于设置是否停止线程。
- setSuccessful(boolean success)：用于设置取样结果为成功。
- setThreadName(String threadName)：用于设置线程名。
- setTimeStamp(long timeStamp)：用于设置时间戳，只有当取样结果需要做转换时才可以调用该方法。
- setURL(URL location)：用于设置取样请求的 URL 地址。
- storeSubResult(SampleResult subResult)：用于添加自定义的取样结果子集到结果文件中。
- storeSubResult(SampleResult subResult, boolean renameSubResults)：用于添加自定义的取样结果子集到结果文件中，该方法支持额外传入 renameSubResults 来表示是否需要重命名取样结果子集。
- toDebugString()：用于返回 Debug 调试字符串。
- toString()：用于返回取样显示的名称。

这些方法可以在 BeanShell 监听器、BeanShell 定时器、BeanShell 预处理程序、BeanShell 后置处理程序等元件中被使用。通过访问官方 API 文档可以看到 prev 对应的 API 的描述信息，如图 6-34 所示。

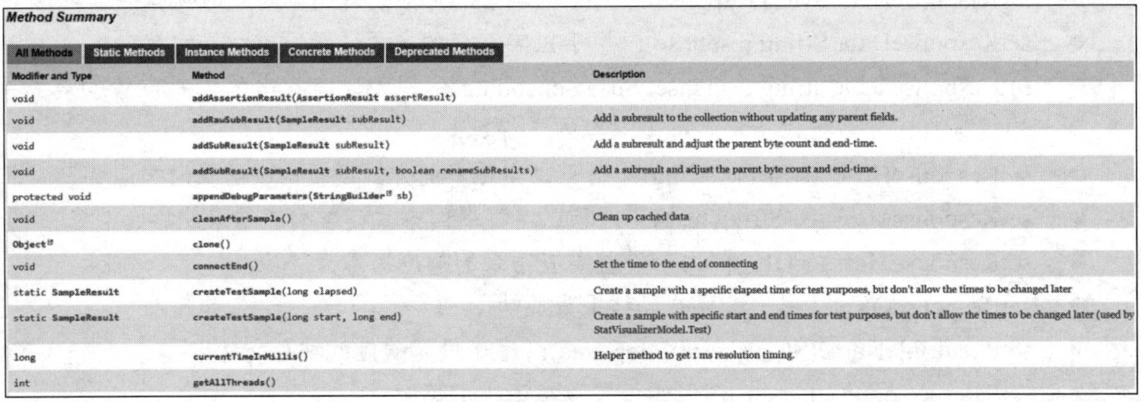

Method Summary		
All Methods　Static Methods　Instance Methods　Concrete Methods　Deprecated Methods		
Modifier and Type	Method	Description
void	addAssertionResult(AssertionResult assertResult)	
void	addRawSubResult(SampleResult subResult)	Add a subresult to the collection without updating any parent fields.
void	addSubResult(SampleResult subResult)	Add a subresult and adjust the parent byte count and end-time.
void	addSubResult(SampleResult subResult, boolean renameSubResults)	Add a subresult and adjust the parent byte count and end-time.
protected void	appendDebugParameters(StringBuilder sb)	
void	cleanAfterSample()	Clean up cached data
Object	clone()	
void	connectEnd()	Set the time to the end of connecting
static SampleResult	createTestSample(long elapsed)	Create a sample with a specific elapsed time for test purposes, but don't allow the times to be changed later
static SampleResult	createTestSample(long start, long end)	Create a sample with specific start and end times for test purposes, but don't allow the times to be changed later (used by StatVisualizerModel.Test)
long	currentTimeInMillis()	Helper method to get 1 ms resolution timing.
int	getAllThreads()	

图 6-34　prev 官方 API 界面

6.3.5　sampler

sampler 是一个用于返回 JMeter 取样器的信息的 Class，可以在 BeanShell 预处理程序元件中被使用。通过访问官方 API 文档，可以看到该 Class 对应的 API 的描述信息，如图 6-35 所示。

```
Package org.apache.jmeter.samplers

Interface Sampler

All Superinterfaces:
Cloneable, Serializable, org.apache.jmeter.testelement.TestElement

All Known Implementing Classes:
AbstractSampler, AccessLogSampler, AjpSampler, BaseJMSSampler, BeanShellSampler, BoltSampler, BSFSampler, DebugSampler, FTPSampler, HTTPSampler,
HTTPSamplerBase, HTTPSamplerProxy, JavaSampler, JDBCSampler, JMSSampler, JSR223Sampler, JUnitSampler, LDAPExtSampler, LDAPSampler, MailReaderSampler,
MongoScriptSampler, PublisherSampler, SmtpSampler, SubscriberSampler, SystemSampler, TCPSampler, TestAction, TransactionSampler

public interface Sampler
extends Serializable, org.apache.jmeter.testelement.TestElement

Classes which are able to generate information about an entry should implement this interface.

Nested Class Summary

Nested classes/interfaces inherited from interface org.apache.jmeter.testelement.TestElement

org.apache.jmeter.testelement.TestElement.Companion

Field Summary

Fields inherited from interface org.apache.jmeter.testelement.TestElement

COMMENTS, Companion, ENABLED, GUI_CLASS, NAME, TEST_CLASS
```

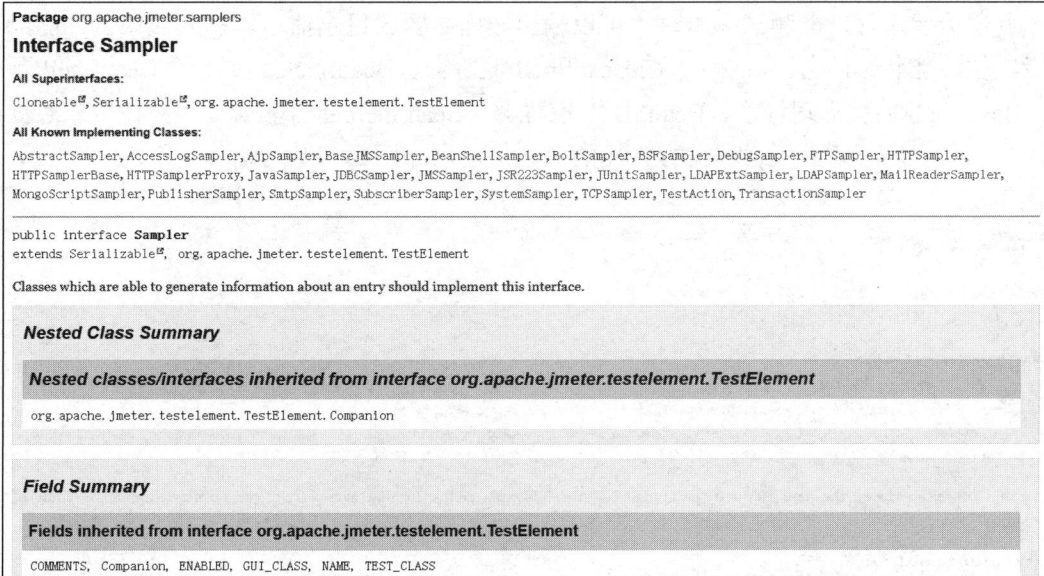

图 6-35　sampler 官方 API 界面

sampler 本质其实是 JMeter 中定义的抽象接口。抽象接口在 Java 语言中表示其本身只定义了很多可以使用的方法，但是这些方法都没有做任何的实现，而 JMeter 取样器元件下的每一个取样器都实现了该抽象接口。在第 7 章中还会详细介绍如何编写自定义的取样器。编写一个自定义的取样器，其实就是对该抽象接口做具体的实现。从图 6-35 中还可以看到，JMeter 底层已经预先实现好的 sample 包括：AbstractSampler、AccessLogSampler、AjpSampler、BaseJMSSampler、BeanShellSampler、BoltSampler、BSFSampler、DebugSampler、FTPSampler、HTTPSampler、HTTPSamplerBase、HTTPSamplerProxy、JavaSampler、JDBCSampler、JMSSampler、JSR223Sampler、JUnitSampler、LDAPExtSampler、LDAPSampler、MailReaderSampler、MongoScriptSampler、PublisherSampler、SmtpSampler、SubscriberSampler、SystemSampler、TCPSampler、TestAction、TransactionSampler。这些 sampler 都可以和 JMeter 取样器元件中的取样器对应上。

sampler 中包含的所有待实现的抽象方法如图 6-36 所示。

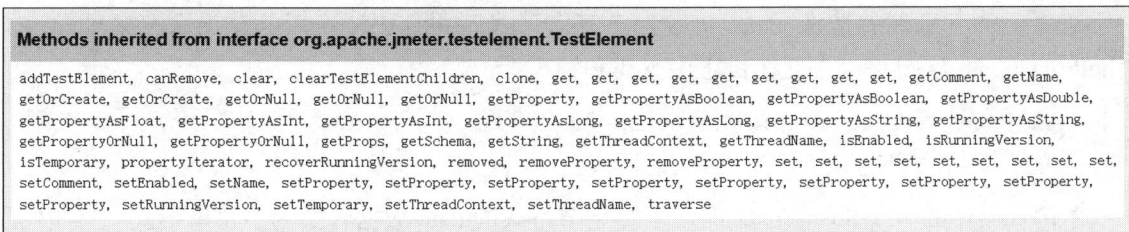

```
Methods inherited from interface org.apache.jmeter.testelement.TestElement

addTestElement, canRemove, clear, clearTestElementChildren, clone, get, get, get, get, get, get, get, get, get, getComment, getName,
getOrCreate, getOrCreate, getOrNull, getOrNull, getOrNull, getProperty, getPropertyAsBoolean, getPropertyAsBoolean, getPropertyAsDouble,
getPropertyAsFloat, getPropertyAsInt, getPropertyAsInt, getPropertyAsLong, getPropertyAsLong, getPropertyAsString, getPropertyAsString,
getPropertyOrNull, getPropertyOrNull, getProps, getSchema, getString, getThreadContext, getThreadName, isEnabled, isRunningVersion,
isTemporary, propertyIterator, recoverRunningVersion, removed, removeProperty, removeProperty, set, set, set, set, set, set, set, set,
setComment, setEnabled, setName, setProperty, setProperty, setProperty, setProperty, setProperty, setProperty, setProperty, setProperty,
setProperty, setRunningVersion, setTemporary, setThreadContext, setThreadName, traverse
```

图 6-36　sampler 中所有待实现的抽象方法

6.3.6　log

log 通常用于在 JMeter 中输出日志，并且将日志写入 jmeter.log 日志文件中。log 的好处在于，在调试或者运行性能测试脚本时，可以输出一些必要的日志信息，以方便调试性能测试脚本或者定位性能瓶颈问题。log 可以在 BeanShell 监听器、BeanShell 定时器、BeanShell 预处理程序、BeanShell 后置处理程序、BeanShell 取样器、BeanShell 断言等元件中被使用。通过访问官方 API 文档，可以看到 log 对应的 API 的描述信息，如图 6-37 所示。

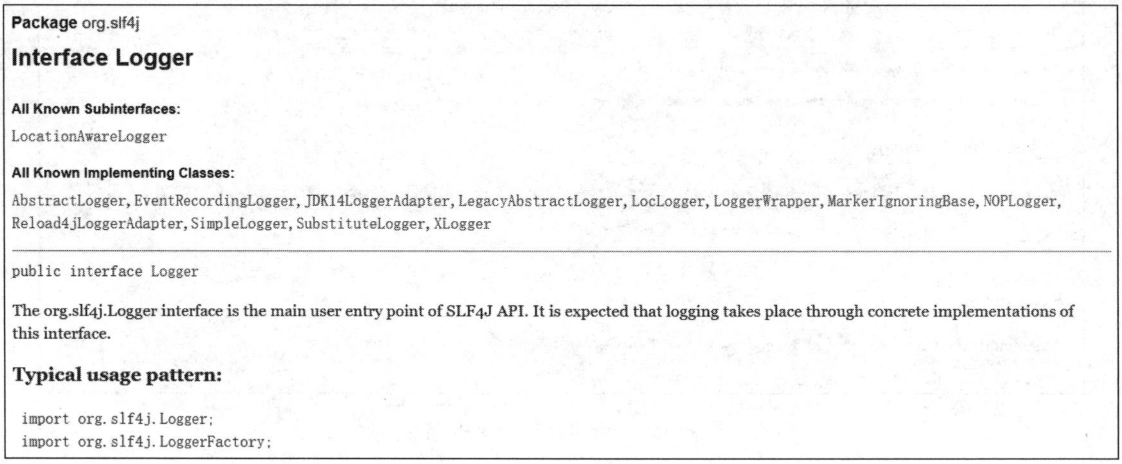

Package org.slf4j

Interface Logger

All Known Subinterfaces:

LocationAwareLogger

All Known Implementing Classes:

AbstractLogger, EventRecordingLogger, JDK14LoggerAdapter, LegacyAbstractLogger, LocLogger, LoggerWrapper, MarkerIgnoringBase, NOPLogger, Reload4jLoggerAdapter, SimpleLogger, SubstituteLogger, XLogger

---

public interface Logger

The org.slf4j.Logger interface is the main user entry point of SLF4J API. It is expected that logging takes place through concrete implementations of this interface.

Typical usage pattern:

```
import org.slf4j.Logger;
import org.slf4j.LoggerFactory;
```

图 6-37　log 官方 API 界面

从图 6-37 中可以看到，log 其实是 JMeter 底层实现时自己引入的一个专门的外部日志组件，用于 JMeter 日志输出，其 API 主要提供了 info(String msg)、debug(String msg)、error(String msg)、trace(String msg)、warn(String msg)等方法来输出不同级别的日志。

6.3.7　data

data 是 JMeter 中以字节数据的形式返回的取样结果数据，以方便 BeanShell 后置处理程序对取样数据进行后置处理。因此，data 只可以在 BeanShell 后置处理程序中被使用。由于 data 直接以字节数据的方式返回取样结果数据，因此对于 data，JMeter 没有提供专门的 API。在拿到 data 数据后，我们直接按照字节数据的方式来处理即可。比如，可以将字节数据的 data 转换为字符串。如下示例就是将 data 转换为字符串形式，并且在转换后的结果字符串后面追加"hello,JMeter"字符串，方便在日志中查找和输出。

```
data = new String(data)+"hello,JMeter";
log.info("data:"+data);
```

示例代码中的 new String(data)即用于将字节格式的 data 数据转换为字符串形式。上述代码在 JMeter 的 BeanShell 后置处理程序中的运行结果如图 6-38 所示，在代码运行时，可以在 JMeter 的日志中输出 data 数据。从图中也可以看到，日志中输出的结果和预期的结果数据完全一致。

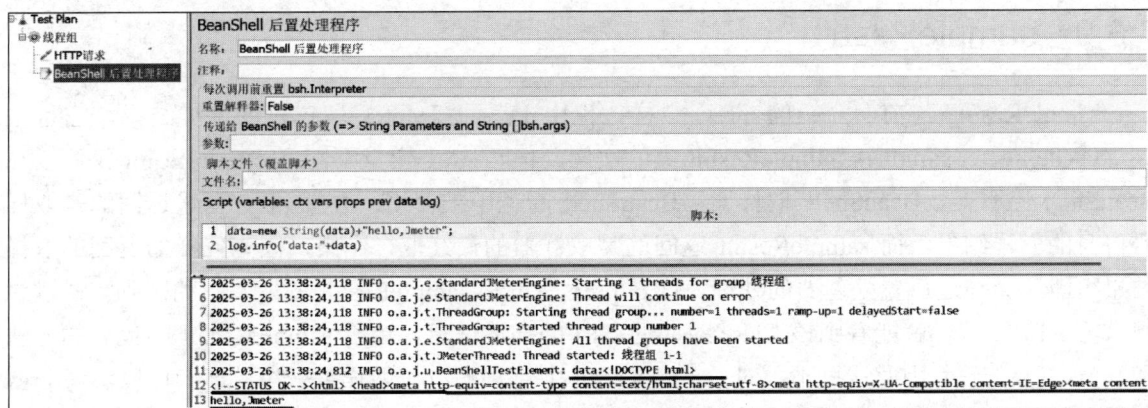

图 6-38　data 使用示例

6.3.8　sampleEvent

sampleEvent 是一个用于返回 JMeter 取样器的事件信息的 Class，可以在 BeanShell 监听器中被使用。通过访问官方 API 文档，就能看到该 Class 对应的 API 的描述信息，如图 6-39 所示。

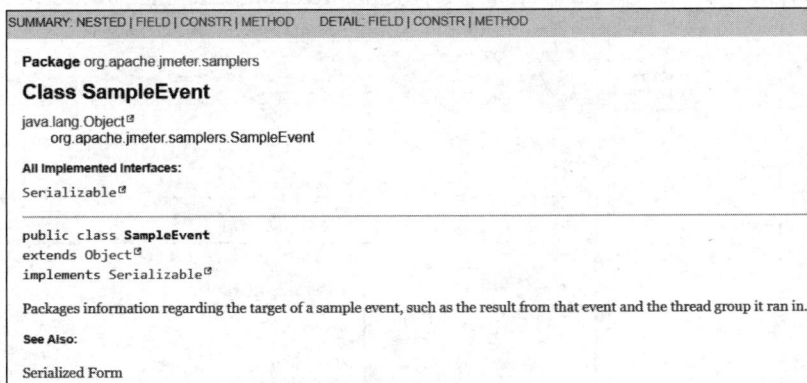

图 6-39　sampleEvent 官方 API 界面

sampleEvent 支持的可供调用的方法包括：

- getHostname()：用于获取记录此取样事件的主机名。
- getResult()：用于获取与此取样事件相关联的取样结果。
- getThreadGroup()：用于获取记录此取样事件的线程组名。
- getVarCount()：用于获取已定义变量的数量。
- getVarName(int i)：用于按照指定的序号来获取该序号对应的变量名。
- getVarValue(int i)：用于按照指定的序号来获取该序号对应的变量值。
- initSampleVariables()：用于从 JMeter 的 SAMPLE_VARIABLES 属性值中设置要保存的其他变量名。
- isTransactionSampleEvent()：用于返回当前取样事件是否为交易取样事件。

6.3.9　sampleResult

sampleResult 与前面介绍的 prev 一样，也用于返回 JMeter 取样器的取样结果，它也是 org.apache.jmeter.samplers.SampleResult 类的实例。但与 prev 变量不同，sampleResult 仅可以在 BeanShell 监听器、BeanShell 取样器、BeanShell 断言中被使用；并且 prev 变量返回的是取样器自身的取样结果，而 sampleResult 返回的是取样器的最终取样结果，因为取样器返回的取样结果可能还会经过后置处理器的处理，这是 prev 变量和 sampleResult 变量本质的区别。通过访问官方 API 文档，就能看到该 Class 对应的 API 的描述信息。由于 sampleResult 中包含的方法和 prev 完全一致，因此这里不再对 sampleResult 中包含的方法做详细介绍，读者可以参考 prev 变量中方法的描述。

6.3.10　ResponseMessage 和 ResponseCode

ResponseMessage 和 ResponseCode 分别是 JMeter 取样器的取样结果中的具体响应信息和响应码，其数据类型都是字符串的形式。如图 6-40 所示，通过查看结果树元件，可以看到每一个取样器请求的取样结果，在这些取样结果中就包含了 ResponseMessage 和 ResponseCode。

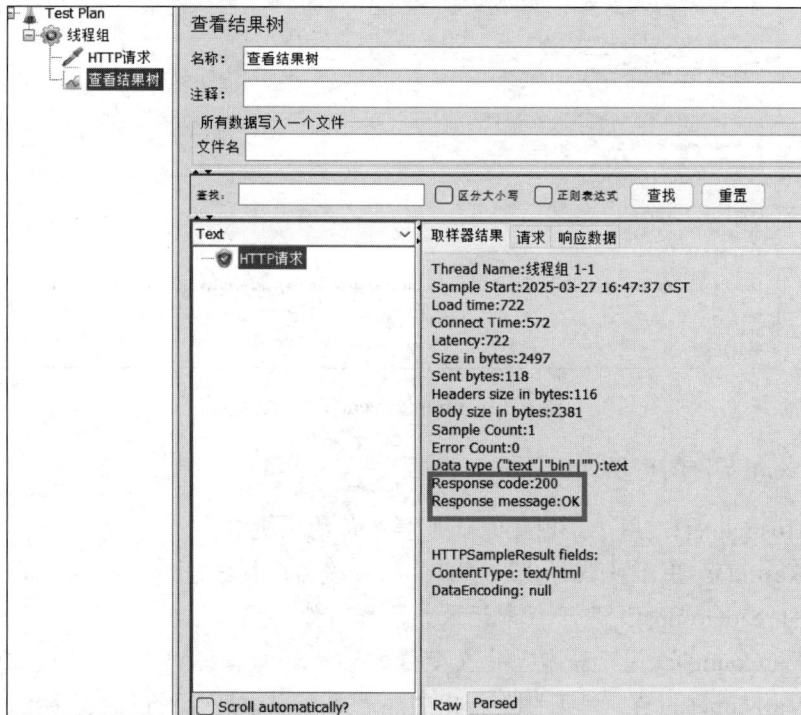

图 6-40　运行结果示例 1

在 JMeter 中，ResponseMessage 和 ResponseCode 这两个变量仅能在 BeanShell 取样器、BeanShell 断言中被使用。使用时，直接按照字符串的形式来处理即可。如图 6-41 所示，在 BeanShell 取样器中，通过如下 log 代码输出的方式可以将 ResponseCode 和 ResponseMessage

变量的值直接输出到 JMeter 日志中。

```
log.info("ResponseMessage:"+ ResponseMessage);
log.info("ResponseCode:"+ ResponseCode);
```

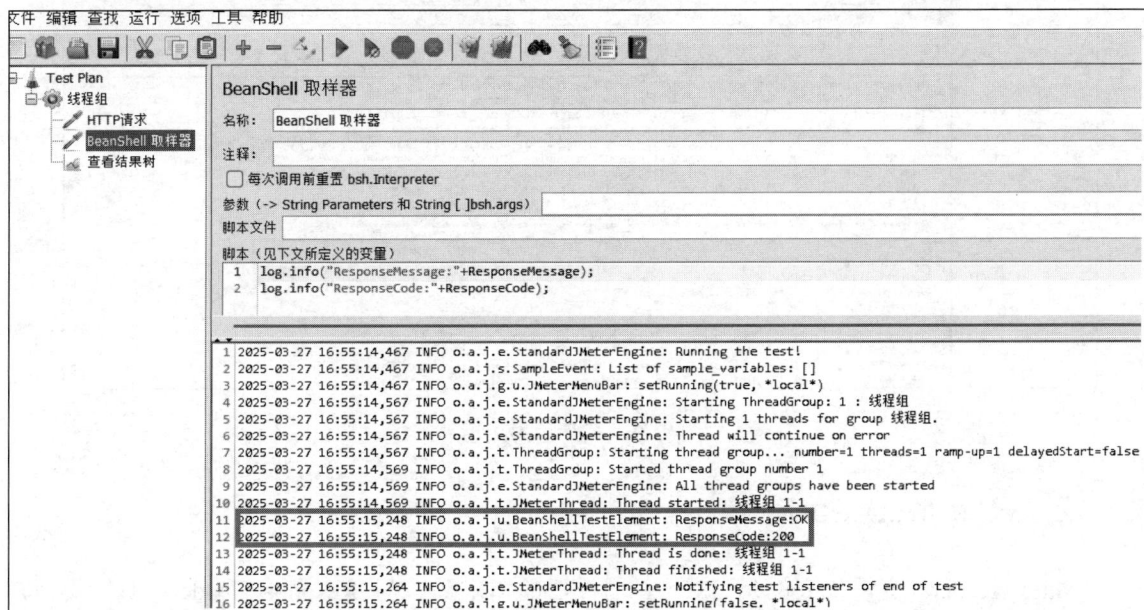

图 6-41　运行结果示例 2

在上面的 log.info 代码中，仅演示了如何去获取和使用这两个变量。在一些复杂的性能测试场景中，我们还可以通过 BeanShell 脚本语言来对这些变量做自定义处理。

6.3.11　ResponseData 和 ResponseHeaders

ResponseData 和 ResponseHeaders 分别是 JMeter 取样器的取样结果中的具体响应数据和响应头，这两个变量仅能在 BeanShell 断言中被使用。ResponseData 的数据类型为字节数组，在取到 ResponseData 数据后，直接按照字节数组的方式来处理即可。比如，可以将字节数据 data 转换为字符串。而 ResponseHeaders 的数据类型为字符串数组。通过如下 log 代码输出的方式，可以将 ResponseData 和 ResponseHeaders 变量的值直接输出到 JMeter 日志中，如图 6-42 所示。

```
log.info("get ResponseData:"+ResponseData);
log.info("get ResponseHeaders:"+ResponseHeaders);
```

从图 6-42 中可以看到，ResponseData 输出为字节数组，而 ResponseHeaders 输出为字符串数组。

在上面的 log.info 代码中，仅演示了如何去获取和使用这两个变量。在一些复杂的性能测试场景中，我们还可以通过 BeanShell 脚本语言来对这两个变量做自定义的断言处理。

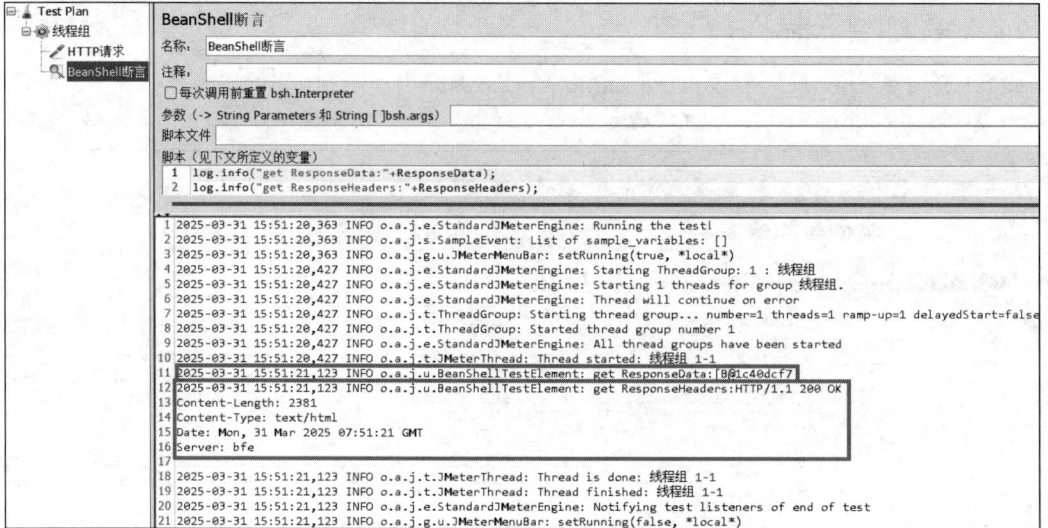

图 6-42　运行结果示例

6.3.12　RequestHeaders

RequestHeaders 变量代表的是 JMeter 取样器的请求头。与 ResponseHeaders 变量类似，ResponseHeaders 变量同样也只能在 BeanShell 断言中被使用，其数据类型为字符串数组。通过如下 log 代码输出的方式，可以将 RequestHeaders 变量的值直接输出到 JMeter 日志中，如图 6-43 所示。

```
log.info("get RequestHeaders:"+RequestHeaders);
```

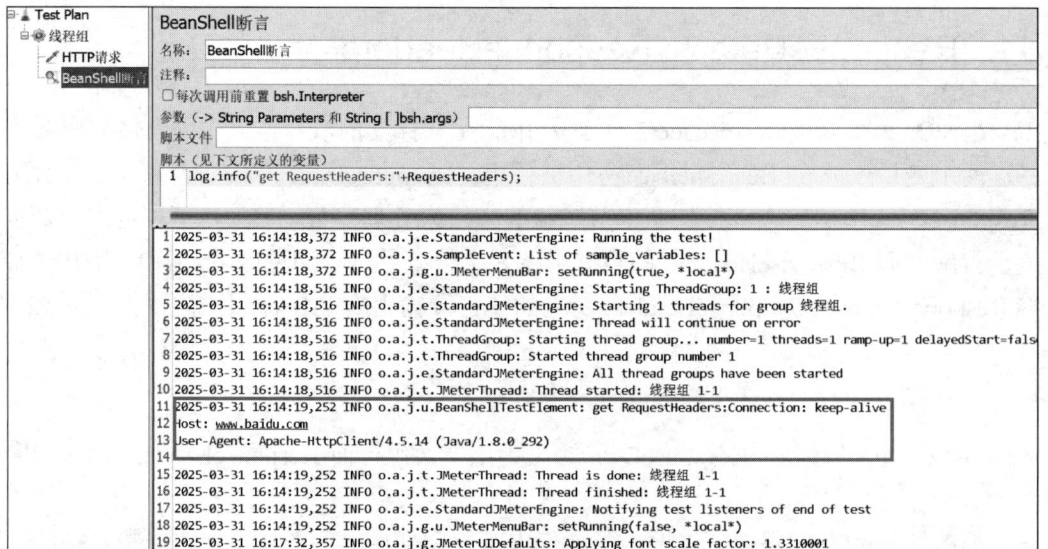

图 6-43　RequestHeaders 运行示例

从图 6-43 中可以看到，RequestHeaders 的输出为字符串数组。

6.3.13　Failure 和 FailureMessage

Failure 和 FailureMessage 变量代表的是 JMeter 断言元件返回的断言结果信息。Failure 代表是否断言成功，其数据类型为布尔型，返回 false 代表断言成功，返回 true 代表断言失败。而FailureMessage 返回断言的具体描述信息。Failure 和 FailureMessage 不仅可以读取，还可以在BeanShell 断言中进行修改。如下示例将演示如何修改 Failure 和 FailureMessage 变量，以及如何读取修改后的 Failure 和 FailureMessage 变量。

```
Failure = true; //直接设置 Failure 变量的值为 true
FailureMessage = "assert fail"; //直接设置 FailureMessage
log.info("get Failure:"+Failure);//在日志中输出读取后的 Failure 变量的值
log.info("get FailureMessage:"+FailureMessage);//在日志中输出 FailureMessage 变量的值
```

该示例代码在 BeanShell 中的运行结果如图 6-44 所示。

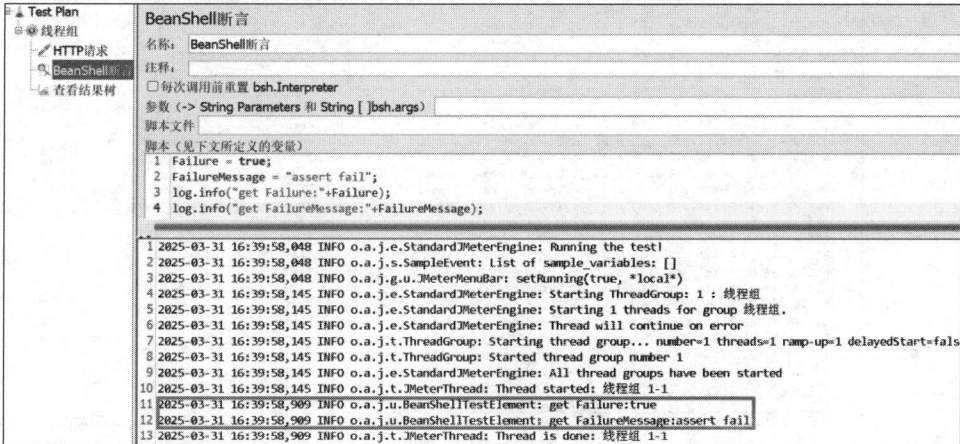

图 6-44　运行结果示例

从图 6-44 中可以看到，JMeter 日志中输出了修改后的 Failure 和 FailureMessage 变量的值。在代码中直接将 Failure 设置为了 true，即代表此次断言的结果为失败，从查看结果树元件中可以看到最终的断言结果确实为失败，如图 6-45 所示，Assertion failure 为 true，并且 Assertion failure message 为 assert fail。

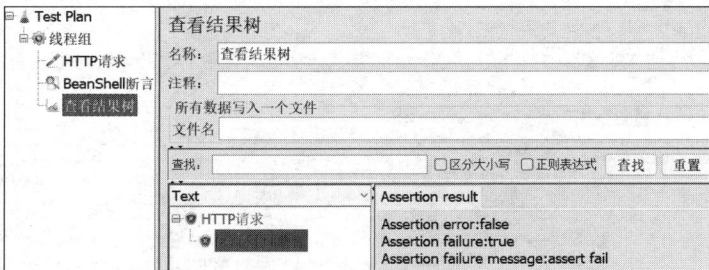

图 6-45　断言失败示例

6.3.14　Parameters 和 FileName

　　Parameters 表示 JMeter 中 BeanShell 相关元件的请求参数，其数据类型是字符串。Parameters 通常可以在 BeanShell 监听器、BeanShell 定时器、BeanShell 预处理程序、BeanShell 后置处理程序、BeanShell 取样器、BeanShell 断言等元件中被使用。通过如下 log 代码输出的方式，可以将 Parameters 变量（即图中的参数 jmeter）的值直接输出到 JMeter 日志中，如图 6-46 所示。

```
log.info("get Parameters:"+Parameters);
```

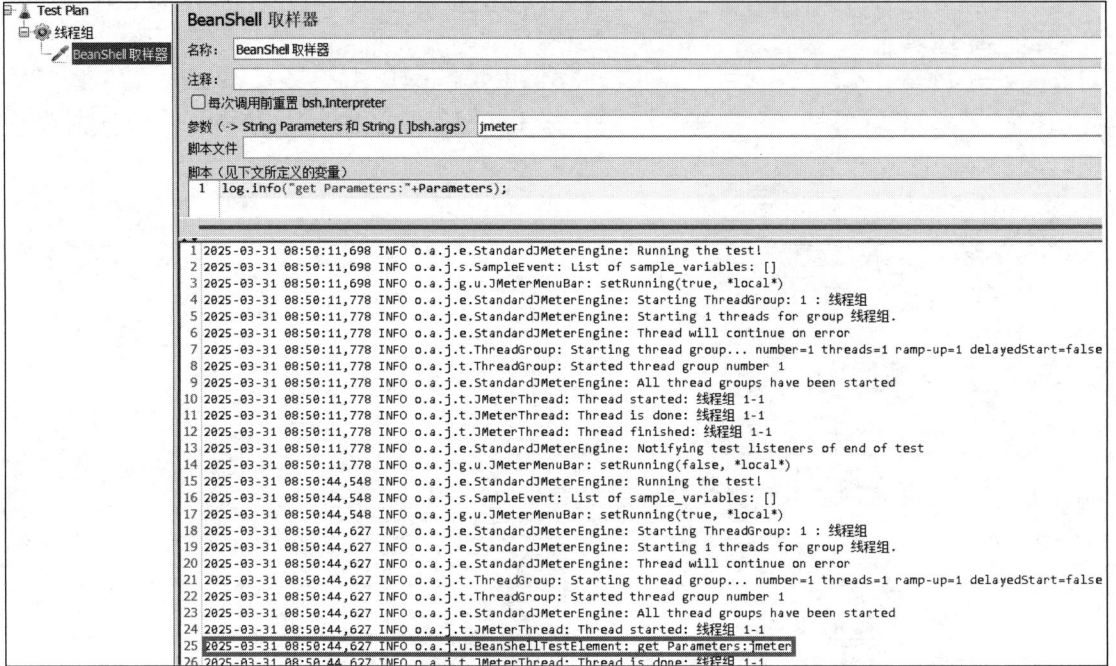

图 6-46　Parameters 运行示例

　　FileName 表示的是 JMeter 中 BeanShell 相关元件的脚本文件名，其数据类型是字符串。FileName 变量通常也可以在 BeanShell 监听器、BeanShell 定时器、BeanShell 预处理程序、BeanShell 后置处理程序、BeanShell 取样器、BeanShell 断言等元件中被使用。如图 6-47 所示，FileName 变量（即图中的脚本文件的名称）的使用方式和 Parameters 变量类似。

图 6-47　FileName 使用示例

6.3.15　SampleLabel

SampleLabel 用于返回 JMeter 取样器的标题信息，其返回的数据类型为字符串。这个变量同样也只能用在 BeanShell 断言中。通过如下 log 代码输出的方式，可以将 SampleLabel 变量的值直接输出到 JMeter 日志中，如图 6-48 所示。

```
log.info("get SampleLabel:"+SampleLabel);
```

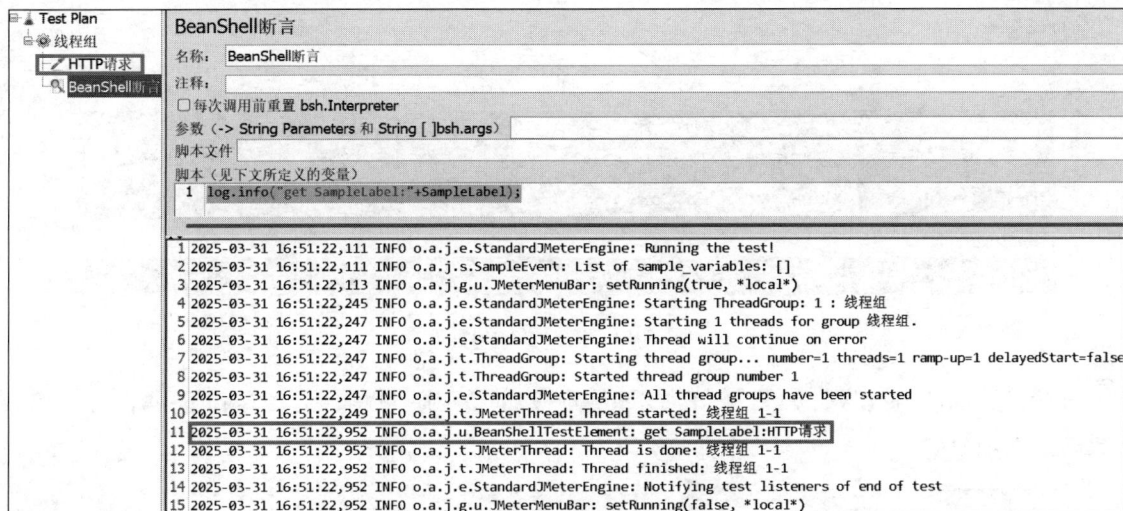

图 6-48　SampleLabel 使用示例

从图 6-48 中可以看到，获取的 SampleLabel 的值和取样器的标题"HTTP 请求"完全匹配。

6.4　在 JMeter 中使用 BeanShell 的案例

在前面章节中，我们已经介绍了 BeanShell 的基础语法以及在 BeanShell 中如何使用 JMeter 内置变量。本节将通过一个案例来对 BeanShell 的基础知识进行实践操作。我们还是通过网站 https://httpbin.org/ 中提供的 HTTPS 模拟接口，来进行性能测试脚本的实践操作。接口详情如图 6-49 所示。由于在 3.10 节中，我们已经模拟过该网址提供的 HTTPS 请求类型为 POST 的请求，所以这次我们换成模拟一个请求类型为 GET 的请求。演示接口的相关信息如下：

- 接口地址：https://httpbin.org/get。
- HTTP 请求类型：GET。
- HTTP 请求参数：为了方便进行案例演示，我们构造以下 3 个参数：
  - ➢ bookName：参数类型为字符串型，表示图书名。
  - ➢ author：参数类型为字符串型，表示作者。
  - ➢ bankNum：参数类型为字符串型，表示银行卡号。

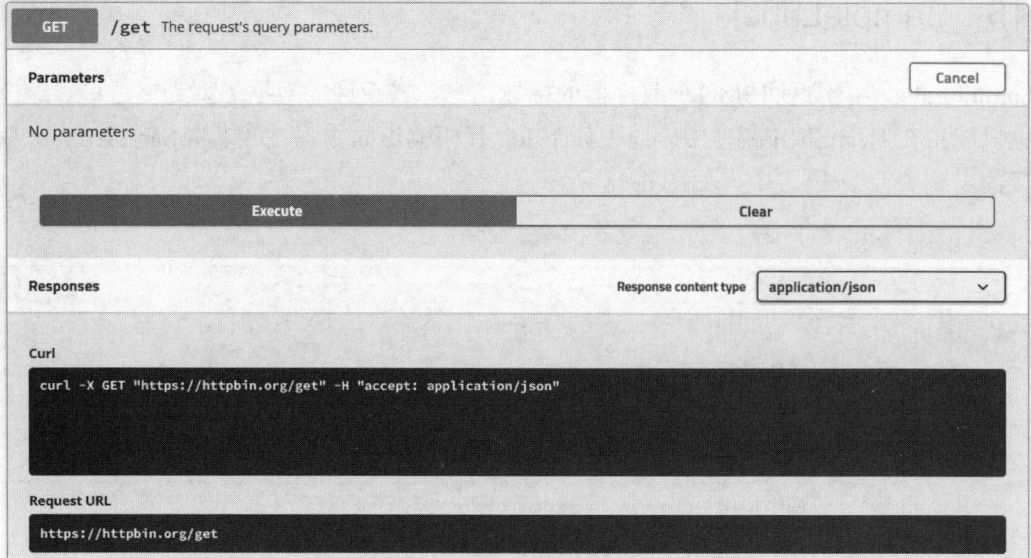

图 6-49　接口详情界面

该接口返回的响应报文如图 6-50 所示，从响应的报文中可以看到，该接口返回了一个 JSON 格式的报文消息。

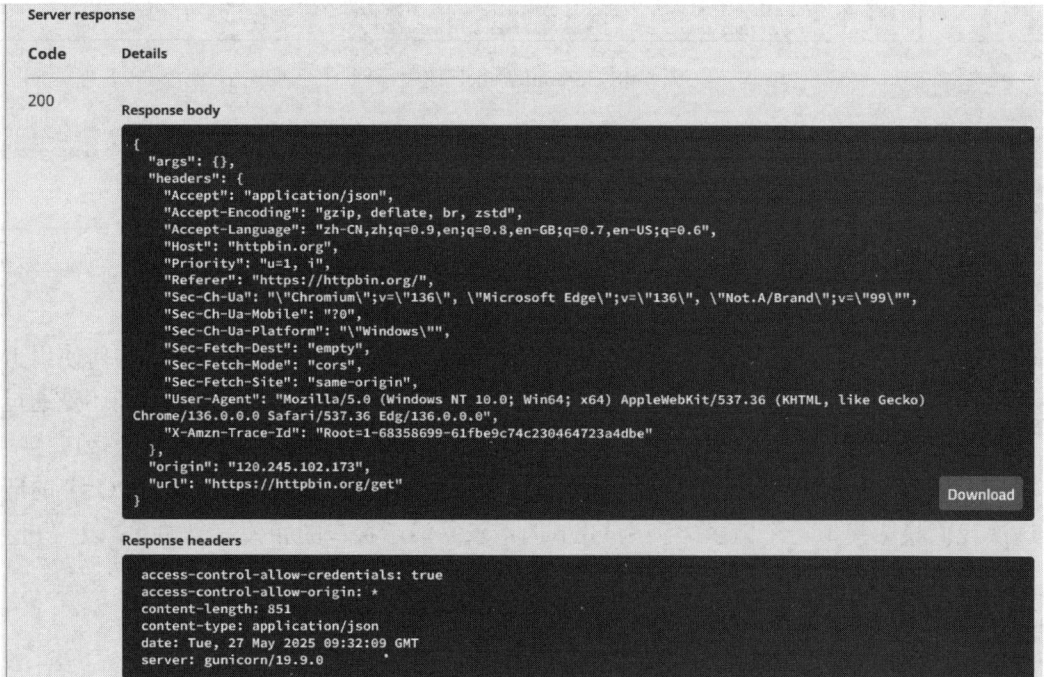

图 6-50　接口返回的响应报文

针对待测试的接口，我们设计了如图 6-51 所示的性能测试步骤。我们会在 BeanShell 预处理程序中先对调用该接口的请求参数做一个 Base64 格式的编码，该编码的操作有点类似对请求参数进行加密。

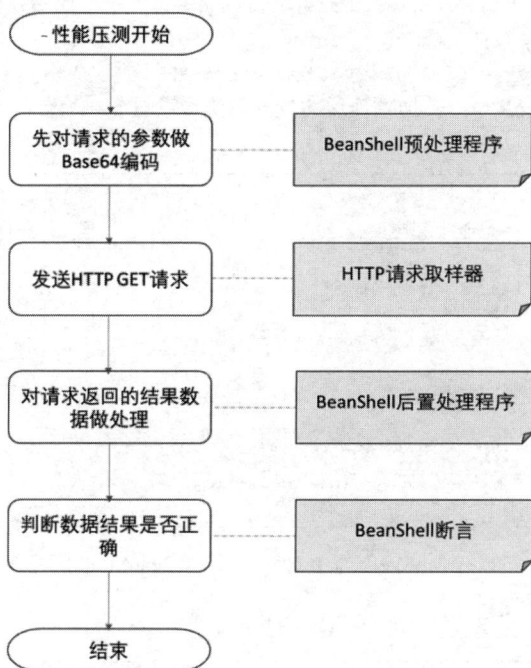

图 6-51　性能测试步骤

在很多实际场景中，经常会存在这样的加密操作。比如，一些请求参数属于敏感信息，如用户的密码、银行卡号信息等，需要在调用接口时进行加密，否则这些敏感信息很容易被泄露。由于在进行性能测试时经常会遇到这样的问题，因此我们可以通过 BeanShell 预处理程序来对请求参数做处理。

在对请求参数做过 Base64 加密处理后，我们就可以使用处理后的请求参数来向接口发送 HTTP GET 请求。发送请求时，可以直接使用 HTTP 请求取样器来发送请求。在通过 HTTP 请求取样器发送完请求后，我们再通过 BeanShell 后置处理程序来对接口返回的响应结果数据进行处理。从上面的接口信息中可以看到，接口返回的响应结果是一个 JSON 格式的数据，我们可以使用 JMeter 后置处理器中的 JSON 提取器来提取响应结果数据中的信息。但是，这里为了练习 BeanShell 脚本的使用，我们改用 BeanShell 后置处理程序来对返回的结果数据做处理。

对结果数据做过处理后，我们再通过 BeanShell 断言来判断数据结果是否正确。当然，也可以使用 JMeter 中的其他断言元件来判断结果数据是否正确；比如响应断言等。这里，我们选择 BeanShell 断言的方式来练习使用 BeanShell 进行断言操作。

按照图 6-51 所示的步骤，首先在 JMeter 的测试计划的线程组下创建一个 BeanShell 预处理程序。在 BeanShell 预处理程序中，对请求参数 bankNum 做 Base64 格式的编码，如图 6-52 所示。因为 bankNum 是一个敏感信息参数，是需要传入的银行卡号，为了不直接在请求调用中展示出银行卡号，所以对它进行加密处理。

BeanShell 预处理程序中的 BeanShell 脚本如下：

```
import java.nio.charset.StandardCharsets; //引入 JDK 底层的 Class 类
String myBankNum = "1234567890123456"; //定义了一个原始银行卡号 bankNum 的示例
vars.put("bankNum",new String(Base64.getEncoder().
encode( myBankNum.getBytes( StandardCharsets.UTF_8))));// Base64 格式的编码处理，处
理完后，通过 JMeter 的内置变量 vars 把处理后的数据赋值给变量 bankNum，方便后面 HTTP 请求取样器使
用
```

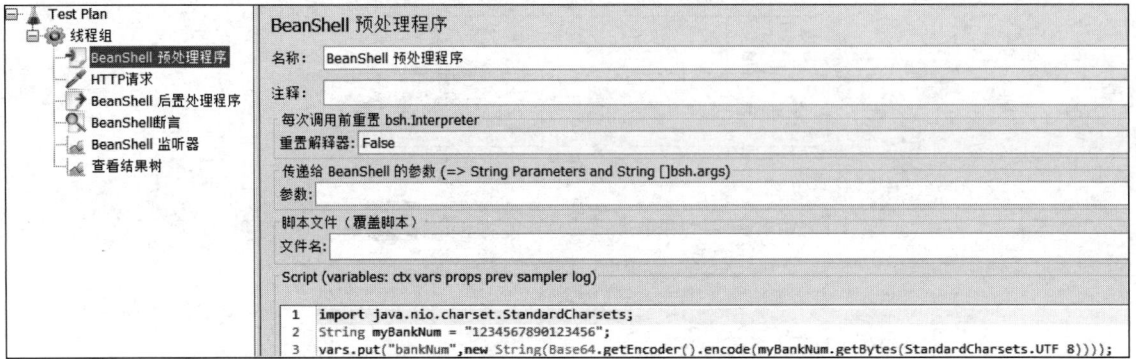

图 6-52　BeanShell 预处理程序中的 BeanShell 脚本示例

上述 BeanShell 脚本的处理过程如图 6-53 所示。

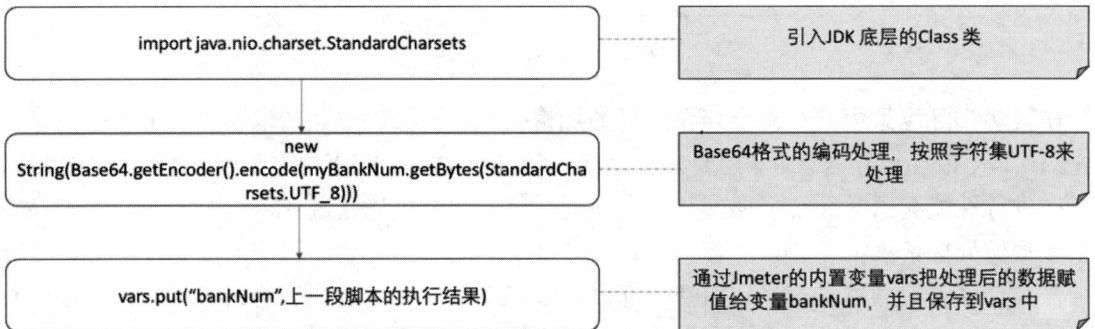

图 6-53　BeanShell 预处理程序的处理过程

在创建完 BeanShell 预处理程序后，按照前面规划的性能测试步骤，再创建一个 HTTP 请求取样器，如图 6-54 所示。在该取样器中，分别进行如下输入：

- Web 服务器协议：由于本次请求的是一个 HTTPS 协议的接口，所以在"协议"中输入 https。
- 服务器名称或 IP：httpbin.org。
- 端口号（位于 JMeter 界面中服务器名称或 IP 输入框的右侧）：443。
- HTTP 请求：GET。
- 路径：/get。
- 参数：填入需要传入的参数，其中 bankNum 参数通过${bankNum}来引用 BeanShell 预处理程序中已经定义好的、做过 Base64 转换处理的变量。

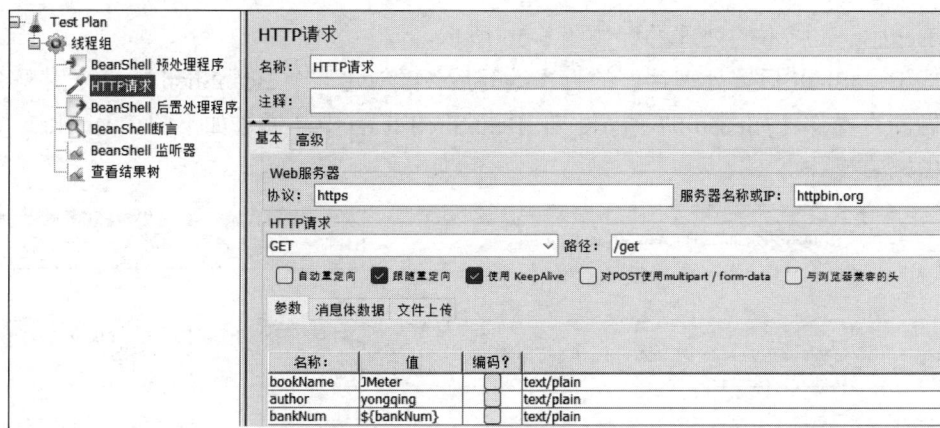

图 6-54　HTTP 请求取样器示例

在完成 HTTP 请求取样器的创建后，再创建一个 BeanShell 后置处理程序来对请求返回的结果数据做处理，如图 6-55 所示。

图 6-55　BeanShell 后置处理程序示例

在 BeanShell 后置处理程序中，通过如下的 BeanShell 脚本来对结果数据做处理。

```
String responseResult = new String(data); // data 是 JMeter 中以字节数组的方式返回
的取样结果数据，这里将返回的字节数组数据转换为字符串形式
    log.info("get responseResult:"+responseResult); //在 JMeter 日志中输出
responseResult 的结果，以方便调试。在调试完成后，建议删除日志输出
    boolean isContains = responseResult.contains(vars.get("bankNum"));//判断结果数
据中是否包含 bankNum 参数的值
    log.info("get isContains:"+isContains); //在 JMeter 日志中输出 isContains 的结果，
以方便调试。在调试完成，建议删除日志输出
    data = ("isContains:"+isContains).getBytes(); //将 data 变量的值重新赋值为
isContains 的值，由于 data 的数据类型为字节数组，因此在赋值时，需要将其转换为字节数组
    prev.setResponseData(data);//将 prev 变量中的 responseData 赋值为 data 变量的值，也就
是将取样器返回的响应结果修改为新的 data 的值
```

上述 BeanShell 脚本的处理过程如图 6-56 所示。

在完成 BeanShell 后置处理程序的脚本编写后，再创建一个 BeanShell 断言来对整个性能测试的结果做断言操作，如图 6-57 所示。在 BeanShell 断言中。通过如下的 BeanShell 脚本来对结果数据做断言操作。

图 6-56　BeanShell 后置处理程序的处理过程

图 6-57　BeanShell 断言示例

```
    if(!SampleResult.getResponseDataAsString().contains("true")){ //判断取样结果中
是否没有包含 true，因为在 BeanShell 后置处理程序中已经将取样结果数据设置为 isContains 变量，该
变量是一个布尔型
    Failure = true;//如果没有包含 true，则代表判断失败，所以将 Failure 的值设置为 true，表
示断言结果为失败
    FailureMessage = "assert fail";  //设置断言失败时的消息
    }
```

在完成 BeanShell 断言的脚本编写后，再创建一个 BeanShell 监听器，如图 6-58 所示。在 BeanShell 监听器中，我们通过如下的 log.info()方法来输出取样器返回的最终结果数据，以验证上述的脚本编写逻辑是否达到了预期结果。

```
log.info("get sampleResult:"+sampleResult.getResponseDataAsString());
```

最后在线程组中添加一个查看结果树元件，以方便查看取样器的请求和响应结果以及断言结果，如图 6-59 所示。

图 6-58　BeanShell 监听器示例

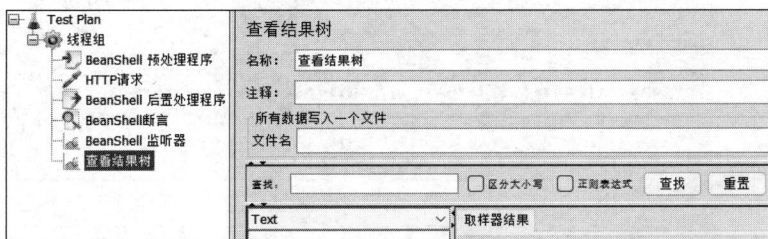

图 6-59　查看结果树元件

在完成整个测试计划脚本的编写后，结果如图 6-60 所示，运行结果达到了预期的效果。我们先运行一下整个测试计划，看看是否达到了预期的效果。

图 6-60　运行结果

在查看结果树中可以看到，响应的结果数据为 isContains:true，与 BeanShell 断言中的判断能匹配上，由于返回了 true，所以断言结果为成功。同时，在 JMeter 日志中，也正确输出了在 BeanShell 脚本中通过 log.info()方法打印出来的日志。

我们将 HTTP 请求取样器的 bankNum 参数设置为一个固定的不正确的值，比如000000000000000000，如图 6-61 所示。

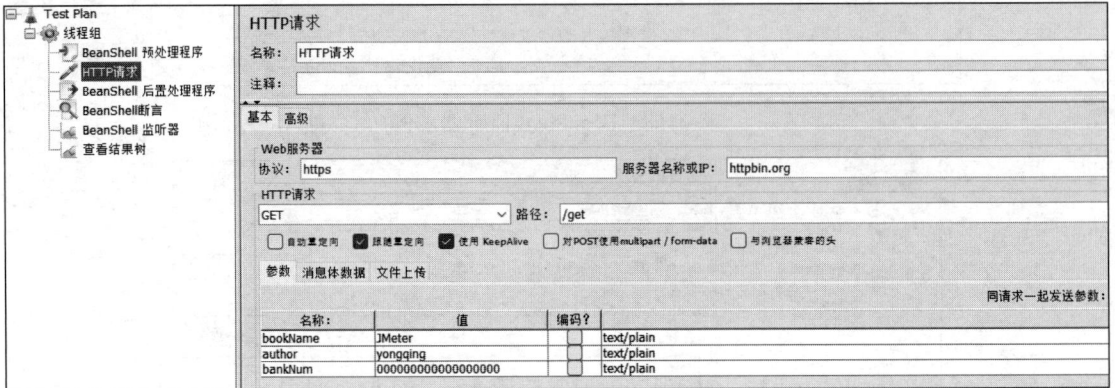

图 6-61 修改后的 HTTP 请求取样器

然后重新运行测试计划，结果如图 6-62 所示。

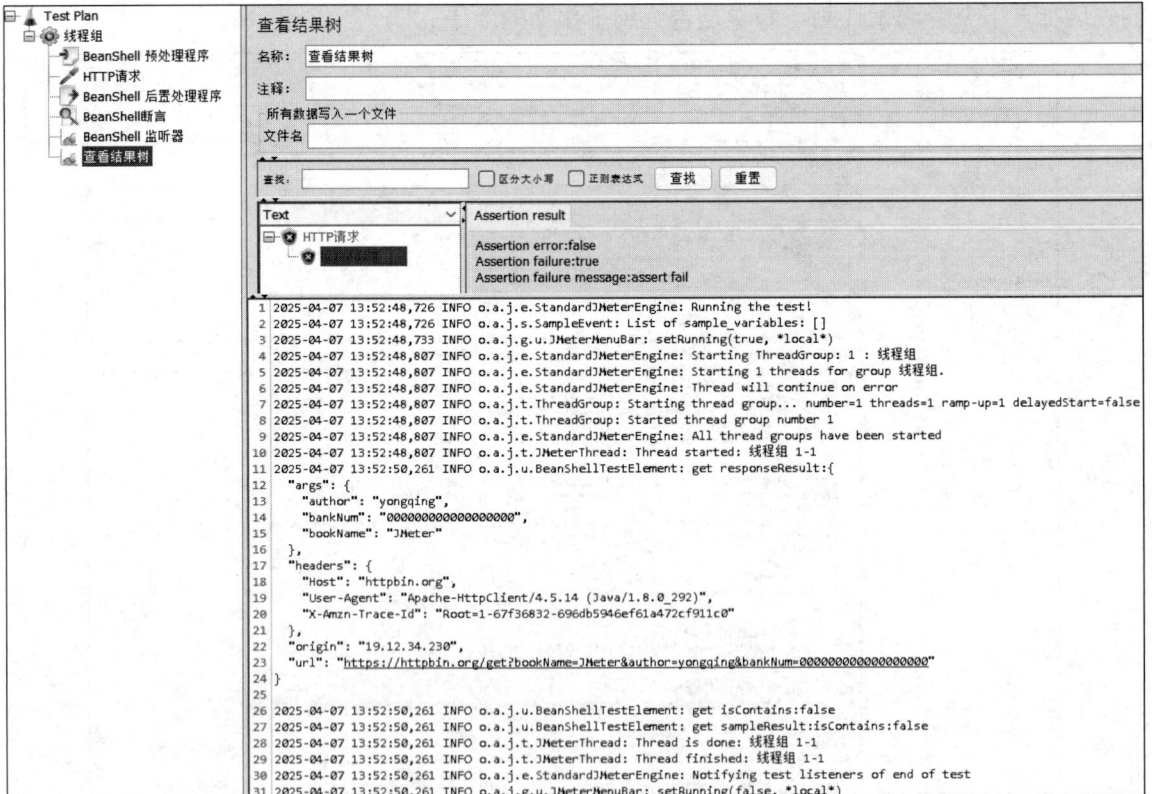

```
1 2025-04-07 13:52:48,726 INFO o.a.j.e.StandardJMeterEngine: Running the test!
2 2025-04-07 13:52:48,726 INFO o.a.j.s.SampleEvent: List of sample_variables: []
3 2025-04-07 13:52:48,733 INFO o.a.j.g.u.JMeterMenuBar: setRunning(true, *local*)
4 2025-04-07 13:52:48,807 INFO o.a.j.e.StandardJMeterEngine: Starting ThreadGroup: 1 : 线程组
5 2025-04-07 13:52:48,807 INFO o.a.j.e.StandardJMeterEngine: Starting 1 threads for group 线程组.
6 2025-04-07 13:52:48,807 INFO o.a.j.e.StandardJMeterEngine: Thread will continue on error
7 2025-04-07 13:52:48,807 INFO o.a.j.t.ThreadGroup: Starting thread group... number=1 threads=1 ramp-up=1 delayedStart=false
8 2025-04-07 13:52:48,807 INFO o.a.j.t.ThreadGroup: Started thread group number 1
9 2025-04-07 13:52:48,807 INFO o.a.j.e.StandardJMeterEngine: All thread groups have been started
10 2025-04-07 13:52:48,807 INFO o.a.j.u.JMeterThread: Thread started: 线程组 1-1
11 2025-04-07 13:52:50,261 INFO o.a.j.u.BeanShellTestElement: get responseResult:{
12    "args": {
13       "author": "yongqing",
14       "bankNum": "000000000000000000",
15       "bookName": "JMeter"
16    },
17    "headers": {
18       "Host": "httpbin.org",
19       "User-Agent": "Apache-HttpClient/4.5.14 (Java/1.8.0_292)",
20       "X-Amzn-Trace-Id": "Root=1-67f36832-696db5946ef61a472cf911c0"
21    },
22    "origin": "19.12.34.230",
23    "url": "https://httpbin.org/get?bookName=JMeter&author=yongqing&bankNum=000000000000000000"
24 }
25
26 2025-04-07 13:52:50,261 INFO o.a.j.u.BeanShellTestElement: get isContains:false
27 2025-04-07 13:52:50,261 INFO o.a.j.u.BeanShellTestElement: get sampleResult:isContains:false
28 2025-04-07 13:52:50,261 INFO o.a.j.t.JMeterThread: Thread is done: 线程组 1-1
29 2025-04-07 13:52:50,261 INFO o.a.j.t.JMeterThread: Thread finished: 线程组 1-1
30 2025-04-07 13:52:50,261 INFO o.a.j.e.StandardJMeterEngine: Notifying test listeners of end of test
31 2025-04-07 13:52:50,261 INFO o.a.j.g.u.JMeterMenuBar: setRunning(false, *local*)
```

图 6-62 运行结果

此时出现了断言失败，因为在 BeanShell 后置处理程序中，使用在 BeanShell 预处理程序中定义的 bankNum 变量，来对取样结果数据进行处理；而请求参数中的 bankNum 使用的是一个固定的 000000000000000000，这就导致了获取到的结果数据为 isContains:false，所以此时会断言失败。我们可以看到，当断言失败时，返回的断言结果消息和 BeanShell 断言脚本中的判断逻辑是一致的。

6.5　本章总结

本章主要介绍了如何使用 BeanShell 脚本语言。BeanShell 是 JMeter 提供的一个非常重要的扩展功能。通过 BeanShell 脚本，可以填补 JMeter 现有功能中的不足之处，或者在面临一些复杂的场景时，可以通过 BeanShell 脚本语言来完成自定义脚本的开发。读者需要掌握以下重点内容：

- BeanShell 脚本语言的基础语法。
- JMeter 中包含的内置变量。
- 在 BeanShell 中如何使用 JMeter 内置变量。
- 在 JMeter 中如何使用 BeanShell 脚本语言。

在完成本章的学习后，读者应该能够利用 BeanShell 脚本编写一些复杂场景下的性能压测脚本。

第7章

JMeter 中如何编写自定义的取样器

前面在介绍 JMeter 取样器时，我们已经提到，JMeter 中有一个 Java 请求取样器，该取样器可以直接调用自定义的 Java 代码进行取样操作。每次 JMeter 启动时，会扫描 JMeter 安装目录下的 lib\ext 目录，找出符合 Java 请求取样器标准的 JAR 包中的 Java Class，然后加载到 Java 虚拟机中运行。这些 Java Calss 通常都实现了 org.apache.jmeter.prototool.java.sampler.JavaSamplerClient 抽象接口。在 JMeter 的 Java 请求取样器窗口中，展示的是两个实现了 org.apache.jmeter.prototool.java.sampler.JavaSamplerClient 抽象接口的测试类，分别为 org.apache.jmeter.protocol.java.test.JavaTest（见图 7-1）和 org.apache.jmeter.protocol.java.test.SleepTest，通过单击 Java 请求界面右侧的下拉菜单，可以切换到另一个测试类 org.apache.jmeter.protocol.java.test.SleepTest 中，而且在 Java 请求取样器中，也可以自己指定参数以及该参数对应的值。

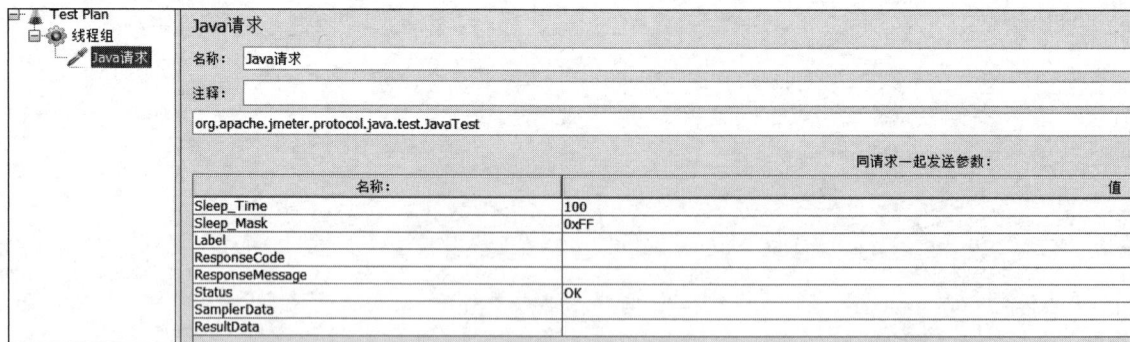

Test Plan 线程组 Java请求	Java请求	
	名称：Java请求	
	注释：	
	org.apache.jmeter.protocol.java.test.JavaTest	
		同请求一起发送参数：
名称：		**值**
Sleep_Time	100	
Sleep_Mask	0xFF	
Label		
ResponseCode		
ResponseMessage		
Status	OK	
SamplerData		
ResultData		

图 7-1　Java 请求取样器界面

7.1　JavaSamplerClient 取样器抽象接口介绍

JavaSamplerClient 是 JMeter 源码中定义的一个底层抽象接口，如图 7-2 所示。

```
jmeter / src / protocol / java / src / main / java / org / apache / jmeter / protocol / java / sampler / JavaSamplerClient.java          ↑ Top

Code    Blame    121 lines (115 loc) · 5.59 KB                                                    Raw  ⎘ ⬇   ✎  ▾      <>

63        @JMeterService
64  ∨     public interface JavaSamplerClient {
65            /**
66             * Do any initialization required by this client. It is generally
67             * recommended to do any initialization such as getting parameter values in
68             * the setupTest method rather than the runTest method in order to add as
69             * little overhead as possible to the test.
70             *
71             * @param context
72             *            the context to run with. This provides access to
73             *            initialization parameters.
74             */
75            void setupTest(JavaSamplerContext context);
76
77            /**
78             * Perform a single sample for each iteration. This method returns a
79             * <code>SampleResult</code> object. <code>SampleResult</code> has many
80             * fields which can be used. At a minimum, the test should use
81             * <code>SampleResult.sampleStart</code> and
82             * <code>SampleResult.sampleEnd</code>to set the time that the test
83             * required to execute. It is also a good idea to set the sampleLabel and
84             * the successful flag.
85             *
86             * @see org.apache.jmeter.samplers.SampleResult#sampleStart()
87             * @see org.apache.jmeter.samplers.SampleResult#sampleEnd()
88             * @see org.apache.jmeter.samplers.SampleResult#setSuccessful(boolean)
89             * @see org.apache.jmeter.samplers.SampleResult#setSampleLabel(String)
90             *
91             * @param context
92             *            the context to run with. This provides access to
```

图 7-2　JavaSamplerClient 源码界面

该接口中提供了以下 4 个方法：

- void setupTest(JavaSamplerContext context)：该方法通常用于定义取样器的初始化，只运行一次，可以把需要提前进行初始化的操作都定义到该方法中，以尽可能减少实际测试（即 runTest 方法）的时间。

- SampleResult runTest(JavaSamplerContext context)：该方法通常用于定义取样器每次迭代运行需要执行的操作。通常会在该方法中定义取样器需要向服务端发出什么样的请求，在请求完成后，该方法会返回取样器的取样结果。

- void teardownTest(JavaSamplerContext context)：该方法与 setupTest()方法相对应，通常用于定义在测试运行结束时需要进行的操作。

- Arguments getDefaultParameters()：该方法通常用于定义该取样器可以支持的参数列表，并且这些参数列表会展示在 JMeter 的 Java 请求取样器窗口中。

Arguments 是一个用于传递 JMeter 取样器参数的类 org.apache.jmeter.samplers.SampleResult 的实例，通过访问官方 API 文档，可以看到其对应的 API 的描述信息，如图 7-3 所示。

All Methods	Instance Methods	Concrete Methods

Modifier and Type	Method
void	addArgument(String name, String value)
void	addArgument(String name, String value, String metadata)
void	addArgument(String name, String value, String metadata, String description)
void	addArgument(Argument arg)
void	addEmptyArgument()
void	clear()
Argument	getArgument(int row)
int	getArgumentCount()
CollectionProperty	getArguments()
Map<String,String>	getArgumentsAsMap()
org.apache.jmeter.testelement.schema.PropertiesAccessor<? extends Arguments,? extends org.apache.jmeter.config.ArgumentsSchema>	getProps()
org.apache.jmeter.config.ArgumentsSchema	getSchema()
PropertyIterator	iterator()
void	removeAllArguments()
void	removeArgument(int row)
void	removeArgument(String argName)

图 7-3　Arguments 官方 API 界面

Arguments 提供的主要方法如下：

- addArgument(String name, String value)：用于添加一个取样器的参数，添加时可以指定参数的名字及值。
- addArgument(String name, String value, String metadata)：用于添加一个取样器的参数，支持传入 metadata 参数。metadata 表示 JMeter 测试计划的元数据。
- addArgument(String name, String value, String metadata, String description)：用于添加一个取样器的参数，支持传入 description 参数。description 表示的是对该参数的描述。
- addArgument(Argument arg)：用于添加一个取样器的参数。该方法传入的是一个 Argument 参数的对象。Argument 将参数名、参数值以及参数描述等封装成一个 Java 对象。
- addEmptyArgument()：用于添加一个空的取样器的参数。
- clear()：清空所有已经设定的参数。
- getArgument(int row)：获取指定的第几个参数，返回的是一个 Argument 参数的对象。当存在多个参数时，参数是有排序的。
- getArgumentCount()：获取参数的数量。
- getArguments()：获取所有的参数数据，数据会以集合列表的形式返回。
- getArgumentsAsMap()：获取所有的参数数据，数据会以 Map 对象的形式返回。

- removeAllArguments()：删除所有的参数。
- removeArgument(int row)：删除指定的第几个参数。当存在多个参数时，参数是有排序的。
- removeArgument(String argName)：按照参数名删除指定的参数。
- removeArgument(String argName, String argValue)：按照参数名和参数值来删除指定的参数。
- removeArgument(Argument arg)：按照 Argument 参数对象来删除指定的参数。
- setArguments(List<Argument> arguments)：以集合列表的形式设置多个参数。

JavaSamplerContext 是一个用于向 JavaSamplerClient 实现提供上下文信息的 Java Class 对象。对于上面设置的取样器参数，在实际性能测试时，JavaSamplerClient 可以通过 JavaSamplerContext 来访问这些参数的值。通过访问官方 API 文档，可以看到其对应的 API 的描述信息，如图 7-4 所示。

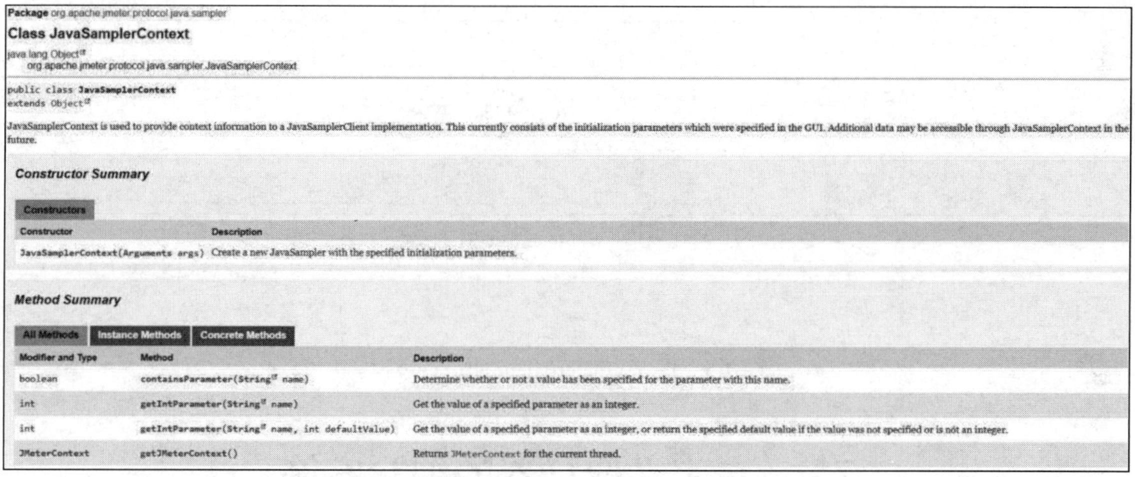

Package org.apache.jmeter.protocol.java.sampler

Class JavaSamplerContext

java.lang.Object
org.apache.jmeter.protocol.java.sampler.JavaSamplerContext

```
public class JavaSamplerContext
extends Object
```

JavaSamplerContext is used to provide context information to a JavaSamplerClient implementation. This currently consists of the initialization parameters which were specified in the GUI. Additional data may be accessible through JavaSamplerContext in the future.

Constructor Summary

Constructors

Constructor	Description
JavaSamplerContext(Arguments args)	Create a new JavaSampler with the specified initialization parameters.

Method Summary

All Methods | Instance Methods | Concrete Methods

Modifier and Type	Method	Description
boolean	containsParameter(String name)	Determine whether or not a value has been specified for the parameter with this name.
int	getIntParameter(String name)	Get the value of a specified parameter as an integer.
int	getIntParameter(String name, int defaultValue)	Get the value of a specified parameter as an integer, or return the specified default value if the value was not specified or is not an integer.
JMeterContext	getJMeterContext()	Returns JMeterContext for the current thread.

图 7-4　JavaSamplerContext 官方 API 界面

JavaSamplerContext 提供的主要方法如下：

- containsParameter(String name)：用于确定是否已为此名称的参数指定了值。
- getIntParameter(String name)：以整数的形式获取指定参数的值。
- getIntParameter(String name, int defaultValue)：以整数的形式获取指定参数的值。当获取的值为 null 时，会指定一个默认值。
- getJMeterContext()：获取当前并发用户线程的上下文。
- getJMeterProperties()：获取 JMeter 中的属性配置。
- getJMeterVariables()：获取当前并发用户线程的上下文。
- getLongParameter(String name)：以长整数的形式获取指定参数的值。
- getLongParameter(String name, long defaultValue)：以长整数的形式获取指定参数的值。当获取的值为 null 时，会指定一个默认值。

● getParameter(String name)：以字符串的形式获取指定参数的值。
● getParameter(String name, String defaultValue)：以字符串的形式获取指定参数的值。当获取的值为 null 时，会指定一个默认值。
● getParameterNamesIterator()：以 Iterator（迭代器）的形式返回所有的参数名。

JavaSamplerClient 的运行过程如图 7-5 所示。每个并发用户线程在运行时，都会按照图中的方式进行，每个线程都是先获取参数，再进行初始化，然后就会一直循环运行测试。当测试结束时，每个线程会释放资源，然后 JMeter 会结束该线程。

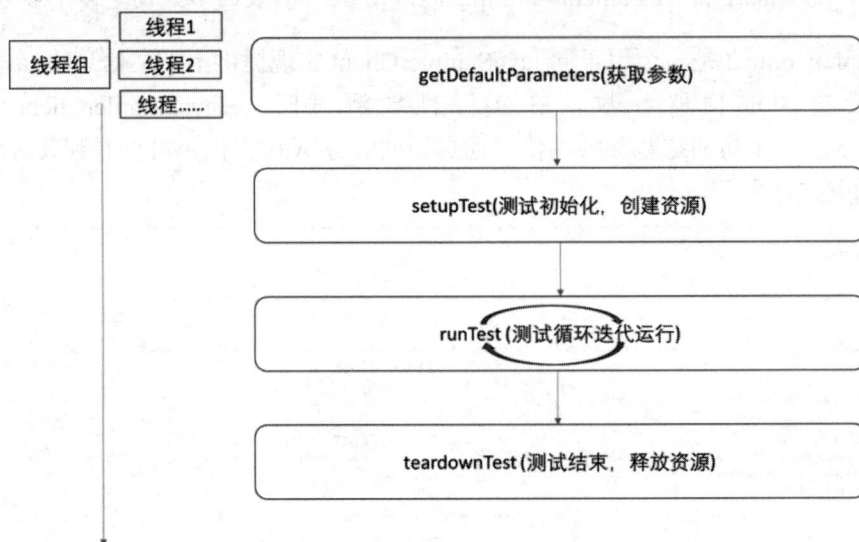

图 7-5　JavaSamplerClient 的运行过程

7.2　自定义取样器的编写案例

比起 HTTP 协议，RPC（Remote Procedure Call，远程过程调用）是一种更加常用、高效的服务调用方式。常见的支持 RPC 的协议有 GRPC、Thrift、Dubbo 等。由于 JMeter 自身并没有支持这些常见的 RPC 协议，但是在性能压测时又经常会遇到，因此，本节将以 GRPC 为例，介绍如何在 JMeter 中添加自定义的取样器来对 GRPC 服务进行性能测试。关于 GRPC 的更多介绍，可以参考其官方网站，如图 7-6 所示。

通过前面的学习，我们知道 JMeter 提供了一个 Java 请求取样器，该取样器可以直接调用自定义的 Java 代码进行取样操作。在编写自定义的代码时，只需要实现 JMeter 底层提供的 org.apache.jmeter.prototool.java.sampler.JavaSamplerClient 这个抽象接口即可。因此，我们可以编写一个自定义 Java 请求取样器来实现 GRPC 调用。

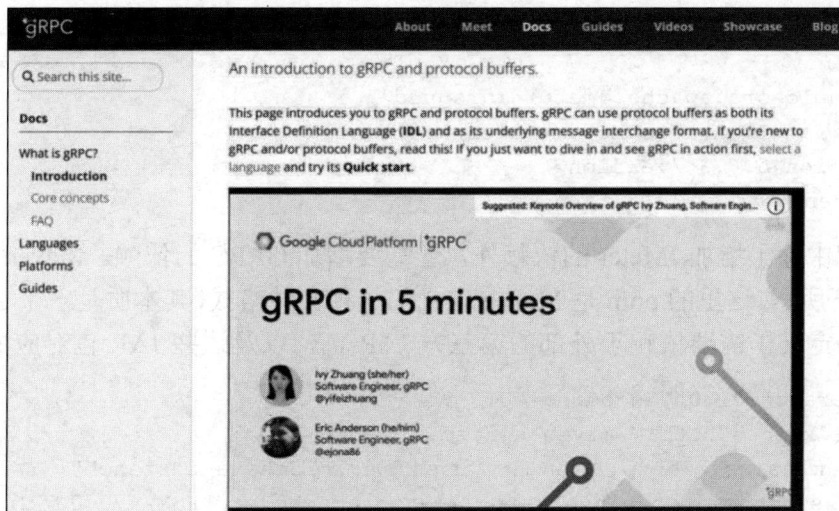

图 7-6　GRPC 官方网站

　　首先创建一个 Java 工程，这个 Java 工程将采用 Maven 来对第三方的依赖包进行管理。从本质上来说，Maven 也是一个基于 Java 语言的管理工具。关于 Maven 的安装和使用可以参考其官方网站，如图 7-7 所示。

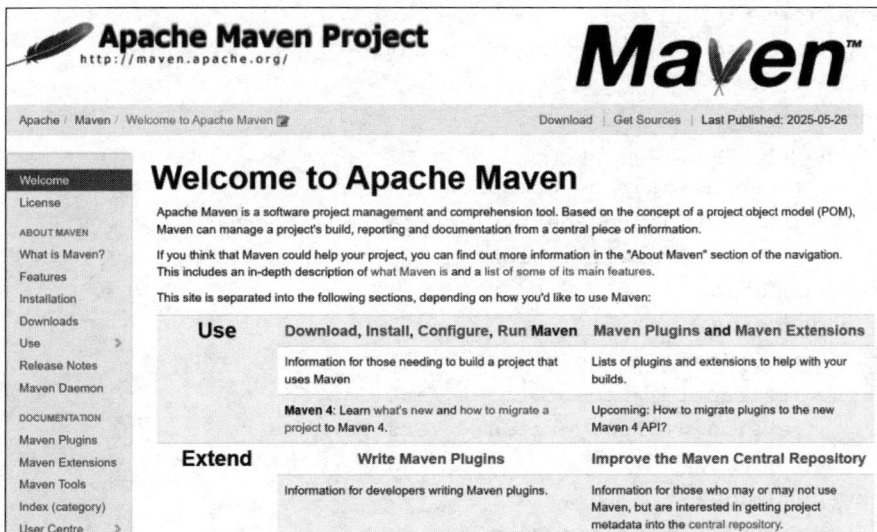

图 7-7　Maven 官方网站

　　在创建 Java 工程时，我们通过 Maven 管理的方式引入如下 JAR 包，JAR 包的版本需要跟性能压测时的 JMeter 版本保持一致。由于笔者用的 JMeter 版本是 5.6.3，因此依赖包选择的版本也是 5.6.3。

```
<dependency>
    <groupId>org.apache.jmeter</groupId>
    <artifactId>ApacheJMeter_java</artifactId>
    <version>5.6.3</version>
```

```
    </dependency>
    <dependency>
        <groupId>org.apache.jmeter</groupId>
        <artifactId>ApacheJMeter_core</artifactId>
        <version>5.6.3</version>
    </dependency>
```

Java 工程中除了增加 JMeter 的依赖外，还需要增加 GRPC 的依赖。Maven 工程完整的 pom 内容如下所示。这里的 pom 是 Maven 定义的一种文件格式，其本质是一个 XML 文件，该 XML 文件定义了需要依赖于外部的第三方 JAR 包，以及这些 JAR 包对应的版本信息。

```xml
<?xml version="1.0" encoding="UTF-8"?>
<project xmlns="http://maven.apache.org/POM/4.0.0"
        xmlns:xsi="http://www.w3.org/2001/XMLSchema-instance"
        xsi:schemaLocation="http://maven.apache.org/POM/4.0.0
http://maven.apache.org/xsd/maven-4.0.0.xsd">
    <modelVersion>4.0.0</modelVersion>
    <groupId>jmeter.tools</groupId>
    <artifactId>jmeter-grpc</artifactId>
    <packaging>jar</packaging>
    <version>1.0-SNAPSHOT</version>
    <properties>
        <grpc.version>1.27.0</grpc.version>
    </properties>
    <dependencies>
        <dependency>
            <groupId>io.grpc</groupId>
            <artifactId>grpc-netty</artifactId>
            <version>${grpc.version}</version>
        </dependency>
        <dependency>
            <groupId>io.grpc</groupId>
            <artifactId>grpc-protobuf</artifactId>
            <version>${grpc.version}</version>
        </dependency>
        <dependency>
            <groupId>io.grpc</groupId>
            <artifactId>grpc-stub</artifactId>
            <version>${grpc.version}</version>
        </dependency>
        <!--
https://mvnrepository.com/artifact/org.apache.jmeter/ApacheJMeter_java -->
        <dependency>
            <groupId>org.apache.jmeter</groupId>
            <artifactId>ApacheJMeter_java</artifactId>
            <version>5.6.3</version>
        </dependency>
```

```xml
        <!--
https://mvnrepository.com/artifact/org.apache.jmeter/ApacheJMeter_core -->
        <dependency>
            <groupId>org.apache.jmeter</groupId>
            <artifactId>ApacheJMeter_core</artifactId>
            <version>5.6.3</version>
        </dependency>
    </dependencies>
    <build>
        <plugins>
            <plugin>
                <groupId>org.apache.maven.plugins</groupId>
                <artifactId>maven-compiler-plugin</artifactId>
                <configuration>
                    <source>1.8</source>
                    <target>1.8</target>
                    <skip>true</skip>
                    <encoding>UTF-8</encoding>
                </configuration>
            </plugin>
            <plugin>
                <groupId>org.apache.maven.plugins</groupId>
                <artifactId>maven-dependency-plugin</artifactId>
                <version>2.8</version>
                <executions>
                    <execution>
                        <id>copy-dependencies</id>
                        <phase>package</phase>
                        <goals>
                            <goal>copy-dependencies</goal>
                        </goals>
                        <configuration>
<outputDirectory>${project.build.directory}</outputDirectory>
                            <overWriteReleases>true</overWriteReleases>
                            <overWriteSnapshots>true</overWriteSnapshots>
                            <overWriteIfNewer>true</overWriteIfNewer>
<useSubDirectoryPerType>true</useSubDirectoryPerType>
                            <includeArtifactIds>
                                guava
                            </includeArtifactIds>
                            <silent>true</silent>
                        </configuration>
                    </execution>
                </executions>
```

```
            </plugin>
            <plugin>
                <artifactId>maven-assembly-plugin</artifactId>
                <configuration>
                    <appendAssemblyId>false</appendAssemblyId>
                    <descriptorRefs>
                        <descriptorRef>jar-with-dependencies</descriptorRef>
                    </descriptorRefs>
                </configuration>
            </plugin>
        </plugins>
        <defaultGoal>compile</defaultGoal>
    </build>
</project>
```

从上面的工程定义中可以看到，除了引入 JMeter 的 JAR 包依赖外，还引入了 grpc-netty、grpc-protobuf、grpc-stub 等 JAR 包，这些 JAR 包都是 GRPC 协议需要用到的。为了完成 GRPC 性能测试请求，除了引入第三方 JAR 包外，该工程还定义了 JDK 使用的版本为 1.8。

下面以传入用户名和密码进行用户注册的 GRPC 服务作为演示示例，该 GRPC 接口请求输入参数和响应结果输出都是 JSON 文本格式。GRPC 服务的 proto 文件内容如下（proto 是 GRPC 提供接口协议定义标准文档的一种格式）：

```
syntax = "proto3";
package com.zyq.example.cas.management.grpc;
message RequestData {
  string text = 1;
}
message ResponseData {
  string text = 1;
}
service StreamService {
  //rpc 服务的方法
  rpc SimpleFun(RequestData) returns (ResponseData){}
}
```

服务接口详细说明如表 7-1 所示。

表 7-1　服务接口详细说明

参　数	说　明
RequestData	定义了文本类型的参数，用于 GRPC 服务的请求入参。比如传入 JSON 参数：{"userAccount":"zyq","password":"mima"}
ResponseData	定义了文本类型的参数，用于存储 GRPC 服务调用后响应的文本内容
StreamService	定义了一个 GRPC 服务，并且该服务中包含了 SimpleFun 方法，此方法传入 RequestData，调用完成后返回 ResponseData

针对上述 GRPC 服务接口，自定义的通过 Java 请求取样器来实现该 GRPC 服务调用的示例

代码如下：

```
import com.cf.cas.management.grpc.Example;
import com.cf.cas.management.grpc.StreamServiceGrpc;
import com.google.gson.Gson;
import io.grpc.ManagedChannel;
import io.grpc.ManagedChannelBuilder;
import org.apache.jmeter.config.Arguments;
import org.apache.jmeter.protocol.java.sampler.JavaSamplerClient;
import org.apache.jmeter.protocol.java.sampler.JavaSamplerContext;
import org.apache.jmeter.samplers.SampleResult;

import java.util.HashMap;
import java.util.Map;

/**
 * Created by zyq on 2020/3/4.
 */
public class GrpcJmeter implements JavaSamplerClient {
    private String userAccount;         //请求的用户名
    private String password;            //请求的用户名对应的密码
    private String address;             //GRPC 服务对应的域名或者 IP 地址
    private Integer port;               //GRPC 服务对应的端口号

    @Override
    public void setupTest(JavaSamplerContext javaSamplerContext) {

    }

    @Override
    public SampleResult runTest(JavaSamplerContext javaSamplerContext) {
        SampleResult results = new SampleResult();
        // 获取在 JMeter 中设置的参数值
        userAccount = javaSamplerContext.getParameter("userAccount");
        // 获取在 JMeter 中设置的参数值
        password = javaSamplerContext.getParameter("password");
         // 获取在 JMeter 中设置的参数值
        address = javaSamplerContext.getParameter("address");
        // 获取在 JMeter 中设置的参数值
        port =Integer.valueOf(javaSamplerContext.getParameter("port")) ;
        // JMeter 开始统计响应时间并标记
        results.sampleStart();
        ManagedChannel channel=null;
        try {
            //grpc 调用的具体实现
```

```java
        channel = ManagedChannelBuilder.forAddress(address,
port).usePlaintext().build();
        StreamServiceGrpc.StreamServiceBlockingStub stub =
StreamServiceGrpc.newBlockingStub(channel);
        Map<String,Object> map = new HashMap<>(); //定义一个 map 集合
        map.put("userAccount",userAccount); //传入调用 GRPC 服务的用户名
        map.put("password",password); //传入调用 GRPC 服务的密码
        Gson gson = new Gson();
        Example.RequestData requestData =
Example.RequestData.newBuilder().setText(gson.toJson(map)).build();
        Example.ResponseData responseData = stub.simpleFun(requestData);
        //设置请求的数据，在这里设置后，在 JMeter 的查看结果树中才可显示
        results.setRequestHeaders(gson.toJson(map));
        //判断返回的响应结果是否正确
        if(null!=responseData && null!=responseData.getText() &&
responseData.getText().contains("success")){
            results.setSuccessful(true);
        }
        else {
            results.setSuccessful(false);
        }
        //设置响应的数据，在这里设置后，在 JMeter 的查看结果树中才可显示
        results.setResponseMessage(responseData.getText());
        //设置响应结果的字符集为 UTF-8
        results.setResponseData(responseData.getText(),"UTF-8");
    } catch (Exception e) {
        //捕获异常，当发生异常时，将取样器的取样结果设置为失败
        results.setSuccessful(false);
        e.printStackTrace();
    }
    finally {
        if(null!=channel){
            channel.shutdown();    //关闭与 GRPC 服务的连接
        }
        results.sampleEnd();        // JMeter 结束统计响应时间标记
    }
    return results;
}

@Override
public void teardownTest(JavaSamplerContext javaSamplerContext) {
}

@Override
public Arguments getDefaultParameters() {
```

```
        Arguments params = new Arguments();
        params.addArgument("userAccount", "zyq");     //设置参数，并赋予默认值

        params.addArgument("password", "111");        //设置参数，并赋予默认值
        params.addArgument("address", "127.0.0.1");   //设置参数，并赋予默认值
        params.addArgument("port", "8883");           //设置参数，并赋予默认值
        return params;
    }
```

在上述代码中，实现了 org.apache.jmeter.protocol.java.sampler.JavaSamplerClient 这个抽象接口；并且在 Arguments 中定义了如下 4 个参数：

- userAccount：请求的用户名。
- password：请求的密码。
- address：GRPC 服务对应的域名或者 IP 地址。
- port：GRPC 服务对应的端口号。

为了快速理解上述代码，这里给出整个请求和响应的过程，如图 7-8 所示。

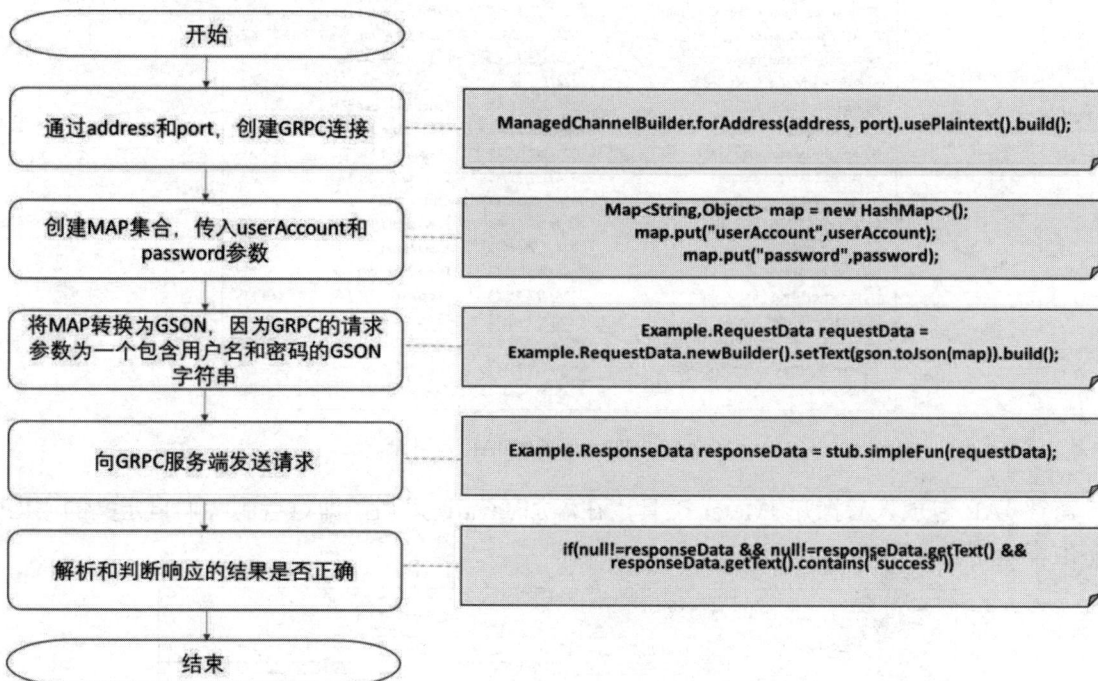

图 7-8　发起请求和获取响应的过程

代码编写完成后，执行 Maven 工程打包命令 mvn assembly:assembly，即可生成性能压测时需要放入 JMeter 中的 JAR 包，如图 7-9 所示。

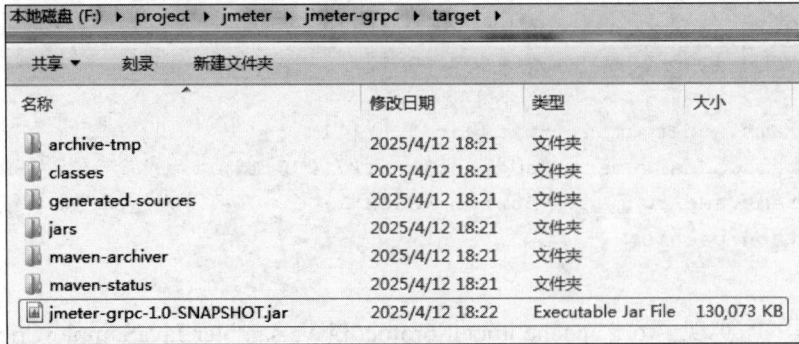

图 7-9　Maven 打包生成的 JAR 包目录

　　将生成的 jmeter-grpc-1.0-SNAPSHOT.jar 放入 JMeter 工具的 apache-jmeter-5.6.3\lib\ext 目录下，如图 7-10 所示。ext 目录专门用于存放可扩展的 JMeter 自定义 JAR 包。

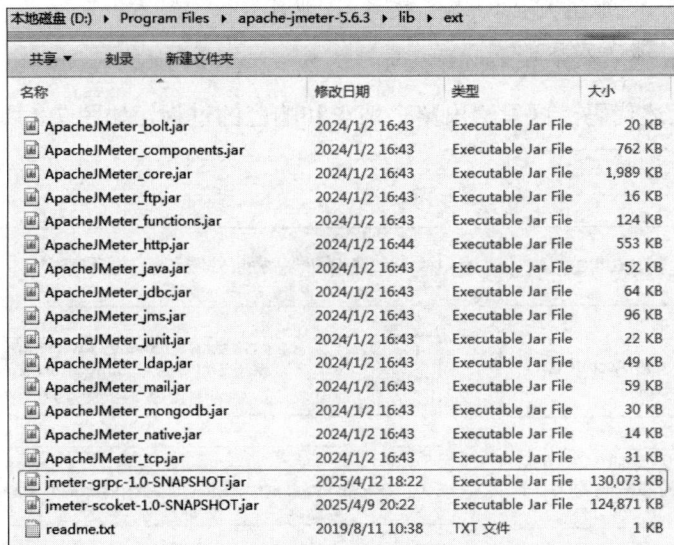

图 7-10　JMeter 扩展 JAR 包目录

　　将该 JAR 包放入后打开 JMeter 工具，在添加 Java 请求后，即可看到我们自定义的 GRPC 服务取样器了，如图 7-11 所示。

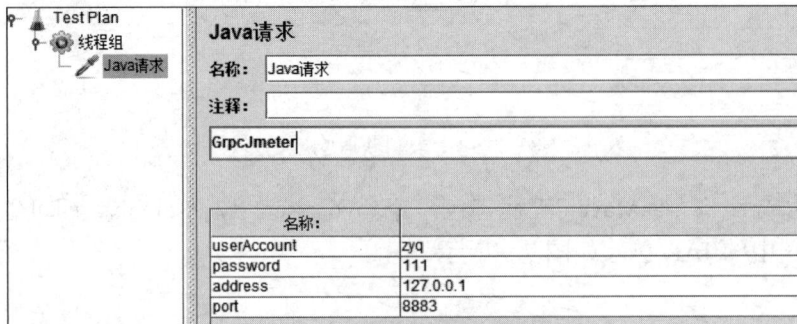

图 7-11　GRPC 服务取样器示例

7.3　本章总结

本章主要介绍了如何在 JMeter 中编写自定义的取样器，本章内容是对 JMeter 元件的使用的一个高级扩展，读者需要掌握以下重点内容：

- 什么是 JavaSamplerClient 抽象接口。
- 如何通过 JavaSamplerClient 抽象接口来定义一个自定义的取样器。

在完成本章的学习后，读者应该能够掌握简单的 JMeter 自定义取样器的编写方法。

第8章

性能分析与调优

使用 JMeter 只能完成性能测试的执行，一旦在性能测试中发现了性能问题或者性能瓶颈，光靠 JMeter 是无法解决的。性能测试需要和后续的性能分析与调优结合起来，才能让测试的过程更加完整，因为性能测试的目的不只是发现性能问题，还要解决所发现的性能问题。本章将介绍性能分析与调优的理论知识以及分析、定位问题的思想，让读者在使用 JMeter 做性能测试的时候，知道如何去解决遇到的性能问题。

8.1 性能分析与调优模型

性能测试除了获取性能指标外，更多的是为了发现性能问题和性能瓶颈，然后针对性能问题和性能瓶颈进行分析和调优。

在当今互联网以及人工智能高速发展的时代，对软件系统的性能要求越来越高，性能的好坏会直接影响用户体验的优劣，没有哪个用户可以忍受打开一个网站需要很长时间才有响应。因此，发现性能瓶颈并进行调优，是任何一个网站、系统或者软件在上线之前都需要关注的核心问题。结合传统软件系统模型以及网站特征，性能调优的模型通常可以归纳为如图 8-1 所示的知识框架。

调优模型中相关的组件说明如下：

（1）网络分发：网络分发是高速发展的互联网时代常用的用于降低网络拥塞、快速响应用户请求的一种技术手段。最常用的网络分发就是 CDN（Content Delivery Network，内容分发网络），它依靠部署在世界各地的边缘服务器，通过中心平台的负载均衡、源服务器内容分发、调度等功能模块，使世界各地用户就近获取所需内容，而不用每次都到中心平台的源服务器获取响应结果。比如，南京的用户直接访问部署在南京的边缘服务器，而不需要访问部署在遥远的北京的服务器。

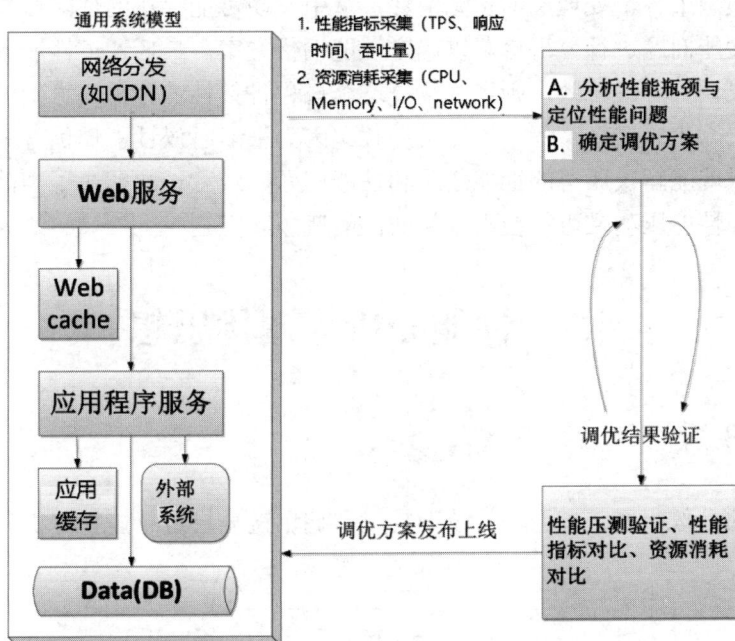

图 8-1　性能调优模型

（2）Web 服务器：Web 服务器用于部署 Web 服务。Web 服务器的作用就是负责请求的响应和分发，以及静态资源的处理。

（3）Web 服务：Web 服务指运行在 Web 服务器上的服务程序。最常见的 Web 服务就是 Nginx 和 Apache。

（4）Web Cache：Web Cache 指 Web 层的缓存。一般用来临时缓存 HTML、CSS、图像等静态资源文件。

（5）应用服务器：应用服务器用于部署应用程序，如 Tomcat、WildFly、Java 应用程序（如 JAR 包服务）、IIS（Internet Information Services，互联网信息服务）等。

（6）应用程序服务：应用程序服务指运行在应用服务器上的程序，比如 Java 应用、C/C++ 应用、Python 应用。一般用于处理用户的动态请求。

（7）应用缓存：应用缓存指应用程序层的缓存服务，常用的应用缓存技术有 Redis、MemCached 等。这些也是动态扩展的高并发分布式应用架构中经常使用的技术手段。

（8）数据库（DataBase，DB）：用于数据的存储，可以包括关系数据库以及 NoSQL 数据库（非关系数据库）。常见的关系数据库有 MySQL、Oracle、SQL Server、DB2 等，常见的 NoSQL 数据库有 HBase、MongoDB、ElasticSearch 等。

（9）外部系统：指当前系统依赖于其他的外部系统，需要从其他外部系统中通过二次请求获取数据，外部系统有时可能存在很多个。

在图 8-1 所示的调优模型中，展示的是一个互联网网站系统中常见的用户请求分层转发和处理过程。这个性能调优模型的核心就是通过性能测试，不断采集待测软件系统中的各项性能指标，以及调优模型中各个处理层的资源消耗，从中发现可能存在的性能瓶颈和性能问题，然后对性能瓶颈和性能问题进行分析诊断以确定性能调优方案，最后通过性能测试来验证调优方案是否有效；如果调优方案无效，则继续重复这个过程进行性能分析，直到调优方案有效，瓶颈和问题得到解决为止。这个过程一般非常漫长，因为很多时候性能调优方案不是一次就能奏效，或者不是一次就能解决所有的性能瓶颈和性能问题，或者一次解决了当前的性能瓶颈和问题，但是继续执行性能压测又可能会出现新的性能瓶颈和问题。

8.2 性能分析与调优思想

8.2.1 分层分析

分层分析指的是按照系统模型、系统架构以及调用链分层进行监控分析和问题排查，如图 8-2 所示。

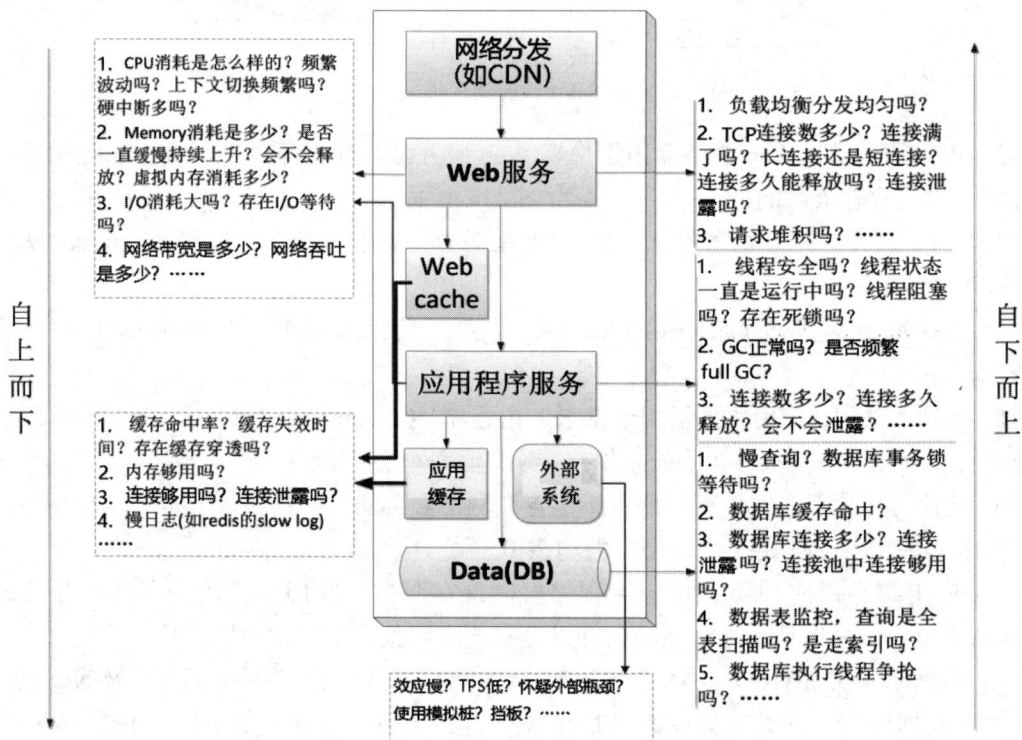

图 8-2 分层分析过程

（1）分层分析一般需要对系统的应用架构以及部署架构的层次非常熟悉，需要熟悉请求的处理链过程。

（2）分层分析一般需要对每一层建立 checklist（检查清单），然后按照每一层的 checklist

逐一进行分析。

（3）分层分析排查问题的效率虽然比较低，但是往往能发现更多的性能问题。

（4）分层分析既可以自上而下，也可以自下而上。

图 8-2 中展示了一个标准的待压测的 Web 系统，当在性能压测中出现性能瓶颈时，如何自上而下或者自下而上地去分层排查和解决性能瓶颈问题。在每一层中通常会有一个对应的技术组件，通过对应的检查清单去对该技术组件进行检查，就能发现存在的问题。

8.2.2　科学论证

科学论证是指通过一定的假设、推理等逻辑思维手段来分析性能问题，一般包括发现问题、问题假设、预测、试验论证、分析这 5 个步骤，如图 8-3 所示。

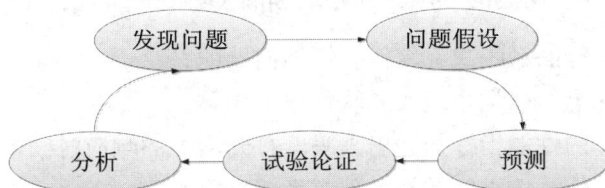

图 8-3　科学论证过程

- 发现问题：指通过性能采集和监控，发现性能瓶颈或者性能问题，比如并发用户数增大后 TPS 并不增加、每台应用服务器的 CPU 消耗相差特别大等。
- 问题假设：指根据自己的经验判断，假设是某个因素导致出现瓶颈和问题。
- 预测：指根据问题假设，预测可能出现的一些现象或者特征。
- 试验论证：根据预测，检查预期可能出现的现象或者特征。
- 分析：根据获取的实际现象或者特征进行分析，判断假设是否正确，如果不正确，就重新按照这个流程继续进行分析论证。

下面列举两个使用科学论证法进行性能分析与调优的示例。

示例一：

- 发现问题：并发增大后，是什么导致请求响应变慢？
- 问题假设：并发增大后，是否导致线程数增多，I/O 资源争抢更严重，从而导致响应越来越慢？
- 预测：如果存在资源争抢，那么线程堆栈中应该存在大量线程处于资源等待状态。
- 试验论证：使用 jstack 获取线程堆栈，发现很多执行线程确实长期处于等待状态。
- 分析：线程等待并不是 I/O 造成的，而是因为等待数据库连接池连接处理造成的。

示例二：

- 发现问题：并发增大后，CPU 资源消耗还是很低，TPS 也不能上升。

- 问题假设：并发增大后，系统的处理线程数量不够，导致大量的请求在队列中排队。
- 预测：如果请求排队过多，那么请求队列中应该堆积了大量的请求。
- 试验论证：查看请求队列，发现确实堆积了大量请求；线程堆栈中线程持续处于运行状态，并经常出现线程处于等待状态，说明线程一直在繁忙地运行；增大系统应用程序的线程数，重新压测发现 TPS 明显上升，CPU 资源消耗也明显上升。
- 分析：线程数的不够，导致了系统的处理能力无法提升。

8.2.3 问题追溯与归纳总结

问题追溯指的是根据已有的问题去追溯最近系统或者环境发生的变化，一般适用于已上线生产系统的版本发布或者环境变动导致的性能问题。问题追溯通过不断地向下追溯问题并根据问题描述逐步排查可能导致问题的原因。问题追溯的步骤一般如下：

（1）是怎么觉得运行的系统或者软件有性能问题的？
（2）是用户反馈的吗？感觉系统或者软件很卡顿？
（3）问题能用具体的性能指标描述出来吗？打开网页的响应时间很慢？
（4）问题会影响其他系统吗？是不是独立系统？
（5）最近系统有什么变动吗？代码有变动吗？数据库表有变动吗（是否创建新的表，这些表是否创建索引）？服务器硬件有变动吗？网络配置有变动吗？系统配置有变动吗？
（6）是下游别的系统造成的影响吗？下游别的系统最近有发布吗？

归纳总结指在出现某种性能瓶颈或者性能问题时，根据以往总结的性能测试经验逐一进行排查。在性能测试工作中，经验的积累非常重要，通过不断地归纳总结，可以发现性能测试中很多问题具有相似性。归纳总结不但有助于提高我们思考问题的能力，还有助于我们在今后的工作中提高性能分析与问题定位的能力。

8.3 性能调优技术

8.3.1 缓存调优

为了提高用户访问请求的响应时间，缓存的使用已经成为很多大型软件系统或者电商网站的一个关键技术。合理地设计缓存，直接关系到一个系统或者网站的并发访问能力和用户体验。在系统拥有了缓存后，用户访问的请求就不需要每次都去查询底层的数据库，甚至不需要每次都向软件系统的后端服务发起请求。这样不仅可以提高用户请求的响应时间，还可以减轻系统的负载压力。

1. 缓存分类

缓存按照存放地点的不同，可以分为用户端缓存和服务端缓存，如图 8-4 所示。

图 8-4 缓存分类

（1）用户端缓存：一般指的是个人计算机的浏览器缓存以及移动端（比如手机）APP 的本地缓存等。比如，一些静态页面，除非重新部署，否则一般不会发生变更，那这种就可以设计到缓存中。一般情况下，如果每次访问系统都需要加载静态页面，那用户网络状况不佳时，就会造成页面加载缓慢，用户体验非常差。因此，手机 APP 基本上都使用了大量的用户数据缓存。

（2）服务端缓存：包括 Web 中间件（比如 Nginx 或者 Apache）的缓存、应用数据的缓存（比如 Redis 或者 memcached 等内存数据库）。Web 中间件的缓存主要用于存储一些前端的静态资源文件。应用数据缓存是指为了提高查询效率，避免每次查询相同的数据都需要去查询数据库，从而将数据缓存在内存数据库中。应用数据缓存和数据库之间的交互如图 8-5 所示。

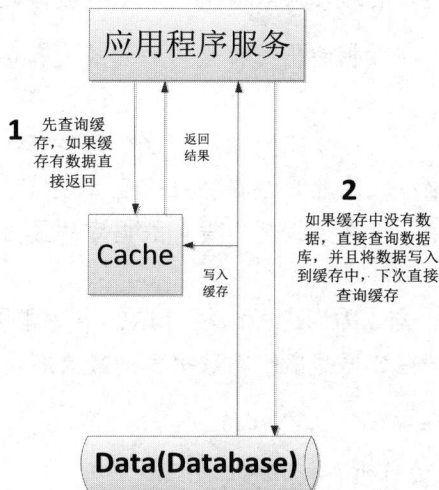

图 8-5 应用数据缓存和数据库之间的交互

上面提到的 Redis 是由 C 语言实现的一个内存数据库，相关知识可以参考 Redis 官方网站。memcached 也是由 C 语言实现的一个内存数据库，相关知识可以参考 memcached 官方网站。

2. 缓存设计和调优的关键点

（1）如何让缓存的命中率更高？

- 缓存适合"读多写少"的业务场景。
- 根据实际业务设计合适的缓存粒度。若粒度过细，则内存资源的成本会过高；若粒度过粗，则会影响缓存命中率。
- 设计适合业务场景的缓存更新策略。如果缓存更新过慢，那势必会影响缓存的命中率，从而加大数据库的查询压力。

（2）如何防止缓存穿透？

缓存穿透是指用户查询时，总是存在大量的查询直接绕过缓存数据库而直接去查询底层数据库。

常见的防止缓存穿透的策略如下：

- 数据空值缓存。将数据库中查询结果为空的缓存键也存储到缓存中，避免空值时重复查询数据库。
- 对于不存在的数据，也设置缓存。建议设置一个较短的过期时间，从而减轻数据库的查询压力。因为数据是否存在只有查询了数据库才能确定，如果提前就在缓存中设置了，那在用户查询不存在的数据时，就可以在缓存层中过滤掉。
- 避免大量的缓存数据同时失效或过期，否则会导致大量请求直接查询数据库。

（3）如何控制好缓存的失效时间和失效策略？

由于缓存数据库一般都把数据存储在内存中，而内存是有大小限制的，因此现实中需要根据实际的业务场景，选择最适合的缓存失效策略。常见的缓存失效策略说明如下：

- FIFO（先进先出）：在数据超出缓存数据库的最大容量时，优先清理最早进入缓存的数据。
- LIFO（后进后出）：与 FIFO 刚好相反，这个策略会优先清理最后进入缓存的数据。这种策略一般用得很少，除非是存在特殊的业务场景才有使用。
- LRU（最久不被使用）：在数据超出缓存数据库的最大容量时，优先清理最久时间未被访问的数据。
- MRU（最近使用）：与 LRU 刚好相反，MRU 会清理最近被使用的数据。
- LFU（最不常用）：在数据超出缓存数据库的最大容量时，优先清理总访问次数最少的数据。

（4）如何做好缓存的监控分析？

可以通过慢日志（Slow Log）分析、连接数监控、内存使用监控等多种方式，做好缓存的监控分析。比如，通过慢日志分析，可以看到用户在查询哪条数据时耗时最长；通过内存使用监控，可以看到哪些数据经常被访问，哪些数据不经常被访问，以及哪些数据正在从缓存中失效而被移出缓存。

（5）如何防止缓存雪崩？

缓存雪崩指的是服务器在出现断电等极端异常情况后，缓存中的数据全部丢失，导致大量的请求全部需要从数据库中直接获取数据，从而使数据库压力过大，造成数据库崩溃。防止缓存雪崩的策略如下：

- 缓存数据全部丢失后，才能快速地把数据重新加载到缓存中。
- 缓存数据的分布式冗余备份。当出现数据丢失时，可以迅速切换到备份数据。
- 设置多级缓存机制，从而避免某级缓存雪崩后，所有的请求都直接去查询数据库。

8.3.2　同步转异步推送

同步指的是系统收到一个请求后，在该请求处理完成前就一直不返回响应结果，直到处理完成后才返回响应结果，如图 8-6 所示。

与同步相比，异步指的是系统收到一个请求后，立即把请求接收成功返回给请求调用方，在请求处理完成后，再异步推送处理结果给调用方，或者请求调用方间隔一定时间之后再重新获取请求结果，如图 8-7 所示。

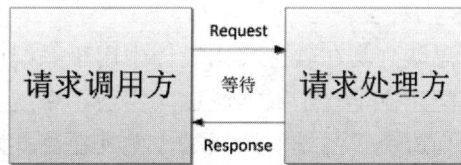

图 8-6　同步调用

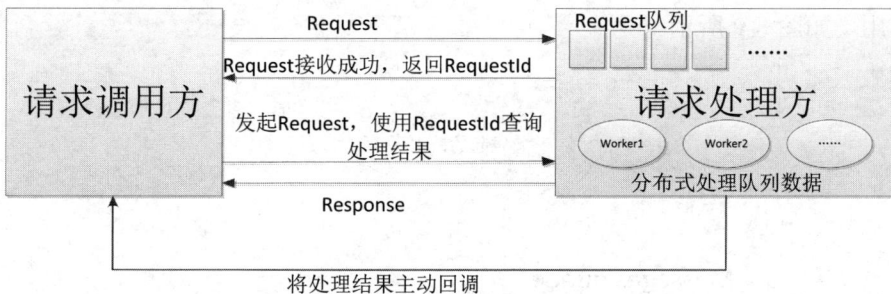

图 8-7　异步调用过程

同步转异步主要解决同步请求时的阻塞等待问题。一直处于阻塞等待的请求，往往会造成连接不能快速释放，从而导致在高并发处理时连接数不够用。通过队列异步接收请求，请求处理方再进行分布式并行处理，可以扩展处理能力，并且网络连接也可以快速释放。

8.3.3　削峰填谷

在同步转异步推送处理中，最常用到的就是消息队列，如图 8-8 所示。消息队列是一种临时存储消息和请求的存储介质，可以是内存，也可以是磁盘。消息队列主要用于系统或者模块间的消息传递。很多编程语言内部都有消息队列的实现，当然也有专门用于消息队列的技术组件，比如 Kafka、RabbitMQ 等。

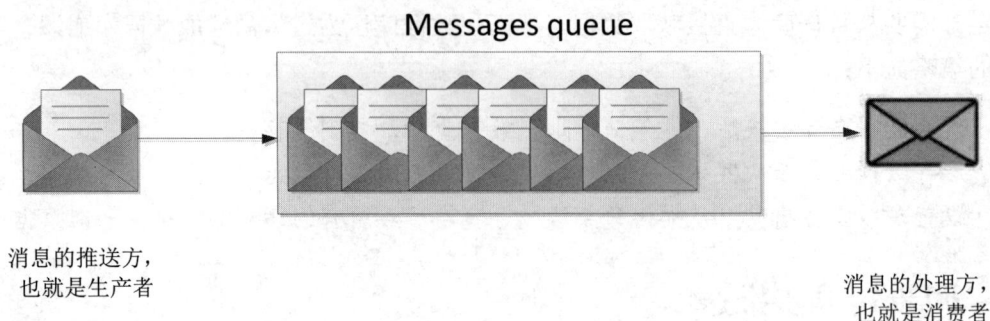

图 8-8　消息队列示例

　　消息队列是在软件架构设计中用于系统或者模块间解耦的一种常见设计模式，它在系统和模块之间建立了一个数据通道，实现了系统或者模块之间的解耦。通过削峰填谷和异步处理，消息队列避免了系统资源耗尽，尤其在高并发调用系统的情况下，系统可能会面临突然的大量请求；而消息队列可以缓冲这些请求。通过将这些请求临时存储在消息队列中，并按照系统的处理能力逐步顺序消费数据消息，从而平滑过渡高峰期的请求，避免系统超压崩溃或性能急剧下降。

　　我们以双 11 大促秒杀活动作为示例来说明，消息队列用来削峰填谷，对优化系统性能起到了关键的作用，如图 8-9 所示。

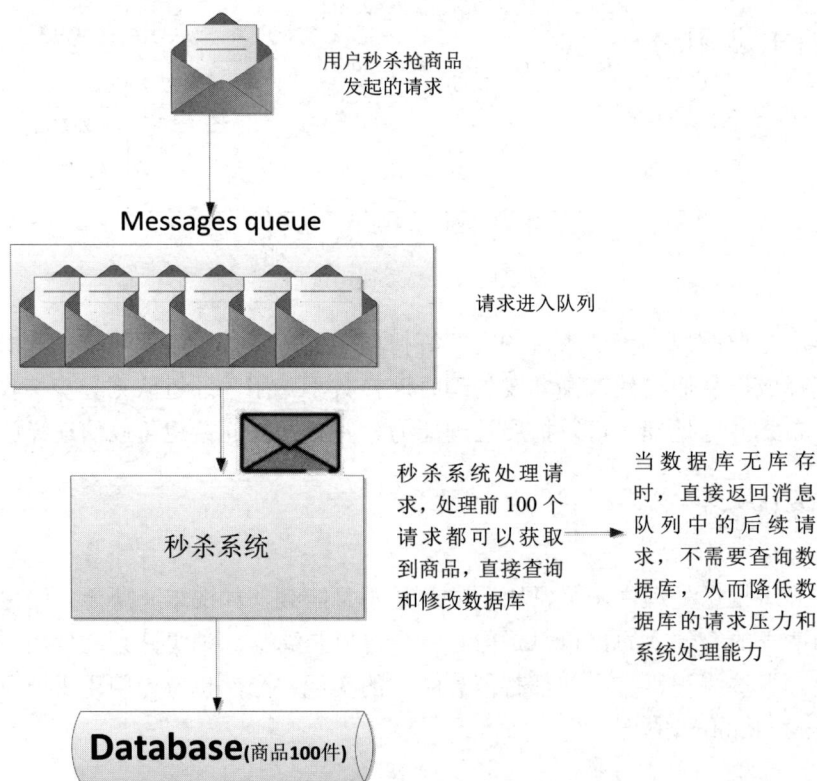

图 8-9　用消息队列实现双 11 大促秒杀

可以看到有了消息队列后：

（1）很好地降低了数据库的压力。因为只有前 100 个请求需要查询和修改数据库的库存，当库存为空时，不需要做任何处理，直接返回用户。

（2）秒杀系统可以根据自身的消费能力，合理处理数据。当库存为空时，后续收到的消息队列中的请求，可以直接返回，不需要做任何的逻辑处理，从而减少了系统资源的使用，提升了系统的并发处理能力。

8.3.4　拆分

拆分指的是将系统中的复杂业务调用拆分为多个简单的调用，如图 8-10 所示。

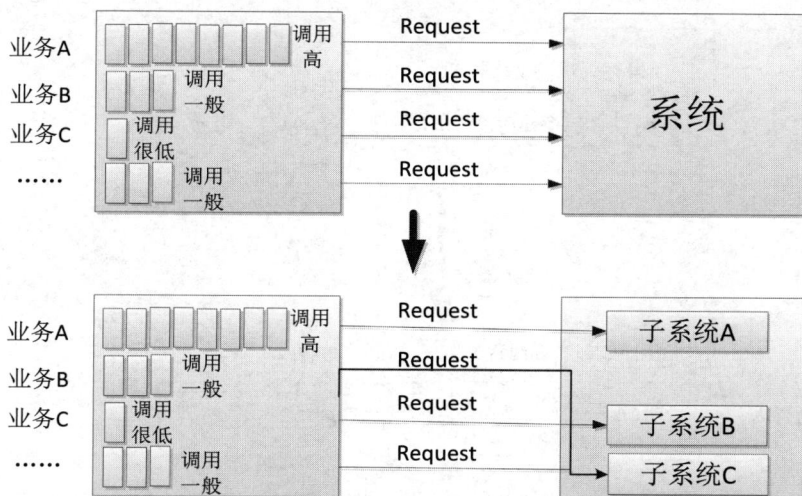

图 8-10　业务拆分示例

拆分遵循的原则如下：

（1）对于高并发的业务，请求调用都单独拆分为单个的子系统应用。

（2）对于并发访问量接近的业务，可以按照产品业务进行拆分，相同的产品业务都归类到一个新的子系统中。

系统拆分带来的好处就是高并发的业务不会对低并发业务的性能造成影响，而且系统在硬件扩展时，也可以有针对性地进行扩展，避免了资源的浪费。

8.3.5　任务分解与并行计算

任务分解与并行计算指的是将一个任务拆分为多个子任务，然后将多个子任务并行进行计算处理，最后只需要将并行计算的结果合并在一起返回即可，如图 8-11 所示。这样处理的目的是通过并行计算的方式来增加处理性能。

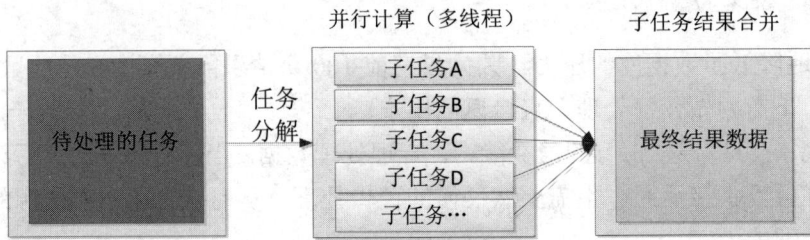

图 8-11　任务分解示例

另外，对于包含多个处理步骤的串行任务，需要尽量转换为并行计算处理。如图 8-12 所示，串行处理的步骤 1、步骤 2、步骤 3 等，可以把它们转换为多步骤并行处理，从而加快任务的处理速度。

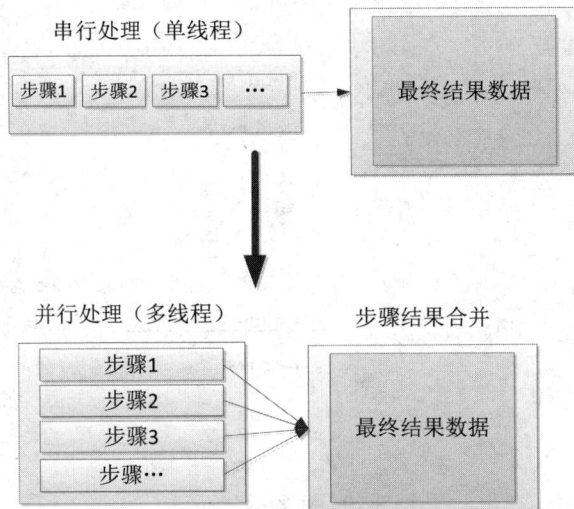

图 8-12　串行处理转并行处理

8.3.6　索引与分库分表

索引与分库分表也是一种性能调优技术，可用于数据库访问的性能调优。索引是指应用程序在查询时，尽量使用数据库索引进行查询。在创建数据库表时，也尽量对查询条件的字段建立合适的索引。这里强调一定是合适的索引，如果索引建立不合适，不仅对查询效率没有任何帮助，反而会使数据库表在插入数据时变得更慢。因为一旦建立了索引，在插入数据时，索引也会自动更新，这样就加大了数据库插入数据时的资源消耗。比如，数据库表中有一个字段为 status，而 status 的取值只有 0、1、2 三个值，这时如果对 status 建立索引，对查询效率就没有任何帮助，因为 status 字段的值只有 0、1、2 这三个，取值范围太少，建立索引后根据 status 去检索时，需要扫描的数据量还是非常大的。

正确使用索引可以很好地提高查询效率，但是如果一张表的数据量非常庞大，比如达到了

亿万级别，此时索引查询很慢，并且插入新数据
也很慢，这就需要对数据进行分表或者分库。分
库一般指的是一个数据库的存储量已经很大了，
查询和插入数据时 I/O 消耗非常大，此时就需要
将一个数据库拆分成两个，以减轻读写时的 I/O
压力，如图 8-13 所示。

常见的分库分表方式如下：

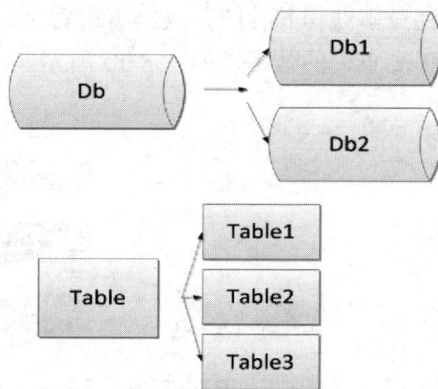

图 8-13　分库分表示例

● 按照冷热数据分离的方式：一般将使用
频率较高的数据称为热数据，查询频率
较低或者几乎不被查询的数据称为冷
数据。冷热数据分离后，热数据单独存
储，这样数据量就会降下来，查询的性能自然也就提升了，而且还可以更方便地单独
针对热数据进行 I/O 性能调优。

● 按照时间维度的方式：比如可以按照实时数据和历史数据进行分库分表，也可以按照
年份、月份等时间区间进行分库分表，目的是尽可能地减少每个库表中的数据量。

● 按照一定的算法计算的方式：此种方式一般适用于数据都是热数据的情况，比如数据
无法做冷热分离，所有的数据都经常被查询到，而且数据量又非常大，此时就可以根
据数据中的某个字段执行算法（注意：这个字段一般是数据查询时的检索条件字段），
使得数据插入后能均匀地落到不同的分表中（由算法决定每条数据进入哪个分表），
查询时再根据查询条件字段执行同样的算法，就可以快速知道是到哪个分表中去进行
数据查询。

数据在分库分表后，就可以按照图 8-14 所示的方式进行分布式写入。

insert into t_xxxx_table(xx1,xx2,...)values(value1,value2,...)

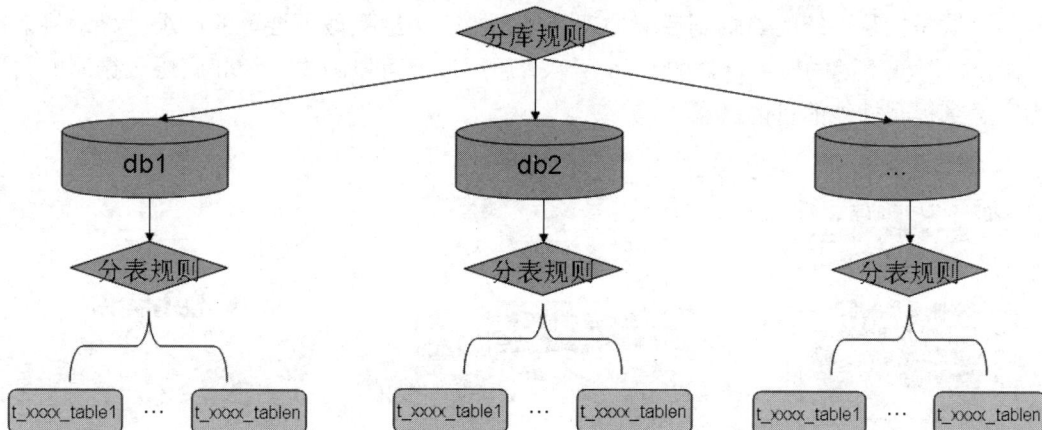

图 8-14　数据写入示例

数据分库分表后，带来的另一个好处就是：如果在单次查询时需要查询多个分表，此时就

可以通过多线程并行的方式去查询每个分表，最后只需合并每个分表的查询结果即可，这样也可以提高查询的效率，如图 8-15 所示。

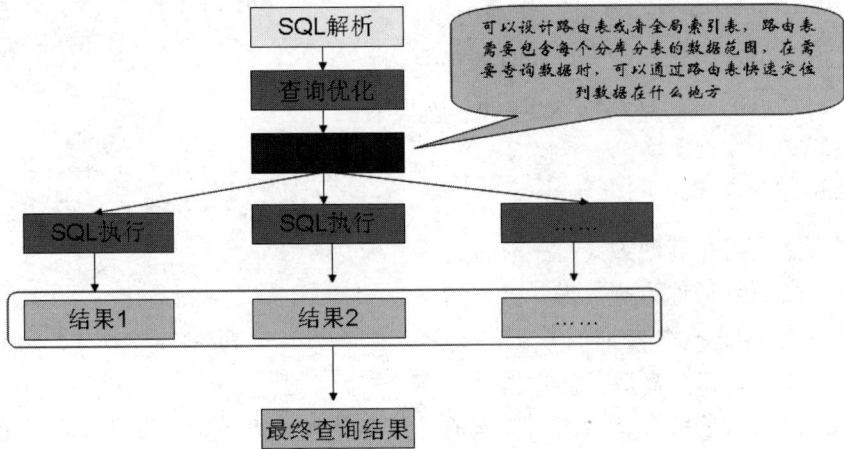

图 8-15　数据查询示例

数据分库分表的关键点如下：

● 合理设计路由表。当需要查询数据时，能快速地定位到需要查询的数据分布在哪些库的哪些表中，这样就能快速地到对应的库和表中去进行查询。

● 设计分库时，尽可能根据实际业务场景减少跨库之间的关联查询。因为不同的库的数据一般分布在不同的存储上，如果做关联查询，就会涉及大量数据的网络传输，从而影响查询性能。

● 设计分表时，尽可能根据实际业务场景让每个分表的数据分布相对均匀。

8.3.7　层层过滤

层层过滤是指从系统的前端到后端处理的过程中，层层拦截不合理的请求，尽量将请求拦截在上游，以降低下游的压力，如图 8-16 所示。层层过滤可以减少系统和底层数据库的并发处理压力，达到提升性能的目的。

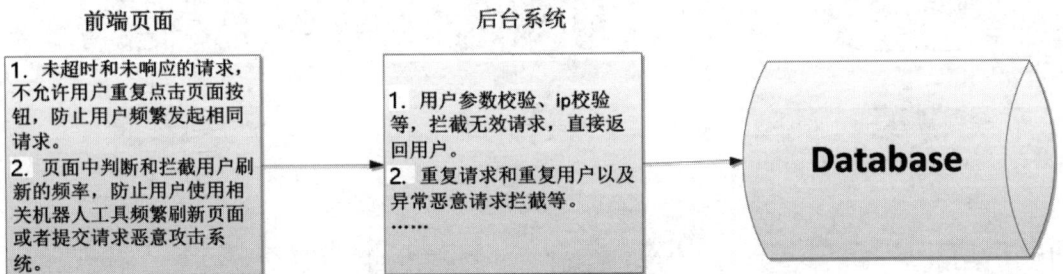

图 8-16　层层过滤示例

层层过滤的关键点如下：

- 在不同的层级尽可能过滤掉当前层级可以过滤掉的无效请求，让最末端进入数据库的请求都是有效的请求。
- 错误前置，提前抛出异常。对于异常的请求，越早抛出异常，越有利于减轻系统的处理压力和减少资源的占用。

8.4　常见性能问题分析总结

在性能测试中，经常会遇到以下问题。

1. 性能指标曲线频繁出现大幅度抖动

如图 8-17 所示，在性能测试中，性能指标中的 TPS 和平均响应时间频繁出现上下抖动。

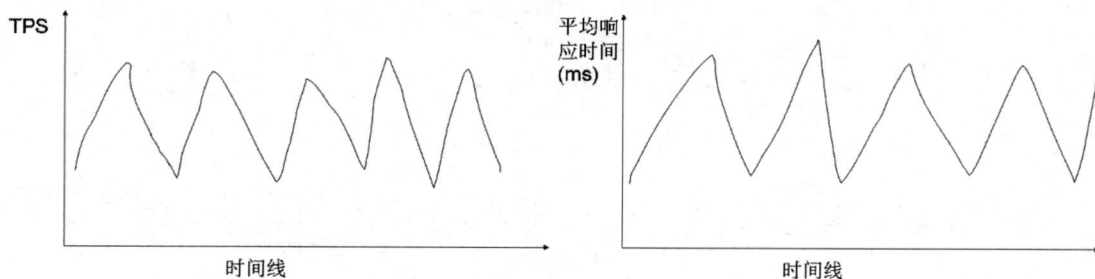

图 8-17　性能指标曲线频繁出现大幅度抖动

通常来说，TPS 和平均响应时间频繁抖动说明系统并不是一直在稳定地运行，中间会有短暂的停顿，就是系统持续运行了一段时间后，会停顿一下再继续运行，持续地这样交替进行，从而造成了系统性能的频繁抖动。

造成系统性能频繁抖动的原因可能有以下几种：

（1）如果该系统是使用 Java 语言开发的，那很可能是 Java 虚拟机在频繁地进行 Full GC（Full Garbage Collection，完全垃圾回收）。Full GC 是 Java 应用程序垃圾回收的一种机制，如果出现了 Full GC，Java 应用程序就会出现短暂的停顿。关于 Full GC 的介绍，可以参考《软件性能测试、分析与调优实践之路》一书中 5.1.7 节的介绍。当怀疑系统出现了频繁的 Full GC 时，可以先去看一下应用程序中输出的 GC 日志，如果 Full GC 非常频繁，但又没有出现内存泄露，那么可以参考《软件性能测试、分析与调优实践之路》一书中 5.4.1 节中介绍的如何减少 GC 来解决该问题。

（2）系统某一次查询、修改或者删除数据耗时很长，导致整体性能不稳定。比如，在性能压测查询时，虽然大部分参数化查询返回的结果数据很少，但是可能某几个参数查询出来的数据量非常大，就会导致系统在处理这些数据量大的数据时耗时较长。

（3）如果待测试的系统中使用了缓存技术，那么系统在查询时，可能有时能命中缓存，有时不能命中缓存。命中缓存时，查询会很快；不能命中缓存时，需要去查询数据库，查询数据库的时间肯定比查询缓存长，就会造成系统性能的不稳定。通常情况下数据库也会有缓存，如果命中了数据库的缓存，查询会更快；但是如果没有命中，那查询的耗时肯定也会变长。

（4）如果待测试的系统是通过分布式部署的方式进行部署的，那么可以检查一下分布式处理系统中每个节点的处理能力是否一致，如果不一致，可能也会导致系统性能的频繁抖动。

（5）服务器连接不够用，导致连接批量释放然后突然批量连接。一旦批量释放连接，系统 TPS 马上就会上涨，因为此时可以建立连接了。当连接满了后，请求就无法处理了，从而不得不等待，进而造成 TPS 指标突然下降。

2. 在提高并发用户数时，系统的 TPS 和平均响应时间一直无法提升

如图 8-18 所示，当遇到这种情况时，说明系统已经出现了瓶颈，此时可以先去检查服务器的 CPU、内存资源的消耗情况。

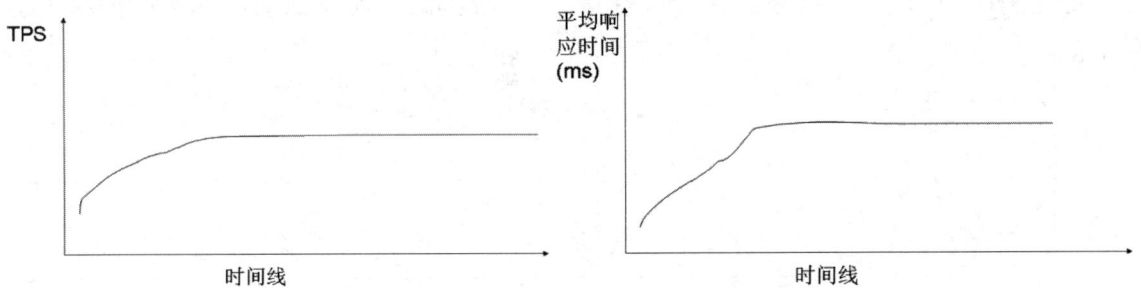

图 8-18　在提高并发用户数时，系统的 TPS 和平均响应时间一直无法提升

通常，检查服务器资源消耗情况后，会发现应用服务器的 CPU、内存等资源都没有达到使用的上限，但是系统却出现了处理瓶颈，这就说明系统一定是有地方被"堵住了"。此时需要继续做如下检查：

（1）性能压测时，点击率是否真的提升了。如果点击率或者单位时间内的请求数没有提升，就说明是压测机器无法提供更大的压测能力。尤其在大型的分布式系统中，单台压测机往往不够用，因为单台压测机不论是网络连接还是带宽，以及自身 CPU、内存等，都会存在很大限制，在进行性能压测时不仅服务器资源会有很大消耗，提供压测能力的压测机也会有很大的资源消耗。

（2）检查网络带宽的使用情况，排查性能瓶颈是否因为网络带宽限制而导致的。此时，需要检查网络带宽的环节包括压测机到 Web 服务器、Web 服务器到应用服务器、应用服务器到数据库服务器等所有存在网络请求交互的地方，如图 8-19 所示。

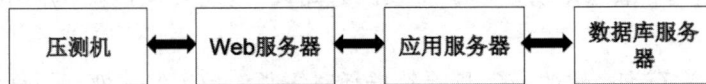

图 8-19　服务交互链路

（3）如果待测试的系统使用 Java 语言开发，那么可以参考《软件性能测试、分析与调优实践之路》一书中 5.3.2 节中介绍的内容，使用 jstack 命令行工具查看 Java 系统的线程堆栈，从线程堆栈中直接分析当前系统的瓶颈是因为在等待什么资源，而且该资源可能是一个隐形的

不容易被发现的资源。

（4）如果对于第（3）点运用不熟，可以根据请求处理的链路过程，从上而下或者从下而上按顺序去排查。此时需要坚信一点，系统肯定是"堵在什么地方了"，仔细通过 checklist 去检查，一定能够找到这个"被堵住"的位置。这就如同自来水的供水系统一样，如果某个用户突然反馈说，我家自来水的水压很小，水压一直都上不去，那么自来水公司的维修人员上门之后，肯定是将这个用户家作为起点，然后对供水链路中的每个环节进行排查，直到找到是哪个环节出现了拥堵。

（5）如果按照前面 4 点还是找不到问题原因，那么可以尝试减少中间环节，从而减少不确定因子的影响，再进行压测对比，即先确定问题可能的范围，再在某个明确的范围内查找具体的原因。比如，在如图 8-20 所示的链路中，可以将 Web 服务器暂时去掉，让压测机的请求直接对应用服务器进行压测。

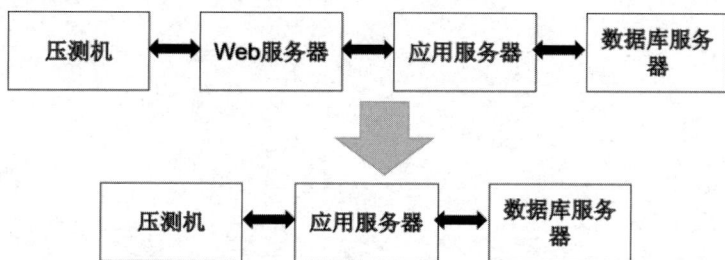

图 8-20　服务交互链路变化

3. 在提高并发用户数时，系统的 TPS 缓慢下降而平均响应时间缓慢上升

如图 8-21 所示，当系统出现 TPS 下降而平均响应时间缓慢上升时，可能是系统出现了性能的拐点，达到了最大的处理能力。

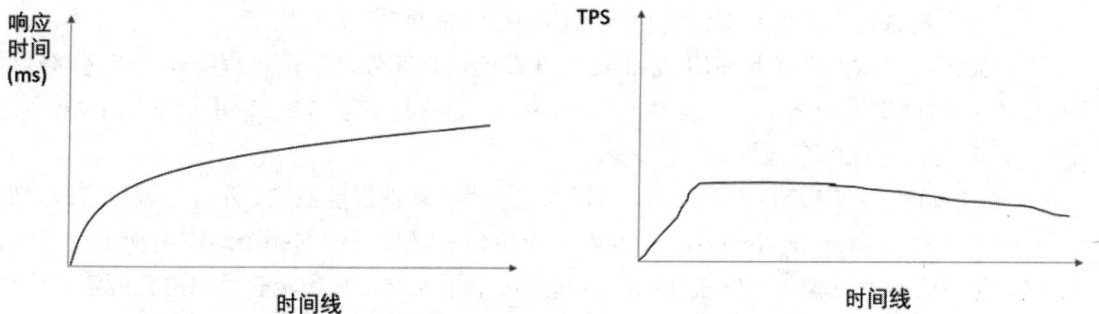

图 8-21　在提高并发用户数时，系统的 TPS 缓慢下降而平均响应时间缓慢上升

此时需要进行如下检查：

（1）检查应用服务器资源，比如 CPU、内存、I/O 等是否已经达到了使用上限。

（2）检查数据库服务器的资源以及数据库的链接数等是否已经达到了使用上限。

（3）如果第（1）点或者第（2）点中的资源使用已经达到了上限，那么可以对服务器资源进行扩容，之后再重新压测。通常情况下，当性能出现拐点时，服务器中的某项资源也达到了使用的上限。

（4）如果通过第（3）点还是无法排查到具体的问题，可以参考前面提到的分层分析的方式来定位问题。

4. 性能压测过程中，服务器内存使用率一直在逐步缓慢上升，随着性能压测的持续进行，内存使用率从来不会出现下降或者在一定范围内小幅度波动，并且此时 TPS 也在缓慢下降

如图 8-22 所示，当出现这种情况时，很有可能出现了内存泄露。

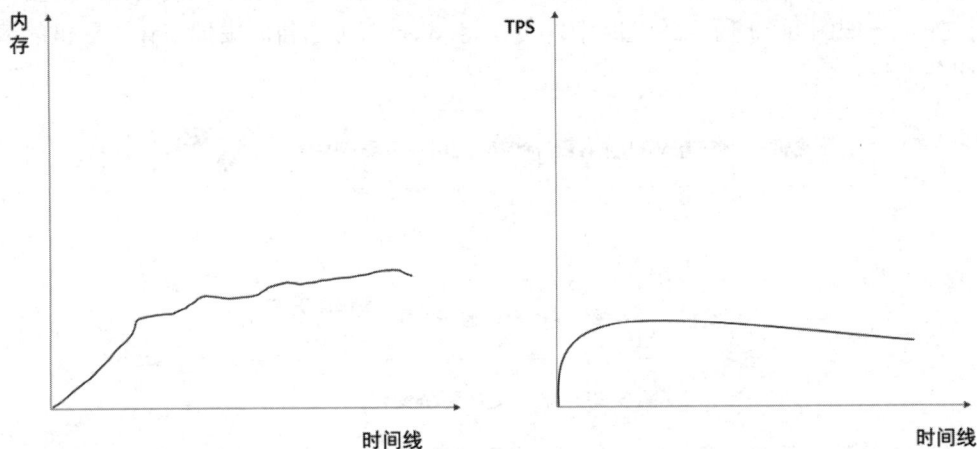

图 8-22　服务器资源使用与性能指标趋势示例图

此时可以进行如下检查：

（1）查看系统日志，看看有没有内存溢出的报错信息。

（2）如果待测试的系统是使用 Java 语言开发的，那在性能压测过程中建议参考《软件性能测试、分析与调优实践之路》一书中 5.2.1 节中的 jconsole 或者 5.2.2 节中的 jvisualvm 来进一步定位 JVM 是否存在内存泄露。

（3）如果确实存在 JVM 内存泄露，可以继续参考《软件性能测试、分析与调优实践之路》一书中 5.3.3 节中的 MemoryAnalyzer 工具来进一步分析是代码中的哪个地方出现了内存泄露。

（4）在性能压测过程中，当并发用户数和点击率不变时，服务器的资源消耗应该在一个稳定的范围内，或者在一定范围内不断地小幅度波动，这才是比较正常的。

5. 在分布式部署环境的性能压测过程中，每台应用服务器的 CPU 或者内存资源消耗相差太大

如图 8-23 所示，不同应用服务器的 CPU 资源相差太大。

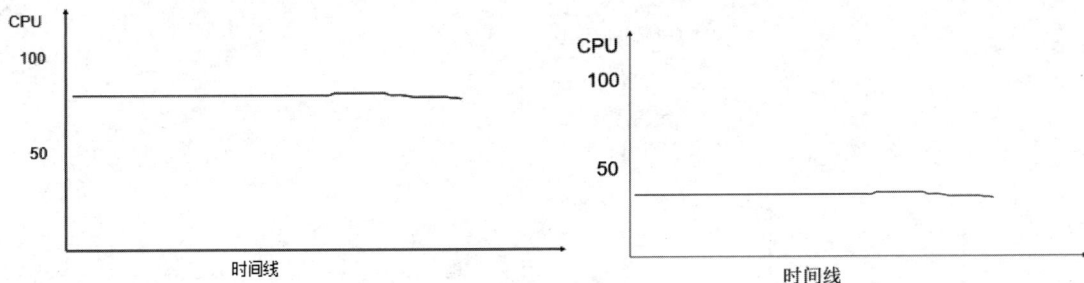

图 8-23　服务器资源使用示例图

当出现这种现象时，可以进行如下检查：

（1）检查每台应用服务器的硬件配置是否一致。

（2）检查每台应用服务器的操作系统、应用软件、数据库软件、JDK 软件等版本以及配置信息是否一致。

（3）如果第（1）点和第（2）点都没问题，继续检查 Web 服务器转发请求到应用服务器的负载均衡是否均匀。比如，如果待测系统的 Web 服务器使用了 Nginx，那么可以检查 Nginx 配置中转发的权重是否不一致，或者有 ip_hash 的配置限制等。

8.5　本章总结

本章主要介绍了如何对发现的性能瓶颈问题进行分析与调优，具体包括：

● 性能调优模型：详细介绍了性能测试时，如何按照性能调优模型中展示的步骤来对软件系统进行持续的性能优化。

● 性能调优思想：从理论的角度介绍了如何去发现和诊断性能问题，以及如何对发现的性能问题进行调优。

● 性能调优技术：罗列了软件系统中常用的性能调优技术手段，包括缓存调优、同步转异步推送、削峰填谷、拆分、索引与分库分表、层层过滤等。

● 常见性能问题的分析归纳与总结：归纳与总结能够帮助读者更好地掌握性能分析与调优的核心思想，也能帮助读者在实际性能测试中遇到问题时，有一个解决问题的参考思路。

通过本章的学习，读者在今后分析性能问题时，应该可以做到不再慌乱。在性能测试中，肯定会遇到各种各样的性能瓶颈问题。遇到问题时，不要害怕，我们要坚定一个信念，就是任何问题都可以找到原因并加以解决。性能往往是客观的，系统往往也是很复杂的，并且性能问题可能是多个并存的，解决了其中一个问题后，重新压测时，可能又会发现新的性能问题。此时，我们就可以结合本章介绍的性能调优模型和性能调优思想来综合分析和排查问题。

对于服务器资源引起的性能瓶颈问题，可以参考图 8-24 所示的步骤，逐一进行排查。

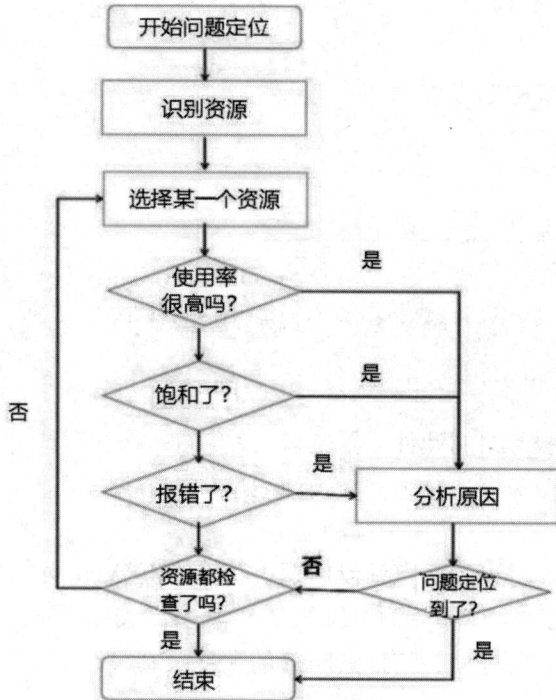

图 8-24　服务器性能瓶颈排查步骤

　　针对每一项资源，我们都检查一下它是否存在异常或者资源使用是否饱和，一旦发现存在不正常的情况，就立即查找原因。排查问题时细节很重要，不要漏过每一个环节。当找不到问题原因时，往往觉得最不可能出现瓶颈的地方可能就是定位问题的关键点。对每一次发现的性能问题及其解决方式进行归纳总结，这样在下次进行性能压测时，就可以更好地借鉴以往的经验。

　　在第 9 章中，还会把性能分析和调优方法与 JMeter 性能测试工具结合在一起，进行一个完整的实践，让读者不仅会用 JMeter 来完成性能测试，还能解决相关性能瓶颈和性能优化问题。

第9章

电商网站的秒杀系统性能测试与
性能分析案例

在前面的章节中，已经介绍了性能测试的基础知识、如何使用 JMeter 来完成性能测试、性能分析和调优的理论知识，本章将会通过一些完整的案例把这些知识应用到性能测试实践中。随着互联网技术的发展，我们经常会在网上购物，比如淘宝、天猫、京东等各种互联网电商平台，经常会进行大促活动，这些大促活动中有一项就是商品的秒杀抢购。本章就以秒杀系统的性能测试与分析为例，来进行一次完整的实践。

9.1　性能需求分析

在拿到一个性能测试的需求时，通常要做的第一件事就是对性能测试的需求进行分析。对性能测试的需求进行分析，需要完成的工作如下：

（1）熟悉待压测系统的基本业务流程，明确此次性能测试要达到的目标，与产品经理、业务人员、架构师、技术经理一起沟通，找到业务需求的性能点。对于电商网站的大促秒杀系统，其基本业务流程如图 9-1 所示。

用户需要先登录，登录完成后，进入电商网站的大促秒杀页面。没有登录的用户是没法参与秒杀的。在大促秒杀的时间段内，选择需要参与秒杀的商品，点击提交订单。秒杀系统的后端服务接收到请求后，需要判断库存是否足够，并相应地扣减库存。在扣减库存时，需要先判断当前是否有足够的库存，如果没有足够的库存，则提示商品已经卖完。另外，秒杀通常会有商品抢购的限制，比如同一个用户最多只能买一件，所以在判断完是否有足够的库存后，还要判断用户是否已经成功提交订单，如果已经提交成功，则返回提示每个用户最多只能购买一件，如图 9-2 所示。在扣减库存成功后，给用户返回提交订单成功的提示。

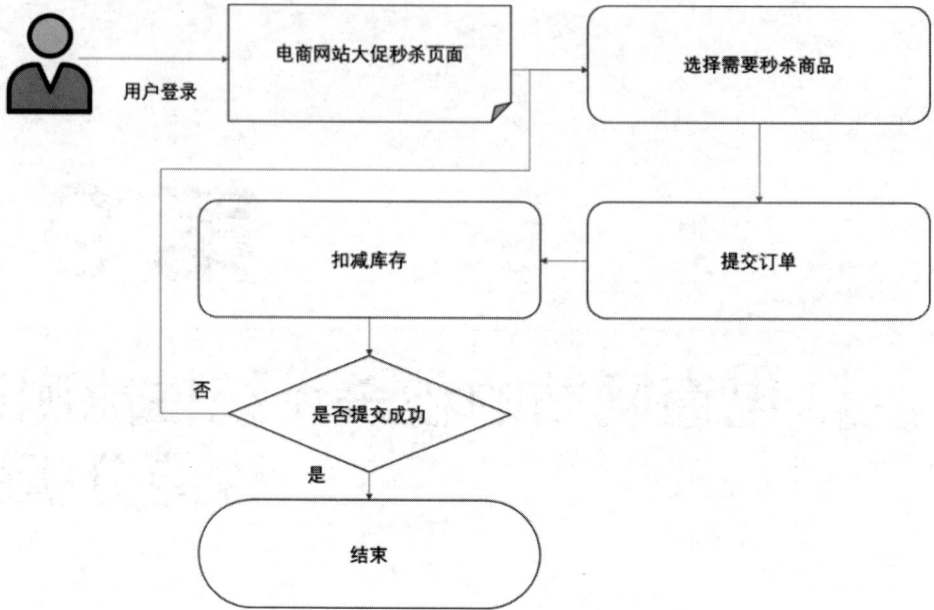

图 9-1　大促秒杀系统业务流程

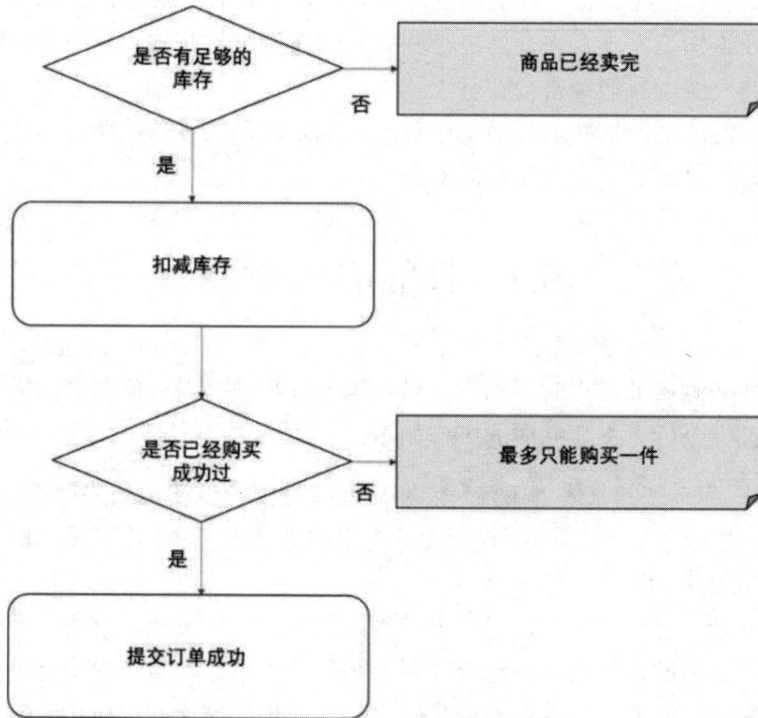

图 9-2　库存扣减过程

（2）熟悉系统的应用架构、技术架构、数据架构、部署架构等，找到与其他系统的交互流程，明确系统部署的硬件配置信息和软件配置信息，把对性能测试有重要影响的关键点明确地列举出来，一般包括以下几点：

- 用户发起请求的顺序、请求之间的相互调用关系。
- 业务数据流的走向，数据是如何流转的、经过了哪些应用服务、经过了哪些存储服务。
- 评估待压测系统可能存在的重点资源消耗，判断它是 I/O 消耗型、CPU 消耗型还是内存消耗型，这样在压测执行时可以重点进行监控。
- 关注应用的部署架构。如果是集群部署，压测时需要关注应用的负载均衡转发是否均匀，每台应用服务器资源消耗是否大体一致。
- 与技术经理沟通，明确应用的并发架构是采用多线程处理还是多进程处理，重点关注是否会死锁、数据不一致，线程同步锁是否合理（锁的粒度一般不宜过大，若过大则可能会影响并发线程的处理）等。

对于电商网站的大促秒杀系统来说，其应用交互通常比较简单，如图 9-3 所示，主要涉及用户、商品以及订单之间的交互关系。

图 9-3　应用交互

电商网站的大促秒杀系统的技术架构通常如图 9-4 所示。

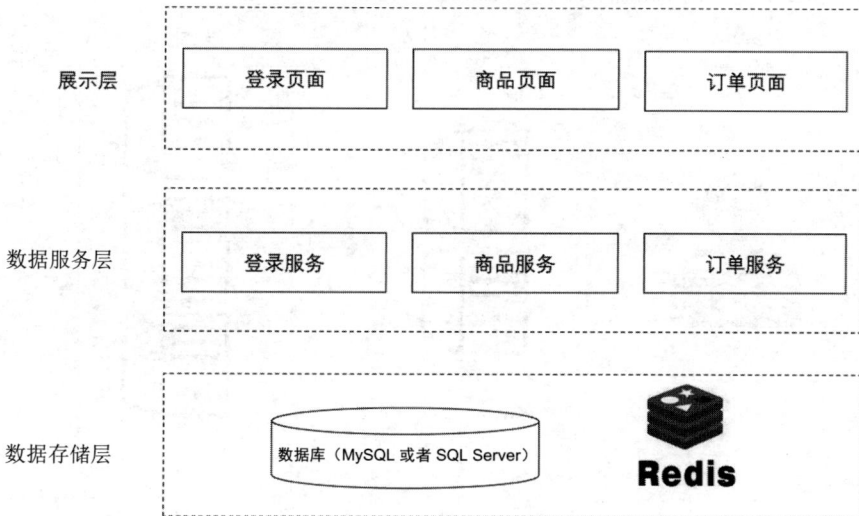

图 9-4　技术架构

- 数据存储层：通常是一款关系数据库，比如 MySQL 或者 SQL Server 等，并且会结合 Redis 数据库来做缓存存储。
- 数据服务层：通常是一个使用 Java 语言开发的后端服务。
- 展示层：通常是使用 JavaScript 和 HTML 等开发的前端展示页面。

电商网站的大促秒杀系统的数据架构设计通常如图 9-5 所示，会使用用户表来存储用户的登录信息，使用商品表来存储商品信息，使用订单表来存储订单信息。

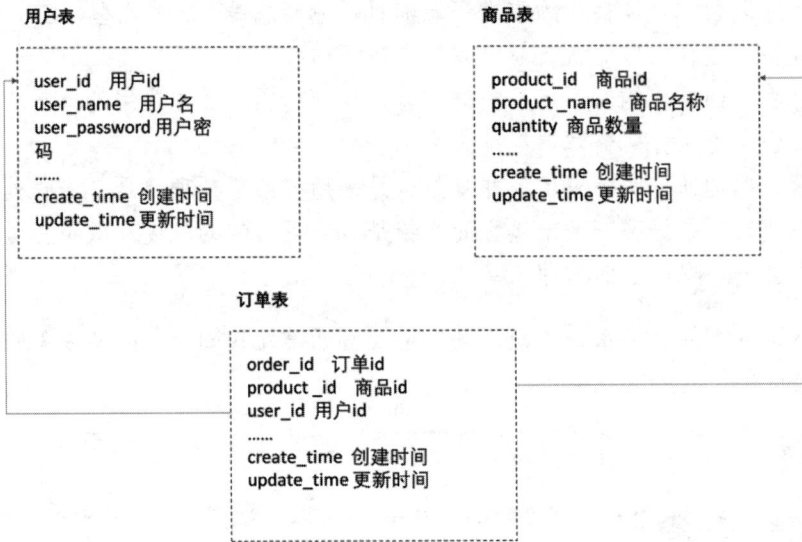

图 9-5　数据架构

电商网站的大促秒杀系统的部署架构通常如图 9-6 所示，通常会采用分布式部署，因为在大促秒杀的场景下，会存在大量的并发用户在同一时间点发起请求。只有采用分布式部署架构，才能确保系统不会崩溃，并且能最大程度地保障系统运行的稳定性。

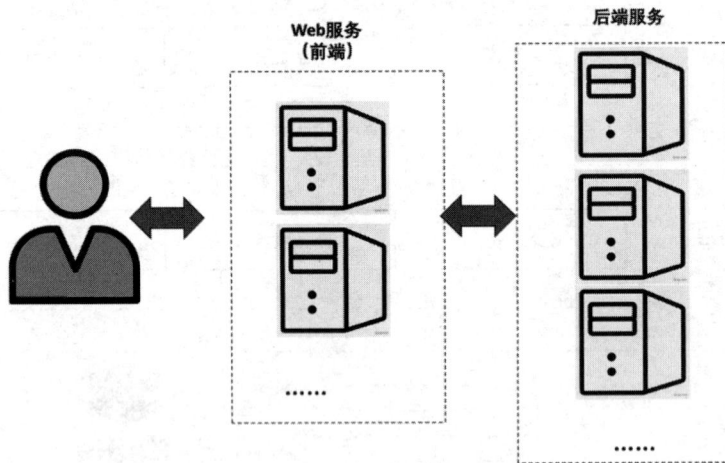

图 9-6　部署架构

（3）后端服务会采用多线程的并发处理方式，大促秒杀系统属于 CPU 消耗型系统，重点关注是否存在如下问题：

● 数据不一致的问题。比如，商品库存只有 100 件，却卖出去了超过 100 件，说明后端服务在处理时，可能存在线程安全问题，导致商品卖出去的数量超过库存的数量。

- 内存溢出的问题。随着性能压测的进行,服务器内存占用是否会存在一直在缓慢上升,但不会释放的情况等。
- 性能瓶颈问题。比如增加部署的节点数,但是性能却得不到提升。
- 性能波动问题,比如 TPS 和平均响应时间是否存在剧烈波动的情况。当出现如图 9-7 所示的这种持续波动时,就需要查找原因并加以解决了。

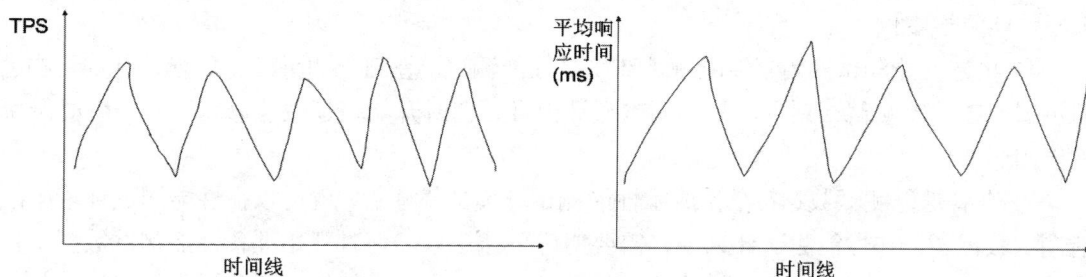

图 9-7　性能指标趋势示例

- 明确系统上线后可能会达到的最大并发用户数,用户期望的平均响应时间以及峰值时的业务吞吐量,将这些信息转换为性能需求指标。

对于电商网站的大促秒杀系统来说,获取最大并发用户数以及峰值的业务吞吐量的方式通常包括:

（1）根据过往用户流量分析,比如可以参考上一年大促的用户数据量来评估今年的用户数量,通常来说,会比上一年的数据略有增加。

（2）根据当前系统中已经注册的用户总数和平时活跃的用户数来综合评估可能的参与用户数。

（3）最大并发用户数。需要注意,在真实的用户操作中,用户的各个相邻操作之间都会有一定的间隔时间（在性能测试中,我们通常称之为用户的思考时间）,所以并发用户一般有绝对并发和相对并发之分,绝对并发用户数通常远远小于相对并发用户数。

9.2　制订性能测试计划

性能测试计划是性能测试的指导,是能够顺利完成性能测试的保障,是一系列测试活动的依据。在制订性能测试计划时,需要明确系统的上线时间点、当前项目的进度以及所处的阶段、可以供调配的硬件资源和性能测试人员。只有明确这些,才能提前安排好性能测试计划,规避时间问题带来的风险。

针对电商网站的大促秒杀系统的性能测试来说,性能测试计划通常包括如下步骤:

（1）性能需求分析:预计由谁何时开始性能需求分析,何时结束性能需求分析,性能需求分析通常在 1~3 天内完成。当然,根据需求复杂度的不同,需要的时间也会不一样。

（2）编写性能测试方案：性能测试方案主要用于性能测试的设计，通常需要根据性能需求分析的结果来编写性能测试方案。在性能测试计划中，需要明确预计由谁、何时开始编写性能测试方案，何时结束编写性能测试方案。

（3）编写性能测试案例：在完成性能测试方案的编写后，就可以根据性能测试方案来编写性能测试案例。在性能测试计划中，需要明确预计由谁、何时开始编写性能测试案例，何时结束编写性能测试案例。

（4）搭建性能测试环境：性能测试环境是性能测试的基础，如果没有环境，也就无法进行性能测试。在性能测试计划中，需要明确预计由谁、何时开始搭建性能测试环境，何时结束搭建性能测试环境。

（5）准备性能测试数据：在完成了性能测试环境的搭建后，就可以在性能测试环境中准备性能测试数据了。在性能测试计划中，需要明确预计由谁、何时开始准备性能测试数据，何时结束准备性能测试数据。在准备性能测试数据时，需要先根据性能需求分析的结果，评估（确定）一下大概需要准备多少量级的数据。

（6）编写性能测试脚本：在性能测试计划中，编写性能测试脚本和准备性能测试数据通常可以并行进行。编写性能测试脚本是性能测试中最关键的步骤，而且耗时也会比较长，所以在性能测试计划中，需要计划好足够的时间来完成性能测试脚本的编写。

（7）性能测试执行：以上步骤都是为性能测试做准备，性能测试执行才是性能测试真正的开始。在性能测试执行时，可能会发现一些未知的性能瓶颈问题，所以在制订性能测试计划时，需要根据性能测试的复杂度以及系统的复杂度，给性能测试执行预留足够的时间，而且性能测试往往不是一轮就可以顺利完成的，比如发现性能瓶颈并定位到问题后，需要再去寻找解决方案，有了解决方案后，还需要重新压测。

因此，性能测试的执行过程具有很多不确定的因素，也是最容易存在风险的地方，我们需要评估可能存在的风险和不可控的因素，以及它们对性能测试可能产生的影响。针对这些风险因素，需要给出对应的短期和长期的解决方案。比如，对于电商网站的大促秒杀系统来说，由于发布上线的时间节点通常是固定的，比如双 11 大促，那肯定就需要在双 11 之前完成性能测试，并且上线，因此通常需要提前评估风险。

- 如果无法在规定时间内完成性能测试，那就需要提前做好人员的替代方案。比如性能测试人员无法按时到位参与项目的性能测试，肯定会导致性能测试无法按预期进行，需要立即向项目经理进行汇报，以确保可以协调到合适的人员，因为这是一个非常严重的风险。

- 如果性能测试结果无法达到预期，即系统的性能无法达到生产预期上线要求或者存在无法解决的性能问题，而电商网站的大促秒杀系统又必须在规定的时间节点上线，并且性能调优本身就是一个长期不断优化的过程，此时可以考虑通过服务器的横向或者纵向扩容来解决。如果能解决，系统也可以先发布上线使用；如果还是无法解决，那么也需要提前上报风险。这些都是性能测试时可能存在的各种风险，在制订性能测试计划时，都需要考虑进去并提前准备好应对方案。

9.3　编写性能测试方案

在完成了性能需求的分析以及性能测试计划的制订后，就可以根据性能测试计划上的时间节点开始性能测试方案的编写了。

（1）电商网站的大促秒杀系统的场景相对单一，对于用户来说，主要包括以下 3 个步骤：

- 登录：用户在秒杀前，需要先登录，如果不登录，就无法参与秒杀活动。
- 查询商品：用户在登录后，需要进入商品查询页面，才能选择商品。对于未登录的用户，通常也可以查询和浏览商品，但是无法提交订单。
- 提交订单：用户在选择商品后，就可以提交订单。

对于用户来说，参与秒杀活动只需要登录系统一次，不需要重复登录，所以登录时通常不需要作为一个单独的场景来进行性能测试。可以在性能测试开始前，在性能测试脚本中设定为需要先登录，而且只需登录一次。

对于查询商品来说，它应该是电商网站大促秒杀系统中调用量最大的页面了，因为用户经常会反复地刷新页面来查询商品信息。因此，查询商品需要作为一个单独的性能测试场景，而且用户查询完商品后，可能会提交订单，也可能不会。

对于提交订单来说，通常需要与查询商品一起，作为一个混合的性能测试场景来执行，因为用户需要先查询商品，才能选择商品和提交订单。

（2）通过以上的分析，针对电商网站大促秒杀系统，通常最少需要设计两个性能测试场景。

- 单场景：将查询商品作为一个单场景，因为用户浏览商品是一个常规的动作。如图 9-8 所示，用户可能匿名直接浏览商品，也可能先登录后，再浏览商品。
- 混合场景：对于提交订单来说，由于它通常需要与查询商品一起进行，因此需要设计一个混合场景，如图 9-9 所示。

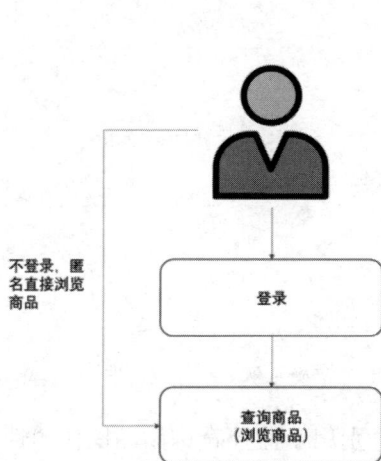

图 9-8　单场景示例图

图 9-9　混合场景示例图

（3）在完成了性能测试的场景设计后，我们还需要在性能测试方案中定义每个场景中的事务。

● 针对单场景来说，通常只需要将查询商品定义为一个事务即可，如图 9-10 所示。

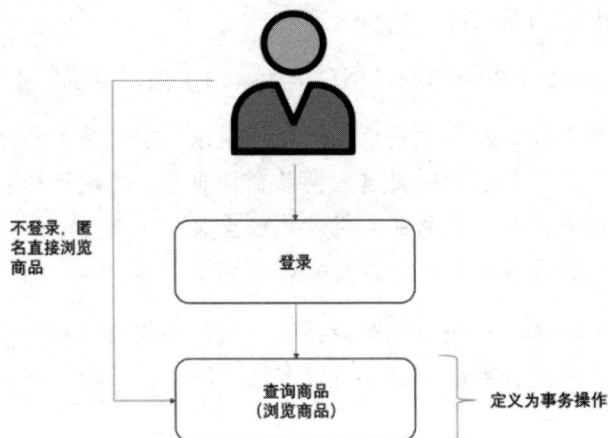

图 9-10　单场景事务定义示例

● 针对混合场景来说，建议定义 3 个事务，以便在性能压测监控时，能够更好地发现性能问题出现在什么地方，如图 9-11 所示。

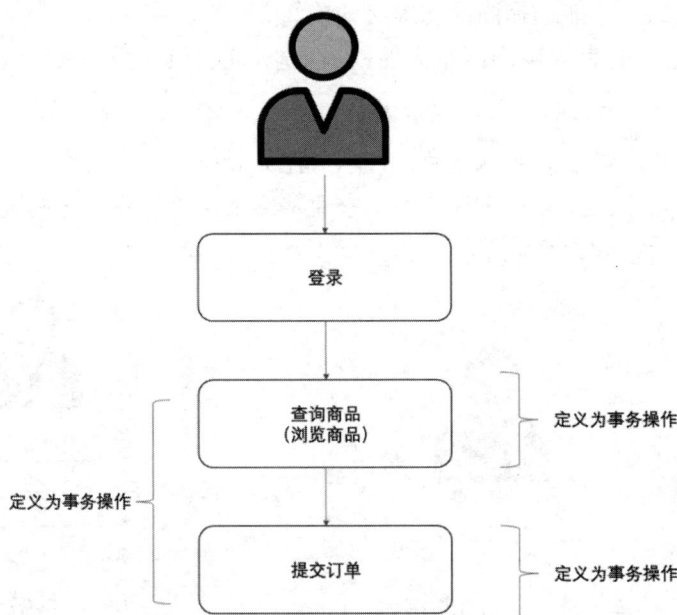

图 9-11　混合场景事务定义示例

针对这个混合场景，我们定义了 3 个事务，分别用于监控查询商品操作的性能指标、提交订单操作的性能指标，以及整个秒杀操作过程中的性能指标。有了这 3 个事务后，就可以在最终的性能指标中看到每个事务是否可以符合预期的性能要求。

（4）在完成了每个性能测试场景中的事务定义后，在性能测试方案中，还需要明确监控的对象。针对电商网站的大促秒杀系统的性能测试，其监控的对象主要包括：

- 数据库服务器资源的监控：通常包括 CPU、内存、磁盘 I/O、网络流量、连接数等资源的监控。
- 数据库的监控：通常包括数据库查询的监控，比如数据库连接数的监控、是否存在死锁、是否存在慢查询等。
- 应用服务器资源的监控：通常包括 CPU、内存、磁盘 I/O、网络流量、连接数等资源的监控。
- 性能指标的监控：比如 TPS、平均响应时间、点击率、并发连接数等。

（5）在明确了监控对象后，还需要定义性能测试的策略。针对电商网站的大促秒杀系统的性能测试，根据性能需求的分析，通常建议的性能测试策略包括：

- 性能测试场景的执行顺序。通常是先执行单场景测试，后执行混合场景测试。
- 明确需要进行的性能测试类型。针对秒杀场景，建议进行负载测试、压力测试、稳定性测试等，以确保系统上线后能承受住足够的压力并且保障系统的稳定可靠。
- 由于需要进行压力测试，因此还需要明确加压的方式。这里可以设定为短时间内直接加压到最大，因为秒杀场景不同于别的商品购买场景，秒杀往往是在同一时间段内，大量的用户瞬间进行抢购。

（6）在性能测试方案中明确了性能测试的策略后，还需要确定性能测试工具的选取。常见的性能测试工具有很多，比如 JMeter、LoadRunner、nGrinder 等，那么如何选取合适的性能测试工具呢？根据我们之前的讲解，提供的建议如下：

- 一般性能测试工具都是基于网络协议开发的，所以我们需要明确待压测系统使用的协议，尽可能让性能测试工具和待压测系统的协议保持一致或者至少要支持待压测系统的协议。针对电商网站的大促秒杀系统，其应用层的网络传输协议通常是 HTTP 或者HTTPS。
- 理解每种工具实现的原理，比如哪些工具适用于同步请求的压测，哪些工具适用于异步请求的压测。针对电商网站的大促秒杀系统，其请求通常应该是同步发送的。
- 压测时明确连接的类型，比如属于长连接还是短连接、一般连接多久能释放。针对电商网站的大促秒杀系统，通常是短连接的方式，因为其应用层的网络传输协议通常是HTTP 或者 HTTPS。
- 明确性能测试工具并发加压的方式，比如是多线程加压还是多进程加压。通常默认采用的方式是多线程加压，在这里选择的也是多线程加压，因为多进程加压会消耗压测机大量的资源。

根据上述的考量，这里选择 JMeter 作为电商网站大促秒杀系统的性能测试工具。

（7）最后还需要在性能测试方案中明确性能测试的硬件配置、软件配置和网络配置。

- 硬件配置：一般包括服务器的 CPU 配置、内存配置、硬盘存储配置，集群环境下还要包括集群节点的数量配置等。建议性能测试环境尽可能地和实际生产环境的配置保持一致，但是节点数可以少于实际生产环境。
- 软件配置：一般包括：
  - ➤ 操作系统配置：操作系统的版本以及参数配置需要同生产环境保持一致。
  - ➤ 应用版本配置：应用版本要和生产环境保持一致，特别是中间件、数据库组件等的版本，因为不同版本，其性能可能不一样。
  - ➤ 参数配置：比如Web中间件服务器的负载均衡、反向代理参数配置、数据库服务器参数配置等，同样需要和实际使用的生产环境保持一致。
- 网络配置：一般为了排除网络瓶颈，除非有特殊要求，否则建议在局域网下进行性能测试，并且明确压测服务器的网卡类型以及网络交换机的类型，比如是否属于千兆网卡，或者交换机属于百兆交换机还是千兆交换机等。这对我们以后分析性能瓶颈会有很大的帮助。在网络吞吐量较大的待压测系统中，网络有时也很容易成为一个性能瓶颈。

针对电商网站的大促秒杀系统，其硬件资源配置通常较高，以满足高负载请求的压力，但是由于测试环境无法提供更高配置的服务器，因此在演示时会采用普通配置的机器来进行性能压测，如表 9-1 所示。

表 9-1　压测服务器的配置

服务器类型	配置说明
应用服务器	内存：2GB CPU：4 核 部署软件：Java 应用服务、JDK 1.8 操作系统：CentOS 7
数据库服务器	内存：2GB CPU：2 核 部署软件：Web 服务（Nginx）、MySQL 操作系统：CentOS 7

以上就是在性能测试方案编写过程中通常需要包含的内容。

9.4　编写性能测试案例

在完成了性能测试方案的设计后，就可以根据该方案来编写对应的性能测试案例了。性能测试案例一般是对性能测试方案中性能压测场景的进一步细化，一般包括如下内容：

- 预置条件：一般指需要满足何种条件性能测试案例才可以执行，比如性能测试数据需要准备到位、性能测试环境需要启动成功等。

- 执行步骤：详细描述案例执行的步骤，一般需要描述测试脚本的录制和编写、脚本的调试、脚本的执行过程（比如如何加压、每个加压的过程持续多久等）、需要观察和记录的性能指标、需要明确性能曲线的走势、需要监控哪些性能指标等。
- 性能预期结果：描述性能测试预期需要达到的结果，比如 TPS 需要达到多少、平均响应时间需要控制到多少以内、服务器资源的消耗需要控制在多少以内等。

针对电商网站的大促秒杀系统，其性能测试案例如下：

性能测试案例一：单场景-商品查询性能压测

1）预置条件

确保商品表中存在 10000 条商品数据，用户表中存在 2000 条用户数据，并且性能测试环境已经正常启动，商品查询可以正常访问。

2）执行步骤

（1）根据场景，完成性能测试脚本的编写。编写性能测试脚本时，需要对用户登录数据中的用户名和密码做参数化处理。

（2）完成脚本编写后，开始执行性能测试脚本。执行时，第一次放入 50 个并发用户，持续运行 30 分钟并观察和记录各项性能指标。

（3）第二次放入 100 个并发用户，持续运行 30 分钟并观察和记录各项性能指标。

（4）第三次放入 150 个用户，持续运行 2 小时并观察和记录各项性能指标，同时观察系统是否可以稳定运行。

3）预期结果

系统可以达到预期的性能要求，并且在停止压测后，服务器的 CPU、内存、磁盘 I/O、网络流量、数据库的连接数等都可以恢复到性能压测前的正常水平。

性能测试案例二：混合场景-商品查询-订单提交性能压测

1）预置条件

确保商品表中存在 10000 条商品数据，用户表中存在 2000 条用户数据，并且性能测试环境已经正常启动，商品查询可以正常访问。

2）执行步骤

（1）根据场景，完成性能测试脚本的编写。编写性能测试脚本时，需要对用户登录数据中的用户名和密码做参数化处理。

（2）完成脚本编写后，开始执行性能测试脚本。执行时，第一次放入 60 个并发用户，持续运行 30 分钟并观察和记录各项性能指标。

（3）第二次放入 120 个并发用户，持续运行 30 分钟并观察和记录各项性能指标。

（4）第三次放入 180 个用户，持续运行 2 小时并观察和记录各项性能指标，并且观察系统是否可以稳定运行。

3）预期结果

（1）系统可以达到预期的性能要求，并且停止压测后，服务器的 CPU、内存、磁盘 I/O、网络流量、数据库的连接数等都可以恢复到性能压测前的正常水平。

（2）不会存在数据不一致的问题，比如不会存在商品库存只有 100 件，但是订单提交时却卖出了超过 100 件的情况。

9.5 搭建性能测试环境

本节讲解一下搭建性能测试环境的注意事项，以及大促秒杀系统性能测试环境的部署。

1. 搭建性能测试环境的注意事项

搭建性能测试环境时，需要注意：

（1）需要尽可能地与实际生产环境的配置保持一致，不可减少其中的相关组件，实际生产环境中配置的组件在性能测试环境中都必须部署。

（2）一般生产环境的服务器数量和配置都很高，但是性能测试环境又不可能使用这么高的成本去部署完全一样的硬件环境。性能测试环境上的机器数量和机器配置可以按照一定比例进行缩减，但是如果是分布式系统，那么服务的机器节点至少需要两个或者两个以上，并且节点资源配置不能太低。

（3）操作系统版本以及在操作系统上部署的相关软件（比如中间件软件、应用容器软件、数据库软件版本等）必须与实际生产环境完全一致。网络环境必须与实际生产环境保持一致，因为网络是一个容易成为性能瓶颈的地方。

2. 部署大促秒杀系统的性能测试环境

针对电商网站的大促秒杀系统的性能测试演示，我们使用了两台服务器来进行模拟。在实际生产环境中，肯定远多于两台服务器，但由于我们在性能测试时没有这么多的硬件设施，因此只能选用两台服务器来进行演示。两台服务器的部署架构如图 9-12 所示。

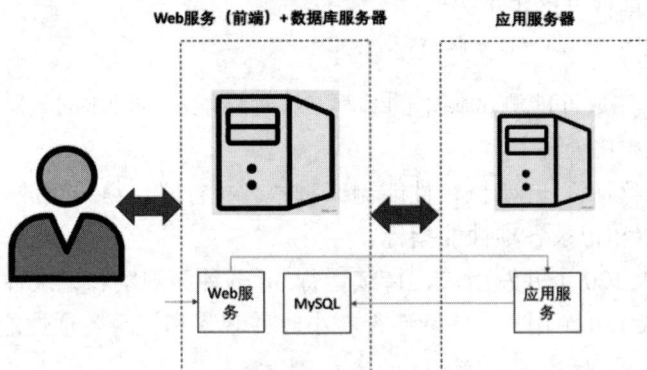

图 9-12 部署架构示例

这两台服务器的相关配置在表 9-1 中已有详细介绍。

两台服务器都采用了 CentOS 7 版本的 Linux 操作系统。比起 Windows 操作系统，Linux 操作系统通常更加安全可靠，并且性能更佳，因为 Linux 操作系统自身会占用更少的硬件资源，这样就可以把更多的硬件资源拿出来给应用程序使用。

我们已经提前安装好了两台 Linux 服务器：一台应用服务器，一台数据库服务器。关于如何安装 CentOS 出品的 Linux 操作系统，可以参考其官方网站。

（1）应用服务器：如图 9-13 所示，应用服务器设定的 IP 地址为 192.168.10.222（通过在 Linux 命令行执行 ifconfig 命令查看），并且安装部署的操作系统为 CentOS 7.5.1804（通过在 Linux 命令行执行 cat /etc/redhat-release 命令查看），同时也安装好了 JDK 1.8.0_171。

```
[root@app ~]# cat /etc/redhat-release
CentOS Linux release 7.5.1804 (Core)
[root@app ~]# java -version
java version "1.8.0_171"
Java(TM) SE Runtime Environment (build 1.8.0_171-b11)
Java HotSpot(TM) 64-Bit Server VM (build 25.171-b11, mixed mode)
[root@app ~]# ifconfig
ens33: flags=4163<UP,BROADCAST,RUNNING,MULTICAST>  mtu 1500
        inet 192.168.10.222  netmask 255.255.255.0  broadcast 192.168.10.255
        inet6 fe80::6dbd:d6f8:4775:6e7b  prefixlen 64  scopeid 0x20<link>
        inet6 2409:8a20:c13:18d4:660:85f1:27ec:82fc  prefixlen 64  scopeid 0x0<global>
        inet6 fe80::2ee3:c9ee:d07e:b52c  prefixlen 64  scopeid 0x20<link>
        ether 00:0c:29:70:0c:68  txqueuelen 1000  (Ethernet)
        RX packets 45698  bytes 61233946 (58.3 MiB)
        RX errors 0  dropped 0  overruns 0  frame 0
        TX packets 14752  bytes 13423322 (12.8 MiB)
        TX errors 0  dropped 0 overruns 0  carrier 0  collisions 0

lo: flags=73<UP,LOOPBACK,RUNNING>  mtu 65536
        inet 127.0.0.1  netmask 255.0.0.0
        inet6 ::1  prefixlen 128  scopeid 0x10<host>
        loop  txqueuelen 1000  (Local Loopback)
        RX packets 150  bytes 14622 (14.2 KiB)
        RX errors 0  dropped 0  overruns 0  frame 0
        TX packets 150  bytes 14622 (14.2 KiB)
        TX errors 0  dropped 0 overruns 0  carrier 0  collisions 0
```

图 9-13　应用服务器信息

（2）数据库服务器：如图 9-14 所示，数据库服务器设定的 IP 地址为 192.168.10.221，并且安装的操作系统同样为 CentOS 7.5.1804。同时也安装好了 MySQL 数据库以及 Nginx Web 服务，Nginx 软件版本为 1.17.0（通过在 Linux 命令行执行 nginx -v 命令查看）。MySQL 数据库以及 Nginx 服务都已经正常启动。

```
[root@localhost ~]# nginx -v
nginx version: nginx/1.17.0
[root@localhost ~]# ifconfig
ens33: flags=4163<UP,BROADCAST,RUNNING,MULTICAST>  mtu 1500
        inet 192.168.10.221  netmask 255.255.255.0  broadcast 192.168.10.255
        inet6 2409:8a20:c13:18d4:a6ed:b482:a9e3:ad5f  prefixlen 64  scopeid 0x0<global>
        inet6 fe80::2ee3:c9ee:d07e:b52c  prefixlen 64  scopeid 0x20<link>
        ether 00:50:56:3d:44:b6  txqueuelen 1000  (Ethernet)
        RX packets 9608  bytes 5708745 (5.4 MiB)
        RX errors 0  dropped 0  overruns 0  frame 0
        TX packets 7094  bytes 6750845 (6.4 MiB)
        TX errors 0  dropped 0 overruns 0  carrier 0  collisions 0

lo: flags=73<UP,LOOPBACK,RUNNING>  mtu 65536
        inet 127.0.0.1  netmask 255.0.0.0
        inet6 ::1  prefixlen 128  scopeid 0x10<host>
        loop  txqueuelen 1000  (Local Loopback)
        RX packets 96  bytes 10090 (9.8 KiB)
        RX errors 0  dropped 0  overruns 0  frame 0
        TX packets 96  bytes 10090 (9.8 KiB)
        TX errors 0  dropped 0 overruns 0  carrier 0  collisions 0

[root@localhost ~]# cat /etc/redhat-release
CentOS Linux release 7.5.1804 (Core)
```

图 9-14　数据库服务器信息

在完成了服务器的安装部署后，完整的部署架构链路如图 9-15 所示。

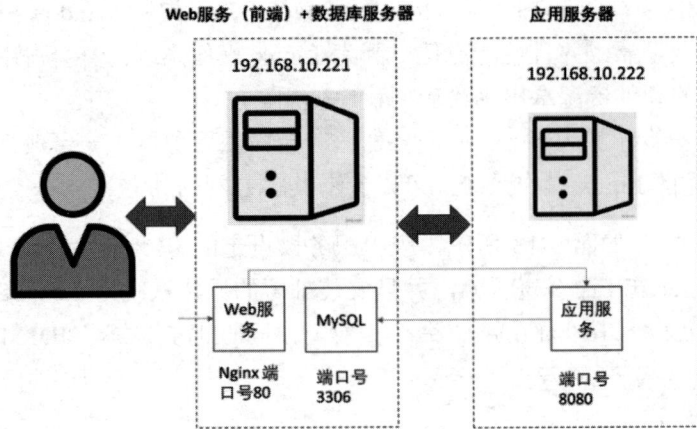

图 9-15　部署架构图

在应用服务器上，笔者也部署了本次用于演示的电商网站的大促秒杀系统。在完成了所有的部署后，性能测试环境也就搭建完成了。我们通过浏览器即可访问电商网站的大促秒杀系统及其相关接口服务，如图 9-16 所示。

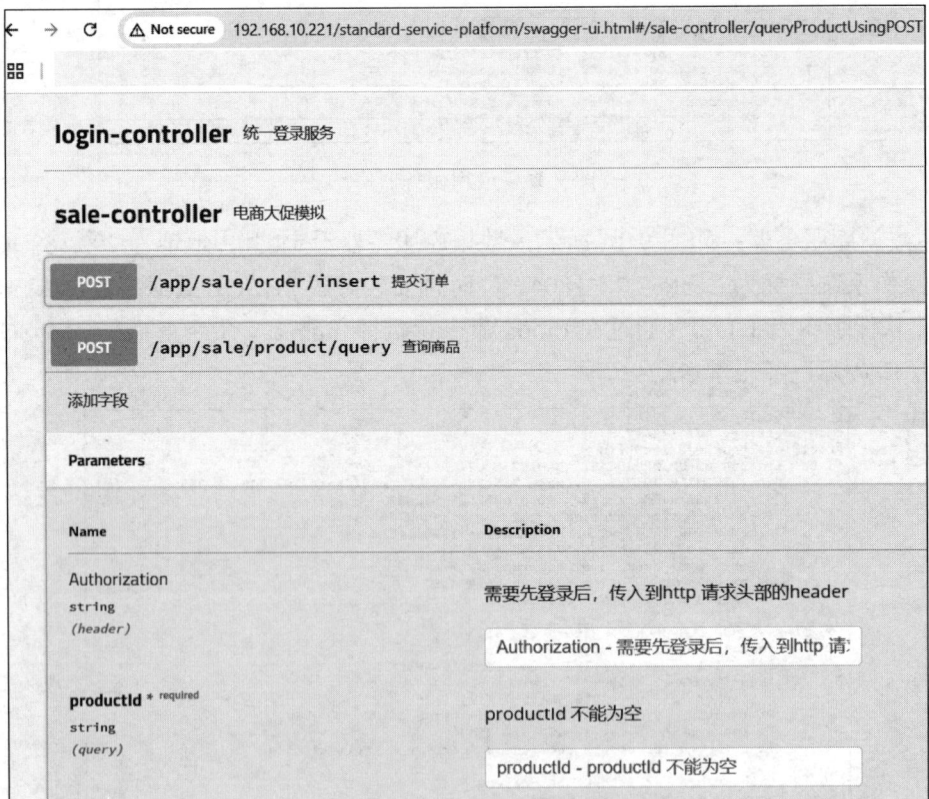

图 9-16　接口服务展示界面

9.6　构造性能测试数据

在完成了性能测试环境的搭建后，就可以根据性能测试计划中的时间节点来构造性能测试数据了。

根据前面性能测试案例中的要求，在大促秒杀系统的性能测试之前，需要确保商品表中存在 10000 条商品数据，用户表中存在 2000 条用户数据。在大促秒杀系统中总共涉及 3 张表，分别为用户表（app_user）、商品表（t_product）以及订单表（t_order）。在搭建性能测试环境时，我们在 MySQL 数据库中已经提前创建好了这 3 张表，如图 9-17 所示。

用户表（app_user）的表结构如图 9-18 所示。

```
MySQL [test]> show tables;
+----------------+
| Tables_in_test |
+----------------+
| app_user       |
| t_order        |
| t_product      |
+----------------+
3 rows in set (0.00 sec)
```

图 9-17　数据表

```
+-------------+--------------+------+-----+---------+-------+
| Field       | Type         | Null | Key | Default | Extra |
+-------------+--------------+------+-----+---------+-------+
| row_id      | varchar(32)  | YES  |     | NULL    |       |
| app_id      | varchar(32)  | YES  |     | NULL    |       |
| user_id     | varchar(32)  | YES  |     | NULL    |       |
| user_name   | varchar(250) | YES  |     | NULL    |       |
| password    | varchar(32)  | YES  |     | NULL    |       |
| person_id   | varchar(32)  | YES  |     | NULL    |       |
| person_name | varchar(250) | YES  |     | NULL    |       |
| is_develop  | tinyint(1)   | YES  |     | NULL    |       |
| email       | varchar(250) | YES  |     | NULL    |       |
| telphone    | varchar(32)  | YES  |     | NULL    |       |
| create_user | varchar(32)  | YES  |     | NULL    |       |
| update_user | varchar(32)  | YES  |     | NULL    |       |
| create_time | datetime     | YES  |     | NULL    |       |
| update_time | datetime     | YES  |     | NULL    |       |
| description | varchar(250) | YES  |     | NULL    |       |
| disp_order  | bigint(32)   | YES  |     | NULL    |       |
| is_activity | tinyint(1)   | YES  |     | NULL    |       |
+-------------+--------------+------+-----+---------+-------+
```

图 9-18　用户表的表结构

商品表（t_product）的表结构如图 9-19 所示。

```
+--------------+--------------+------+-----+---------+-------+
| Field        | Type         | Null | Key | Default | Extra |
+--------------+--------------+------+-----+---------+-------+
| product_id   | varchar(32)  | YES  |     | NULL    |       |
| product_name | varchar(250) | YES  |     | NULL    |       |
| quantity     | bigint(32)   | YES  |     | NULL    |       |
| create_time  | datetime     | YES  |     | NULL    |       |
| update_time  | datetime     | YES  |     | NULL    |       |
+--------------+--------------+------+-----+---------+-------+
5 rows in set (0.00 sec)
```

图 9-19　商品表的表结构

订单表（t_order）的表结构如图 9-20 所示。

```
+-------------+-------------+------+-----+---------+-------+
| Field       | Type        | Null | Key | Default | Extra |
+-------------+-------------+------+-----+---------+-------+
| order_id    | varchar(32) | YES  |     | NULL    |       |
| product_id  | varchar(32) | YES  |     | NULL    |       |
| user_id     | varchar(32) | YES  |     | NULL    |       |
| create_time | datetime    | YES  |     | NULL    |       |
| update_time | datetime    | YES  |     | NULL    |       |
+-------------+-------------+------+-----+---------+-------+
5 rows in set (0.00 sec)
```

图 9-20　订单表的表结构

在 5.3.1 节中已经介绍了如何使用 JMeter 往 MySQL 数据库中构造性能测试数据，这里利用同样的方式来构造性能测试数据。如图 9-21 所示，在 JMeter 的性能测试计划的线程组下创建一个计数器元件，用于构造一个自增的变量参数。

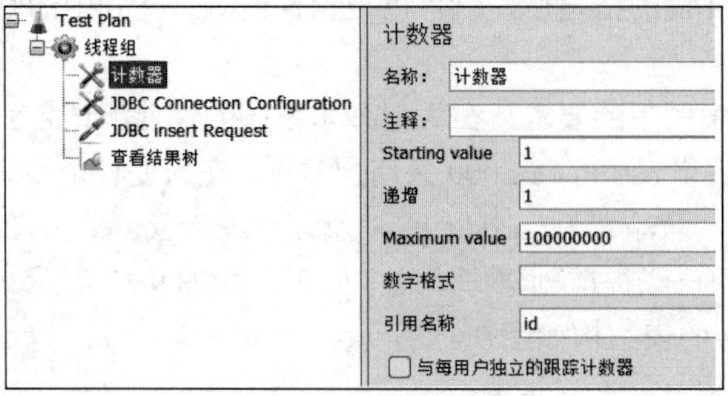

图 9-21　计数器示例

在线程组下创建一个 JDBC Request 取样器元件，如图 9-22 所示，在 SQL Query 中输入如下 SQL 语句，其中'MTIzNDU2'为加密后的用户密码，因为用户密码为敏感数据，所以在表中存储时不能用明文直接存储。

```
insert into app_user(row_id,app_id,user_id,user_name,password,is_activity)
values('00000000000000${id}','sale-app','00000000000000${id}','test${id}','MTIzNDU2',1);
```

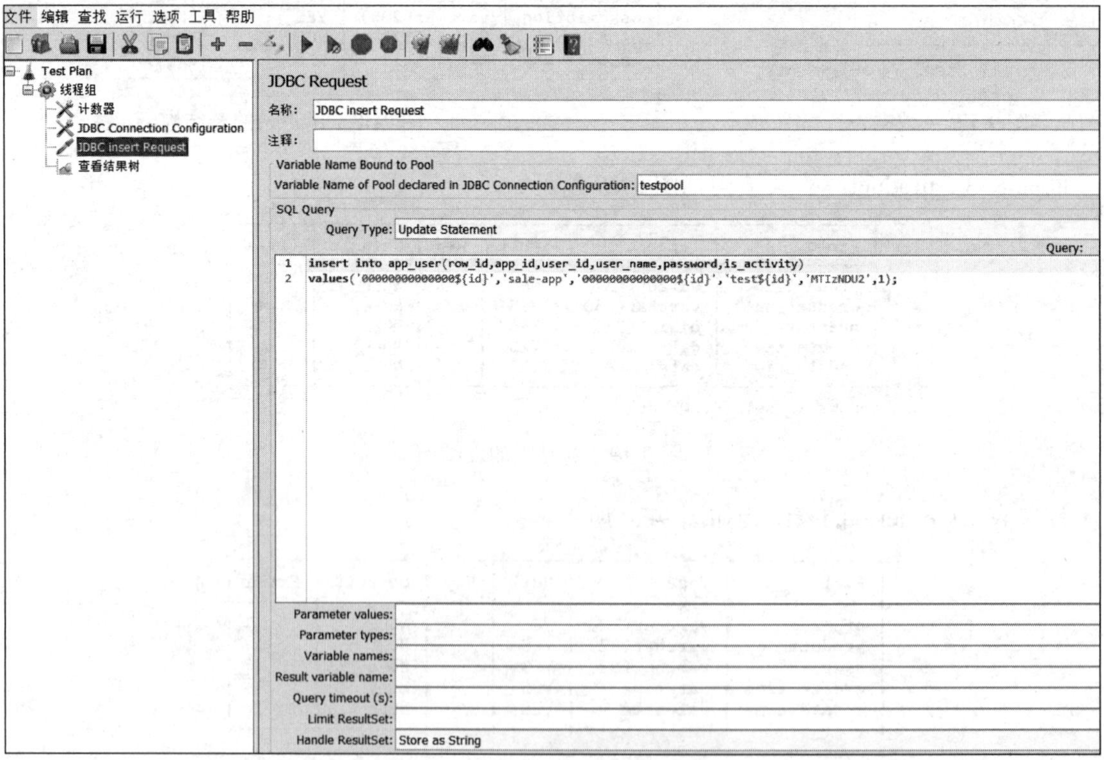

图 9-22　JDBC Request 取样器示例

这条 SQL 语句通过 ${id} 引用了计数器元件中定义的 id 变量参数。由于在用户表中只需要构造 2000 条用户数据，数据量很小，因此这里可以添加一个查看结果树元件来查看运行结果，如图 9-23 所示。执行 SQL 语句后，可以在查看结果树元件中看到每条 SQL 语句插入数据的过程。

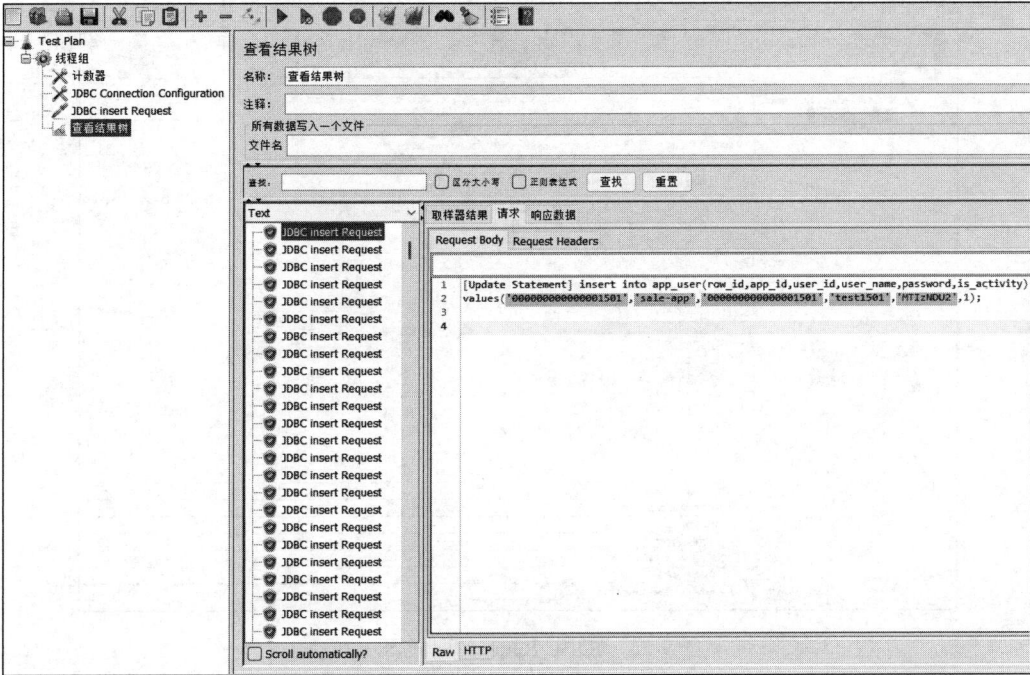

图 9-23　运行结果示例

执行完成后，查询数据库中的用户表(app_user)（分别在数据库中执行 SQL 语句 select * from app_user limit 9 和 select count(1) from app_user 进行查询），可以看到 2000 条数据已经正常插入进去了，如图 9-24 所示。

图 9-24　数据插入结果

采用同样的方式，继续向商品表（t_product）中插入 10000 条数据。如图 9-25 所示，执行的 SQL 为：

```
insert into t_product(product_id,product_name,quantity)
values('00000000000000${id}','test-product-${id}',100);
```

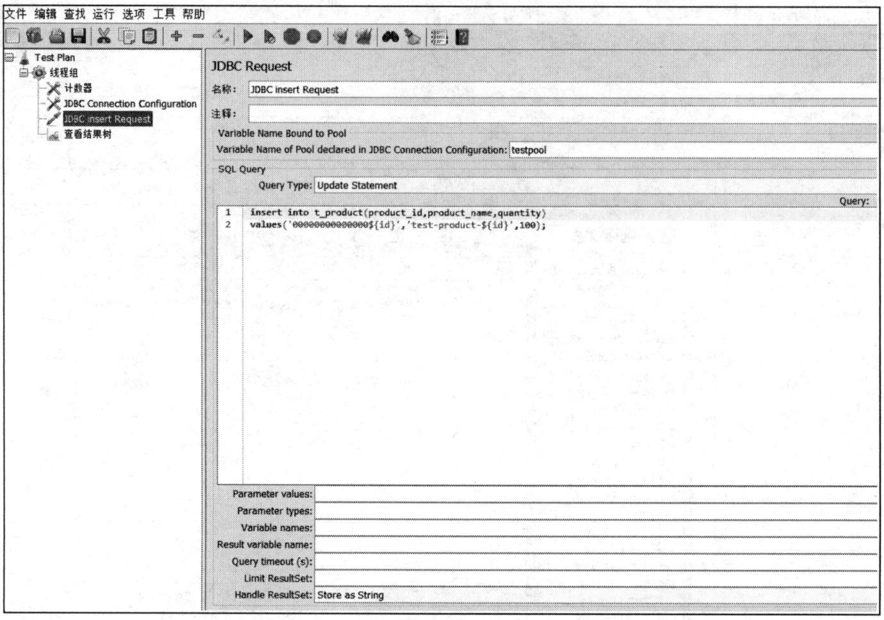

图 9-25　JDBC Request 取样器示例

SQL 执行过程如图 9-26 所示，从图中可以看到每条 SQL 语句插入数据的过程，并且符合预期需要构造的性能测试数据的要求。

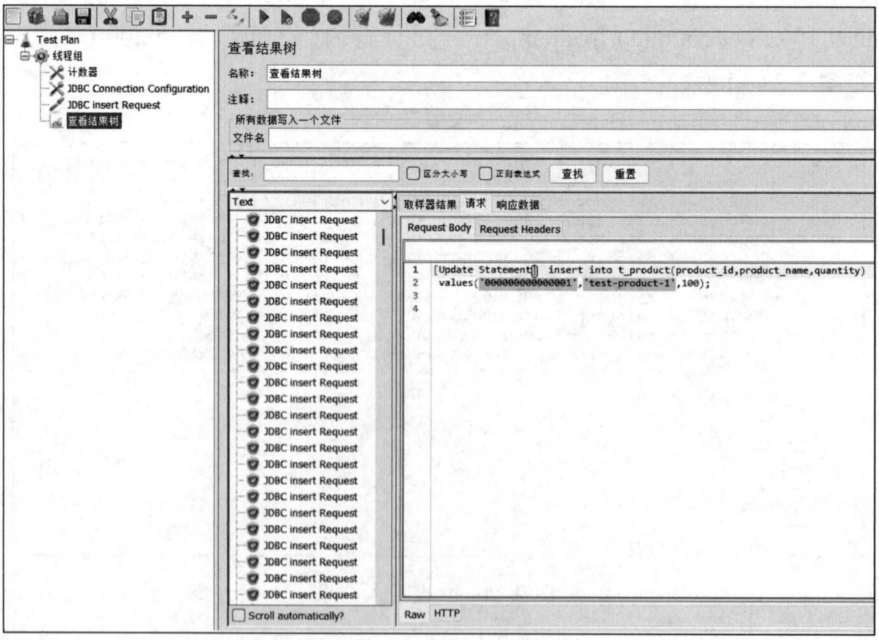

图 9-26　运行结果示例

SQL 语句执行完成后，查询数据库中的商品表（t_product）记录，可以看到 10000 条商品数据已经正常插入了，如图 9-27 所示。

```
MySQL [test]> select * from t_product limit 9;
+-----------------+-----------------+----------+-------------+-------------+
| product_id      | product_name    | quantity | create_time | update_time |
+-----------------+-----------------+----------+-------------+-------------+
| 000000000000001 | test-product-1  |      100 | NULL        | NULL        |
| 000000000000002 | test-product-2  |      100 | NULL        | NULL        |
| 000000000000003 | test-product-3  |      100 | NULL        | NULL        |
| 000000000000004 | test-product-4  |      100 | NULL        | NULL        |
| 000000000000005 | test-product-5  |      100 | NULL        | NULL        |
| 000000000000006 | test-product-6  |      100 | NULL        | NULL        |
| 000000000000007 | test-product-7  |      100 | NULL        | NULL        |
| 000000000000008 | test-product-8  |      100 | NULL        | NULL        |
| 000000000000009 | test-product-9  |      100 | NULL        | NULL        |
+-----------------+-----------------+----------+-------------+-------------+
9 rows in set (0.00 sec)

MySQL [test]> select count(1) from t_product;
+----------+
| count(1) |
+----------+
|    10000 |
+----------+
1 row in set (0.01 sec)
```

图 9-27　数据插入结果

至此，性能测试数据就全部准备好了。JMeter 不仅可以用来执行性能测试，还可以用来构造性能测试数据。

9.7　编写性能测试脚本

在完成了性能测试环境的搭建后，就可以根据性能测试计划中的时间节点来编写性能测试脚本了。本节将完成性能测试案例一和案例二（参见 9.4 节）的测试脚本的编写。

9.7.1　性能测试涉及的 3 个接口

在电商网站的大促秒杀系统的性能测试中，根据之前制订的测试方案，总共有两个测试场景，这两个场景加在一起会涉及如下 3 个接口的调用。

1. 登录接口

登录接口用于接收用户的登录请求。

（1）接口地址：http://192.168.10.221/standard-service-platform/app/service/user/login。

（2）接口协议：HTTP POST 请求。

（3）接口参数如下，该接口仅支持以 Body 的形式传入 JSON 格式的请求报文。

```
{
    "appId": "应用 Id",
```

```
    "password": "用户的密码",
    "userName": "用户名"
}
```

2. 查询商品接口

查询商品接口用于商品的查询请求。

（1）接口地址：http://192.168.10.221/standard-service-platform/app/sale/product/query。

（2）接口协议：HTTP POST 请求。

（3）接口参数如下：

● productId: 代表商品 Id，参数格式为字符串。
● Authorization: 代表用户登录后的 Token。在调用登录接口后，会生成一个 Token，表示用户已经登录成功。在调用剩下的其他接口时，传入 Authorization 参数后，服务端会校验该 Authorization 是否正确，一旦正确就表示用户已经成功登录了。该参数需要放在 HTTP 请求的请求头中传入。

3. 提交订单接口

提交订单接口用于订单的提交请求。

（1）接口地址：http://192.168.10.221/standard-service-platform/app/sale/order/inserthttp://192.168.10.221/standard-service-platform/app/sale/product/query。

（2）接口协议：HTTP POST 请求。

（3）接口参数如下：

● productId: 该接口同样需要传入 productId，参数格式为字符串。
● Authorization: 代表用户登录后的 Token。在调用登录接口后，会生成一个 Token，表示用户已经登录成功。在调用剩下的其他接口时，传入 Authorization 参数后，服务端会校验该 Authorization 是否正确，一旦正确就表示用户已经成功登录了。该参数需要放在 HTTP 请求的请求头中传入。

9.7.2 单场景–商品查询性能测试脚本的编写

针对 9.4 节的性能测试案例一（单场景–商品查询性能测试），我们开始编写性能测试脚本。首先打开 JMeter，在测试计划中创建一个线程组，然后开始调试登录接口。登录接口只需调用一次即可，因为一旦登录成功，后面就不需要再次登录了。在 5.1 节中，我们已经提到如何在 JMeter 中进行登录调用，并且只需要调用一次；在这种场景中只需要使用 JMeter 的逻辑控制器元件下的仅一次控制器即可完成。如图 9-28 所示，我们先在线程组下添加上仅一次控制器。

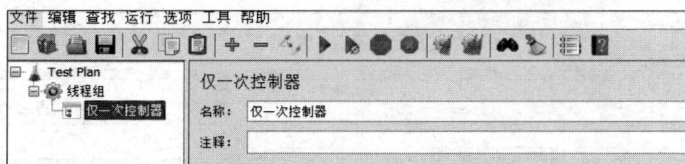

图 9-28　仅一次控制器示例

　　然后在仅一次控制器下添加 HTTP 请求取样器元件，该元件用于调用登录接口。如图 9-29 所示，在该取样器界面上分别填入如下内容：

- 协议：http。
- 服务器名称或 IP：192.168.10.221。
- 端口号：80。
- HTTP 请求类型：POST。
- 路径：/standard-service-platform/app/service/user/login。
- 选择以消息体数据的方式来填入请求参数，因为在前面已经提到登录接口仅支持以 Body 的形式传入 JSON 格式的请求报文。我们先填入如下的示例数据，用于脚本调试，用户名 test1 以及用户密码 123456 都是我们之前在用户表中插入的性能测试数据。

```
{
"appId": "sale-app",
"password": "123456",
"userName": "test1"
}
```

图 9-29　调用登录接口的 HTTP 请求取样器

　　在线程组下，我们再添加一个查看结果树元件，用于查看调用登录接口是否成功。添加完后，我们可以在 JMeter 界面上执行一下调用，结果如图 9-30 所示，从查看结果树元件中可以看到，已经成功发送了 POST 请求，并且请求的参数也是正确的。

　　从图 9-30 中可以看到，虽然请求参数是对的，但是调用登录接口时，却显示调用失败了。此时可以切换到"响应数据"选项，看一下返回的错误信息，如图 9-31 所示，从图中可以看到，返回的错误提示为 Unsupported Media Type，HTTP 错误的状态码为 415。

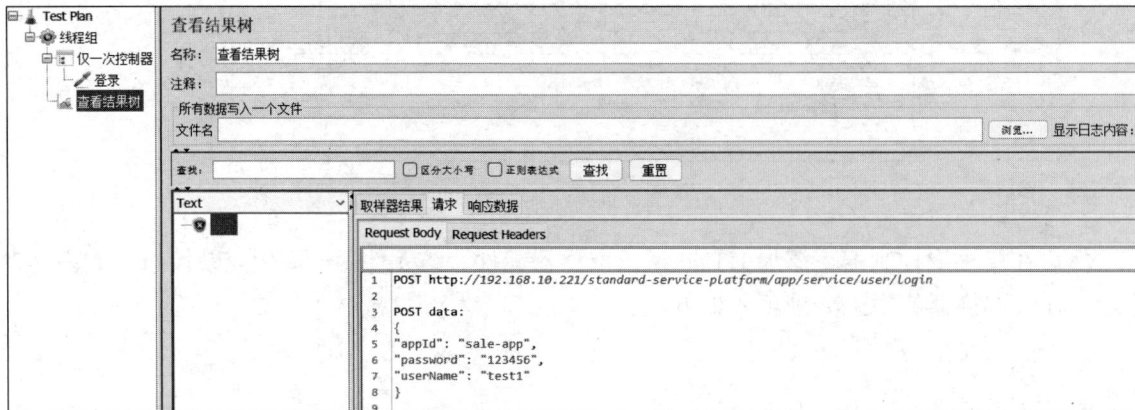

图 9-30　运行结果示例

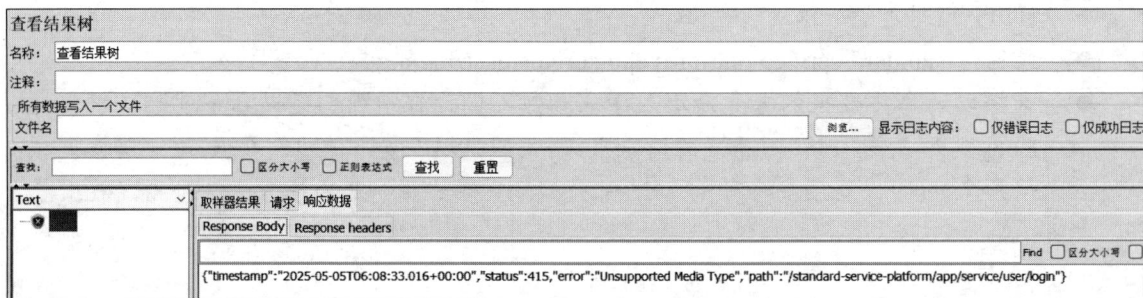

图 9-31　运行结果示例

对于 HTTP 请求，当返回 Unsupported Media Type 时，代表 HTTP 请求头中的 Content-Type 没有正确指定。打开查看结果树元件的 Request Headers 选项，查看 Content-Type 在请求时传入的值，如图 9-32 所示。

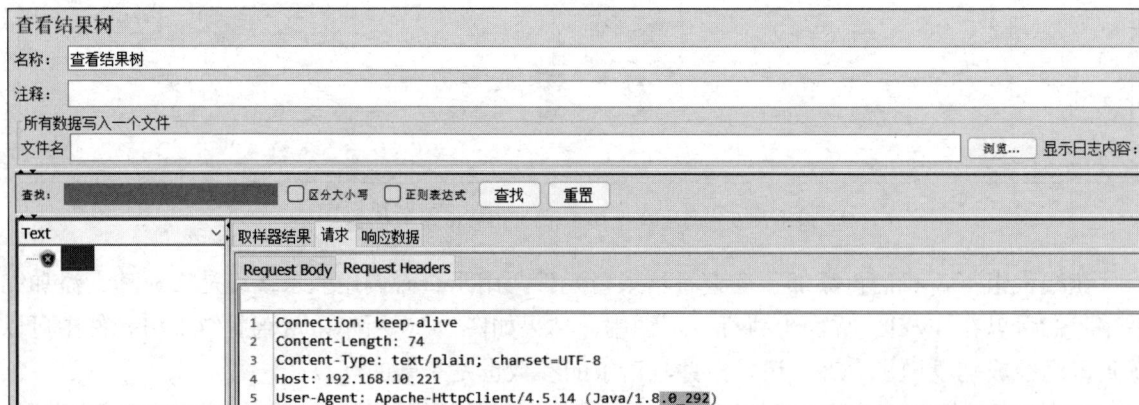

图 9-32　运行结果示例

从图 9-32 中可以看到，Content-Type 传入的是 text/plain; charset=UTF-8，而登录接口需要支持 JSON 格式的数据请求，才会返回 Unsupported Media Type 错误。因此，需要在请求时修改 Content-Type 的传入值。我们可以通过添加配置元件下的 HTTP 信息头管理器元件来修改

Content-Type 的传入值。这是因为 Content-Type 是 HTTP 信息头的一种，所以需要通过 HTTP 信息头管理器元件来进行修改。如图 9-33 所示，在 HTTP 信息头管理器中，添加 Content-Type 的值为 application/json。在 3.6 节中介绍 HTTP 请求取样器时，我们介绍了常见的 Content-Type 的类型，关于这块内容读者可以回头复习一下。

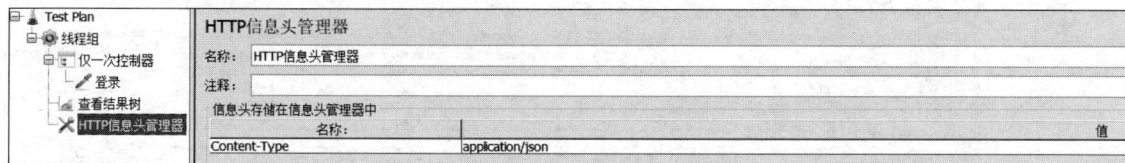

图 9-33　HTTP 信息头管理器示例

在完成了 Content-Type 请求值的修改后，重新执行测试计划，结果如图 9-34 所示。我们可以看到，修改完 Content-Type 的请求值后，登录接口已经调用成功了，该接口返回了 Authorization 值。该 Authorization 值就是后面调用其他接口时，需要传入的登录认证通过的凭证了。

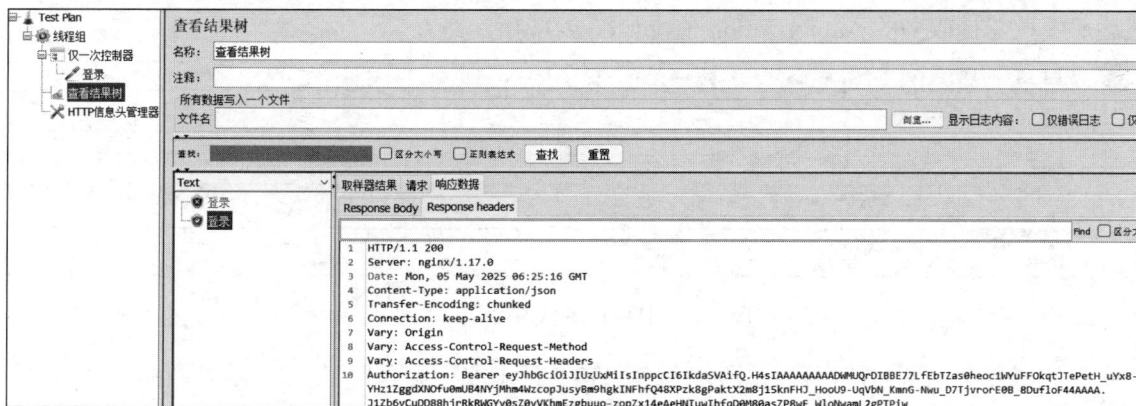

图 9-34　运行结果示例

在调试完登录接口的 JMeter 脚本后，还需要将登录接口返回的 Authorization 值提取出来，放到后续其他接口调用的请求头中。此时需要在仅一次控制器元件下添加一个后置处理器元件下的边界提取器元件，如图 9-35 所示。通过前面章节的学习，我们知道后置处理器需要在取样器之后执行，并且边界提取器用于从取样器返回的结果数据中通过设置左右边界来提取需要的数据。因此，这里的边界提取器会在登录接口调用后执行，并且由于是和登录请求一起放在仅一次控制器元件下的，所以边界提取器也只会执行一次。在边界提取器界面中分别做如下设置：

● 要检查的响应字段：选择信息头选项，因为需要从 Response headers 中提取 Authorization 值。

● 引用名称：将提取的 Authorization 值赋给 auth 变量，方便后面其他请求通过 auth 变量来进行引用。

● 左边界：设置提取数据时，左边界为 Authorization:，从图 9-34 中可以看到，我们需要提取的数据是 "Authorization:" 之后的那一长串的字符串数据。

- 有边界: 不需要设置, 因为从 "Authorization:" 之后的字符串数据全部需要提取出来。

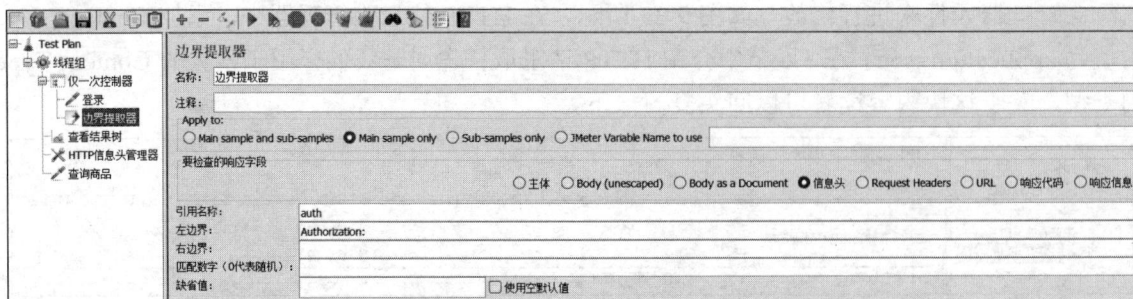

图 9-35　边界提取器元件示例

在边界提取器中提取到 Authorization 值并赋给 auth 变量后, 接下来需要在 HTTP 信息头管理器中添加 Authorization 这个信息头。这是因为在调用商品查询和提交订单接口时, Authorization 需要以 HTTP Header 的方式传入, 并且在设置值的时候输入$\{auth\}, 代表引用通过边界提取器提取到的 Authorization 值, 如图 9-36 所示。

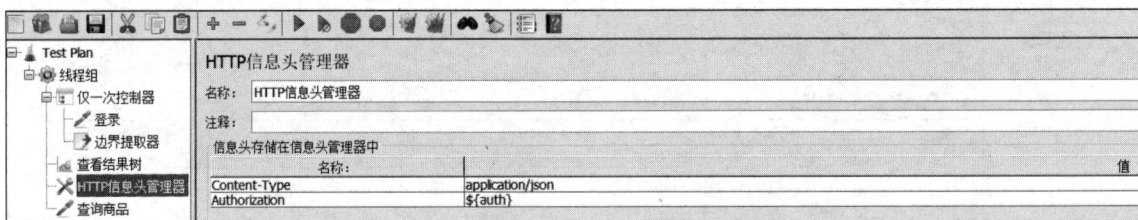

图 9-36　HTTP 信息头管理器示例

在完成以上设置后, 就可以再添加一个 HTTP 请求取样器元件了, 用于发送商品查询请求, 如图 9-37 所示。在该取样器界面上分别填入如下内容:

图 9-37　查询商品的 HTTP 请求取样器示例

- 协议: http。
- 服务器名称或 IP: 192.168.10.221。
- 端口号: 80。
- HTTP 请求类型: POST。
- 路径: /standard-service-platform/app/sale/product/query。

- 参数填入 productId，其值填入 00000000000001。勾选"对 POST 使用 multipart/form-data" 选项，因为商品查询接口需要通过 form-data 的方式提交参数，这个不同于登录接口是通过 body 消息体数据的方式提交参数。为了让读者学到各种参数提交方式，我们在这里尽可能地在不同的接口中设置不同的方式来进行请求。

在完成了商品查询接口的 JMeter 脚本开发后，就可以再次运行调试了。运行时，从查看结果树中可以看到此时登录接口只会运行一次，但是商品查询接口可以运行多次，如图 9-38 所示。同时，在调用商品查询接口时，可以看到 Request Headers 中传入了 Authorization 信息头及其对应的值。这说明调用登录接口完成后，通过边界提取器正确提取到 Authorization 值，并且传递到了 HTTP 信息头管理器中。

图 9-38　运行结果示例

从"响应数据"中可以看到，在查询商品接口时，已经正确获取到商品的相关信息，如图 9-39 所示。

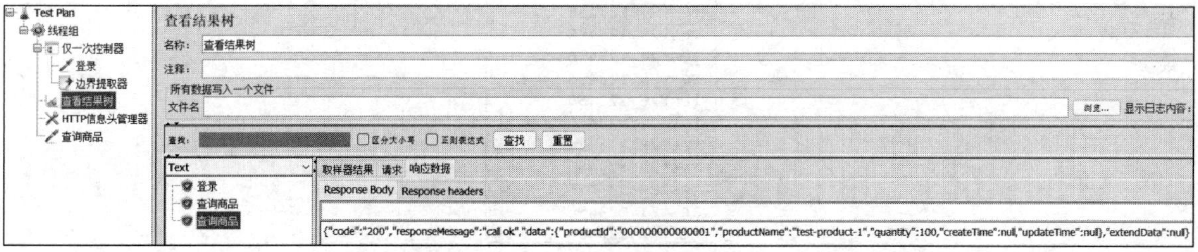

图 9-39　运行结果示例

在完成了接口调用的脚本调试后，就可以继续进行参数化。在登录时，我们需要对用户名和密码做参数化处理。这里通过添加配置元件下的 CSV 数据文件设置元件来进行参数化，该元件在前面的章节中已进行了详细讲解。如图 9-40 所示，在添加好的 CSV 数据文件设置元件中做如下设置：

- 文件名：提前构造好用户名和密码数据，并且存入一个文件中。由于我们在准备性能测试数据时，已经向用户表中插入了 2000 条用户数据，因此这里可以直接用这一批构造好的用户名和密码数据。如图 9-41 所示，用户名和密码之间以逗号进行分隔。

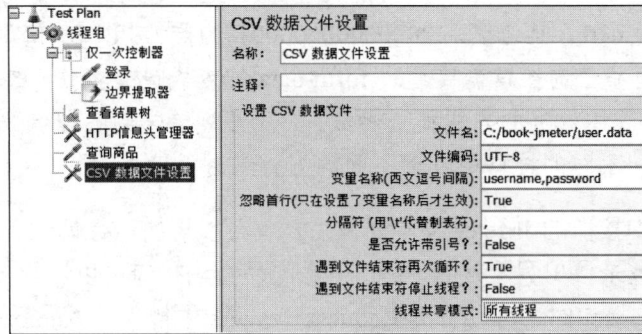

图 9-40　CSV 数据文件设置元件示例

图 9-41　参数化数据示例

- 文件编码：选择 UTF-8。
- 变量名称：设置为 username,password。
- 忽略首行（只在设置了变量名称后才生效）：这里选择忽略文件中的首行配置，因为首行的 username,password 并不是真实的用户名和密码。
- 分隔符：设置为英文逗号。因为文件中是以英文逗号隔开的，所以这里的分隔符需要设置为英文逗号。

在登录接口测试的 HTTP 请求取样器中，需要把请求消息体数据中的 username 和 password 分别修改为$ {username}和${password}来引用，如图 9-42 所示。

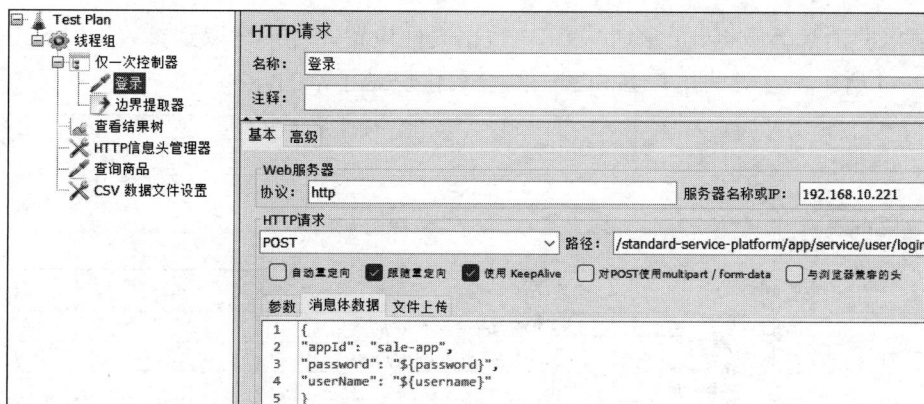

图 9-42　登录接口 HTTP 请求取样器示例

在完成了登录的用户名和密码的参数化后，我们还需要添加一个响应断言操作，目的是在性能压测时，判断取样器发出的请求的响应结果是否正确。我们从 JMeter 的断言元件下添加一个响应断言元件，如图 9-43 所示。单击"添加"按钮，添加一个测试模式，选择响应文本。由于登录接口和商品查询接口在调用成功后，返回的响应消息中都会包含"call ok"，因此在断言时，直接断言返回的响应消息中是否包含"call ok"这个字符串即可。

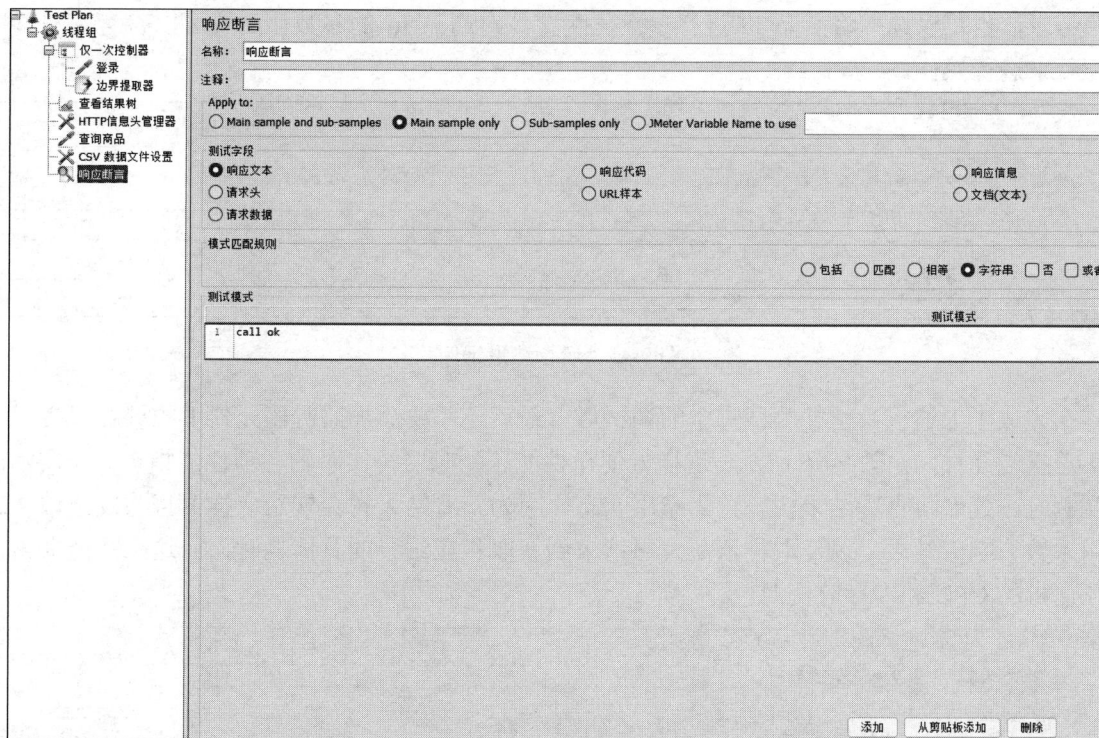

图 9-43　响应断言示例

在添加完响应断言后，再次运行整个性能测试计划的脚本，我们可以在查看结果树中发现登录接口调用成功，响应断言的结果也是成功的。同时，在查看"请求"的 Request Body 时，可以看到请求的消息体数据，正常地从 CSV 数据文件设置元件中读取到参数化后的用户名和密码，如图 9-44 所示，这说明用户名和密码的参数化也是正常的。

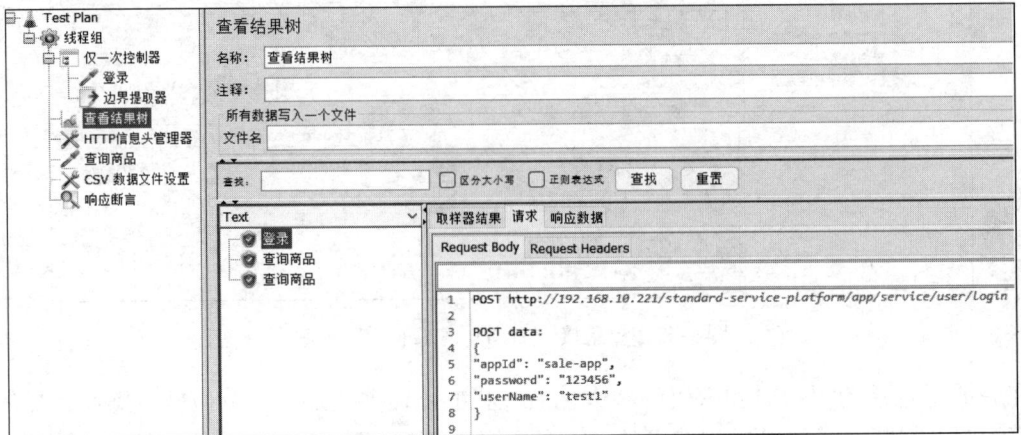

图 9-44　运行结果示例

在查看结果树中，我们也能看到商品查询接口的响应断言结果是成功的，如图 9-45 所示。由于秒杀，通常是针对个别商品进行的，因此商品 Id 不进行参数化。当然，感兴趣的读者在实际模拟时，也可以选择将商品 Id 进行参数化配置，对商品 Id 的参数化配置可以参考用户参数化配置来进行操作。

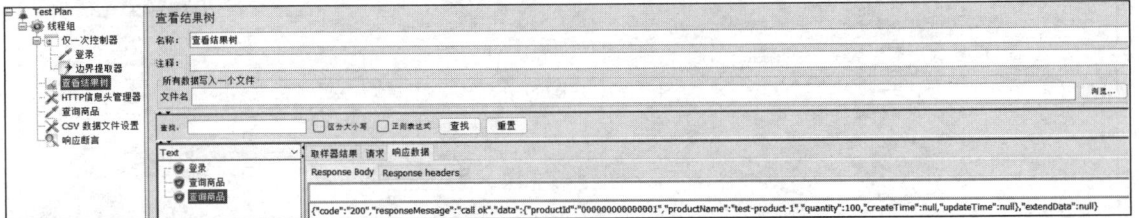

图 9-45　运行结果示例

在完成了上述核心性能测试脚本的调试后，最后还需要添加监听器元件下的聚合报告元件和汇总报告元件，如图 9-46 所示，这样方便在性能压测时监控实时的各项性能指标。在实际性能压测时，建议将查看结果树设置为禁用状态，因为查看结果树会展示取样器每次发出请求的请求参数、响应结果，以及取样器从发出请求到获取相应结果的具体耗时，而这个功能非常占用压测机的 CPU 和内存等资源。

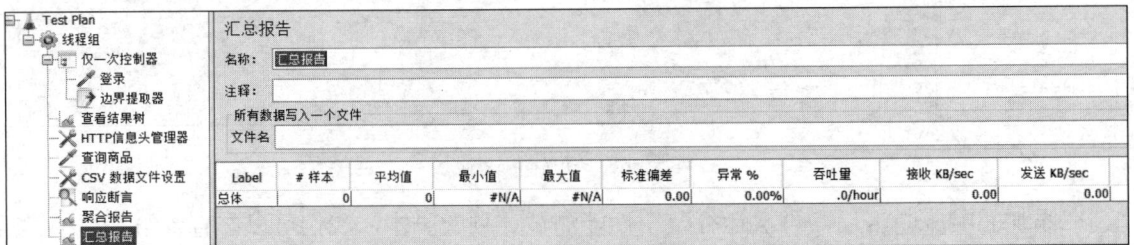

图 9-46　汇总报告示例

9.7.3　混合场景-商品查询-订单提交性能测试脚本的编写

在完成了针对性能测试案例一的脚本编写后，还需要开始编写针对性能测试案例二的 JMeter 性能测试脚本。性能测试案例二，主要是在性能测试案例一的基础上增加了一个提交订单操作，所以可以直接在性能测试案例一的脚本的基础上进行修改。修改时，先增加一个 HTTP 请求取样器元件，用于发送订单提交请求，如图 9-47 所示，在该取样器界面上填入如下内容：

- 协议：http。
- 服务器名称或 IP：192.168.10.221。
- 端口号：80。
- HTTP 请求类型：POST。
- 路径：/standard-service-platform/app/sale/order/insert。
- 参数填入 productId，其值填入 00000000000001。勾选"对 POST 使用 multipart/form-data"选项，因为商品查询接口需要通过 form-data 的方式提交参数。

图 9-47　提交订单的 HTTP 请求取样器示例

然后就可以运行，从查看结果树中可以看到，提交订单接口正常调用成功，如图 9-48 所示。

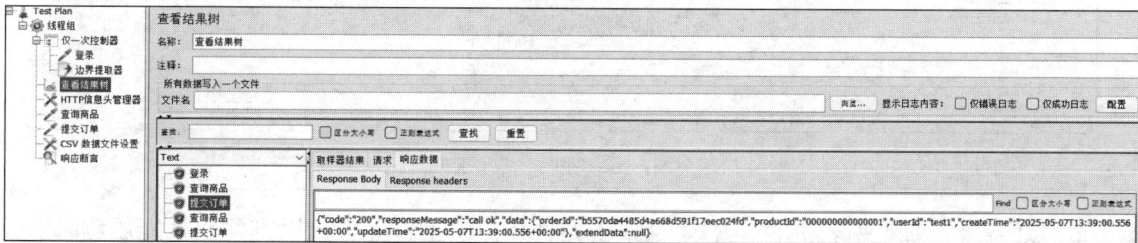

图 9-48　运行结果示例

由于同一个用户在购买同一样商品时只能购买一件，因此当同一个用户登录后，第二次提交订单时，就会返回"user has exist order"的提示，如图 9-49 所示。

当返回"user has exist order"的提示时，并不能认为性能测试发出的请求就是失败的，这是一个正常的返回。因此，在性能测试案例二中添加响应断言时，需要添加两个测试模式，如图 9-50 所示。当返回"call ok"或者"user has exist order"的提示时，都认为性能测试发出的请求是成功的。

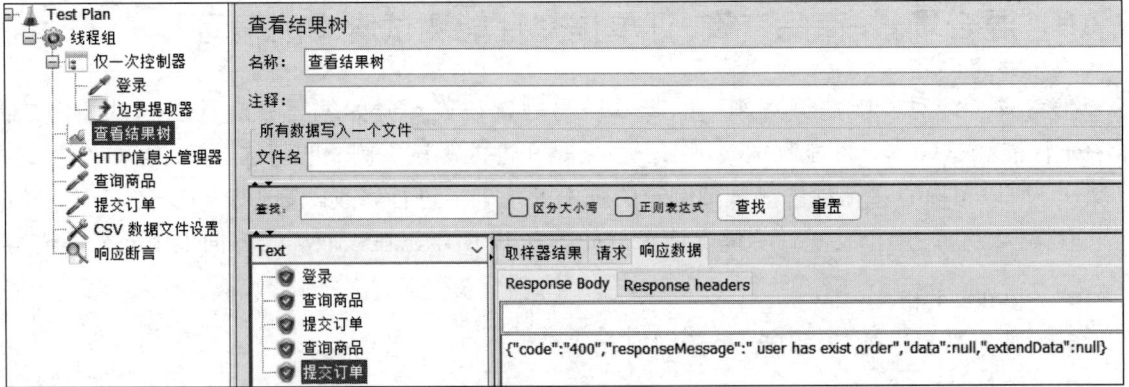

图 9-49　运行结果示例

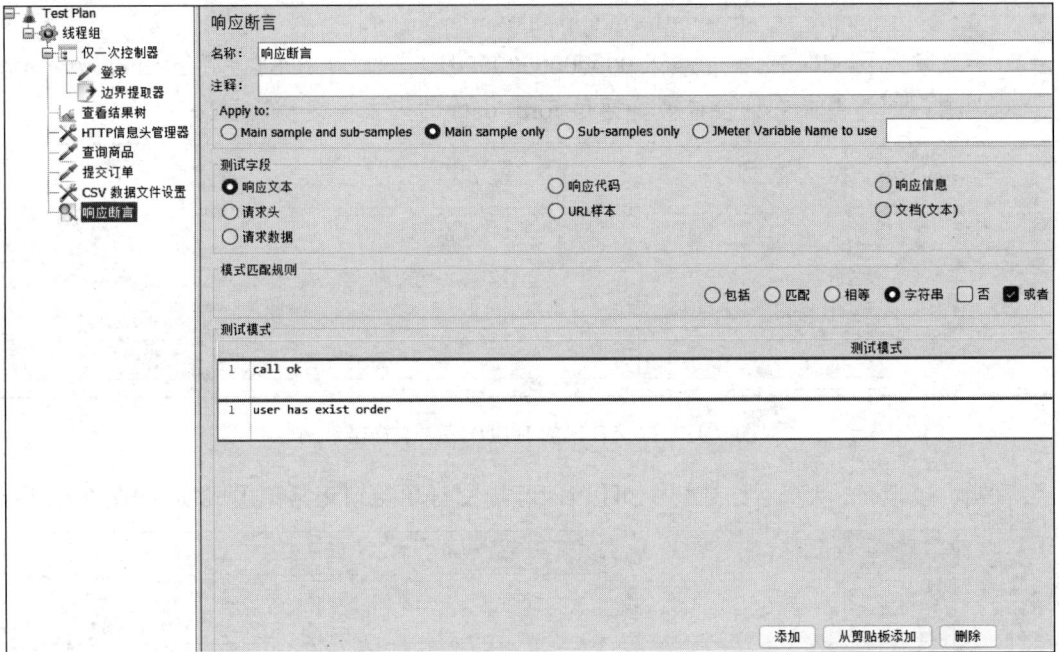

图 9-50　响应断言元件示例

最后还需要添加监听器元件下的聚合报告元件和汇总报告元件，以方便在性能压测时监控实时的各项性能指标，如图 9-51 所示。在实际性能压测时，建议将查看结果树设置为禁用状态，这样性能测试脚本就编写完成了。

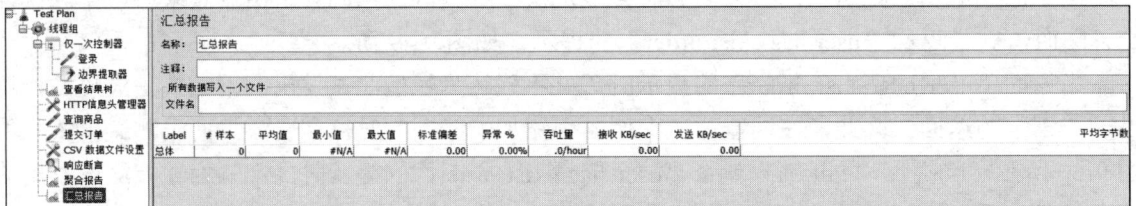

图 9-51　汇总报告示例

9.8　执行性能测试

在完成了性能测试脚本的编写后，接下来就可以按照性能测试计划的时间节点来执行性能测试了。

9.8.1　单场景–商品查询性能压测

1. 单场景–商品查询性能压测（案例一）的规划

1）预置条件

确保商品表中存在 10000 条商品数据，用户表中存在 2000 条用户数据，并且性能测试环境已经正常启动，商品查询可以正常访问。

2）执行步骤

（1）根据场景，完成性能测试脚本的编写，编写性能测试脚本时，需要对用户登录数据中的用户名和密码做参数化处理。

（2）完成脚本编写后，开始执行性能测试脚本。执行时，第一次放入 50 个并发用户，持续运行 30 分钟并观察和记录各项性能指标。

（3）第二次放入 100 个并发用户，持续运行 30 分钟并观察和记录各项性能指标。

（4）第三次放入 150 个用户，持续运行 2 小时并观察和记录各项性能指标，同时注意系统是否可以稳定运行。

3）预期结果

系统可以达到预期的性能要求，并且在停止压测后，服务器的 CPU、内存、磁盘 I/O、网络流量、数据库的连接数等都可以恢复到性能压测前的正常水平。

2. 单场景–商品查询性能压测（案例一）的执行

按照之前编写好的脚本执行，第一次放入 50 个并发用户，持续运行 30 分钟并观察和记录各项性能指标。如图 9-52 所示，在 JMeter 的执行计划中设置线程数为 50，然后开始性能测试的运行。

运行脚本时，我们可以从 JMeter 的聚合报告和汇总报告中看到相关操作的性能指标，如图 9-53 所示。

从图 9-53 中可以看到，当并发用户数为 50 时，商品查询接口的核心性能指标为：

- 平均响应时间：315 毫秒。
- TPS（在 JMeter 中显示为吞吐量）：154.8/sec。

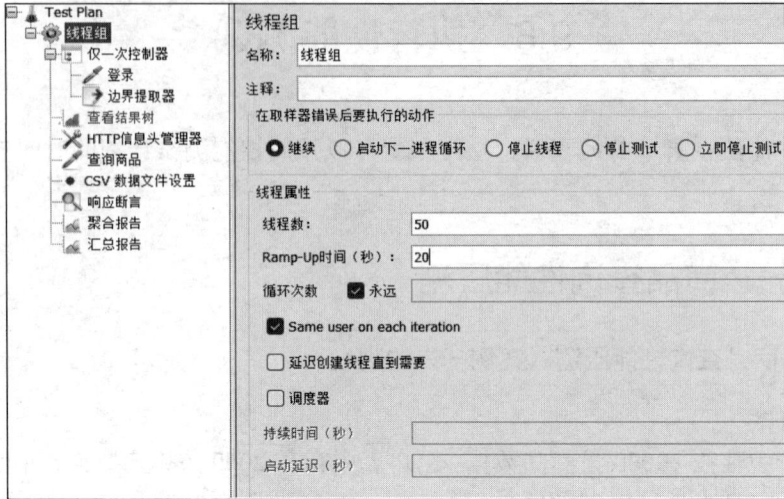

图 9-52　线程组示例图

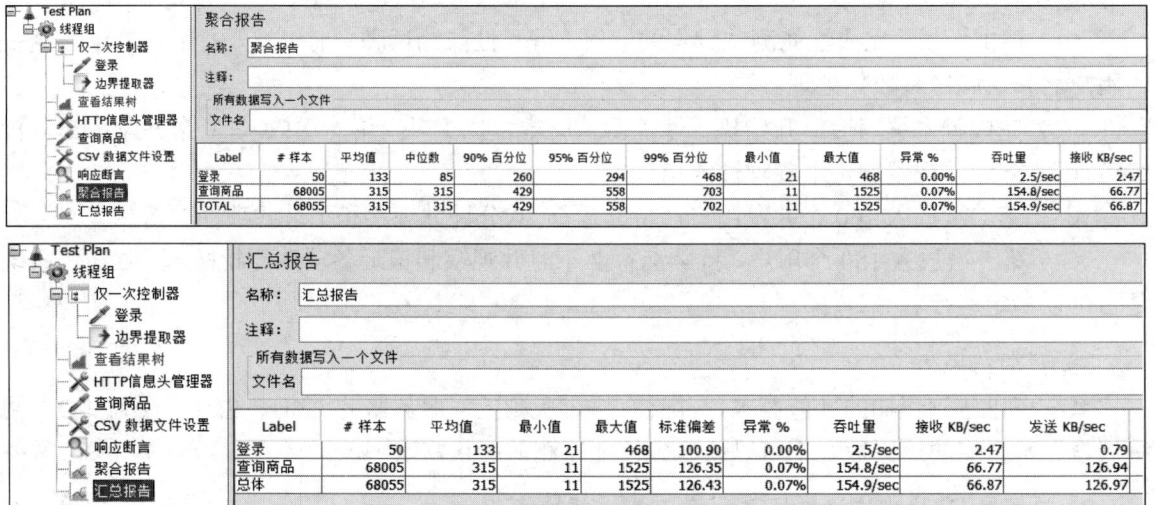

图 9-53　聚合报告与汇总报告结果

　　此时，我们使用 nmon 工具监控应用服务器（192.168.10.222）的 CPU 和内存资源的使用情况，结果如图 9-54 所示。关于 nmon 工具的安装和使用，可以参考《软件性能测试、分析与调优实践之路》第 2 章的相关介绍，在该书中详细介绍了如何对服务器进行监控。从图 9-54 中可以看到，该服务器的 CPU 利用率约在 15%~20%，使用较为稳定，没有出现很大波动；内存的使用率在 53%左右，服务器的核心资源使用率都不算特别高。

　　使用 nmon 工具监控数据库服务器（192.168.10.221）的 CPU 和内存资源的使用情况，结果如图 9-55 所示。从图中可以明显看到，该台服务器的 CPU 资源利用率已经达到了 100%左右，但是内存使用率才 25%左右。

```
 ┌─nmon─14i─────────────────Hostname=app──────Refresh= 2secs ──05:59.30──┐
 │ CPU +─────────────────────┬───────────────────────────────────────────+
 │100%-│                      │                                            │
 │ 95%-│                      │                                            │
 │ 90%-│                      │                                            │
 │ 85%-│                      │                                            │
 │ 80%-│                      │                                            │
 │ 75%-│                      │                                            │
 │ 70%-│                      │                                            │
 │ 65%-│                      │                                            │
 │ 60%-│                      │                                            │
 │ 55%-│                      │                                            │
 │ 50%-│                      │                                            │
 │ 45%-│                      │                                            │
 │ 40%-│                      │                                            │
 │ 35%-│                      │                                            │
 │ 30%-│                      │                                            │
 │ 25%-│                      │                                            │
 │ 20%-│        s     s s     │ s      ss s       s   s        s    s    s │
 │ 15%-│SSSSSSSSS s S S S+SSSSSSSSSSSSSSSSSSSSSSSSSSSSSSSSSSSSSSSSSSSSSSSSSS│
 │ 10%-│UUUUUUUUUsUsUsUsUs UUsUSUUUUUsUsUsUUUUUUUUsUUUSUUUsUsUUUUUUUUUUUUU│
 │  5%-│UUUUUUUUUUUUUUUUUUU UUUUUUUUUUUUUUUUUUUUUUUUUUUUUUUUUUUUUUUUUUUUU│
 │     +──────────────────────┴───────────────────────────────────────────+
 │ Memory Stats
 │              RAM      High       Low      Swap    Page Size=4 KB
 │ Total MB   1821.6     -0.0      -0.0    2048.0
 │ Free  MB    866.4     -0.0      -0.0    2048.0
 │ Free Percent 47.6%   100.0%    100.0%   100.0%
 │              MB                  MB                MB
 │                     Cached=    246.7    Active=   609.7
 │ Buffers=      2.1 Swapcached=    0.0   Inactive=  178.3
 │ Dirty =       0.2 Writeback =    0.0   Mapped  =   36.3
 │ Slab  =      90.3 Commit_AS =  672.6 PageTables=    5.1
 └────────────────────────────────────────────────────────────────────────┘
```

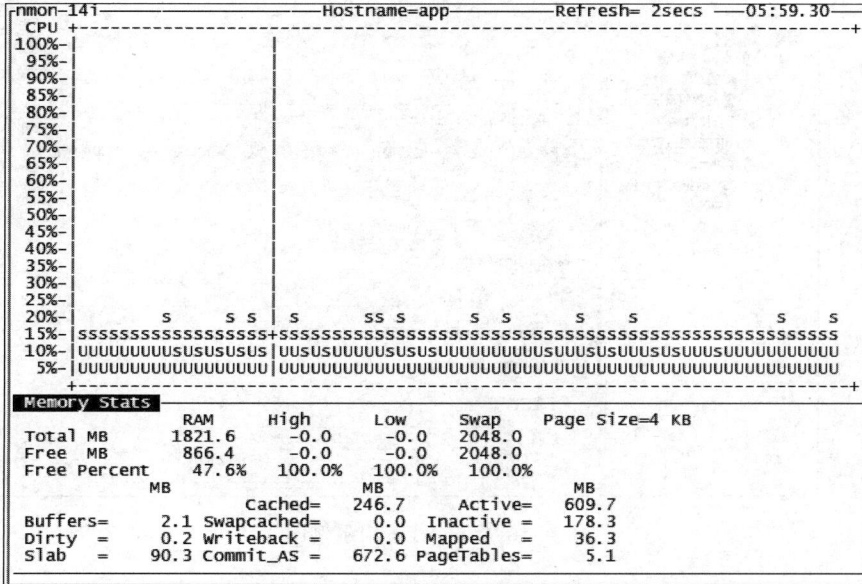

图 9-54　应用服务器资源使用

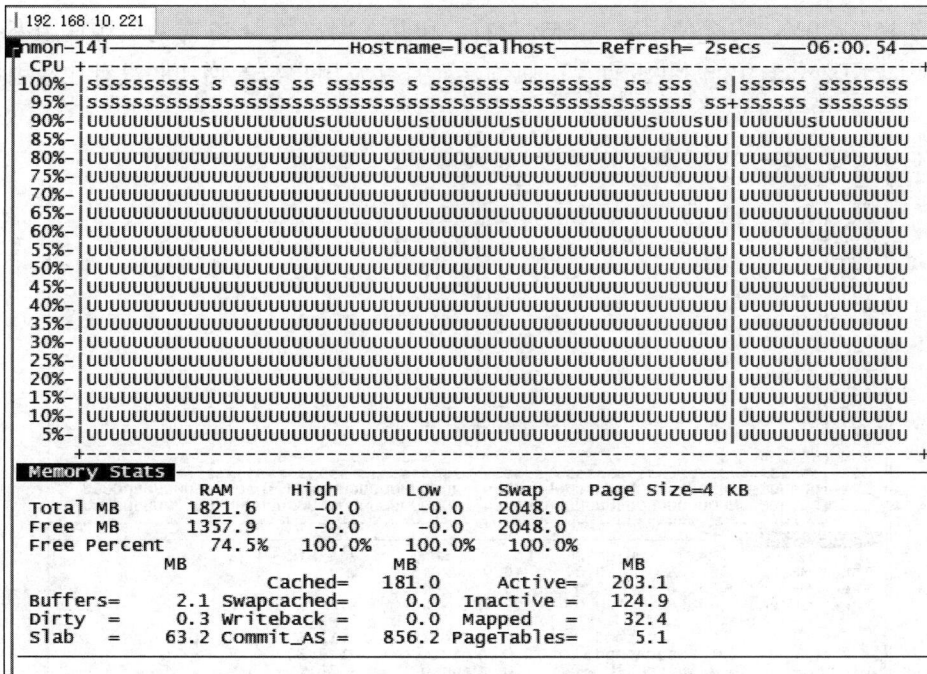

```
 │ 192.168.10.221 │
 ┌─nmon─14i─────────────────Hostname=localhost────Refresh= 2secs ──06:00.54──┐
 │ CPU +─────────────────────────────────────────────────────────────────────+
 │100%-│SSSSSSSSSS S SSSS SS SSSSSS S SSSSSSS SSSSSSSS SS SSS  S│SSSSSS SSSSSSSS│
 │ 95%-│SSSSSSSSSSSSSSSSSSSSSSSSSSSSSSSSSSSSSSSSSSSSSSSSSS SS+SSSSSS SSSSSSSS│
 │ 90%-│UUUUUUUUUsUUUUUUUUsUUUUUUUUsUUUUUUUsUUUUUUUUsUUUsUU │UUUUUUsUUUUUUUU│
 │ 85%-│UUUUUUUUUUUUUUUUUUUUUUUUUUUUUUUUUUUUUUUUUUUUUUUUUUUU│UUUUUUUUUUUUUU│
 │ 80%-│UUUUUUUUUUUUUUUUUUUUUUUUUUUUUUUUUUUUUUUUUUUUUUUUUUUU│UUUUUUUUUUUUUU│
 │ 75%-│UUUUUUUUUUUUUUUUUUUUUUUUUUUUUUUUUUUUUUUUUUUUUUUUUUUU│UUUUUUUUUUUUUU│
 │ 70%-│UUUUUUUUUUUUUUUUUUUUUUUUUUUUUUUUUUUUUUUUUUUUUUUUUUUU│UUUUUUUUUUUUUU│
 │ 65%-│UUUUUUUUUUUUUUUUUUUUUUUUUUUUUUUUUUUUUUUUUUUUUUUUUUUU│UUUUUUUUUUUUUU│
 │ 60%-│UUUUUUUUUUUUUUUUUUUUUUUUUUUUUUUUUUUUUUUUUUUUUUUUUUUU│UUUUUUUUUUUUUU│
 │ 55%-│UUUUUUUUUUUUUUUUUUUUUUUUUUUUUUUUUUUUUUUUUUUUUUUUUUUU│UUUUUUUUUUUUUU│
 │ 50%-│UUUUUUUUUUUUUUUUUUUUUUUUUUUUUUUUUUUUUUUUUUUUUUUUUUUU│UUUUUUUUUUUUUU│
 │ 45%-│UUUUUUUUUUUUUUUUUUUUUUUUUUUUUUUUUUUUUUUUUUUUUUUUUUUU│UUUUUUUUUUUUUU│
 │ 40%-│UUUUUUUUUUUUUUUUUUUUUUUUUUUUUUUUUUUUUUUUUUUUUUUUUUUU│UUUUUUUUUUUUUU│
 │ 35%-│UUUUUUUUUUUUUUUUUUUUUUUUUUUUUUUUUUUUUUUUUUUUUUUUUUUU│UUUUUUUUUUUUUU│
 │ 30%-│UUUUUUUUUUUUUUUUUUUUUUUUUUUUUUUUUUUUUUUUUUUUUUUUUUUU│UUUUUUUUUUUUUU│
 │ 25%-│UUUUUUUUUUUUUUUUUUUUUUUUUUUUUUUUUUUUUUUUUUUUUUUUUUUU│UUUUUUUUUUUUUU│
 │ 20%-│UUUUUUUUUUUUUUUUUUUUUUUUUUUUUUUUUUUUUUUUUUUUUUUUUUUU│UUUUUUUUUUUUUU│
 │ 15%-│UUUUUUUUUUUUUUUUUUUUUUUUUUUUUUUUUUUUUUUUUUUUUUUUUUUU│UUUUUUUUUUUUUU│
 │ 10%-│UUUUUUUUUUUUUUUUUUUUUUUUUUUUUUUUUUUUUUUUUUUUUUUUUUUU│UUUUUUUUUUUUUU│
 │  5%-│UUUUUUUUUUUUUUUUUUUUUUUUUUUUUUUUUUUUUUUUUUUUUUUUUUUU│UUUUUUUUUUUUUU│
 │     +─────────────────────────────────────────────────────────────────────+
 │ Memory Stats
 │              RAM      High       Low      Swap    Page Size=4 KB
 │ Total MB   1821.6     -0.0      -0.0    2048.0
 │ Free  MB   1357.9     -0.0      -0.0    2048.0
 │ Free Percent 74.5%   100.0%    100.0%   100.0%
 │              MB                  MB                MB
 │                     Cached=    181.0    Active=   203.1
 │ Buffers=      2.1 Swapcached=    0.0   Inactive=  124.9
 │ Dirty =       0.3 Writeback =    0.0   Mapped  =   32.4
 │ Slab  =      63.2 Commit_AS =  856.2 PageTables=    5.1
 └────────────────────────────────────────────────────────────────────────┘
```

图 9-55　数据库服务器资源使用

此时，从 nmon 监控数据中可以看到，数据库服务器的 CPU 使用率已经成为瓶颈。我们继续增加并发用户数进行性能压测。按照测试案例中的规划，在第二次性能压测时，将并发用户数从 50 提高到 100，如图 9-56 所示，将 JMeter 线程组中的线程数设置为 100，继续运行性能测试。

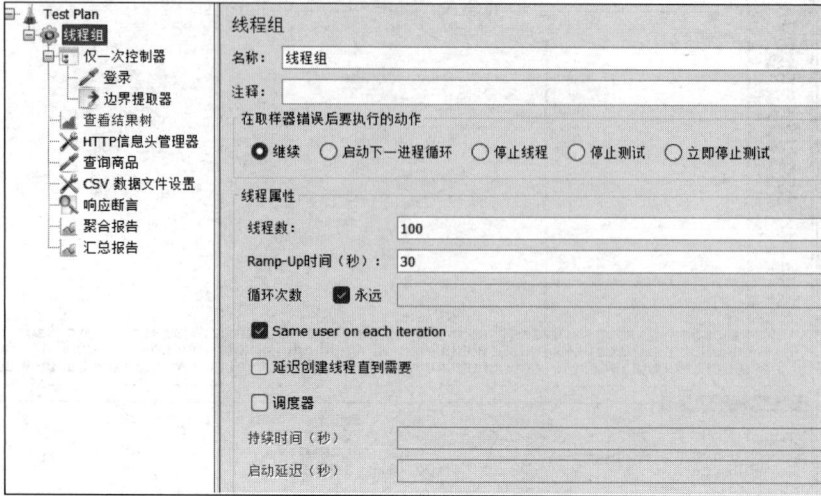

图 9-56　线程组示例图

　　测试脚本运行时，我们继续使用 nmon 工具对应用服务器（192.168.10.222）的资源进行监控，如图 9-57 所示。从图中可以看到，当并发用户数为 100 时，应用服务器的 CPU 使用率还是维持在约 15%~20%，内存使用率在 55%左右，和并发用户数为 50 时的资源使用率几乎差不多。这说明应用服务器的资源并没有存在瓶颈，而且并发用户数的增加并没有让应用服务器的负荷增大。

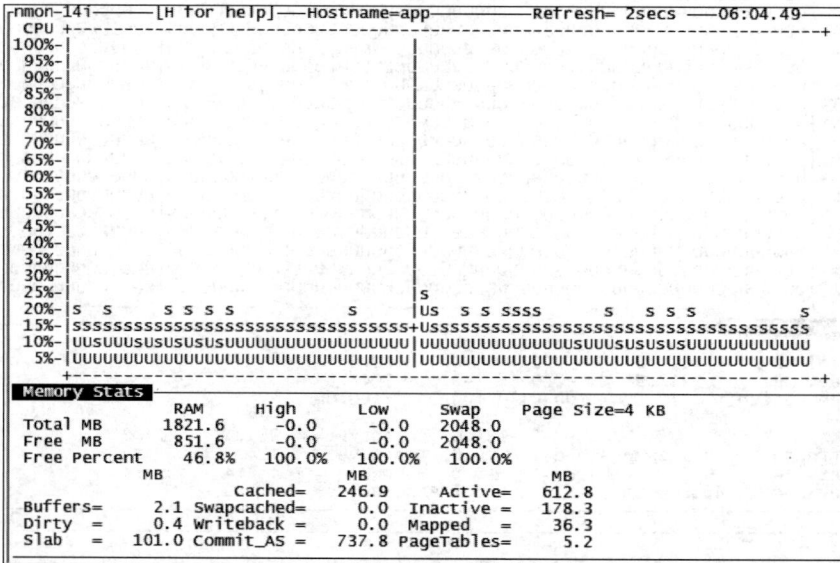

图 9-57　应用服务器资源使用

　　此时，我们也使用 nmon 工具继续监控数据库服务器（192.168.10.221）的资源使用率，如图 9-58 所示。从图中可以看到，当并发用户数为 100 时，数据库服务器的 CPU 使用率还是维持在 100%左右，内存使用率才在 27%左右，和并发用户数为 50 时的资源使用率几乎差不多。此时可以进一步明确，数据库服务器的 CPU 资源确实已经成为瓶颈。

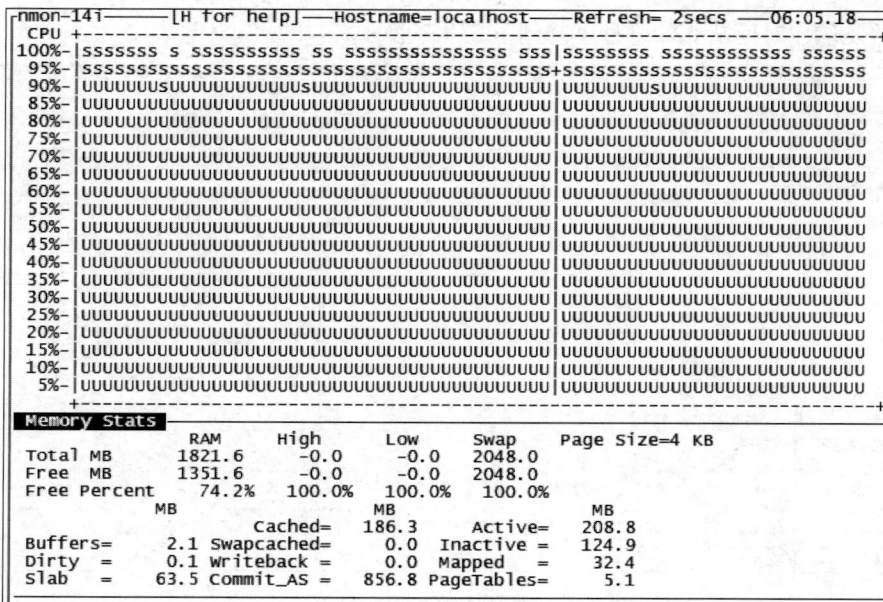

图 9-58　数据库服务器资源使用

当并发用户数为 100 时，商品查询接口的核心性能指标如图 9-59 所示。从图中可以看到：

● 平均响应时间：625 毫秒。

● TPS（在 JMeter 中显示为吞吐量）：154.9/sec。

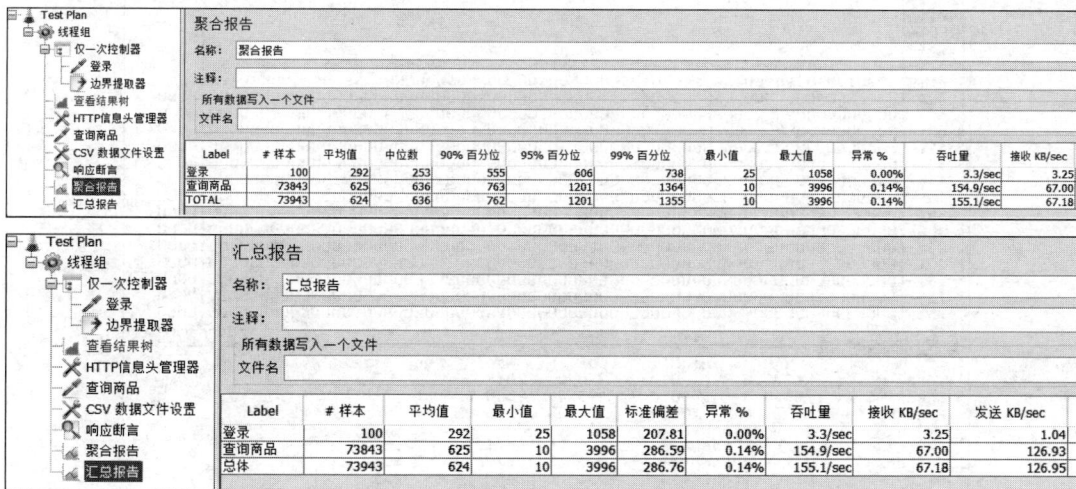

图 9-59　聚合报告与汇总报告结果

当并发用户数从 50 增加到 100 后，平均响应时间从 315 毫秒增加到了 625 毫秒，而 TPS 没有发生多大变化，还是在 154/sec 左右。这说明增加并发用户数后，系统的处理能力没有增加，如果不进行性能调优，那么系统就已经达到瓶颈。此时最直接的调优方法就是增加数据库服务器的 CPU 资源，增加 CPU 资源后，系统的 TPS 肯定可以增加。如图 9-60 所示，我们将数据库服务器的 CPU 从 2 核提高到 4 核，同样使用 100 个并发用户数来进行性能压测，发现 TPS 已经从 154/sec 提高到 185/sec

左右，并且平均响应时间从 625 毫秒下降到了 518 毫秒左右。

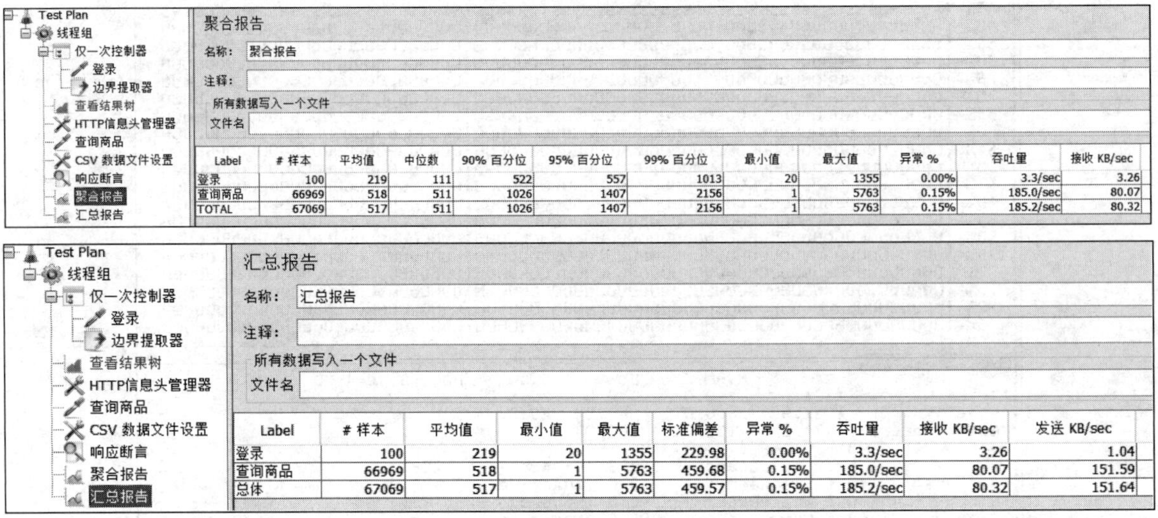

Label	# 样本	平均值	中位数	90% 百分位	95% 百分位	99% 百分位	最小值	最大值	异常 %	吞吐量	接收 KB/sec
登录	100	219	111	522	557	1013	20	1355	0.00%	3.3/sec	3.26
查询商品	66969	518	511	1026	1407	2156	1	5763	0.15%	185.0/sec	80.07
TOTAL	67069	517	511	1026	1407	2156	1	5763	0.15%	185.2/sec	80.32

Label	# 样本	平均值	最小值	最大值	标准偏差	异常 %	吞吐量	接收 KB/sec	发送 KB/sec
登录	100	219	20	1355	229.98	0.00%	3.3/sec	3.26	1.04
查询商品	66969	518	1	5763	459.68	0.15%	185.0/sec	80.07	151.59
总体	67069	517	1	5763	459.57	0.15%	185.2/sec	80.32	151.64

图 9-60　聚合报告与汇总报告结果

我们继续使用 nmon 工具对数据库服务器（192.168.10.221）的资源使用率进行监控，会发现 CPU 资源的使用率维持在 80%左右，如图 9-61 所示。这说明增加 CPU 资源后，CPU 资源已经不再是一个瓶颈了。

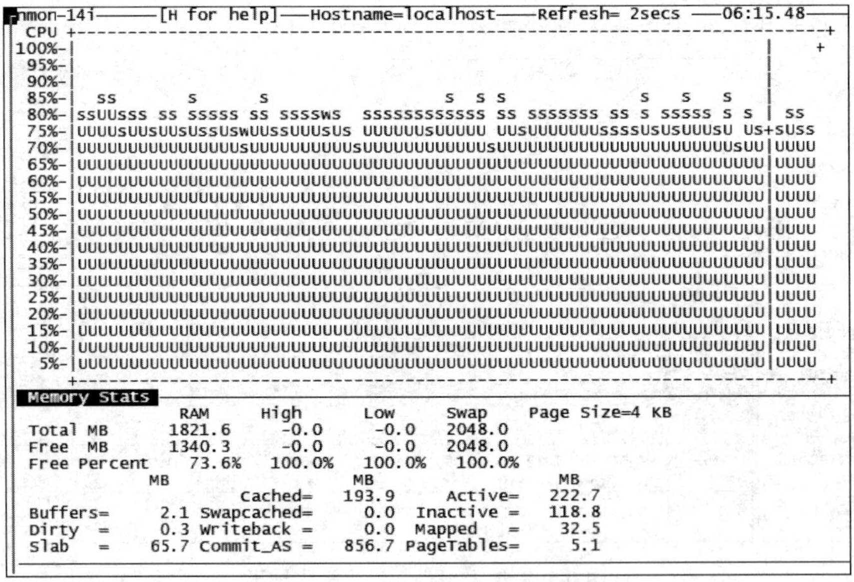

图 9-61　数据库服务器资源使用

在使用 nmon 工具对应用服务器（192.168.10.222）的资源使用率进行监控时，我们也会发现其 CPU 使用率已经从 15%~20%提升到了 25%左右。这说明在增加数据库服务器的 CPU 资源后，系统的 TPS 提升了，并且应用服务器的负荷也提高了，但是应用服务器的资源使用率还不算特别高（参见图 9-62），还没有发挥出足够的潜力，仍然存在别的性能瓶颈。

```
 nmon-14I                   Hostname=app          Refresh= 2secs  ──06:14.53─
 CPU +──────────────────────────────────────────────────────────────────────+
100%-|                                             |                          |
 95%-|                                             |                          |
 90%-|                                             |                          |
 85%-|                                             |                          |
 80%-|                                             |                          |
 75%-|                                             |                          |
 70%-|                                             |                          |
 65%-|                                             |                          |
 60%-|                                             |                          |
 55%-|                                             |                          |
 50%-|                                             |                          |
 45%-|                                             |                          |
 40%-|                                             |                          |
 35%-|                                             |                          |
 30%-|                              s              |    s         s           |
 25%-|SSSSS SSSSSSSSSS SSSSSSSSSSSSSSSSSSSSSSSSSSSS|SSSSSSSSSSSSSSSSSSSSSSSSSS |
 20%-|SSSSSSSSSSSSSSSSSSSSSSSSSSSSSSSSSSSSSSSSSSSSS+SSSSSSSSSSSSSSSSSSSSSSSSSS |
 15%-|SSSUSSSSSSSSSSSSSSSSSSSSUSSSSSSSSSSUSSSSSSSSS|SUSSSSSSSSUSSSSSSSSSSUSSSS |
 10%-|UUUUUUUUUUUUUUUUUUUUUUUUUUUUUUUUUUUUUUUUUUUUU|UUUUUUUUUUUUUUUUUUUUUUUUU  |
  5%-|UUUUUUUUUUUUUUUUUUUUUUUUUUUUUUUUUUUUUUUUUUUUU|UUUUUUUUUUUUUUUUUUUUUUUUU  |
     +──────────────────────────────────────────────+────────────────────────+
 ┌Memory Stats┐
              RAM      High      Low      Swap    Page Size=4 KB
 Total MB    1821.6     -0.0     -0.0    2048.0
 Free  MB     835.2     -0.0     -0.0    2048.0
 Free Percent  45.8%   100.0%   100.0%   100.0%
              MB                 MB                  MB
                   Cached=      246.9    Active=    617.7
 Buffers=       2.1 Swapcached=   0.0    Inactive=  178.3
 Dirty  =       0.4 Writeback =   0.0    Mapped=     36.3
 Slab   =     112.3 Commit_AS = 736.8    PageTables=  5.2
```

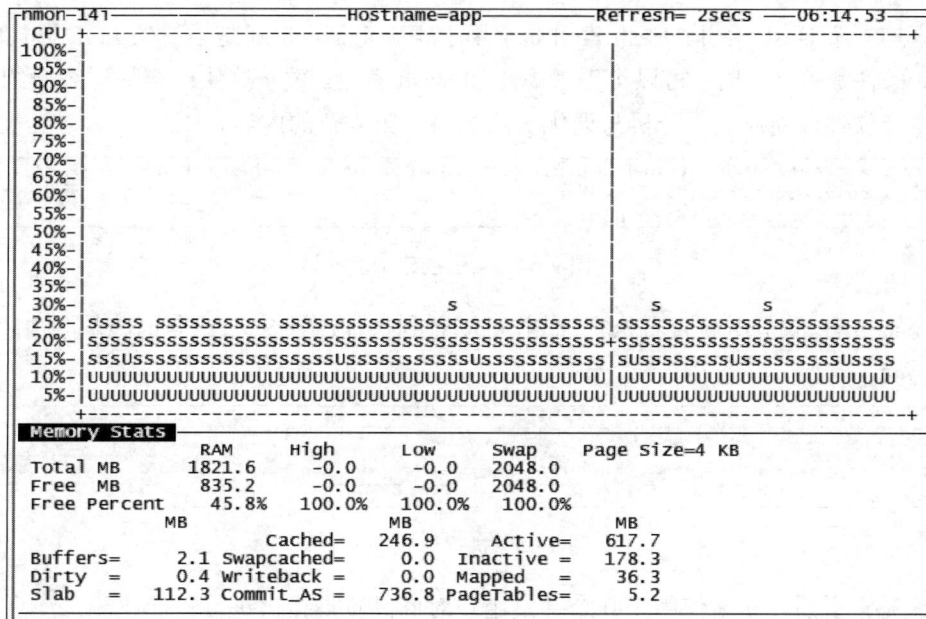

图 9-62　应用服务器资源使用

　　以上方式是通过提升硬件性能来解决遇到的性能瓶颈问题，这种方式会增加硬件的成本。通过上述方式也验证了，提高硬件时系统的处理能力也可以得到提升。

　　在遇到性能瓶颈时，除了通过硬件的方式来解决问题外，还可以思考一下是不是可以通过软件的方式来解决。我们可以想一想，为什么数据库服务器 CPU 资源的使用率很容易就达到了100%，答案无非就是数据库查询非常消耗资源，那这时就可以想想数据库查询为什么会这么消耗 CPU 资源。通常来说，数据库查询非常消耗 CPU 资源，就说明数据查询可能会很慢，甚至需要全表扫描数据。当并发用户数多时，就会存在大量的查询在通过全表扫描来检索数据。此时我们可以通过查询 MySQL 的执行计划，来查看一条普通 SQL 语句的执行计划。如图 9-63所示，可以看到当执行 explain select * from t_product where product_id='00000000000001'语句查看执行计划时，可以发现通过商品 Id 查询数据，走的是全表扫描，并且这张商品表没有任何索引。关于 MySQL 的执行计划的更多知识，读者可以参考《软件性能测试、分析与调优实践之路》。在该书的第 6 章中，详细介绍了如何对 MySQL 数据库进行性能监控，以及如何通过执行计划来分析 SQL 查询语句中可能存在的性能问题。

```
MySQL [test]> explain select * from t_product where product_id='000000000000001';
+----+-------------+-----------+------+---------------+------+---------+------+-------+-------------+
| id | select_type | table     | type | possible_keys | key  | key_len | ref  | rows  | Extra       |
+----+-------------+-----------+------+---------------+------+---------+------+-------+-------------+
|  1 | SIMPLE      | t_product | ALL  | NULL          | NULL | NULL    | NULL | 10223 | Using where |
+----+-------------+-----------+------+---------------+------+---------+------+-------+-------------+
1 row in set (0.00 sec)
```

图 9-63　执行计划示例

　　由于商品查询时走的是全表扫描，因此这里可以先对商品表加一个索引，如图 9-64 所示。通过执行 create index t_product_product_id_idex on t_product(product_id) using hash;语句，就可以对商品表添加一个 Hash 索引。Hash 索引通常用于精确查询，也就是当一条 SQL 语句的查询后面的 where 条件是等于号时，可以优先考虑添加 Hash 索引。关于这块内容的详细介绍，读者同样可以参考《软件性能测试、分析与调优实践之路》第 6 章的内容。

```
MySQL [test]> create index t_product_product_id_idex on t_product(product_id) using hash;
Query OK, 0 rows affected (0.13 sec)
Records: 0  Duplicates: 0  Warnings: 0
```

图 9-64　索引创建示例

添加完索引后，我们重新查看执行计划，可以看到执行该条 SQL 语句时，精确命中了索引，如图 9-65 所示。

```
MySQL [test]> explain select * from t_product where product_id='000000000000001';
+----+-------------+-----------+------+--------------------------+--------------------------+---------+-------+------+-----------------------+
| id | select_type | table     | type | possible_keys            | key                      | key_len | ref   | rows | Extra                 |
+----+-------------+-----------+------+--------------------------+--------------------------+---------+-------+------+-----------------------+
|  1 | SIMPLE      | t_product | ref  | t_product_product_id_idex | t_product_product_id_idex | 35      | const |    1 | Using index condition |
+----+-------------+-----------+------+--------------------------+--------------------------+---------+-------+------+-----------------------+
1 row in set (0.00 sec)
```

图 9-65　执行计划示例

当添加完索引后，重新使用 100 个并发用户对商品查询接口进行性能压测。注意，在性能压测时，将数据库服务器的 CPU 资源重新调回到 2 核，这样方便我们对性能压测结果做一个对比。

从聚合报告和汇总报告中获取到的性能指标如图 9-66 所示。从图中可以看到：

● 　平均响应时间：183 毫秒。
● 　TPS（在 JMeter 中显示为吞吐量）：506.6/sec。

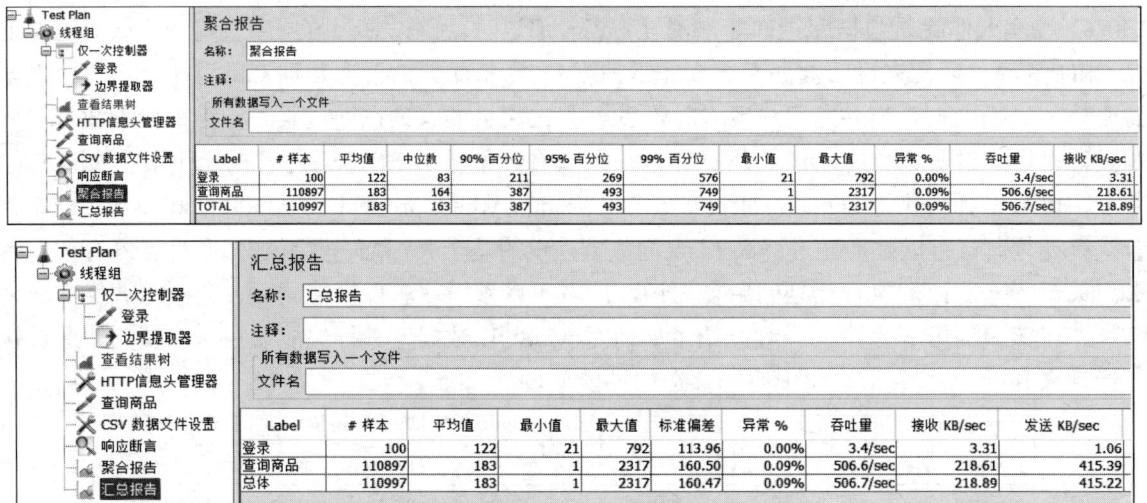

图 9-66　聚合报告与汇总报告结果

在添加索引后，平均响应时间从 625 毫秒骤降到了 183 毫秒，并且 TPS 从 154/sec 一下子就提升到了 506/sec 左右，系统的处理能力有了大幅度的提高。

使用 nmon 工具对应用服务器（192.168.10.222）的资源使用率进行监控时也会发现，其 CPU 使用率已经从 15%~20%提升到了 65%左右了，应用服务器的资源利用率有了非常大的提升，如

图 9-67 所示。

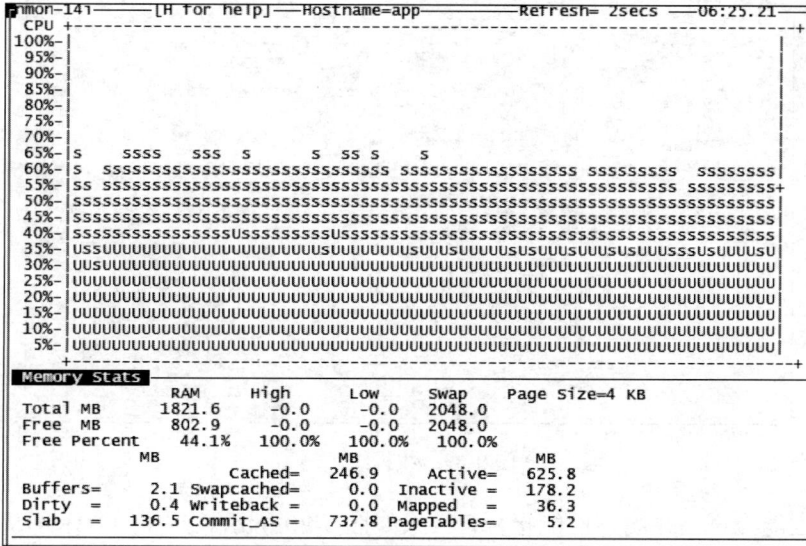

图 9-67 应用服务器资源使用

使用 nmon 工具对数据库服务器（192.168.10.221）的资源使用率进行监控时也会发现，其 CPU 使用率已经从 100%左右下降到了 60%左右了，此时 CPU 资源的使用率已经在一个比较合理的水平了，如图 9-68 所示。

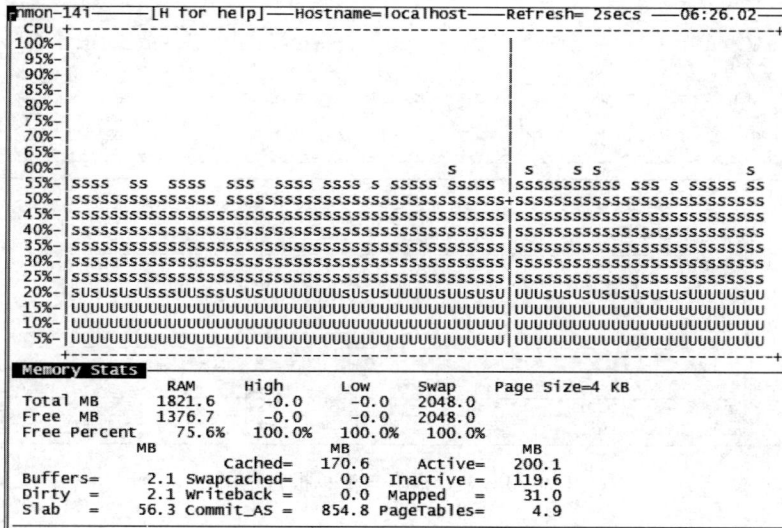

图 9-68 数据库服务器资源使用

此时再次增加并发用户数对系统进行性能压测，将并发用户数增加到 150，如图 9-69 所示。

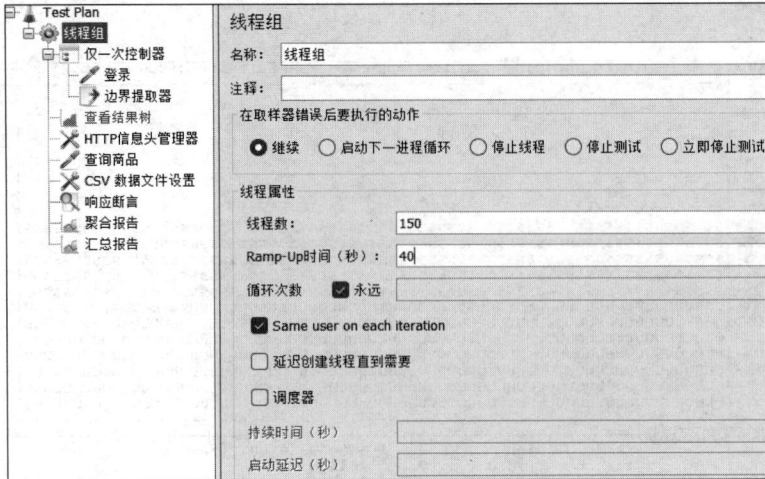

图 9-69　线程组示例

再次执行性能测试，并观察性能指标，结果如图 9-70 所示。界面中显示了从聚合报告和汇总报告中获取到的性能指标，从图中可以看到：

- 平均响应时间：268 毫秒。
- TPS（在 JMeter 中显示为吞吐量）：518.4/sec。

图 9-70　聚合报告与汇总报告结果

从图 9-70 显示的性能指标中可以看到，将并发用户数增加到 150 后，平均响应时间从 183 毫秒增加到了 268 毫秒，但是 TPS 却从 506/sec 左右增长到了 518/sec 左右。这个结果说明系统的处理能力在并发用户数增加后，还是出现了一部分的提升；也说明之前的 TPS 为 506/sec 时，并不是当前系统的最大处理能力。在 TPS 达到 518/sec 左右时，使用 nmon 工具对应用服务器（192.168.10.222）的资源使用率进行监控时也会发现，其 CPU 使用率可以稳定在 60%~65%，并不会出现很大的波动，资源消耗很稳定，如图 9-71 所示。

```
nmon-14i————[H for help]——Hostname=app—————Refresh= 2secs ——06:29.54—
 CPU +------------------------------------------------------+
100%-|                                                      |
 95%-|                                                      |
 90%-|                                                      |
 85%-|                                                      |
 80%-|                                                      |
 75%-|                                                      |
 70%-|                                                      |
 65%-|   ss      sss s    s s sss           ss         ssss s|      ss
 60%-|s sssssssssssssssssssssssssssssss sssssssssssssssssss+sssss ss
 55%-|sssssssssssssssssssssssssssssssssssssssssssssssssssss|sssssss
 50%-|sssssssssssssssssssssssssssssssssssssssssssssssssssss|ssssssss
 45%-|sssssssssssssssssssssssssssssssssssssssssssssssssssss|ssssssss
 40%-|ssssUsssUssssssssssssssssssssssssssssssssssssssssssss|ssssssss
 35%-|UsUUUUUsUUUUUUUUUUUUUUUUUUUUUUsUssUUUUUUUUUUUUUUUUUUUU|UUUUUsUU
 30%-|UUUUUUUUUUUUUUUUUUUUUUUUUUUUUUUUUUUUUUUUUUUUUUUUUUUUU|UUUUUUUU
 25%-|UUUUUUUUUUUUUUUUUUUUUUUUUUUUUUUUUUUUUUUUUUUUUUUUUUUUU|UUUUUUUU
 20%-|UUUUUUUUUUUUUUUUUUUUUUUUUUUUUUUUUUUUUUUUUUUUUUUUUUUUU|UUUUUUUU
 15%-|UUUUUUUUUUUUUUUUUUUUUUUUUUUUUUUUUUUUUUUUUUUUUUUUUUUUU|UUUUUUUU
 10%-|UUUUUUUUUUUUUUUUUUUUUUUUUUUUUUUUUUUUUUUUUUUUUUUUUUUUU|UUUUUUUU
  5%-|UUUUUUUUUUUUUUUUUUUUUUUUUUUUUUUUUUUUUUUUUUUUUUUUUUUUU|UUUUUUUU
     +------------------------------------------------------+
 Memory Stats
                RAM      High      Low      Swap    Page Size=4 KB
 Total MB     1821.6     -0.0     -0.0    2048.0
 Free  MB      754.3     -0.0     -0.0    2048.0
 Free Percent  41.4%    100.0%   100.0%   100.0%
             MB                  MB                 MB
                      Cached=   247.1    Active=   638.7
 Buffers=      2.1 Swapcached=   0.0  Inactive=   178.2
 Dirty =       0.5 Writeback =   0.0  Mapped  =    36.3
 Slab  =     171.3 Commit_AS =  807.9 PageTables=    5.3
```

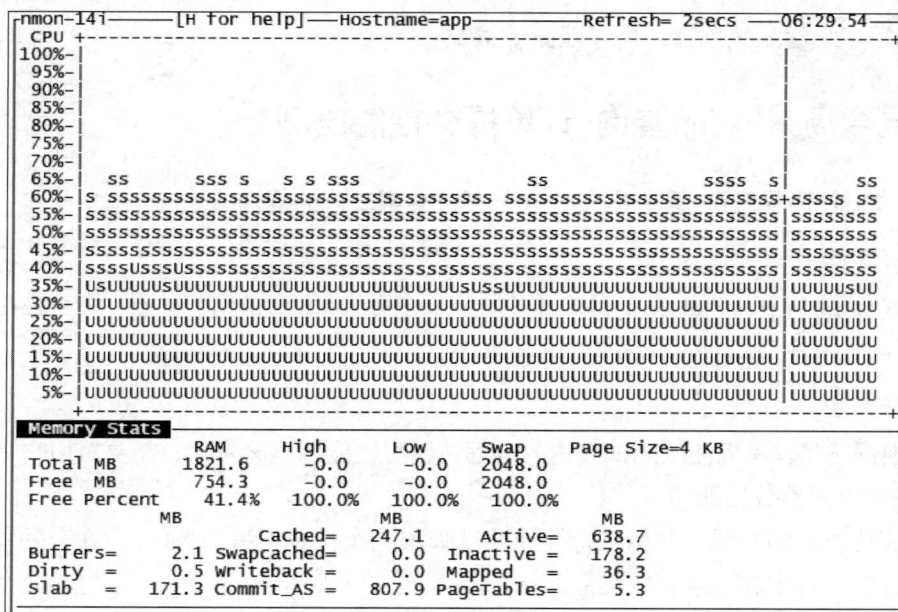

图 9-71　应用服务器资源使用

使用 nmon 工具对数据库服务器（192.168.10.221）的资源使用率进行监控时也会发现，其 CPU 使用率可以稳定在 55%~60%，也并不会出现很大的波动，资源消耗也很稳定，如图 9-72 所示。

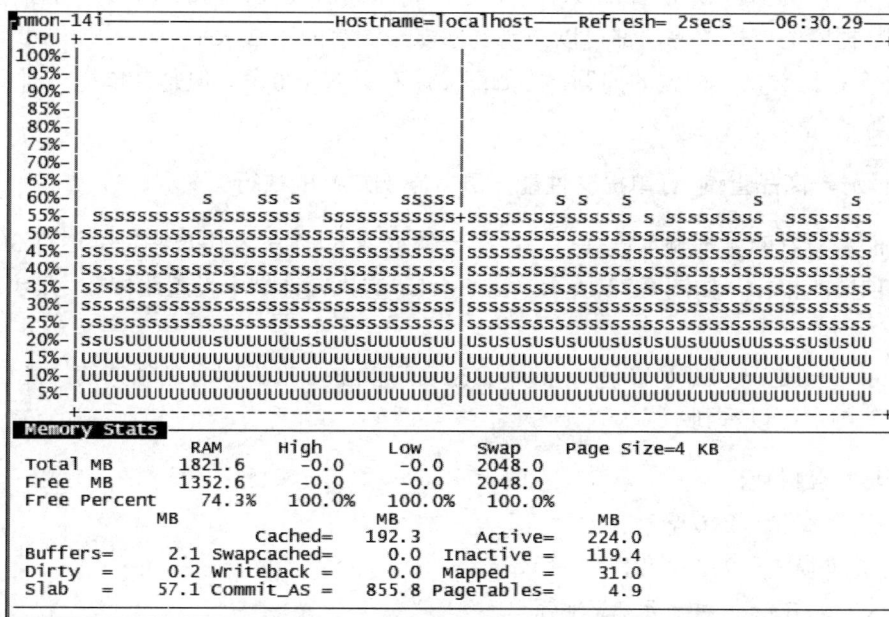

```
nmon-14i———————————Hostname=localhost———Refresh= 2secs ——06:30.29—
 CPU +------------------------------------------------------+
100%-|                                                      |
 95%-|                                                      |
 90%-|                                                      |
 85%-|                                                      |
 80%-|                                                      |
 75%-|                                                      |
 70%-|                                                      |
 65%-|                                                      |
 60%-|      s      ss s     sssss        s  s   s          s|      s
 55%-|ssssssssssssssssss  sssssssssss+ssssssssssssss s ssssssss  ssssssss
 50%-|ssssssssssssssssssssssssssssss|ssssssssssssssssssssssssss ssssssss
 45%-|ssssssssssssssssssssssssssssss|ssssssssssssssssssssssssss sssssssss
 40%-|ssssssssssssssssssssssssssssss|ssssssssssssssssssssssssss ssssssss
 35%-|ssssssssssssssssssssssssssssss|ssssssssssssssssssssssssss ssssssss
 30%-|ssssssssssssssssssssssssssssss|ssssssssssssssssssssssssss ssssssss
 25%-|sssssssssssssssssssssssssss|sssssssssssssssssssssssss sssssssss
 20%-|SSUSUUUUUUUsUUUUUUUsssUUUsUUUUUUss|UsUSUSUSUsUUUsUsUSUUsUUUsssssUsUsUU
 15%-|UUUUUUUUUUUUUUUUUUUUUUUUUUUUUU|UUUUUUUUUUUUUUUUUUUUUUUUUUUUU
 10%-|UUUUUUUUUUUUUUUUUUUUUUUUUUUUUU|UUUUUUUUUUUUUUUUUUUUUUUUUUUUU
  5%-|UUUUUUUUUUUUUUUUUUUUUUUUUUUUUU|UUUUUUUUUUUUUUUUUUUUUUUUUUUUU
     +------------------------------------------------------+
 Memory Stats
                RAM      High      Low      Swap    Page Size=4 KB
 Total MB     1821.6     -0.0     -0.0    2048.0
 Free  MB     1352.6     -0.0     -0.0    2048.0
 Free Percent  74.3%    100.0%   100.0%   100.0%
             MB                  MB                 MB
                      Cached=   192.3    Active=   224.0
 Buffers=      2.1 Swapcached=   0.0  Inactive=   119.4
 Dirty =       0.2 Writeback =   0.0  Mapped  =    31.0
 Slab  =      57.1 Commit_AS =  855.8 PageTables=    4.9
```

图 9-72　数据库服务器资源使用

由此可以看到，商品查询接口的 TPS 处理能力为 518/sec，并且在停止性能压测后，通过对应用服务器和数据库服务器的资源进行监控可以发现，资源的使用率都可以恢复到性能压测前的正常水平，说明系统不存在内存泄露等情况。

9.8.2 混合场景-商品查询-订单提交性能压测

1. 混合场景-商品查询-订单提交性能压测（案例二）的规划

1）预置条件

确保商品表中存在 10000 条商品数据，用户表中存在 2000 条用户数据，并且性能测试环境已经正常启动，商品查询可以正常访问。

2）执行步骤

（1）根据场景，完成性能测试脚本的编写，编写性能测试脚本时，需要对用户登录数据中的用户名和密码做参数化处理。

（2）完成脚本编写后，开始执行性能测试脚本。执行时，第一次放入 60 个并发用户，持续运行 30 分钟并观察和记录各项性能指标。

（3）第二次放入 120 个并发用户，持续运行 30 分钟并观察和记录各项性能指标。

（4）第三次放入 180 个用户，持续运行 2 小时并观察和记录各项性能指标，同时观察系统是否可以稳定运行。

3）预期结果

（1）系统可以达到预期的性能要求，并且停止压测后，服务器的 CPU、内存、磁盘 I/O、网络流量、数据库的连接数等，都可以恢复到性能压测前的正常水平。

（2）不会存在数据不一致的问题，比如商品库存只有 100 件，但是订单提交时却卖出去了超过 100 件等情况。

2. 混合场景-商品查询-订单提交性能压测（案例二）的执行

按照之前编写好的测试脚本进行执行，第一次放入 60 个并发用户，持续运行 30 分钟并观察和记录各项性能指标。如图 9-73 所示，在 JMeter 的执行计划中设置线程数为 60，然后开始性能测试的运行。

测试计划运行时，可以从 JMeter 的聚合报告以及汇总报告中看到相关的性能指标，如图 9-74 所示，从图中可以看到：

● 平均响应时间：
  ➢ 商品查询：216 毫秒。
  ➢ 订单提交：273 毫秒。
● TPS（在 JMeter 中显示为吞吐量）：
  ➢ 商品查询：117.3/sec。
  ➢ 订单提交：117.2/sec。

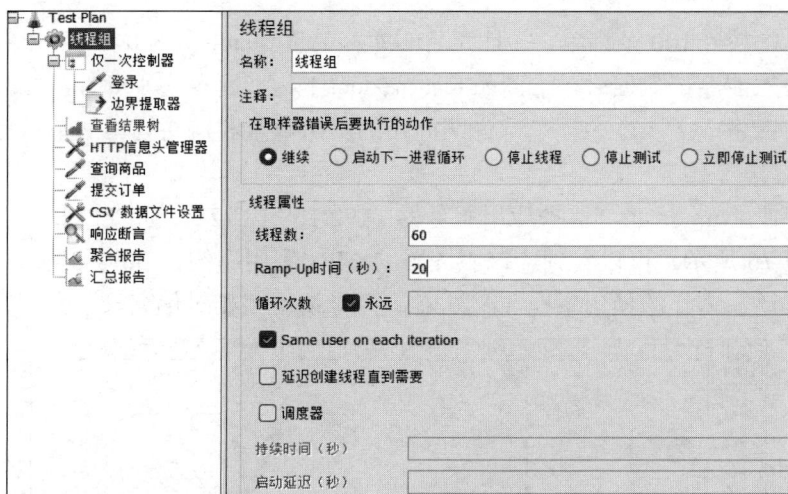

图 9-73　线程组示例

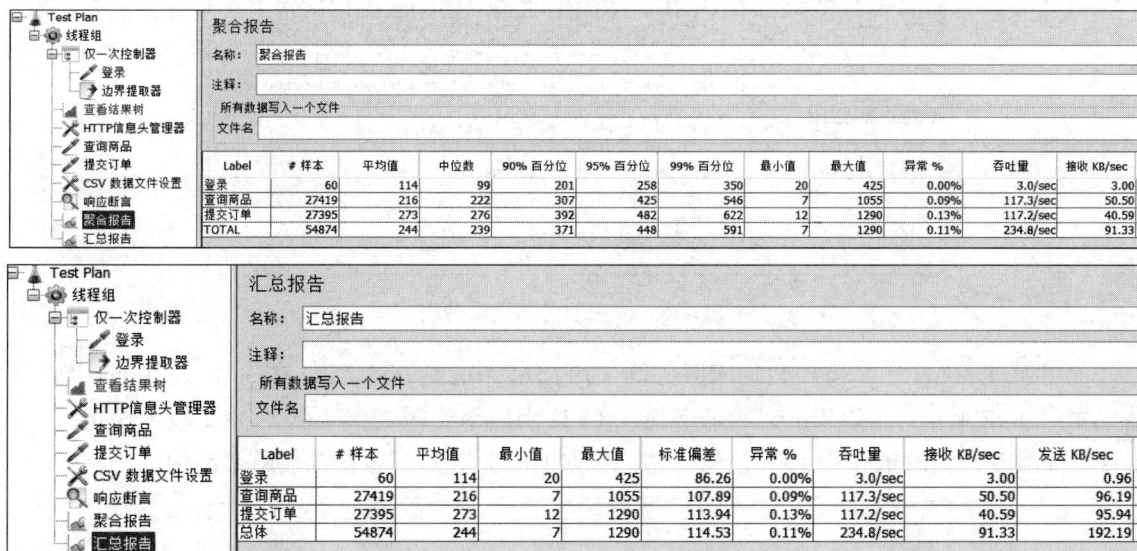

图 9-74　聚合报告与汇总报告结果

通过 SQL 语句查询数据库服务器中的订单表和商品表数据，来确定性能压测时商品的卖出数量是否和购买订单的数量一致，如图 9-75 所示。

```
MySQL [test]> select * from t_product where product_id='000000000000001';
+------------------+--------------+----------+-------------+-------------+
| product_id       | product_name | quantity | create_time | update_time |
+------------------+--------------+----------+-------------+-------------+
| 000000000000001  | test-product-1 |        0 | NULL        | NULL        |
+------------------+--------------+----------+-------------+-------------+
1 row in set (0.00 sec)

MySQL [test]> select count(1) from t_order;
+----------+
| count(1) |
+----------+
|      100 |
+----------+
1 row in set (0.00 sec)
```

图 9-75　商品查询结果

可以看到，总共有 100 个订单，并且商品的库存数量 quantity 为 0，说明已经全部卖完了。由于之前在构造性能测试数据时，给商品 test-product-1 构造库存为 100 件，此时刚好 100 件全部卖完，并且对应生成了 100 个订单，说明商品的卖出数量和购买订单的数量是一致的，与预期结果相匹配。

此时，我们使用 nmon 工具监控应用服务器（192.168.10.222）的 CPU 和内存资源的使用情况，结果如图 9-76 所示。可以看到，该服务器的 CPU 利用率约在 30%~35%，使用较为稳定，没有出现很大波动；内存的使用率在 80% 左右，内存使用率相对偏高。

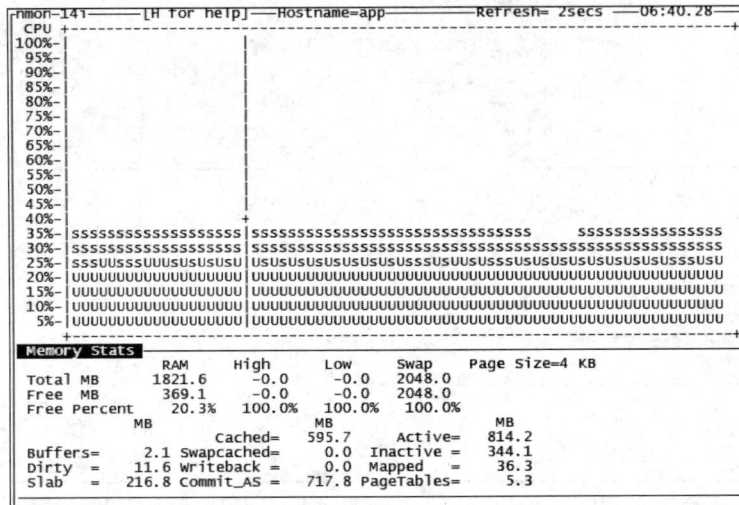

图 9-76　应用服务器资源使用

使用通过 nmon 工具监控数据库服务器（192.168.10.221）的 CPU 和内存资源的使用情况，结果如图 9-77 所示。可以看到，该服务器的 CPU 利用率约在 25%~30%，使用较为稳定，没有出现很大波动；内存的使用率在 28% 左右，数据库服务器的整体资源使用率都偏低。

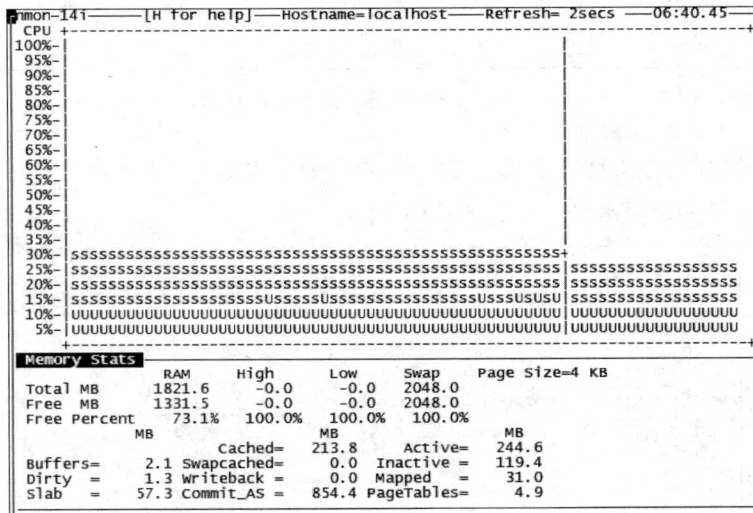

图 9-77　数据库服务器资源使用

通过对数据库服务器和应用服务器的资源使用情况进行分析后发现，服务器的资源使用率都没有达到自身的瓶颈，所以硬件没有达到瓶颈。我们可以继续增加并发用户数来增大负载的压力。将并发用户数从 60 增加到 120 后，继续执行性能测试，如图 9-78 所示。

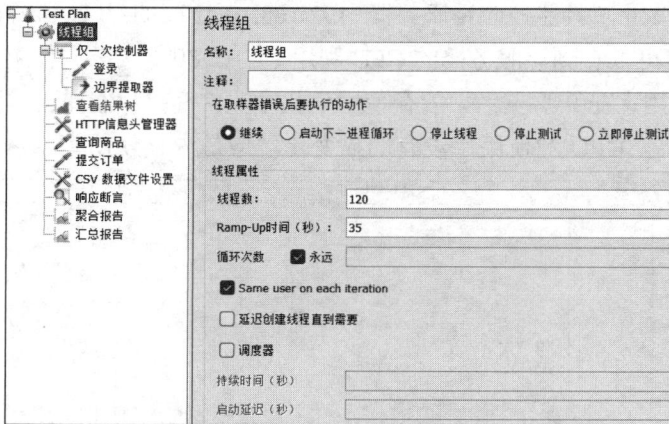

图 9-78　线程组示例

此时，从 JMeter 的聚合报告以及汇总报告中可以看到相关的性能指标，如图 9-79 所示。从图中可以看到：

- 平均响应时间：
  - 商品查询：451 毫秒。
  - 订单提交：508 毫秒。
- TPS（在 JMeter 中显示为吞吐量）：
  - 商品查询：116.7/sec。
  - 订单提交：116.5/sec。

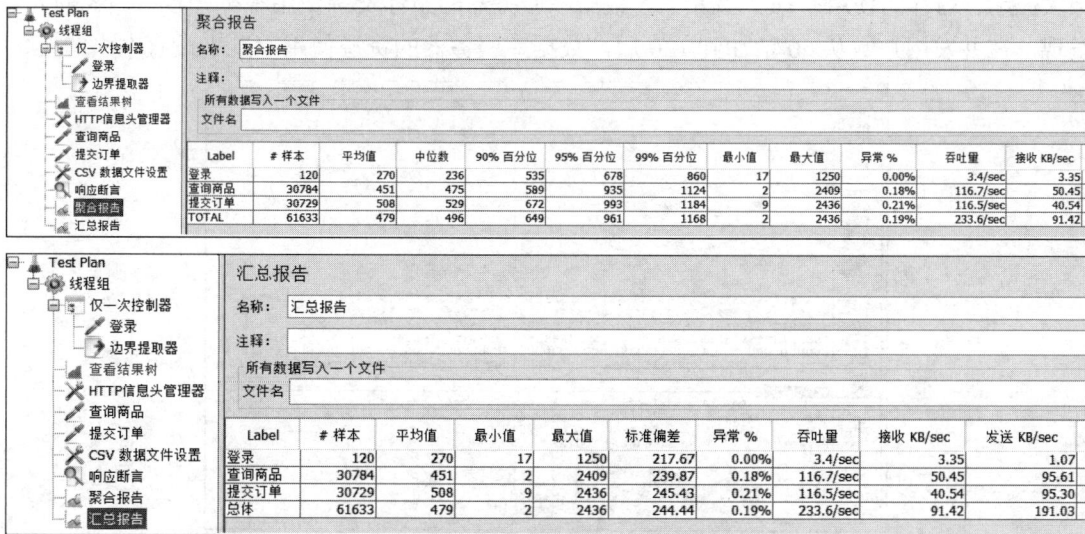

图 9-79　聚合报告与汇总报告结果

可以发现，当并发用户数增加到 120 后，商品查询接口和订单提交接口的平均响应时间都大幅增加，但是 TPS 却几乎和 60 个并发用户数时一样，说明增加并发用户数后，系统的处理能力并没有得到提升，此时系统明显地出现了性能瓶颈。

此时再次使用 nmon 工具监控应用服务器（192.168.10.222）的 CPU 和内存资源的使用情况，结果如图 9-80 所示。可以看到该服务器的 CPU 利用率约在 30%~35%，使用较为稳定，没有出现很大波动；内存的使用率在 94% 左右，内存使用率此时非常高。我们通过对比发现，当并发用户数从 60 增加到 120 后，CPU 的使用率没有明显变化，但是内存使用率却从 80% 上升到了 94%。

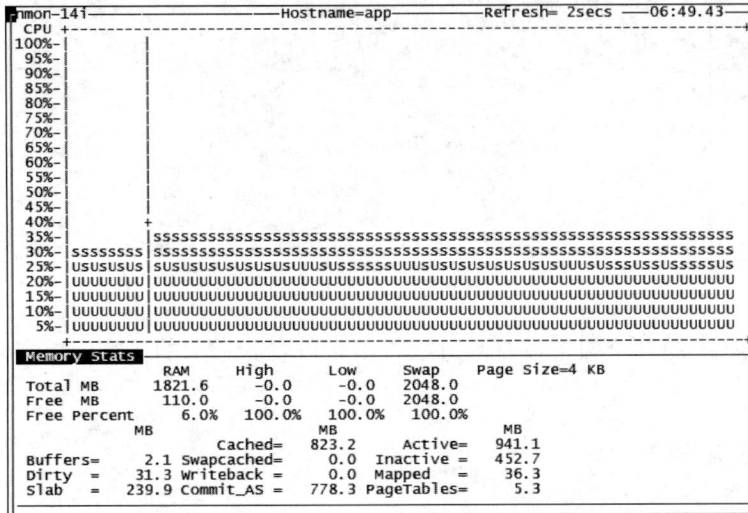

图 9-80　应用服务器资源使用

使用通过 nmon 工具监控数据库服务器（192.168.10.221）的 CPU 和内存资源的使用情况，结果如图 9-81 所示。可以看到，该服务器的 CPU 利用率约在 25%~30%，使用较为稳定，没有出现很大波动；内存的使用率在 29% 左右，数据库服务器的整体资源使用率都比较低。我们通过对比发现，在并发用户数从 60 增加到 120 后，数据库服务器的资源使用率几乎没有太大的变化。

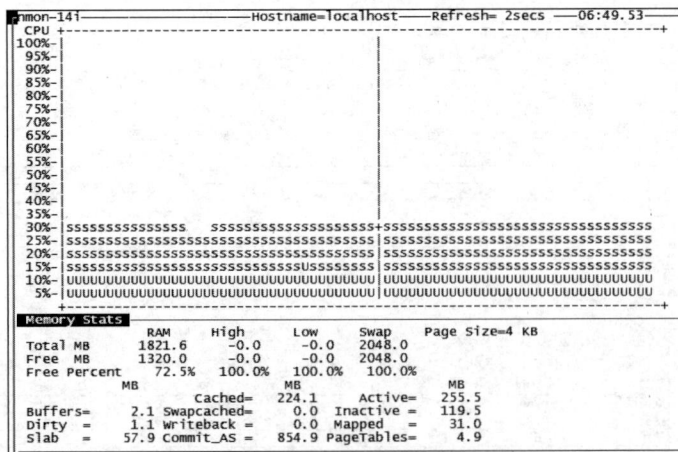

图 9-81　数据库服务器资源使用

通过以上分析，我们发现系统遇到了瓶颈，因为当并发用户数从 60 增加到 120 后，TPS 并没有增加，应用服务器和数据库服务器的资源使用也没有达到明显的瓶颈。同时，根据单场景中直接对商品查询接口进行压测的数据来看，商品查询的 TPS 最高是可以达到 500/sec 以上的。因此，此时应该从订单提交的接口去做分析，因为性能瓶颈大概率会出现在订单提交接口上面。当发现性能瓶颈时，如果不能马上确定性能瓶颈问题，可以先从订单提交的内部处理流程来做梳理；经过梳理发现，订单提交时，底层代码是先查询用户名下该商品的订单是否存在，而不是先查询商品是否有足够的库存。正常的逻辑是先扣减库存，如果有库存，才需要去查询用户名下该商品的订单是否存在。虽然这两种判断形式最终的结果都一样，并不会导致商品多卖出，但性能却不一样。我们修改一下代码，将订单提交的逻辑修改为先判断库存，再判断用户是否已经购买过该商品。然后重新用 120 个并发用户进行性能压测，此时从 JMeter 的聚合报告以及汇总报告中看到的相关性能指标如图 9-82 所示，从图中可以看到：

● 平均响应时间：
  ➢ 商品查询：397 毫秒。
  ➢ 订单提交：434 毫秒。
● TPS（在 JMeter 中显示为吞吐量）：
  ➢ 商品查询：141.7/sec。
  ➢ 订单提交：141.7/sec。

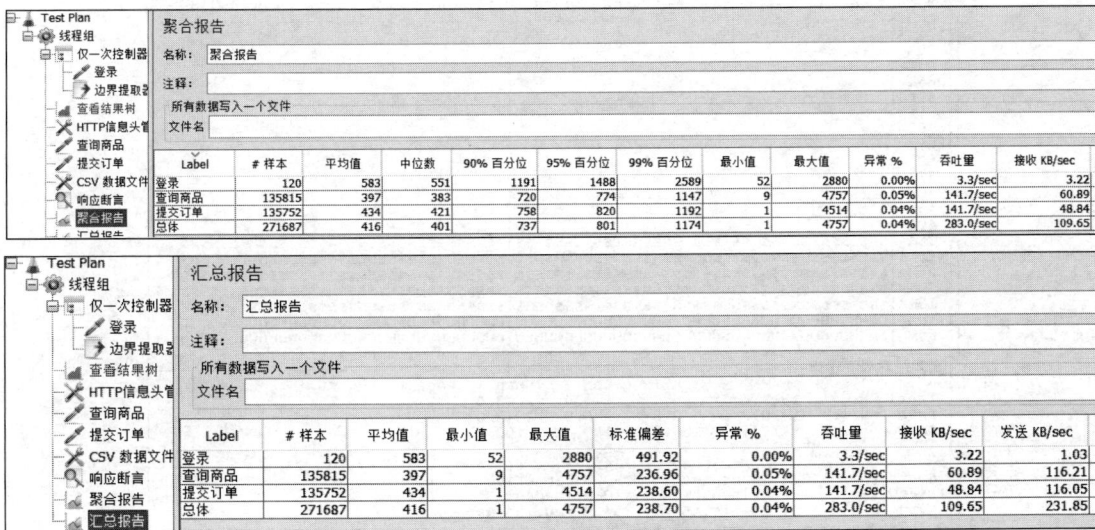

图 9-82　聚合报告与汇总报告结果

此时商品查询和订单提交的 TPS 都从 116/sec 左右提升到了 141/sec，商品查询的平均响应时间从 451 毫秒下降到了 397 毫秒，订单提交的平均响应时间从 508 毫秒下降到了 434 毫秒。

使用 nmon 工具监控应用服务器（192.168.10.222）的 CPU 和内存资源的使用情况，结果如图 9-83 所示。可以看到，该服务器的 CPU 利用率也从之前的 30%~35%提升到了 40%~45%，并且使用较为稳定，没有出现很大波动；内存的使用率继续维持在 94%左右。

```
nmon-14i-----------------------Hostname=app-------Refresh= 2secs ----06:49.43--
 CPU +--------------------------+----------------------------------------------------+
100%-|                          |                                                    |
 95%-|                          |                                                    |
 90%-|                          |                                                    |
 85%-|                          |                                                    |
 80%-|                          |                                                    |
 75%-|                          |                                                    |
 70%-|                          |                                                    |
 65%-|                          |                                                    |
 60%-|                          |                                                    |
 55%-|                          |                                                    |
 50%-|                          |                                                    |
 45%-|                         s|                                                    |
 40%-|SSSSSSSS+SSSSSSSSSSSSSSSSSSSSSSSSSSSSSSSSSSSSSSSSSSSSSSSSSSSSSSSSSSSSSSSSSSS
 35%-|SSSSSSSS|SSSSSSSSSSSSSSSSSSSSSSSSSSSSSSSSSSSSSSSSSSSSSSSSSSSSSSSSSSSSSSSSSSS
 30%-|SSSSSSSS|SSSSSSSSSSSSSSSSSSSSSSSSSSSSSSSSSSSSSSSSSSSSSSSSSSSSSSSSSSSSSSSSSSS
 25%-|USUSUSUS|SUSUSUSUSUSUSUSUSUSUUUSUSSSSSUUUSUSUSUSUSUSUSUSUSUUUSUSSUSSUSSSSSUS
 20%-|UUUUUUUU|UUUUUUUUUUUUUUUUUUUUUUUUUUUUUUUUUUUUUUUUUUUUUUUUUUUUUUUUUUUUUUUUUU
 15%-|UUUUUUUU|UUUUUUUUUUUUUUUUUUUUUUUUUUUUUUUUUUUUUUUUUUUUUUUUUUUUUUUUUUUUUUUUUU
 10%-|UUUUUUUU|UUUUUUUUUUUUUUUUUUUUUUUUUUUUUUUUUUUUUUUUUUUUUUUUUUUUUUUUUUUUUUUUUU
  5%-|UUUUUUUU|UUUUUUUUUUUUUUUUUUUUUUUUUUUUUUUUUUUUUUUUUUUUUUUUUUUUUUUUUUUUUUUUUU
     +--------------------------+----------------------------------------------------+
 Memory Stats
                  RAM      High      Low       Swap     Page Size=4 KB
 Total MB       1821.6     -0.0      -0.0     2048.0
 Free  MB        110.0     -0.0      -0.0     2048.0
 Free Percent     6.0%    100.0%    100.0%    100.0%
               MB                  MB                    MB
                          Cached=  823.2     Active=    941.1
 Buffers=         2.1 Swapcached=    0.0     Inactive=  452.7
 Dirty  =        31.3 Writeback=     0.0     Mapped=     36.3
 Slab   =       239.9 Commit_AS=   778.3 PageTables=      5.3
```

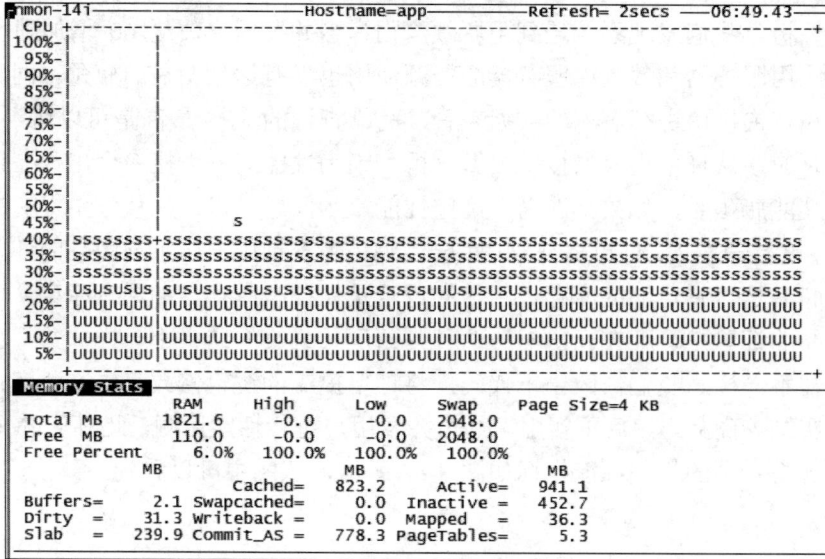

图 9-83　应用服务器资源使用

使用 nmon 工具监控数据库服务器（192.168.10.221）的 CPU 和内存资源的使用情况，结果如图 9-84 所示。可以看到，该服务器的 CPU 利用率也从 25%~30%提升到 35%，并且使用较为稳定，没有出现很大波动；内存的使用率在 29%左右，和之前一样。

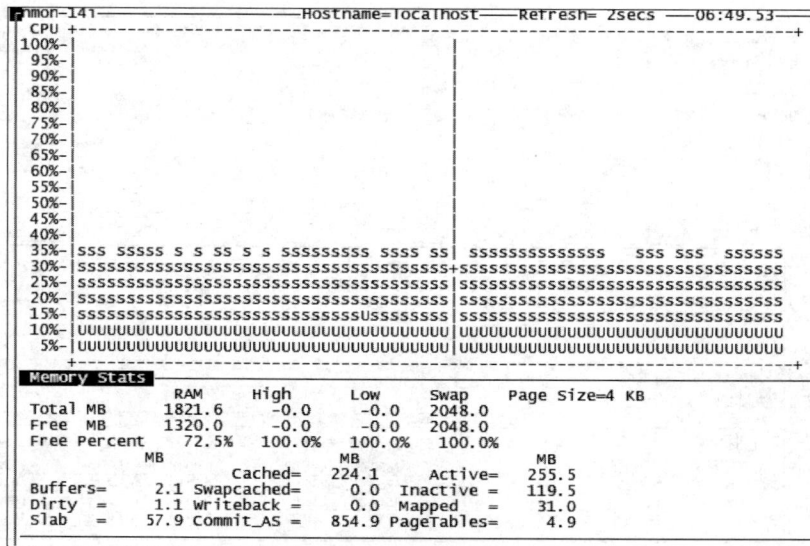

```
nmon-14i-----------------------Hostname=localhost-----Refresh= 2secs ----06:49.53--
 CPU +--------------------------------------+----------------------------------------+
100%-|                                      |                                        |
 95%-|                                      |                                        |
 90%-|                                      |                                        |
 85%-|                                      |                                        |
 80%-|                                      |                                        |
 75%-|                                      |                                        |
 70%-|                                      |                                        |
 65%-|                                      |                                        |
 60%-|                                      |                                        |
 55%-|                                      |                                        |
 50%-|                                      |                                        |
 45%-|                                      |                                        |
 40%-|                                      |                                        |
 35%-|SSS SSSSS S S SS S S SSSSSSSSS SSSS SS| SSSSSSSSSSSSSSS   SSS SSS   SSSSSS
 30%-|SSSSSSSSSSSSSSSSSSSSSSSSSSSSSSSSSSSSSS+SSSSSSSSSSSSSSSSSSSSSSSSSSSSSSSSSSSS
 25%-|SSSSSSSSSSSSSSSSSSSSSSSSSSSSSSSSSSSSSS|SSSSSSSSSSSSSSSSSSSSSSSSSSSSSSSSSSSS
 20%-|SSSSSSSSSSSSSSSSSSSSSSSSSSSSSSSSSSSSSS|SSSSSSSSSSSSSSSSSSSSSSSSSSSSSSSSSSSS
 15%-|SSSSSSSSSSSSSSSSSSSSSSSSSSSSSSUSSSSSSSS|SSSSSSSSSSSSSSSSSSSSSSSSSSSSSSSSSSSS
 10%-|UUUUUUUUUUUUUUUUUUUUUUUUUUUUUUUUUUUUUUU|UUUUUUUUUUUUUUUUUUUUUUUUUUUUUUUUUUUU
  5%-|UUUUUUUUUUUUUUUUUUUUUUUUUUUUUUUUUUUUUU|UUUUUUUUUUUUUUUUUUUUUUUUUUUUUUUUUUUU
     +--------------------------------------+----------------------------------------+
 Memory Stats
                  RAM      High      Low       Swap     Page Size=4 KB
 Total MB       1821.6     -0.0      -0.0     2048.0
 Free  MB       1320.0     -0.0      -0.0     2048.0
 Free Percent    72.5%    100.0%    100.0%    100.0%
               MB                  MB                    MB
                          Cached=  224.1     Active=    255.5
 Buffers=         2.1 Swapcached=    0.0     Inactive=  119.5
 Dirty  =         1.1 Writeback=     0.0     Mapped=     31.0
 Slab   =        57.9 Commit_AS=   854.9 PageTables=      4.9
```

图 9-84　数据库服务器资源使用

此时再次增加并发用户数，对系统进行性能压测。按照性能测试案例中的要求，将并发用户数增加到 180，如图 9-85 所示。

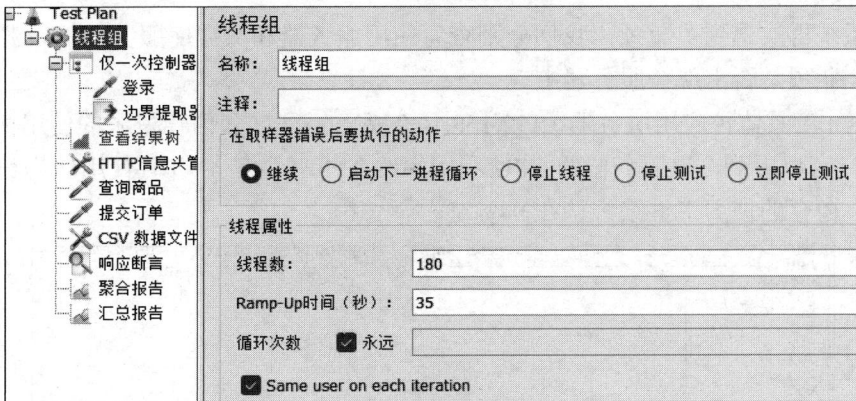

图 9-85　线程组示例

此时，从 JMeter 的聚合报告以及汇总报告中看到的性能指标如图 9-86 所示。从图中可以看到：

- 平均响应时间：
  - ➢ 商品查询：583 毫秒。
  - ➢ 订单提交：618 毫秒。
- TPS（在 JMeter 中显示为吞吐量）：
  - ➢ 商品查询：145.4/sec。
  - ➢ 订单提交：145.3/sec。

Label	# 样本	平均值	中位数	90% 百分位	95% 百分位	99% 百分位	最小值	最大值	异常 %	吞吐量	接收 KB/sec
登录	180	314	291	591	741	1173	21	1210	0.00%	5.1/sec	4.99
查询商品	86645	583	587	1115	1182	1728	4	3538	0.10%	145.4/sec	62.64
提交订单	86559	618	626	1144	1220	1762	3	3582	0.11%	145.3/sec	50.28
总体	173384	600	606	1126	1202	1745	3	3582	0.10%	290.9/sec	113.19

Label	# 样本	平均值	最小值	最大值	标准偏差	异常 %	吞吐量	接收 KB/sec	发送 KB/sec
登录	180	314	21	1210	253.66	0.00%	5.1/sec	4.99	1.59
查询商品	86645	583	4	3538	336.07	0.10%	145.4/sec	62.64	119.23
提交订单	86559	618	3	3582	336.10	0.11%	145.3/sec	50.28	118.96
总体	173384	600	3	3582	336.58	0.10%	290.9/sec	113.19	238.21

图 9-86　聚合报告与汇总报告结果

根据并发用户数在 180 时的性能压测结果，可以看到 TPS 只有略微的提升，商品查询和订单提交接口都是从 141/sec 略微增加到了 145/sec 左右，而商品查询接口的平均响应时间则从 397 毫秒增加到了 583 毫秒，订单提交接口的平均响应时间也从 434 毫秒增加到了 618 毫秒。可以据此判断，系统再次遇到了瓶颈，我们分别查看应用服务器和数据库服务器的资源使用率，来判断一下性能瓶颈是否出现在服务器上。

使用 nmon 工具监控应用服务器（192.168.10.222）的 CPU 和内存资源的使用情况，结果如图 9-87 所示。可以看到，该服务器的 CPU 利用率约在 40%~45%，并且使用较为稳定，没有出现很大波动；内存的使用率继续维持在 94%左右。

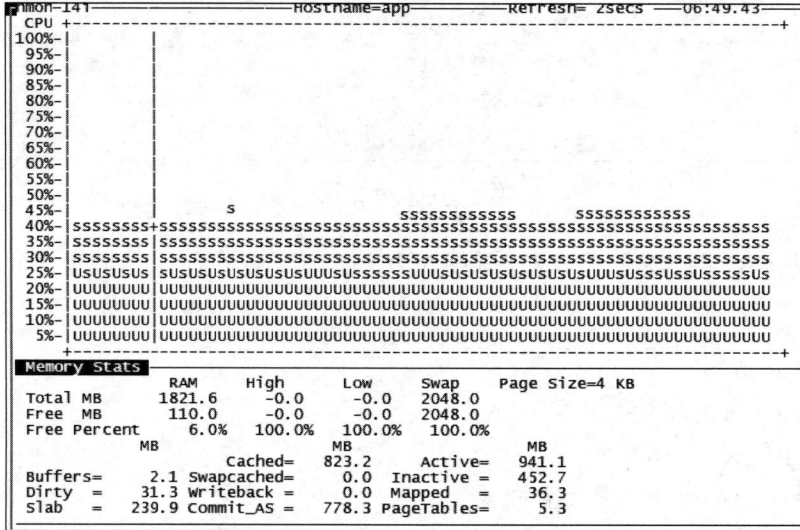

图 9-87　应用服务器资源使用

使用 nmon 工具监控数据库服务器（192.168.10.221）的 CPU 和内存资源的使用情况，结果如图 9-88 所示。可以看到，该服务器的 CPU 利用率约在 30%~35%，并且使用较为稳定，没有出现很大波动；内存的使用率在 29%左右，和之前一样。

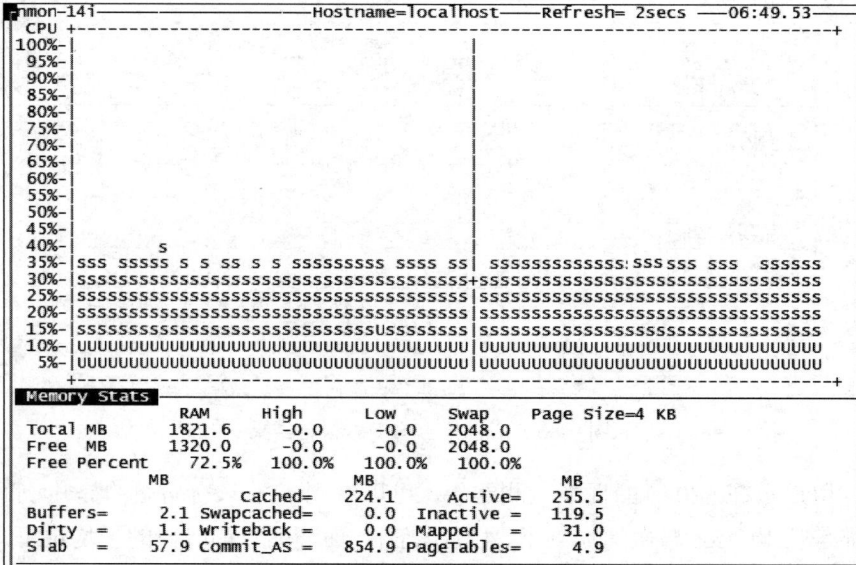

图 9-88　数据库服务器资源使用

通过应用服务器和数据库服务器的 CPU、内存等资源使用率的分析结果可以看到，服务器并没有达到明显的瓶颈，因此，此时性能瓶颈的分析方向还是要转向对系统代码的分析。由于前面已经对系统的代码和逻辑进行了排查，并且对不合理的订单处理流程也进行了修正，在这种情况下，如果单从代码来排查性能瓶颈无法解决问题，那么我们可以从系统设计的角度着手调优。

在 8.3 节讲解性能调优技术时，我们提到可以通过消息队列的方式来削峰填谷。针对电商网站的大促秒杀系统中的订单提交功能，当我们改用消息队列来缓冲用户请求后，可以达到如下优化效果：

● 可以很好地降低数据库的压力。因为只有前 100 个请求需要查询和修改数据库的库存，当库存为空时，不需要做任何处理，直接返回用户。

● 电商网站的大促秒杀系统可以根据自身的消费能力，合理处理数据。当商品表的库存为空时，后续收到的消息队列中的请求可以直接返回，不需要做任何的逻辑处理，因此减少了系统资源的使用，从而提升了系统的并发处理能力。

9.9　完成性能测试报告

性能测试报告是性能测试的主要产出物之一，是对系统性能测试结果和数据的总结和分析。性能测试报告记录了系统在不同负载和场景下的性能表现、所发现的性能问题，以及性能测试的结论和性能调优的建议等，详细内容介绍如下。

1. 测试环境描述

描述进行性能测试时使用的实际环境，通常需要包括如下信息：

（1）硬件系统信息：比如服务器的型号、CPU 的核数、内存的大小等常见信息。

（2）软件系统信息：比如操作系统的类型以及版本、数据库的类型以及版本等常见软件信息。

（3）网络配置信息：比如网卡的型号、带宽大小等常见网络传输信息。

（4）测试案例和场景：描述执行的测试场景和案例，以及它们对应的测试结果是否达到了预期结果。

针对电商网站的大促秒杀系统，我们已经在前面描述了所用的测试环境，以及通过性能需求分析设计好了测试案例和场景，所以这里不再赘述。但是如果读者需要撰写真实的测试报告，建议再次把这些内容加入测试报告中，让阅读测试报告的人员全面了解这个性能测试报告是在什么测试环境下执行出来的，并了解性能测试时是怎么设计测试案例和场景的。这些信息是其他人阅读整个测试报告的前提，这样做也让测试报告后面的性能指标有个约束条件。

2. 测试结果记录

详细记录每个测试场景和案例执行完后得到的详细结果数据，通常包括并发数、吞吐量、TPS、响应时间、CPU、内存以及网络等资源的使用率。

针对电商网站的大促秒杀系统，我们的测试结果汇总如下。

（1）单场景-商品查询性能压测的结果，如表 9-2 所示。

表 9-2　单场景-商品查询性能压测的结果

并发用户数	TPS	平均响应时间	应用服务器CPU 消耗	应用服务器内存消耗	数据库服务器 CPU 消耗	数据库服务器内存消耗	备注
50	154.8/sec	315 毫秒	15%~20%	53%	100%	25%	
100	154.9/sec	625 毫秒	15%~20%	55%	100%	27%	
100	185/sec	518 毫秒	25%	56%	80%	28%	将数据库服务器的 CPU 从 2 核调整为 4 核后重新测试
100	506.6/sec	183 毫秒	65%	58%	60%	25%	将数据库服务器的 CPU 从 4 核调整为 2 核并且给商品表添加索引
150	518.4/sec	268 毫秒	60%~65%	60%	55%~60%	26%	将数据库服务器的 CPU 从 4 核调整为 2 核并且给商品表添加索引

（2）混合场景-商品查询-订单提交性能压测的结果，如表 9-3 所示。

表 9-3　混合场景-商品查询-订单提交性能压测的结果

并发用户数	TPS	平均响应时间	应用服务器 CPU 消耗	应用服务器内存消耗	数据库服务器 CPU 消耗	数据库服务器内存消耗	备注
60	商品查询：117.3/sec 订单提交：117.2/sec	商品查询：216 毫秒 订单提交：273 毫秒	30%~35%	80%	25%~30%	28%	
120	商品查询：116.7/sec 订单提交：116.5/sec	商品查询：451 毫秒 订单提交：508 毫秒	30%~35%	94%	25%~30%	29%	

（续表）

并发用 户数	TPS	平均响应 时间	应用服务 器 CPU 消耗	应用服务 器内存 消耗	数据库服 务器 CPU 消耗	数据库服 务器内存 消耗	备注
120	商品查询： 141.7/sec 订单提交： 141.7/sec	商品查询：397 毫秒 订单提交：434 毫秒	40%~45%	94%	35%	29%	修改订 单提交 的判断 流程
180	商品查询： 145.4/sec 订单提交： 145.3/sec	商品查询：583 毫秒 订单提交：618 毫秒	40%~45%	94%	35%	29%	

3. 测试结果分析

测试结果分析是指对每个测试场景和案例的测试结果做深入的性能问题分析，挖掘出可能的性能瓶颈和问题。针对电商网站的大促秒杀系统，我们对测试结果的分析说明如下：

（1）针对单场景中的商品查询，当并发用户数从 50 提升到 100 时，系统遇到了瓶颈，因为并发用户数增加后，TPS 几乎维持不变，而平均响应时间则翻了一倍，如图 9-89 所示。通过监控数据库服务器的资源可以发现，并发用户数在 50 和 100 时，数据库服务器的 CPU 使用率都为 100%，所以直接从现象来看是数据库服务器的 CPU 使用率达到了瓶颈。

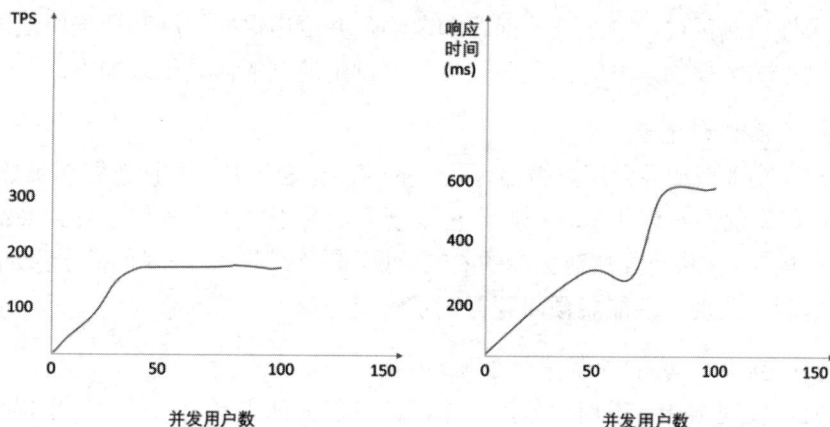

图 9-89　性能指标曲线图

（2）将数据库服务器的 CPU 从 2 核提高到 4 核后，继续使用 100 个并发用户进行性能压测。此时，我们发现 TPS 仅仅从 154/sec 提升到 185/sec，而且平均响应时间也仅仅从 625 毫秒下降到 518 毫秒，系统的性能提升并不大。此时再次监控数据库服务器的资源可以发现，CPU 使用率只在 80% 左右，说明数据库服务器的 CPU 不再是一个性能瓶颈。

（3）由于数据库服务器的 CPU 不再是性能瓶颈，并且应用服务器和数据库服务器的各项资源使用都未达到瓶颈，因此需要重新定位性能瓶颈。通过对数据库查询进行 SQL 的执行计划分析，我们发现在 SQL 查询时未使用任何索引，商品表中也没有创建任何索引。因此，我们根据 SQL 查询条件对商品表添加哈希索引，然后重新进行性能压测，结果发现 TPS 大幅度提升，平均响应时间也大幅度下降，并且数据库服务器的 CPU 资源使用率也维持在 60%这样一个正常范围内。

（4）针对混合场景：当并发用户数从 60 提升到 120 时，系统遇到了瓶颈，因为并发用户数增加后，TPS 几乎维持不变，而平均响应时间则翻了一倍左右，但是应用服务器和数据库服务器的资源利用率并没有达到明显的瓶颈，并且根据单场景的测试结果可以知道，商品查询接口并没有达到瓶颈，所以此时可以推断性能瓶颈的问题主要出在订单提交上面。

（5）对订单提交接口进行分析发现，订单提交时，底层代码是先查询用户名下该商品的订单是否存在，而不是先查询商品是否有足够的库存。而正常的逻辑是先扣减库存，如果有库存，才去查询用户名下该商品的订单是否存在。虽然两种判断形式最终的结果都一样，并不会导致商品多卖出，但是性能却不一样。将订单提交的逻辑修改为先判断库存，再判断用户是否已经购买过该商品后，然后重新用 120 个并发用户进行性能压测，发现性能明显得到提升。

（6）当将并发用户数从 120 提升到 180 后，再次对混合场景进行性能压测时发现，系统再次遇到了瓶颈，并且通过监控应用服务器和数据库服务器的资源利用率，发现服务器并没有出现性能瓶颈。此时已经无法对代码进行调优，于是转向对系统设计进行调优，引入了消息队列，通过消息队列的削峰填谷来达到提升性能的目的。

4．测试问题与缺陷记录

整理出整个性能测试过程中发现的问题和缺陷，并给出这些问题和缺陷所造成的影响。

针对电商网站的大促秒杀系统，我们在性能测试中遇到的问题记录如下。

1）单场景-商品查询性能压测

商品查询时，发现增加并发用户数后，系统的性能无法提升，并且数据库服务器的 CPU 持续处于 100%使用率的高负载状态。经过定位发现是商品表中没有索引，导致商品表查询时会持续地走全表扫描查询，从而导致数据库的 CPU 处于高负载状态。在对商品表添加哈希索引后，重新进行性能压测，发现该性能瓶颈问题得到了解决。

2）混合场景-商品查询-订单提交性能压测

订单提交时，发现增加并发用户数后，系统的性能无法提升。通过对订单提交的接口代码做分析与定位发现，底层代码是先查询用户名下该商品的订单是否存在，而不是先查询商品是否有足够的库存。而正常的逻辑是先扣减库存，如果有库存，才去查询用户名下该商品的订单是否存在。虽然这两种判断方式最终的结果都一样，不会导致商品多卖出，但是它们的性能却不一样。我们修改了代码，将订单提交的逻辑修改为先判断库存，再判断用户是否已经购买过该商品。然后重新进行性能压测，发现该性能问题得到了解决。

我们在解决了订单提交接口的性能问题后，再次增加并发用户数做性能压测，发现系统再次遇到性能无法提升的瓶颈问题。通过监控应用服务器和数据库服务器的资源使用情况，发现服务器并没有出现性能瓶颈，性能瓶颈出现在系统本身。

5. 性能调优建议

基于性能测试的结果以及分析验证，或者凭借性能测试的过往经验，给出当前测试系统的性能改进建议。

（1）针对电商网站的大促秒杀系统，性能调优建议为：对于数据库表的查询，尽量使用索引以提高查询效率。

（2）针对订单提交接口遇到的性能瓶颈问题，建议修改系统设计方案，通过使用消息队列的削峰填谷来达到提升性能的目的。

6. 性能测试结论

基于以上分析，给出最终性能测试是否能够达到预期的结论，以及可能存在的性能风险。

针对电商网站的大促秒杀系统，性能测试结论如下：

（1）针对商品查询接口。通过对发现的性能瓶颈问题做修复和重新压测验证，可以发现其性能达到预期，并且不会出现资源泄露等风险。在性能压测结束后，服务器的资源使用都可以恢复到正常水平。

（2）针对订单提交接口。在性能压测中，不会出现商品库存和销售订单不一致的情况，经过性能压测验证，其功能可以满足预期要求，并且不会出现资源泄露等风险。在性能压测结束后，服务器的资源使用都可以恢复到正常水平。但是，在高并发用户的场景下，系统设计存在性能瓶颈，建议对系统设计进行调整，引入消息队列来达到提升性能的目的，否则在实际使用时会存在性能瓶颈风险。

9.10　本章总结

本章主要从实践的角度出发，完整地介绍了在拿到一个性能测试需求后，应该如何从零开始进行性能测试，包括性能测试的准备、执行以及完成性能测试报告等。读者需要掌握以下重点内容：

- 能独立完成性能测试的准备工作。包括分析性能需求、制订性能测试计划、编写性能测试方案和案例、搭建性能测试环境、构造性能测试数据等。
- 能独立执行性能测试计划。在遇到性能瓶颈问题时，能知道如何去分析定位和调优解决问题。
- 能独立编写一份高质量的性能测试报告。

第10章

JMeter 性能测试的最佳实践

经过前面章节的学习，读者已经掌握了 JMeter 性能测试工具的使用、性能测试的流程、性能分析与调优的基础知识、分析定位性能瓶颈问题的思想，并通过一个完整的性能测试与分析案例，把学习的内容转化为自己的技能。本章继续对前面的内容做一个深入的归纳和总结，帮助读者将知识和技能转变成经验。

10.1 确定要编写脚本的关键业务场景

在性能测试中，找到关键的业务场景很重要。一个系统可能会有很多功能，但是不可能对每个功能都进行一次性能测试。除了来源于产品经理的性能需求文档外，我们也可以根据自己过往的经验来确定关键业务场景。通常来说，关键的业务场景会包括以下特点：

（1）用户会大量地进行访问：这点很容易理解，因为用户大量的访问，才会出现高并发调用的性能要求。

（2）系统的核心功能：这点也很容易理解，越是核心的功能，越需要保障其稳定性以及良好的性能，只有这样，才能让这些核心功能有更好的用户体验。比如某电商系统，其登录、商品查询、提交订单、支付等功能都是核心功能，这些功能一旦出现问题，用户就无法购买商品。对于电商系统来说，用户购买商品是最重要的服务。

（3）错误影响较大的功能：即某个功能一旦出现问题，会严重影响用户使用，这种功能通常也需要保障其稳定性以及良好的性能。比如登录功能，虽然用户一旦登录完成后，就不需要频繁地进行登录，但是这个功能也很重要，一旦出现问题，将直接影响用户后续的其他操作。

（4）第一次上线的新功能：即某个功能是第一次上线，通常建议做一次性能测试，这样可以发现该新功能是否存在未知的性能问题。除非该功能真的不重要,或者访问的用户量特别少。

10.2　设计真实的用户思考时间

通常来说，性能测试应尽可能真实地模拟用户的操作行为，只有这样的性能测试，才是最真实地贴近模仿用户操作的测试。我们知道，用户访问任何一个系统，都会有自己的思考时间，因为人不同于机器，手和大脑不可能时刻不停地一直操作，比如用户登录到某个系统后，通常会有一个停顿的时间，要想一下接下来进入哪个页面模块中；用户操作鼠标单击页面也会有一定的延迟和停顿；或者用户进入系统后，不知道自己想要进入的功能模块在哪里，可能还会停下来查看电脑屏幕，找到自己需要进入的功能页面。所有的这些操作都是用户的真实行为，这些行为都可以归纳为用户的思考时间。在 JMeter 中，模拟用户的思考时间需要借助定时器元件，通常有以下几种方式。

1. 使用固定定时器实现恒定思考时间

如图 10-1 所示，使用固定定时器来模拟用户的思考时间，这是一种最简单的方式。通过对每个并发用户线程设置固定的线程延迟，来实现每次线程操作前都有一个固定的延迟。但是这种方式往往不是很准确，因为每个用户的思考时间不会一样长。比如，在实际使用中，有的用户可能对系统比较熟悉，所以会操作得比较快；有的用户可能对系统不熟悉，所以操作得会比较慢。

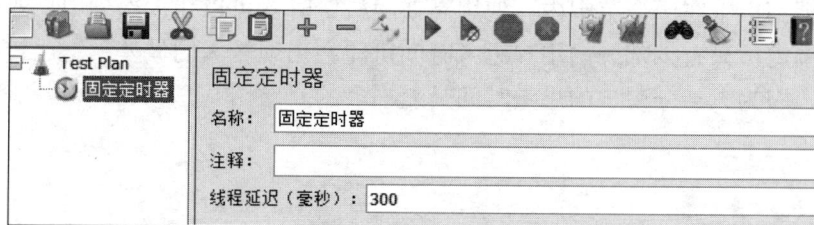

图 10-1　固定定时器

使用固定定时器会使得每个线程的延迟时间一样多，这样就会造成每个线程延迟后，会在同一个时间点同时提交请求，如图 10-2 所示。在实际使用场景中，不同用户的思考时间不一样长，因此在同一时间点同时提交某个请求的概率并不会真的这么大。

2. 随机定时器下的随机思考时间

JMeter 提供了一种统一随机定时器，该定时器可以给每个线程设置一个随机的延迟时间。比起固定定时器来说，使用统一随机定时器可以更加真实地模拟用户的思考时间。这种定时器在性能测试中经常被用到，它可以让性能压测更加符合真实的用户使用场景。

JMeter 还提供了一种高斯随机定时器，如图 10-3 所示。比起统一随机定时器，高斯随机定时器可以让思考时间的分布更加准确。这是因为统一随机定时器会让用户的思考时间过于随机，会导致有的用户的思考时间非常短，而有的用户的思考时间又特别长；而高斯随机定时器可以设置每个并发用户的思考时间的偏差必须在一定范围之内，并且符合高斯曲线分布。

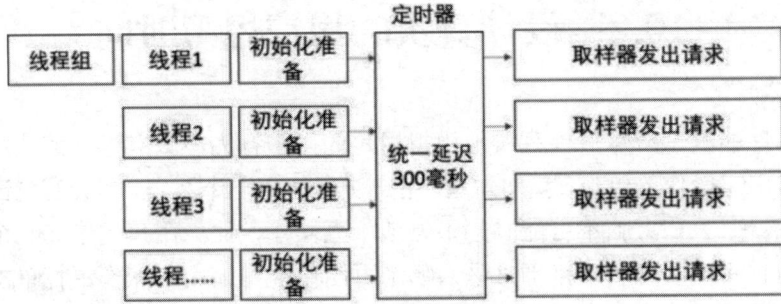

图 10-2 固定定时器使用示例

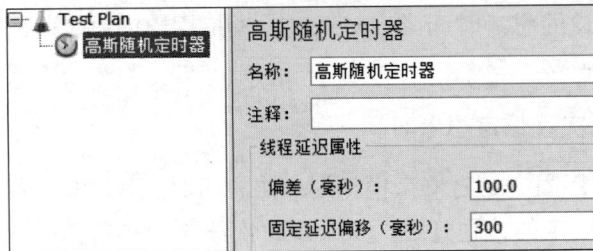

图 10-3 高斯随机定时器

高斯曲线是正态分布中的一条标准曲线，如图 10-4 所示。高斯分布具有对称性和集中性，即大部分的数据都集中在一个范围内。使用高斯随机定时器可以让大部分用户的思考时间都集中在某一个范围内，只有少部分的用户思考时间可能会出现较大的偏差。这比较符合大部分用户的使用场景，因为大部分用户的思考时间是差不多的。

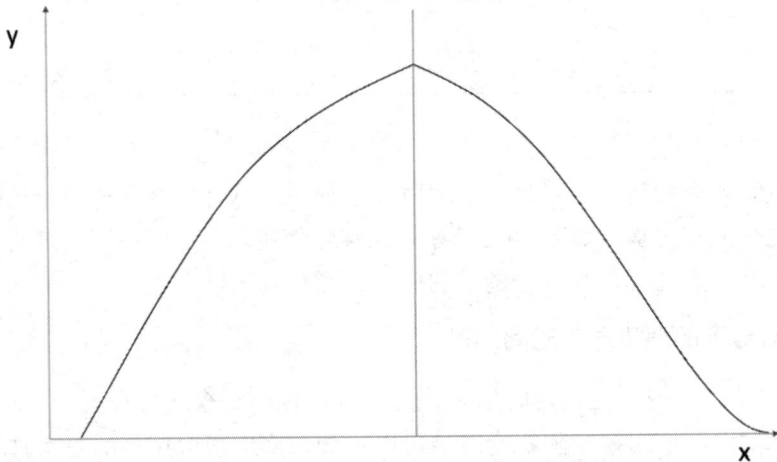

图 10-4 高斯曲线示例

3. 泊松随机定时器的泊松分布思考时间

泊松随机定时器如图 10-5 所示，表面看起来它和统一随机定时器类似，实际却存在不同。泊松随机定时器的延迟时长通常发生在一个特定值附近，彼此相差不会很大，并且符合泊松分布；而统一随机定时器会完全随机地确定每个线程的延迟时间，不会有任何规律可循。

　　泊松分布是一个数学领域的术语，通常又可以叫作波哇松分布、卜瓦松分布，是一种离散型分布，它可以与单位时间或单位面积及单位产品上的计数过程产生联系。比如，某个公交站台上等待公交车的人数的多少，会取决于该公交站台的大小以及不同时间段等。泊松分布可以描述单位时间或单位空间内某事件发生次数的概率。总体来说，泊松随机定时器是 JMeter 提供的在特定需求场景下最为接近真实用户场景的一种模拟用户思考时间的定时器。

图 10-5　泊松随机定时器

4. 使用 BeanShell 定时器，我们想要的所有思考时间

　　在某些特定场景，如果使用上述的定时器都无法模拟用户的思考时间，那么 JMeter 也提供了 BeanShell 定时器，如图 10-6 所示。这种定时器完全通过用户自定义 BeanShell 脚本代码来控制用户的思考时间。在前面的章节中，我们已经介绍过这种定时器使用的 BeanShell 语法。

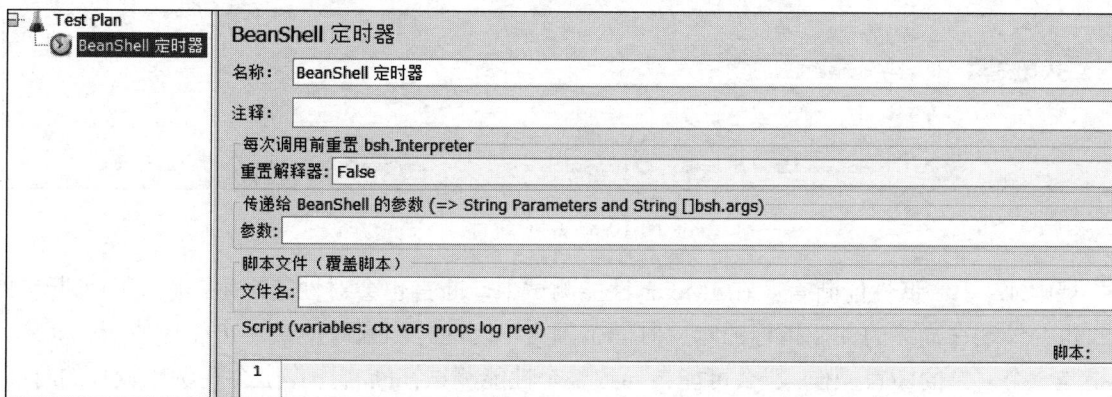

图 10-6　BeanShell 定时器

10.3　JMeter 编写性能测试脚本的注意事项

1. 断言范围如何工作

　　规则 1：断言在其作用域内的每个采样器或父采样器之后执行，如图 10-7 所示。

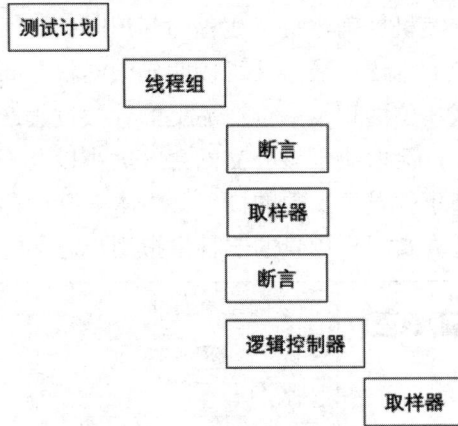

图 10-7　测试计划示例

不管断言位于测试计划的线程组中的什么位置，断言都只会在取样器执行完成后执行，因为断言是对取样器返回的结果进行断言，并且断言可以设置为只适用于主取样器或者子取样器。

规则 2：失败的断言会导致整个事务控制器失败。这一点很好理解，就是如果断言结果显示为失败，则 JMeter 整个当前的事务控制都将显示为失败。

规则 3：断言可以验证主样本或子样本。如图 10-8 所示，以响应断言为例，当添加一个断言时，可以指定该断言的作用范围。当一个性能测试脚本中既有主取样器也有子取样器时，就可以自主地选择断言的作用域。

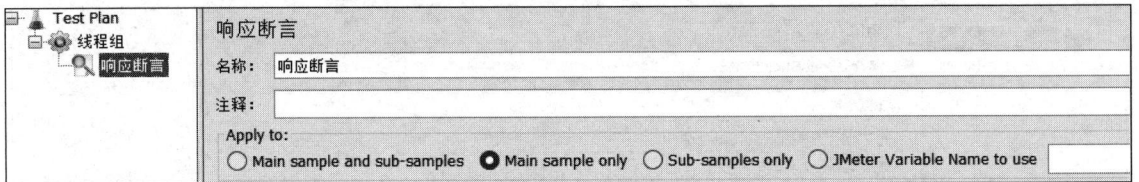

图 10-8　响应断言

规则 4：小心低性能断言。在 JMeter 性能测试中，断言也会对性能产生影响，因为断言的时长也会体现在最终的性能指标的响应时间范围内。因此，断言时应该尽可能地使断言简单。如果是一个复杂的断言操作，那么可能会导致整个性能测试在断言操作上会耗费比较长的时间，最终导致性能测试的结果出现偏差，甚至让断言成为一个性能瓶颈。

2. 定时器范围如何工作

规则 1：定时器在其作用域内的每个取样器之前执行。这点很容易理解，因为定时器是为了控制取样器什么时候去执行，但是定时器有其对应的作用域，如图 10-9 所示，逻辑控制器下的定时器只会在逻辑控制器下有效，并且会先于逻辑控制器下的取样器执行，虽然该定时器的顺序是在取样器之后。

规则 2：如果作用域中有多个计时器，则所有定时器都将在取样器之前处理。JMeter 中允许存在多个计时器，甚至同一个作用域下也可以存在多个定时器，而且这些定时器可以同时执行，但是所有的定时器都会按照顺序在取样器之前执行，如图 10-10 所示。

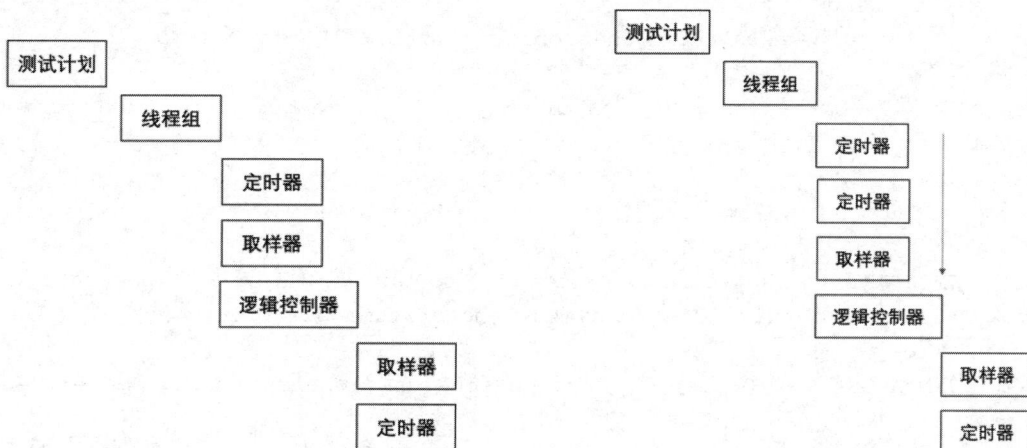

图 10-9　测试计划示例 1　　　　　　　图 10-10　测试计划示例 2

10.4　JMeter 执行性能测试时的注意事项

10.4.1　JMeter 运行内存设置

JMeter 是基于 Java 语言开发的，而 Java 进程在启动时都需要先启动一个 JVM。在默认情况下，JMeter 启动时，运行内存通常较小，如果模拟的并发用户数过大或者 JMeter 性能测试脚本中的元件较多，可能会出现提示内存溢出的情况。这是因为 JMeter 作为压测机，本身也存在很大的内存消耗；而且其内存大小需要在刚开始启动时就设置完成，通常在 JMeter 的 bin 目录下的 jmeter.bat（Windows 操作系统）或者 jmeter.sh（Linux 操作系统）中来进行设置。jmeter.bat 的部分配置内容如下：

```
...
rem   ===================================================
rem   Environment variables that can be defined externally:
...
rem   ===================================================
rem   Environment variables that can be defined externally:
rem
rem   Do not set the variables in this script. Instead put them into a script
rem   setenv.bat in JMETER_HOME/bin to keep your customizations separate.
rem
rem   DDRAW      - (Optional) JVM options to influence usage of direct draw,
rem                 e.g. '-Dsun.java2d.ddscale=true'
rem
rem   JMETER_BIN - JMeter bin directory (must end in \)
rem
```

```
    rem    JMETER_COMPLETE_ARGS - if set indicates that JVM_ARGS is to be used
exclusively instead
    rem                of adding other options like HEAP or GC_ALGO
    rem
    rem    JMETER_HOME - installation directory. Will be guessed from location of
jmeter.bat
    rem
    rem    JM_LAUNCH   - java.exe (default) or javaw.exe
    rem
    rem    JM_START    - set this to 'start ""' to launch JMeter in a separate window
    rem                this is used by the jmeterw.cmd script.
    rem
    rem    JVM_ARGS    - (Optional) Java options used when starting JMeter, e.g.
-Dprop=val
    rem                Defaults to '-Duser.language="en" -Duser.region="EN"'
    rem
    rem    GC_ALGO     - (Optional) JVM garbage collector options
    rem                Defaults to '-XX:+UseG1GC -XX:MaxGCPauseMillis=100
-XX:G1ReservePercent=20'
    rem
    rem    HEAP        - (Optional) JVM memory settings used when starting JMeter
    rem                Defaults to '-Xms1g -Xmx1g -XX:MaxMetaspaceSize=256m'
    rem
    rem    =====================================================
    ...
```

在上面所示的 JMeter 启动脚本中，其实也给出了相应的配置及其修改提示和示例。下面来看几个重要的参数：

（1）-XX:+UseG1GC：设置 JVM 运行时垃圾回收的算法为 G1GC。垃圾回收是 Java 内存回收的一种机制，而 Java 内存回收机制包括很多种回收算法。在 JMeter 中，支持自定义设置不同的垃圾回收算法机制。关于这块内容，感兴趣的读者可以参考《软件性能测试、分析与调优实践之路》一书第 5.1.9 节中的相关介绍。

（2）-XX:MaxGCPauseMillis：用于设置 JVM 运行时，当需要垃圾回收时，Java 运行线程最大的暂停时长，单位为毫秒。在 Java 垃圾回收中，会出现线程运行暂停的情况，这也是 Java 开发语言特有的机制之一。该参数通常需要搭配-XX:+UseG1GC 参数使用。

（3）-XX:G1ReservePercent：该参数需要搭配-XX:+UseG1GC 参数使用，用于设置 G1 算法堆内存中保留未使用的百分比，以避免频繁触发 Full GC 操作。关于 Full GC，感兴趣的读者可以参考《软件性能测试、分析与调优实践之路》一书第 5.1.9 节中的相关介绍。

（4）-Xms1g：用于设置 JVM 堆内存的起始大小。

（5）-Xmx1g：用于设置 JVM 堆内存的最大大小。-Xms1g 和-Xmx1g 是经常需要修改的两个参数。JVM 运行时，大部分的临时数据都使用堆内存区域。关于堆内存，读者可以参考《软件性能测试、分析与调优实践之路》一书第 5.1.5 节中的相关介绍。

（6）-XX:MaxMetaspaceSize：用于设置 JVM 内存中元数据空间的大小。该区域用于存储 JVM 运行时的元数据，比如代码中的常量等。读者可以参考《软件性能测试、分析与调优实践之路》一书第 5.1.4 节中的相关介绍。

当然，如果 JMeter 是以服务器模式运行的，则需要在 bin 目录下的 jmeter-server.bat（Windows 操作系统）或者 jmeter-server.sh（Linux 操作系统）中修改启动运行的内存大小。

10.4.2　操作系统参数的设置

这里的操作系统参数设置指的是当前 JMeter 压测机的操作系统参数设置。从本质上说，在 JMeter 压测机上启动了 JMeter 进程后，JMeter 也变成了一个客户端服务，需要与待性能压测的服务端进行交互，而在交互时，就需要和服务端建立网络连接通信。包括 Windows 和 Linux 在内的很多操作系统，本身就有对网络连接数等做一些限制，这是因为通常情况下用户用不了很多的连接数，而且也是出于对自身安全的保护。

1. Linux 操作系统

对于 Linux 操作系统来说，我们需要修改一些内核参数，以便让压测机可以建立更多的连接数。修改步骤说明如下。

步骤 01　使用 vim /etc/sysctl.conf 命令来编辑 sysctl.conf 文件，以优化 Linux 操作系统的文件内核参数设置。我们可以加入如下配置：

```
net.ipv4.tcp_syncookies = 1
net.ipv4.tcp_tw_reuse = 1
net.ipv4.tcp_tw_recycle = 1
net.ipv4.tcp_fin_timeout = 30
net.ipv4.tcp_keepalive_time=600
net.ipv4.tcp_max_tw_buckets = 5000
fs.file-max = 900000
net.ipv4.tcp_max_syn_backlog = 2000
net.core.somaxconn = 2048
net.ipv4.tcp_synack_retries = 1
net.ipv4.ip_local_port_range =2048    65535
net.core.rmem_max = 2187154
net.core.wmem_max = 2187154
net.core.rmem_default = 250000
net.core.wmem_default = 250000
```

这些配置项说明如下：

● net.ipv4.tcp_syncookies = 1：表示开启 syn cookies。当出现 syn 等待队列溢出时启用 cookies 来处理，默认情况下是关闭状态。客户端向 Linux 服务器建立 TCP 通信连接时首先会发送 SYN 包，发送完后客户端会等待服务端回复 SYN + ACK；服务器在给客户端回复 SYN + ACK 后，会将此时处于 SYN_RECV 状态的连接保存到半连接队列中，以等待客户端继续发送 ACK 请求给服务器端，直到最终完全建立连接。在出现大量的并发请求时，这个半连接队列中可能会缓存了大量的 SYN_RECV 状态的连接，从而导致队列溢出。队列的长度可以通过内核参数 net.ipv4.tcp_max_syn_backlog 进行设置，在开启 cookies 后服务端就不需要将 SYN_RECV 状态的半连接保存到队列中，而是在回复 SYN + ACK 时，将连接信息保存到 ISN 中返回给客户端。当客户端进行 ACK 请求时，通过 ISN 来获取连接信息，以完成最终的 TCP 通信连接。

- net.ipv4.tcp_tw_reuse = 1：表示开启连接重用，即允许操作系统将 TIME-WAIT socket 的连接重新用于新的 TCP 连接请求。默认为关闭状态。

- net.ipv4.tcp_tw_recycle = 1：表示开启操作系统中 TIME-WAIT socket 连接的快速回收。默认为关闭状态。

- net.ipv4.tcp_fin_timeout = 30：设置服务器主动关闭连接时，socket 连接保持等待状态的最大时间。

- net.ipv4.tcp_keepalive_time = 600：表示请求在开启 keepalive（现在一般客户端的 HTTP 请求都开启了 keepalive 选项）时，TCP 发送 keepalive 消息的时间间隔。默认是 7200 秒，设置短一些的时间间隔可以更快地清理掉无效的请求。

- net.ipv4.tcp_max_tw_buckets = 5000：表示连接为 TIME_WAIT 状态时，Linux 操作系统允许其接收的套接字数量的最大值。过多的 TIME_WAIT 套接字会使 Web 服务器变慢。

- fs.file-max = 900000：表示 Linux 操作系统可以同时打开的最大句柄数。在 Web 服务器中，这个参数有时候会直接限制 Web 服务器可以支持的最大连接数。需要注意的是，这个参数是对整个操作系统生效的。而 ulimit -n 可以用来查看进程能够打开的最大句柄数。在句柄数不够时，一般会出现类似 "Too many open files" 的报错。在 CentOS7 中，可以使用 cat /proc/sys/fs/file-max 命令来查看操作系统能够打开的最大句柄数。

- net.ipv4.tcp_max_syn_backlog：表示服务器能接收 SYN 同步包的最大客户端连接数，也就是上面说的半连接的最大数量。默认值为 128。

- net.core.somaxconn = 2048：表示服务器能处理的最大客户端连接数，这里指的是能同时建立连接的最大数量。默认值为 128。

- net.ipv4.tcp_synack_retries = 1：表示服务器在发送 SYN + ACK 回复后，在未收到客户端的 ACK 请求时，服务器端重新发送 SYN + ACK 回复的重试次数。

- net.ipv4.ip_local_port_range =2048 – 65535：用于修改可以和客户端建立连接的端口范围。默认为 32768 到 61000。修改后，可以避免建立连接时端口不够用的情况。

- net.core.rmem_max = 2187154：表示 Linux 操作系统内核 socket 接收缓冲区的最大值，单位为字节。

- net.core.wmem_max = 2187154：表示 Linux 操作系统内核 socket 发送缓冲区的最大值，单位为字节。

- net.core.rmem_default = 250000：表示 Linux 操作系统内核 socket 接收缓冲区的默认大小，单位为字节。
- net.core.wmem_default = 25000：表示 Linux 操作系统内核 socket 发送缓冲区的默认大小，单位为字节。

步骤 **02** 执行 sysctl -p 命令可使内核参数立即生效。

步骤 **03** 使用 vi /etc/security/limits.conf 编辑 limits.conf 配置文件，可以修改进程能够打开的最大句柄数，在 limits.conf 增加如下配置即可：

```
soft nofile 65535
hard nofile 65535
```

关于这块的详细介绍，感兴趣的用户可以参考《软件性能测试、分析与调优实践之路》一书第 2.1.4 节中的相关介绍。

2. Windows 操作系统

对于 Windows 操作系统来说，需要通过注册表才能修改网络连接数之类的参数。修改步骤说明如下。

步骤 **01** 通过在 Windows 命令行中运行 regedit 命令来打开注册表编辑器，如图 10-11 所示。

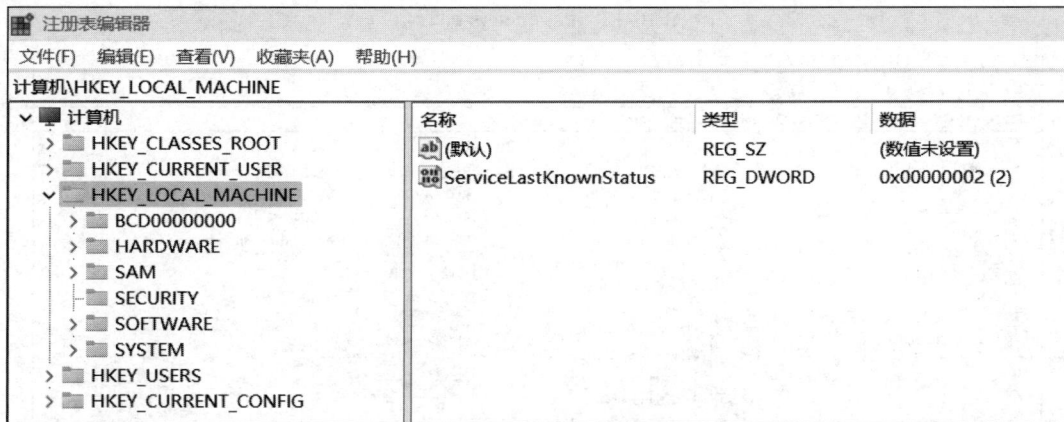

图 10-11　注册表编辑器

步骤 **02** 在注册表编辑器中，导航至 HKEY_LOCAL_MACHINE\System\CurrentControlSet\Services\Tcpip\Parameters，如图 10-12 所示，新建一个 DWORD，名称为 TcpNumConnections，并将其值设置为十六进制的 FFFFFE（十进制为 16777214）。

步骤 **03** 在 Windows 操作系统中，每个进程的最大句柄数默认为 65535。可以通过修改注册表来增加句柄数限制，打开注册表编辑器，导航至 HKEY_LOCAL_MACHINE\SYSTEM\CurrentControlSet\Control，新建一个 DWORD，名称为 MaxUserWatchCount，并将其值设置为所需的最大句柄数，如图 10-13 所示。

步骤 **04** 通过在命令行中执行 netsh int ipv4 set dynamicport tcp start=10000 num=55535 命令来设置 Windows 下的动态端口范围，该命令可以将动态端口范围从默认的 1024~5000 扩大到

10000~55535，从而在性能测试时增加可用的连接数。

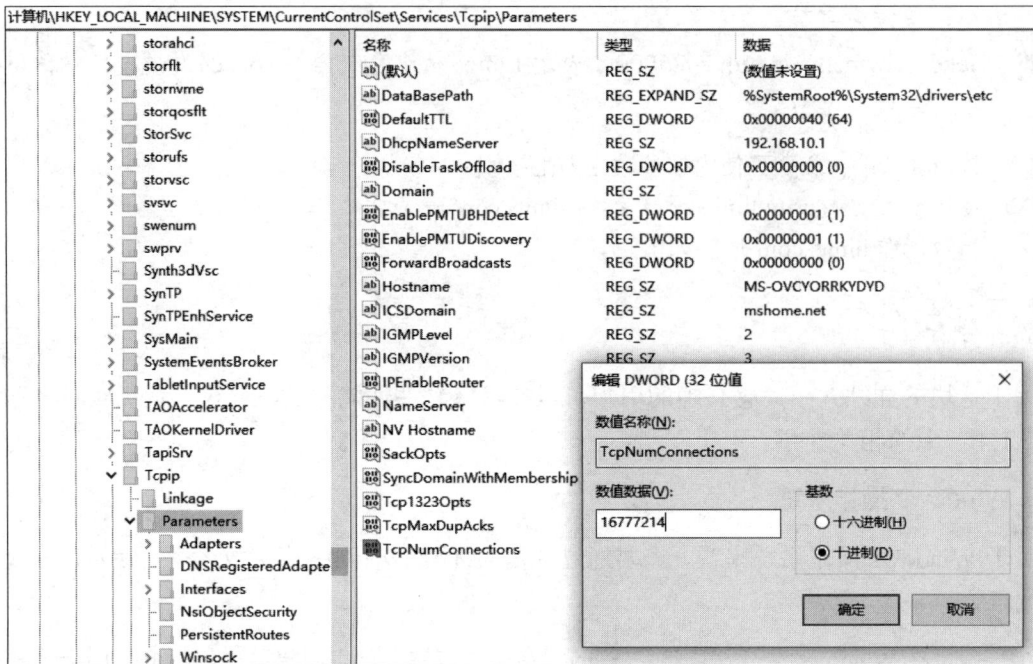

图 10-12　Parameters 编辑器

图 10-13　Control 编辑器

10.5　性能测试时，通常需要做哪些监控

1. CPU 监控

CPU 是服务器资源消耗的核心指标，也是必须监控的服务器资源之一。在 Windows 操作

系统中，可以通过其自带的任务管理器来进行监控；而在 Linux 操作系统中，可以借助一些类似 nmon 的第三方工具来监控。

2. 内存监控

与 CPU 一样，内存也是必须监控的服务器资源之一。在 Windows 操作系统中，同样可以通过其自带的任务管理器来进行监控；而在 Linux 操作系统中，可以借助一些类似 nmon 的第三方工具来监控。

3. 线程监控

我们知道，不管是在 Windows 操作系统还是 Linux 操作系统，服务都是通过进程的方式来运行的。一个进程会包含多个线程，进程通常只会有一个，线程通常会有很多个。另外，很多服务还会存在自动创建线程的情况，每一个线程都需要消耗一定的服务器资源，如果不对线程数进行监控，那么可能存在这种情况：服务中存在线程泄露，线程一直在创建而从不会被销毁，服务器的资源将直接被耗尽。因此，除了对线程数进行监控外，还需要对线程的状态进行监控，以辅助我们完成性能瓶颈的定位过程。比如，服务中大部分线程都处于等待状态，此时我们就需要去分析为什么会处于等待状态，等待的原因是什么，因为线程处于等待状态，就代表了线程不是在运行状态。在性能压测时，只有服务器的线程一直处于运行状态，才能说明服务处于最佳的处理状态。关于线程监控，如果服务端是用 Java 语言开发的，则可以使用 JDK 自带的监控工具，如 jconsole、jvisualvm 等。

4. 异常监控

异常监控是指监控服务端是否有异常出现。异常监控可以通过服务端的日志来进行。在性能测试中，也是通过日志来发现服务端有没有出现异常。

5. 数据库监控

数据库监控除了需要监控数据库所在服务器的资源（CPU、内存等）消耗外，还需要监控数据库的连接数、数据库中相关表的查询和写入是否存在慢 SQL 等。通过数据库监控，可以发现数据库查询是否合理、查询是否需要优化、数据库是否存在性能瓶颈等问题。

6. 网络监控

很多时候，网络也容易成为性能瓶颈，特别是针对一些对网络流量要求比较高的服务，比如上传、下载文件等。对于 Linux 操作系统来说，网络监控可以借助第三方的监控工具，比如 iftop 等；对于 Windows 操作系统来说，可以直接使用其自带的任务管理器来进行网络监控。

7. 读写监控

针对一些读写很频繁的系统应用场景，还需要对服务器的磁盘读写进行监控。在 Windows 操作系统中，可以通过其自带的任务管理器来进行监控；而在 Linux 操作系统中，可以借助一些第三方工具，或者系统自带的一些命令行工具来进行监控。

关于以上各种监控的详细介绍，感兴趣的读者可以参考《软件性能测试、分析与调优实践之路》一书第 2 章、第 5 章以及第 6 章的相关介绍。

10.6　本章总结

本章主要是对前面章节的内容做一个完整的总结，把笔者的性能测试经验转化为读者的经验。读者需要掌握以下重点内容：

- 在后续的实际使用中，要牢记本章介绍的 JMeter 性能测试的注意事项，这样可以在性能测试实践中少走很多弯路。
- 除了本章介绍的经验外，读者也可以把自己对本书的学习感悟转化为自己的经验并总结出来。
- 学习性能测试需要经常性地进行总结，构建属于自己的完整的性能测试知识体系。

第11章

大模型辅助性能测试

人工智能的英文是 Artificial Intelligence，简称为 AI。人工智能是计算机科学的一个发展分支，通俗来说，人工智能就是让机器或计算机程序能拥有人类的智慧，会思考问题、能像人一样学习新的知识、会语言表达、会图像识别或者文字识别、能听懂人类的表达等。人工智能其实是对人的大脑思维进行模拟，让人工智能代替人类完成一些复杂的工作。当前人工智能主要依靠算法训练大模型来辅助人类完成一些基本的工作。

性能测试作为软件开发和交付中的重要环节，承载着为用户访问带来良好体验的职责。随着人工智能的发展，未来可以借助人工智能来辅助进行性能测试，比如借助人工智能训练大模型来辅助性能测试脚本的开发；在遇到性能瓶颈等问题时，可以借助人工智能算法训练好的大模型来进行分析，找到性能瓶颈的问题在哪里，这样可以事半功倍地去完成性能测试。

11.1　人工智能的发展

人工智能最早诞生于 20 世纪 40—50 年代，中间大概经历了如图 11-1 所示的几个不同的发展阶段。2016 年 3 月，AlphaGo 对战世界围棋冠军并取得胜利，人工智能向人类展示了其在复杂决策任务中的强大能力，推动了人工智能的快速发展。而人工智能大模型是近十年来出现的概念，通常通过在海量数据的基础上进行学习和训练来生成 AI 模型。这种 AI 模型由于通过了海量数据的训练，因此具备强大的特征提取和模式识别能力，能够处理复杂的任务和数据。

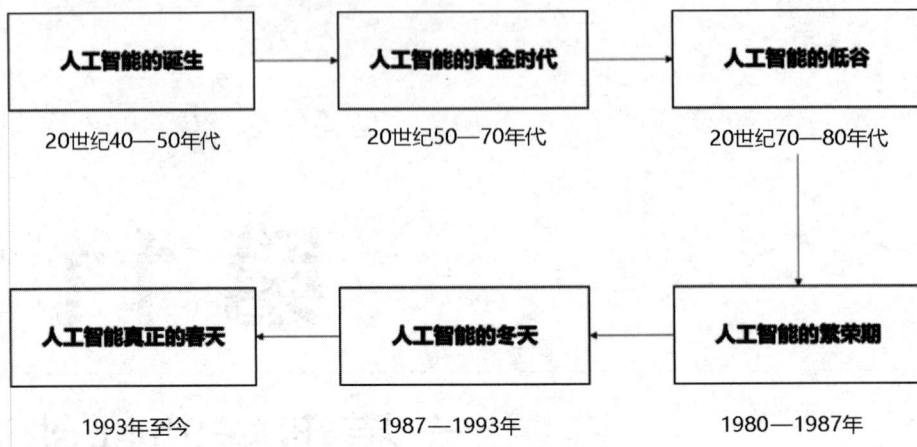

图 11-1　人工智能的发展历程

从人工智能的发展历程看，其发展过程并非一帆风顺，中间也经历了低谷期。但是，人类从来没有放弃过，所以每次短暂出现低谷期后，又总会出现蓬勃向上的发展期。

在人工智能的发展历史中，总共经历了如下一些标志性的事件。正是这些事件的出现，推动了人工智能不断向前发展。

- 1942 年，美国科幻巨匠阿西莫夫提出"机器人三定律"，这三大定律后来渐渐成为学术界默认的研发原则。
- 1956 年，达特茅斯会议上，科学家们探讨了用机器模拟人类智能等问题，并首次提出了人工智能的术语。
- 1959 年，德沃尔与美国发明家约瑟夫·英格伯格联手制造出第一台工业机器人。
- 1965 年，约翰·霍普金斯大学应用物理实验室研制出 Beast 机器人。
- 1968 年，美国斯坦福研究所公布了他们研发成功的机器人 Shakey。
- 2002 年，美国 iRobot 公司推出了吸尘器机器人 Roomba，它能避开障碍，自动设计行进路线，还能在电量不足时自动驶向充电座。
- 2012 年左右，神经网络开始被应用于 AI 建模。
- 2014 年，在英国皇家学会举行的"2014 图灵测试"大会上，聊天程序"尤金·古斯特曼"（Eugene Goostman）首次通过了图灵测试，标志着人工智能进入全新时代。
- 2016 年 3 月，AlphaGo 对战世界围棋冠军、职业九段选手李世石，并以 4:1 的总比分获胜。
- 2023 年 3 月，OpenAI 在官网宣布推出大型语言模型 GPT-4，该模型在许多专业测试中的表现超出了"人类水平"。
- 2025 年 1 月，DeepSeek 发布 671 亿参数的开源大模型 DeepSeek R1。

11.2　大模型辅助性能测试

11.2.1　大模型辅助性能测试脚本的编写

在性能测试中，编写性能测试脚本对于初学者来说，通常是一件相对困难的事情，如果能借助大模型来完成性能测试脚本的编写，甚至完全让大模型自动编写性能测试脚本，可以大大节省时间并提高性能测试脚本的编写效率。

1. 使用大模型辅助性能测试脚本编写的过程

使用大模型辅助性能测试脚本的编写的底层实现过程，如图 11-2 所示。

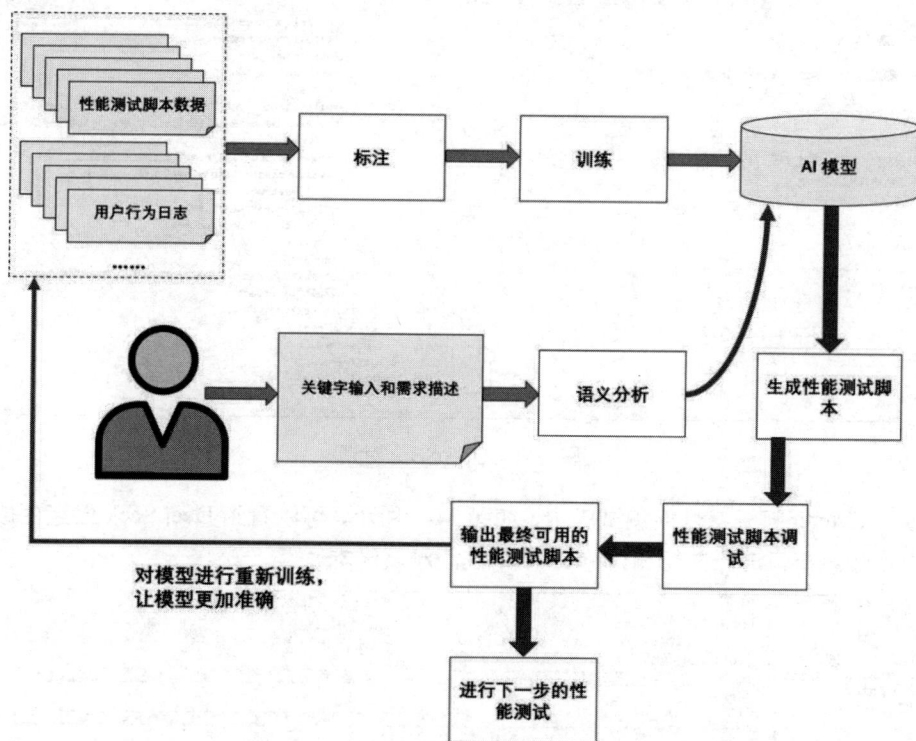

图 11-2　大模型辅助编写性能测试脚本

从图 11-2 中可以看到，大模型辅助编写性能测试脚本主要包括如下过程：

（1）准备大量性能测试脚本以及用户行为日志等数据，然后将这些数据标注为 AI 可以识别的数据，再设计 AI 模型，并使用标注好的数据训练该 AI 模型，最后生成一个可以使用的 AI 模型。

（2）有了 AI 模型后，用户可以直接输入关键字和要编写的性能测试脚本的需求描述等，然后调用 AI 模型来生成性能测试脚本。

（3）对生成好的性能测试脚本进行调试，因为生成出来的性能测试脚本通常不够完善，需要人工进行少量干预才能使用。

（4）使用最终可用的性能测试脚本去完成性能测试。与此同时，使用人工修改后的最终可用的性能测试脚本重新对 AI 模型进行训练，以让 AI 模型更加准确并且符合最终的使用要求。

2. 利用 DeepSeek 来生成性能测试脚本示例

在当前人工智能和大模型的发展浪潮中，人们用得最多的就是 ChatGPT 和 DeepSeek。下面演示一个利用 DeepSeek 来生成 JMeter 性能测试脚本的例子。

步骤 01 进入 https://chat.baidu.com/页面，在对话框中输入 "deepseek 编写 jmeter 发送 http 请求到百度搜索的性能测试脚本"，如图 11-3 所示，然后等待 AI 自动生成性能测试脚本。

图 11-3　DeepSeek 对话

步骤 02 使用 JMeter 打开该性能测试脚本，如图 11-4 所示，可以看到 DeepSeek 已经生成了一个对百度搜索接口进行性能测试的 JMeter 性能测试脚本。

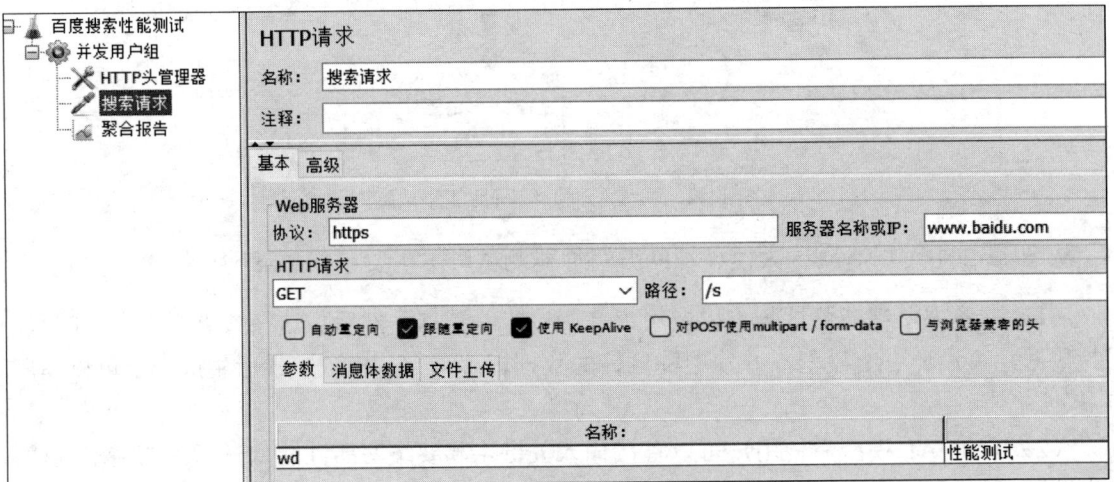

图 11-4　性能测试计划

步骤 03　执行该性能测试脚本，如图 11-5 所示，可以看到，该性能测试脚本可以正常运行。

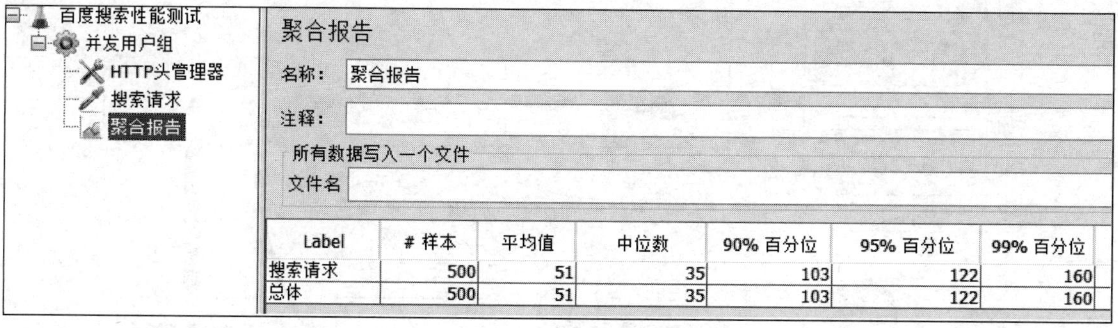
百度搜索性能测试
并发用户组
HTTP头管理器
搜索请求
聚合报告
聚合报告
名称：聚合报告
注释：
所有数据写入一个文件
文件名
Label　# 样本　平均值　中位数　90% 百分位　95% 百分位　99% 百分位
搜索请求　500　51　35　103　122　160
总体　500　51　35　103　122　160

图 11-5　聚合报告

但是，使用 DeepSeek 生成出来的性能测试脚本，里面可能没有包含断言等元件，所以使用 AI 生成出来的性能测试脚本通常还需要经过人工干预和修改，最终才能满足我们的使用需求，但是 AI 已经能辅助我们完成一些基础的工作了。

11.2.2　大模型辅助性能测试数据的构造

在性能测试中，除了编写性能测试脚本外，还有一项重要的工作就是构造性能测试数据。在人工智能和大模型没有出现之前，大多依靠手工编写 SQL 脚本或者直接借助 JMeter 来构造性能测试数据。手工构造性能数据通常有如下不足，导致性能测试时无法模拟出真实的场景。

（1）数据往往不够真实。因为手工构造的数据通常和真实数据有很大差异，手工构造的数据通常与大部分数据完全一样或者非常类似。

（2）缺少异常数据。异常数据通常用于验证系统的容错性，如异常编码的数据或者一些超大的数据等，用于验证系统的容错性和稳定性。

（3）缺少边界值数据。边界值数据也通常用于验证系统的容错性，比如数据库字段的长度溢出等用于测试系统是否可以正常运行，不会出现报错或者数据库异常等。

1. 使用大模型构造测试数据

使用大模型生成测试数据的底层原理与生成性能测试脚本类似，如图 11-6 所示。

可以看到，使用大模型生成测试数据同样需要先使用数据进行训练，并且生成 AI 大模型。训练数据通常建议使用生产环境的用户访问日志或者生产环境脱敏下来的真实示例数据，对其进行标注后，让大模型进行学习和训练，最终生成出大模型。有了大模型后，就可以批量生成测试数据了。

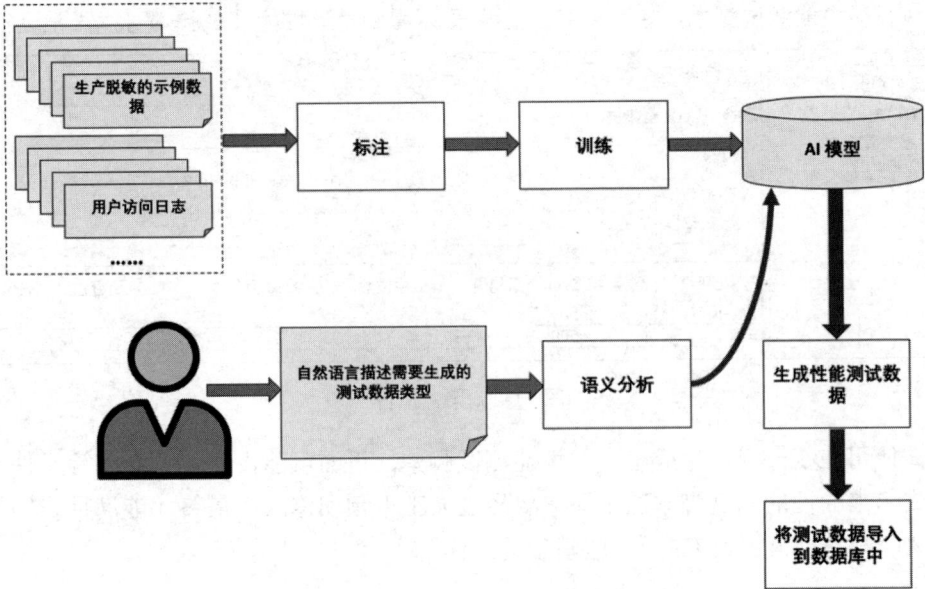

图 11-6　大模型辅助性能测试数据的构造

2. 使用 Faker 工具构造测试数据

另外，如果是一些简单的性能测试数据，还可以借助 Faker 这个工具来生成。Faker 是一个由 Python 开发语言编写的用于生成伪造数据的 Python 库。该库是开源的，其源码托管于 GitHub 中，如图 11-7 所示。

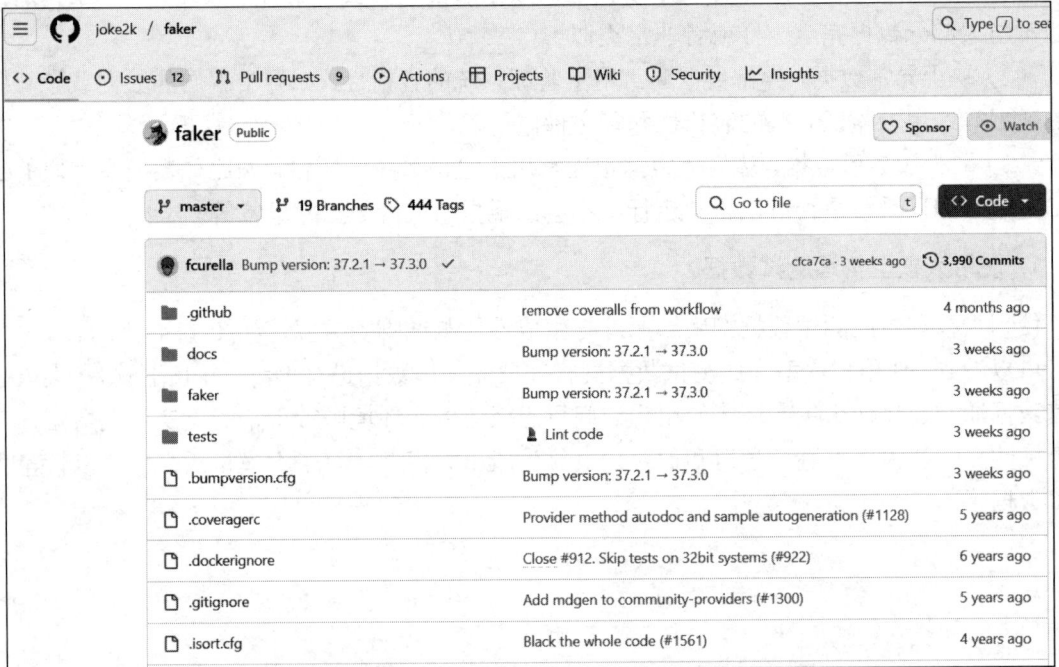

图 11-7　Faker 源码 GitHub 网站

由于 Faker 是基于 Python 语言开发的，因此在使用 Faker 时，需要先安装 Python。可以通过 Python 官方网站下载安装包。由于其安装过程比较简单，就不展开讲解了。

安装完 Python 后，可以在命令行中执行如下命令来直接安装 Faker 库：

```
pip install faker
```

安装好 Faker 库后，就可以通过 Python 脚本代码来调用 Faker 了，示例如下：

```
#在 Python 脚本中引入 Faker 库
from faker import Faker
fake = Faker()
#随机生成姓名
print(fake.name())
# 随机邮箱
print(fake.email())
# 随机电话号码
print(fake.phone_number())
...
```

有了这些随机数据后，我们就可以将这些数据通过 Python 编程的方式写入对应的数据库中。常用的数据库通常都会有其对应的 Python 连接库。

使用 Faker 构造测试数据的主要过程总结如图 11-8 所示。

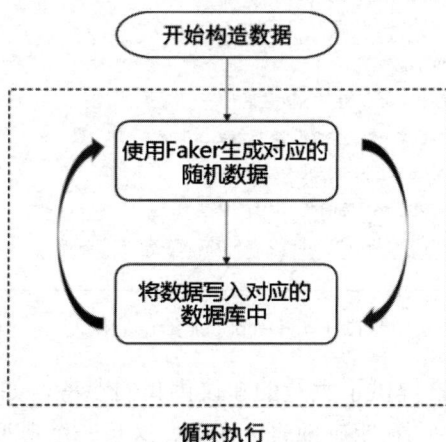

图 11-8　Faker 构造测试数据的过程

11.2.3　大模型辅助性能瓶颈问题的分析

在性能测试中，最难的往往是最后的性能分析。当遇到性能瓶颈问题时，很多人通常不知道如何去定位和解决问题。如果实在束手无策，也可以考虑使用大模型来辅助解决性能问题，如图 11-9 所示。

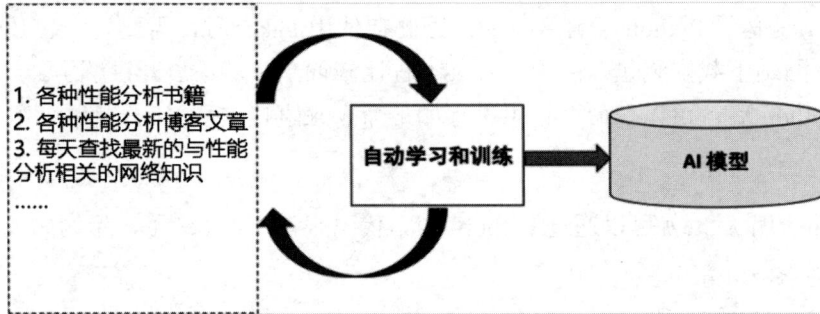

图 11-9　大模型辅助性能瓶颈分析

以 DeepSeek 为例，我们向 DeepSeek 咨询一个性能测试瓶颈问题：在性能压测过程中，服务器内存资源使用率一直在逐步缓慢上升，随着性能压测的持续进行，从来不会出现下降或者在一定范围内小幅度波动，并且此时 TPS 也在缓慢下降。此时，DeepSeek 会显示其通过大模型搜索了多少篇文章来给出最终的回复，如图 11-10 所示。

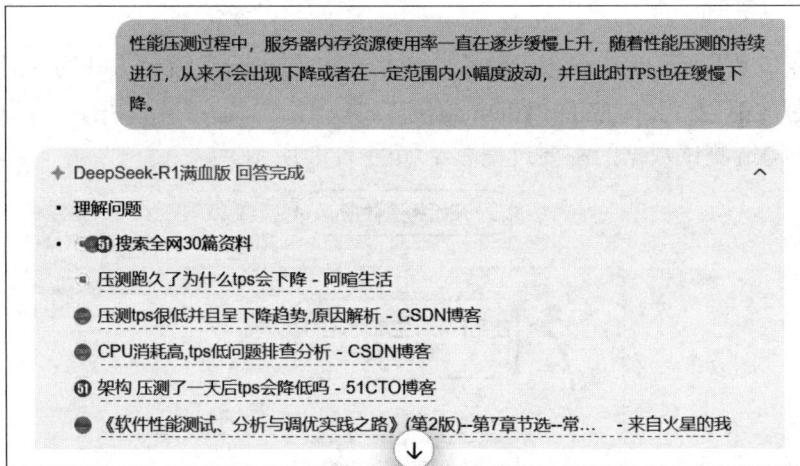

图 11-10　DeepSeek 给出的回复

针对上述问题，DeepSeek 提供了大量的建议供我们参考，如图 11-11 所示。可以看到，DeepSeek 给出的建议非常合理，它明确地告诉我们，这是一个典型的内存泄露或资源未释放问题，并且提供了进一步解决问题的思路（解决思路）。对于性能测试的初学者来说，这些解决思路还是很有效的，完全可以根据它们逐条对当前性能测试的系统进行排查，基本可以定位到问题及其产生的原因。

随着人工智能和大模型的不断向前发展，未来肯定会改变传统软件测试的方法和流程，帮助提高测试的效率，自动生成测试数据和执行重复性的测试任务，智能地去发现和辅助解决测试中的问题。建议测试工程师多接触和关注人工智能和大模型的发展，让它们成为我们最得力的助手。

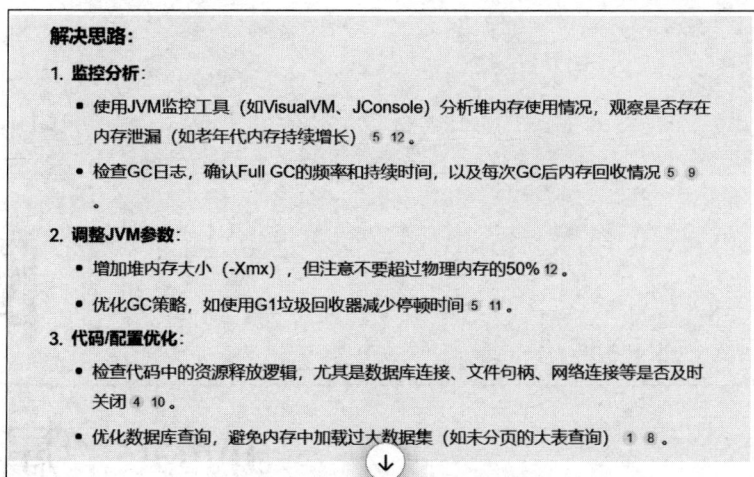

解决思路:

1. 监控分析:

- 使用JVM监控工具 (如VisualVM、JConsole) 分析堆内存使用情况, 观察是否存在内存泄漏 (如老年代内存持续增长) 5 12。
- 检查GC日志, 确认Full GC的频率和持续时间, 以及每次GC后内存回收情况 5 9。

2. 调整JVM参数:

- 增加堆内存大小 (-Xmx) , 但注意不要超过物理内存的50% 12。
- 优化GC策略, 如使用G1垃圾回收器减少停顿时间 5 11。

3. 代码/配置优化:

- 检查代码中的资源释放逻辑, 尤其是数据库连接、文件句柄、网络连接等是否及时关闭 4 10。
- 优化数据库查询, 避免内存中加载过大数据集 (如未分页的大表查询) 1 8。

图 11-11　DeepSeek 给出的建议

11.3　本章总结

本章主要介绍了如何使用大模型来辅助完成性能测试, 读者需要掌握以下重点内容:

- 如何利用大模型来辅助性能测试脚本的编写。
- 如何利用大模型来辅助性能测试数据的构造。
- 如何利用大模型来辅助性能瓶颈问题的定位与分析。

通过本章的学习, 读者可以借助大模型来辅助完成性能测试, 以及辅助解决性能测试中遇到的性能瓶颈等问题, 让性能测试工作事半功倍。

附录

JMeter 属性配置

1. GUI 界面语言设置

（1）language：用于设置 JMeter 界面的首选 GUI 语言，默认为 language=en。如果该属性配置被删除，将会使用 JVM 中的默认语言。

（2）locales.add：用于设置要添加到 JMeter 界面中选项菜单下语言选择列表中的语言，比如可以设置 locales.add=zu，JMeter 默认初始为 en、fr、de、no、es、tr、ja、zh_CN、zh_TW、pl、pt_BR。

2. XML 解析

（1）xpath.namespace.config：用于设置 JMeter 在解析 XML 时 xpath 的 namespace（XML 命名空间）前缀的配置，比如 ns=http://biz.aol.com/schema/2006-12-18。

（2）xpath2query.parser.cache.size：用于设置 JMeter 在解析 XML 时缓存已编译 XPath2 查询的最大数量，默认值为 400。

3. SSL 配置

（1）https.sessioncontext.shared：用于设置 SSL 配置中的 SSL 会话是否为多线程用户共享的，默认值为 false，表示 SSL 会话在 JMeter 多线程用户中是每个线程都会创建一个，不会共享。如果设置为 true，那么所有的多线程用户会共用一个 SSL 会话。

（2）https.default.protocol：用于设置 SSL 配置中的协议类型，默认为 https.default.property =TLS。

（3）https.socket.protocols：用于设置 SSL 配置中要对 socket 启用的协议列表，比如 https.socket.protocols=SSLv2 SSLv3 TLSv1。

（4）https.cipherSuites：用于设置 SSL 配置中需要使用密码套件的子集，即以逗号分隔的 SSL 密码套件列表，可用于 HTTPS 连接，例如 https.cipherSuites=TLS_ECDHE_ECDSA_WITH

_AES_256_CBC_SHA384,TLS_RSA_WITH_AES_128_GCM_SHA256。

（5）httpclient.reset_state_on_thread_group_iteration：用于设置在 JMeter 启动新的线程组迭代时重置 HTTP 的状态，默认值为 true，表示关闭已打开的连接，并且重置 SSL 状态。

（6）https.use.cached.ssl.context：用于设置 JMeter 是否允许在每次迭代之间重用缓存的 SSL 上下文，默认值为 true，表示不允许。如果设置为 false，则表示每次迭代时重置 SSL 上下文。

（7）https.keyStoreStartIndex：用于设置密钥存储库的开始索引位置号，默认值为 0，表示使用第一个索引号。

（8）https.keyStoreEndIndex：用于设置密钥存储库的结束索引位置号，默认值为 0。

4. 界面外观和风格配置

（1）jmeter.laf.windows_10：用于设置 JMeter 界面展示的风格，比如：

```
jmeter.laf.windows_10=javax.swing.plaf.metal.MetalLookAndFeel
jmeter.laf.windows=com.sun.java.swing.plaf.windows.WindowsLookAndFeel
jmeter.laf.mac=System
jmeter.laf=System
```

（2）jmeter.loggerpanel.display：用于设置 JMeter 是否显示记录器面板，默认值为 false，表示不显示。

（3）jmeter.loggerpanel.enable_when_closed：用于设置 JMeter 是否启用 LogViewer 面板，这样即使在关闭时也能接收日志事件。

（4）jmeter.loggerpanel.maxlength：用于设置 LoggerPanel 中保留的最大日志行数，值为 0 表示没有限制。

（5）jmeter.gui.refresh_period：用于设置 JMeter 处理监听器事件的间隔时间（单位为毫秒），默认值为 500。

（6）darklaf.decorations：用于设置使用 Darklaf 外观时是否启用自定义窗口，默认值为false。

（7）darklaf.unifiedMenuBar：用于设置使用 Darklaf 外观时，在 Windows 上是否启用统一菜单栏，默认值为 true。

5. 工具栏显示配置

（1）jmeter.toolbar.icons：用于设置 JMeter 工具栏图标，默认值为 org/apache/jmeter/images/toolbar/icons-toolbar.properties。

（2）jmeter.toolbar：用于设置 JMeter 界面工具栏列表，默认值为 new,open,close,save,save_as_testplan,|,cut,copy,paste,|,expand,collapse,toggle,|,test_start,test_stop,test_shutdown,|,test_start_remote_all,test_stop_remote_all,test_shutdown_remote_all,|,test_clear,test_clear_all,|,search,search_reset,|,function_helper,help。

（3）jmeter.toolbar.icons.size：用于设置 JMeter 工具栏图标大小，可选尺寸有 22×22、32×32、48×48，HiDPI 模式的建议值为 jmeter.toolbar.icons.size=48×48，默认值为 22×22。

（4）jmeter.icons：用于定义 JMeter 图标，比如 jmeter.icons=org/apache/jmeter/images/

icon_1.properties，默认值为 org/apache/jmeter/images/icon.properties。

（5）jmeter.tree.icons.size：用于设置 JMeter 菜单树的图标大小，可选尺寸有 19×19、24×24、32×32、48×48，默认值为 19×19。对于 3200×1800 这样的 HiDPI 屏幕，建议设置为 32×32。

（6）jmeter.hidpi.mode：用于设置 HiDPI 模式，默认值为 false。

（7）jmeter.hidpi.scale.factor：用于设置 HiDPI 缩放比例因子，默认值为 1.0。

（8）not_in_menu：用于设置不在 JMeter GUI 界面中显示的组件，默认值为 org.apache.jmeter.protocol.mongodb.sampler.MongoScriptSampler、org.apache.jmeter.protocol.mongodb.config.MongoSourceElement。

（9）undo.history.size：用于设置 JMeter 撤销历史记录中的项目数，默认值为 0。

（10）gui.quick_X：用于设置 JMeter 快捷键，例如：

```
gui.quick_0=ThreadGroupGui
gui.quick_1=HttpTestSampleGui
gui.quick_2=RegexExtractorGui
gui.quick_3=AssertionGui
gui.quick_4=ConstantTimerGui
gui.quick_5=TestActionGui
gui.quick_6=JSR223PostProcessor
gui.quick_7=JSR223PreProcessor
gui.quick_8=DebugSampler
gui.quick_9=ViewResultsFullVisualizer
```

6. JMX 备份配置

（1）jmeter.gui.action.save.backup_on_save：用于设置当保存测试计划时是否启用测试计划的.jmx 文件自动备份，默认值为 true，表示启用自动备份。启用后，在保存.jmx 文件之前，它将被备份到 jmeter.gui.action.save.backup_directory 属性指向的目录（见下文）。备份文件名是在保存.jmx 文件后生成的。例如，保存 test-plan.jmx 文件时将在备份目录中创建一个 test-plan-0000112.jmx 文件，前提是最后创建的备份文件是 test-plan-000011.jmx。

（2）jmeter.gui.action.save.backup_directory：用于设置在保存测试计划时创建对应的 JMX 备份文件的目录。若未设置默认值，则将在 JMeter 基础安装的子目录中创建备份文件。如果已设置，但目录不存在，则将创建相应的目录。默认值为$\{JMETER_HOME\}/backups。

（3）jmeter.gui.action.save.keep_backup_max_hours：用于设置自最近一次自动保存以来，应保留的测试计划备份文件的最长时间（以小时为单位）。默认情况下，没有设置过期时间，意味着将永远保留备份。默认值为 0。

（4）jmeter.gui.action.save.keep_backup_max_count：用于设置应保留的最大测试计划的备份文件数。默认值为 10，将保留 10 个备份。将其设置为 0，将导致备份不会被删除（除非 keep_backup_max_hours 设置为非零值）。

（5）save_automatically_before_run：用于设置是否在开始运行测试计划之前启用.jmx 文件

的自动保存，默认值为 true。启用后，在运行之前，.jmx 文件将被保存并备份到指定的目录。

7. 远程主机和 RMI 配置

（1）remote_hosts：用于设置 JMeter 分布式运行时的远程主机列表，通常以逗号分隔，比如 remote_hosts=localhost:1099,localhost:2010，默认值为 127.0.0.1。

（2）server_port：用于设置 JMeter 分布式运行时服务器要使用的 RMI 端口（必须使用相同的端口启动 rmiregistry），默认值为 1099。

（3）client.rmi.localport：用于设置 JMeter 分布式运行时 RemoteSampleListenerImpl 实现类和 RemoteThreadsListenerImpl 实现类使用的 RMI 端口的参数。默认值为 0，表示端口为随机分配。如果设置为非零值，将会用该值作为分布式运行时客户端引擎的本地端口号的基数。

（4）client.tries：用于设置 JMeter 分布式运行时客户端初始化远程连接重试的次数，默认值为 1，代表只进行一次重试。

（5）client.retries_delay：用于设置 JMeter 分布式运行时客户端每次重试的间隔延迟时长，单位为毫秒。

（6）client.continue_on_fail：用于设置 JMeter 分布式运行时，客户端重试多次失败后，是否继续运行。默认值为 false，如果设置为 true，则代表忽略失败的客户端节点并继续测试。

（7）server.rmi.port：用于设置 JMeter 分布式运行时访问服务器的端口号，默认值为 1099。

（8）server.rmi.localport：用于设置 JMeter 分布式运行时的服务端的端口号。

（9）server.rmi.create：用于设置是否需要在 JMeter 服务端创建 RMI 注册表作为服务器进程的一部分，默认值为 true。

（10）server.exitaftertest：用于设置 JMeter 分布式运行时是否让 JMeter 在第一次测试后就退出，默认值为 true。

（11）server.rmi.ssl.keystore.type：用于设置 JMeter 分布式运行时 RMI 连接的安全密钥库类型，默认值为 JKS。这个值通常取决于使用的 Java 虚拟机支持的安全密钥库类型，通常会支持 JKS 和 PKCS12。

（12）server.rmi.ssl.keystore.file：用于设置 JMeter 分布式运行时包含私钥的密钥库文件的名字，默认为 rmi_Keystore.jks。

（13）server.rmi.ssl.keystore.password：用于设置 JMeter 分布式运行时的 Keystore 密码，默认值为 changeit。

（14）server.rmi.ssl.keystore.alias：用于设置 JMeter 分布式运行时的密钥别名，默认值为 rmi。

（15）server.rmi.ssl.truststore.type：用于设置 JMeter 分布式运行时 RMI 连接安全的信任库类型，默认值为 server.rmi.ssl.keystore.type 属性的值，即 JKS。

（16）server.rmi.ssl.truststore.file：用于设置 JMeter 分布式运行时包含证书的密钥库的文件名，默认值为 server.rmi.ssl.Keystore.file 属性的值，即 rmi_Keystore.jks。

（17）server.rmi.ssl.truststore.password：用于设置 JMeter 分布式运行时信任存储的密码，默认值为 server.rmi.ssl.keystore.password 属性的值，即 changeit。

（18）server.rmi.ssl.disable：用于设置 JMeter 分布式运行时是否需要对 RMI 关闭 SSL 安全

协议，默认值为 false。

8. 控制器配置

includecontroller.prefix：用于设置 IncludeController 在生成文件名时使用的前缀，默认为空。

9. HTTP JAVA 配置

http.java.sampler.retries：用于设置 HTTP Java 取样器放弃执行之前需要进行连接重试的次数，默认值为 0，表示不会重试。

10. Apache HttpClient 通用配置

（1）http.post_add_content_type_if_missing：用于设置 JMeter 是否应该在 POST 请求中添加 HTTP Header 类型 application/x-www-form-urlencoded，默认值为 false。

（2）httpclient.timeout：用于设置 AJP 取样器中的 socket 超时时长，也可以通过 http.socket.timeout 属性来设置，单位为毫秒，默认值为 0，代表不会超时。

（3）httpclient.version：用于设置 HTTP 协议的版本，默认为 1.1，或者使用 http.property.version 属性也可以进行设置。

（4）httpclient.socket.http.cps：用于设置 HTTP 请求时 socket 每秒传输的字符数，以模拟慢速处理，默认值为 0，表示无限制。

（5）httpclient.socket.https.cps：用于设置 HTTPS 请求时 socket 每秒传输的字符数，以模拟慢速处理，默认值为 0，表示无限制。

（6）httpclient.loopback：用于设置是否开启 loopback（回环）协议，默认值为 true。

（7）httpclient.localaddress：用于设置多宿主机的本地主机地址。

（8）http.proxyUser：用于设置 HTTP 请求时的代理用户名。

（9）http.proxyPass：用于设置 HTTP 请求时的代理用户名对应的密码。

11. Kerberos 属性配置

（1）kerberos_jaas_application：用于设置 JMeter 中 kerberos 配置中的应用程序模块的名称，默认值为 JMeter。

（2）kerberos.spnego.strip_port：用于设置在使用 SPNEGO 身份验证构建 SPN 之前，是否应从 URL 中去除端口，默认值为 true。

（3）kerberos.spnego.use_canonical_host_name：用于设置是否将用于构造 SPN 的主机名规范化，以进行 SPNEGO 身份验证。

（4）kerberos.spnego.delegate_cred：用于设置 SPNEGO 身份验证是否应使用凭据验证，默认值为 false。

12. Apache HttpComponents HTTPClient（HTTPClient4）配置

（1）hc.parameters.file：用于定义一个覆盖 Apache HttpClient 参数的属性文件，默认值为 hc.parameters。

（2）httpclient4.auth.preemptive：用于设置 HTTPClient4 实现的 HTTP 取样器在 BASIC 身份验证时，是否需要优先发送授权 header，默认值为 true。

（3）httpclient4.retrycount：用于设置 HTTPClient4 实现的 HTTP 取样器在请求时重试的次数，默认值为 0。

（4）httpclient4.request_sent_retry_enabled：用于设置 HTTPClient4 实现的 HTTP 取样器是否开启请求发送重试，通常会和 httpclient4.retrycount 属性一起使用。

（5）httpclient4.idletimeout：用于设置当服务器未指定 Keep-Alive 超时时间时，HTTPClient4 实现的 HTTP 取样器所使用的空闲连接超时时间，单位为毫 d 秒。默认值为 0，表示不超时。

（6）httpclient4.validate_after_inactivity：用于设置 HTTPClient4 实现的 HTTP 取样器自上一次连接活跃以来需要经过多少时间返回检查连接提示，单位为毫秒，默认值为 4900。

（7）httpclient4.time_to_live：用于设置 HTTPClient4 实现的 HTTP 取样器连接的存在时长，单位为毫秒，默认值为 60000。

（8）httpclient4.deflate_relax_mode：用于设置 HTTPClient4 实现的 HTTP 取样器是否需要忽略某些应用程序可能发出的 EOFException，以表示 Deflated 流的结束，默认值为 false。

（9）httpclient4.gzip_relax_mode：用于设置 HTTPClient4 实现的 HTTP 取样器是否需要忽略某些应用程序可能发出的 EOFException，以表示 GZipped 流的结束，默认值为 false。

（10）httpclient4.default_user_agent_disabled：用于设置 HTTPClient4 实现的 HTTP 取样器是否需要关闭默认的代理用户，默认值为 true。

13. HTTP 缓存管理配置

（1）cacheable_methods：用于设置 HTTP 取样器请求中可以缓存的方法列表，以空格或逗号分隔，默认值为 GET。

（2）cache_manager.cached_resource_mode：用于设置 HTTP 取样器请求中缓存资源的模式，默认值为 RETURN_N_AMPLE（不返回取样结果），可以支持 RETURN_N_AMPLE、RETURN_CUSTOM_STATUS（返回自定义状态）、RETURN_200_CACHE（返回采样结果）。

（3）RETURN_CUSTOM_STATUS.code：用于设置 HTTP 取样器请求在 cache_manager.cached_resource_mode 属性被设置为 RETURN_CUSTOM_STATUS 时要返回的响应代码。

（4）RETURN_CUSTOM_STATUS.message：用于设置 HTTP 取样器请求在 cache_manager.cached_resource_mode 属性被设置为 RETURN_CUSTOM_STATUS 时要返回的响应消息。

14. 结果文件配置

（1）jmeter.save.saveservice.output_format：用于设置保存结果数据时支持的格式，支持 xml 和 csv 两种，默认值为 csv。

（2）jmeter.save.saveservice.assertion_results_failure_message：用于设置保存数据时是否需要保存断言结果为失败的信息，默认值为 true。

（3）jmeter.save.saveservice.assertion_results：用于设置保存断言结果时，断言结果如何取值。默认值为 none，同时也支持设置为 first（保存第 1 条）和 all（保存所有）。

（4）jmeter.save.saveservice.data_type：用于设置保存数据时是否需要保存 data_type（数据类型）字段，默认值为 true。

（5）jmeter.save.saveservice.label：用于设置保存数据时是否需要保存 label 字段，默认值为 true。

（6）jmeter.save.saveservice.response_code：用于设置保存数据时是否需要保存 response_code 字段，默认值为 true。

（7）jmeter.save.saveservice.response_data：用于设置保存数据时是否需要保存 response_data 字段，默认值为 false。

（8）jmeter.save.saveservice.response_data.on_error：用于设置保存数据时如果出现报错，是否需要保存 response_data 字段，默认值为 false。

（9）jmeter.save.saveservice.response_message：用于设置保存数据时是否需要保存 response_message 字段，默认值为 true。

（10）jmeter.save.saveservice.successful：用于设置保存数据时是否需要保存 successful 字段，默认值为 true。

（11）jmeter.save.saveservice.thread_name：用于设置保存数据时是否需要保存 thread_name 字段，默认值为 true。

（12）jmeter.save.saveservice.time：用于设置保存数据时是否需要保存 time 字段，默认值为 true。

（13）jmeter.save.saveservice.subresults：用于设置保存数据时是否需要保存 subresults 字段，默认值为 true。

（14）jmeter.save.saveservice.assertions：用于设置保存数据时是否需要保存 assertions 字段，默认值为 true。

（15）jmeter.save.saveservice.latency：用于设置保存数据时是否需要保存 latency 字段，默认值为 true。

（16）jmeter.save.saveservice.connect_time：用于设置保存数据时是否需要保存 connect_time 字段，默认值为 false。

（17）jmeter.save.saveservice.samplerData：用于设置保存数据时是否需要保存 samplerData 字段，默认值为 false。

（18）jmeter.save.saveservice.responseHeaders：用于设置保存数据时是否需要保存 responseHeaders 字段，默认值为 false。

（19）jmeter.save.saveservice.requestHeaders：用于设置保存数据时是否需要保存 requestHeaders 字段，默认值为 false。

（20）jmeter.save.saveservice.encoding：用于设置保存数据时是否需要保存 encoding 字段，默认值为 false。

（21）jmeter.save.saveservice.bytes：用于设置保存数据时是否需要保存 bytes 字段，默认值为 true。

（22）jmeter.save.saveservice.url：用于设置保存数据时是否需要保存 url 字段，默认值为 false。

（23）jmeter.save.saveservice.filename：用于设置保存数据时是否需要保存 filename 字段，默认值为 false。

（24）jmeter.save.saveservice.hostname：用于设置保存数据时是否需要保存 hostname 字段，默认值为 false。

（25）jmeter.save.saveservice.thread_counts：用于设置保存数据时是否需要保存 thread_counts 字段，默认值为 true。

（26）jmeter.save.saveservice.sample_count：用于设置保存数据时是否需要保存 sample_count 字段，默认值为 false。

（27）jmeter.save.saveservice.idle_time：用于设置保存数据时是否需要保存 idle_time 字段，默认值为 true。

（28）jmeter.save.saveservice.timestamp_format：用于设置保存数据时的时间戳格式，默认值为 ms。支持 none、ms 或者一个具体的日期格式（如 yyyy/MM/dd HH:mm:ss.SSS）。

（29）jmeter.save.saveservice.default_delimiter：用于设置保存数据时字段之间的分隔符，默认为逗号。也可以重新设置为\t（表示以 Tab 键进行分隔）。

（30）jmeter.save.saveservice.print_field_names：用于设置保存数据时是否输出字段名，通常在输出 CSV 格式数据时用到，默认值为 true。